ZHINENG JIANZHU
RUODIAN GONGCHENGSHI
PEIXUN JIAOCHENG

# 智能建筑弱电工程师培训教程

张少军　杜洪文　杨晓玲　编著

## 内 容 提 要

本教程包括三篇："建筑设备监控系统与技术""消防工程"和"BIM技术与建筑弱电系统"，重点介绍了这三篇的基础理论与工程实际应用，读者通过深入学习可以掌握相关的理论和工程技能。

本教程可作为智能建筑弱电工程师培训教材，也可作为建筑类高等院校建筑电气与智能化、电气工程与自动化、自动化、电气工程、暖通空调等专业的大学生学习建筑智能化技术的教材。

**图书在版编目（CIP）数据**

智能建筑弱电工程师培训教程 / 张少军，杜洪文，杨晓玲编著．—北京：中国电力出版社，2019.6（2023.3重印）

ISBN 978-7-5198-2963-6

Ⅰ．①智… Ⅱ．①张… ②杜… ③杨… Ⅲ．①智能化建筑–电气设备–技术培训–教材 Ⅳ．①TU855

中国版本图书馆CIP数据核字（2019）第028508号

出版发行：中国电力出版社
地　　址：北京市东城区北京站西街19号（邮政编码100005）
网　　址：http://www.cepp.sgcc.com.cn
策　　划：周　娟
责任编辑：杨淑玲（010-63412602）
责任校对：黄　蓓　李　楠
装帧设计：王英磊
责任印制：杨晓东

印　　刷：望都天宇星书刊印刷有限公司
版　　次：2019年6月第一版
印　　次：2023年3月北京第三次印刷
开　　本：787毫米×1092毫米　16开本
印　　张：18.75
字　　数：449千字
定　　价：69.80元

# 前　言

由工业和信息化部教育考试中心主管，北京六度天成教育科技有限公司（简称六度教育）负责组织、推广的智能建筑弱电工程师培训，已经有12年了，聘用的教师都是国内知名且资深的教授和高级工程师，他们有着长期从事建筑弱电系统工程的丰富实践经验，同时有着深厚的理论功底。许多经过培训的建筑弱电系统与技术的从业人员、骨干技术人员都在自己的工作岗位上发挥了重要的作用，六度教育智能建筑弱电工程师培训已经成为国内闻名且颇具影响力的工程教育培训品牌。

建筑弱电系统及技术与建筑智能化系统及技术在内容和研究对象、研究方法上基本相同，但前者更偏重于子系统，工程性更强，而后者更侧重于大系统，理论性较强，当然建筑智能化系统及技术也同样非常重视工程实践性。

建筑弱电系统及技术从内容上看，涉及多种不同的技术、技能以及不同的专业理论，整个内容有很强的系统性。经过几十年的发展，我国在建筑弱电系统与智能化系统及技术领域上有较快的发展，但与国际领先水平还有较大的距离。比如：在建筑设备监控系统中，不具有自主知识产权的品牌楼宇自控系统；楼宇自控系统的核心控制部件DDC控制器，还不能完全自主开发；节能效果较好的变风量空调系统应用情况与国外的差距较大；技术发展和应用所依托的购买、调试、运行和维护管理体制也存在较大的问题；对建筑设备监控系统的通信网络架构研究深度不够；技术与体系中的智能控制理论及方法研究深度还不够。

随着现代科技的迅速发展，建筑弱电系统与技术的发展也日新月异，大量的新技术融入建筑弱电系统与技术中，作为建筑工程师的培训工作就要同步跟上，在培训教程的内容上也要不断地进行同步更新，新推出的《智能建筑弱电工程师培训教程》除了具有一定的理论深度和工程实践性强的特点外，还体现了与新技术同步发展的特点。

《智能建筑弱电工程师培训教程》还可以作为从事建筑设备监控系统、消防工程设计与施工建筑弱电系统、暖通空调设备及其控制的大学生和工程师以及从事运行维护和管理的工程技术和管理人员参考书，当碰到不太明白的技术和理论问题时，可以从教程中找到相应的答案。

同时，六度教育还开发了网络视频课程，使读者可以通过视频课程，更好地掌握本书的内容。六度教育网校的网址为：http：//study.6do.org.cn。

由于时间仓促，该教程难免有不足之处，敬请广大读者批评指正。

编　者

**2019年3月30日**

# 目　录

# 第2篇 消 防 工 程

# 第3篇 BIM技术与建筑弱电系统

# 第1篇
# 建筑设备监控系统与技术

# 第1章 建筑设备监控系统基础知识

## 1.1 建筑设备监控系统的基本概念和研究对象

### 1.1.1 建筑设备监控系统的基本概念

对建筑物内供配电、照明、电梯、空调、供热、给排水等子系统及其设备的运行、安全状况、能源使用和节能实行集中监视、管理和分散控制的建筑物管理与控制系统就是建筑设备监控系统，也称为楼宇自控系统（Building Automation System，BAS）。

### 1.1.2 建筑设备监控系统的研究对象

建筑设备监控系统的主要研究对象是中央空调及监控系统，还包括给排水系统、照明系统、热交换系统、通风和排风系统及相应的监控系统。建筑设备监控系统对于以下几个子系统只监测不控制：变配电系统、建筑柴油发电机机组及系统、电梯系统。

中央空调及监控系统在建筑设备监控系统中，投资最大，大型设备数量最多，监控过程最复杂。家用独立空调一般没有放在楼宇自控系统中研究，但在本教程中，也对其进行了简要的介绍，目的是让读者将家用独立空调、中央空调、家用中央空调等几个不同的部分进行对照学习，以帮助读者对中央空调及监控系统加深理解。

## 1.2 空调系统的分类及工作原理

空气调节是通过对空气的处理使某区域范围内空气的温度、相对湿度、气流速度和洁净度达到一定要求的工程技术，实现空气调节的设备就是空调。

一般认为，制冷量大于14 000W，带风道的空调设备称为中央空调，其余称为家用空调。

### 1.2.1 舒适性空调和工艺性空调系统

空调是空气调节的简称，是指利用设备和技术对建筑、构筑物内环境空气的温度、湿度、洁净度及气流速度等参数进行调节和控制，满足建筑物及室内用户对温度、湿度及及空气质量的要求，为用户提供温度、湿度适宜和空气质量满足国家卫生标准的生活、工作环境。

以建筑热湿环境为主要控制对象的空调系统，按其用途或服务对象不同可分为舒适性空调系统和工艺性空调系统两类。

工艺性空调系统也称为工业空调。部分对生产工艺过程和环境要求较高的场所，装备的空调系统对环境的温湿度、空气质量、空气中杂质气体或含尘浓度都有较高的控制精度，具备这样性能的空调系统就是工艺性空调系统。

舒适性空调系统简称为舒适空调，为室内人员创造舒适健康环境的空调系统。舒适健康的环境令人精神愉快、精力充沛，工作学习效率提高，有益于身心健康。办公楼、旅馆、商店、影剧院、图书馆、餐厅、体育馆、娱乐场所、候机或候车大厅等建筑中使用的空调都属于舒适空调。由于人的舒适感在一定的空气参数范围内，所以这类空调对温度和湿度波动的要求并不严格。

对于舒适性空调的温湿度等参量要求是：夏季空气温度26～27℃，相对湿度50%～60%，空气流速0.2～0.5m/s；冬季空气温度18～22℃，相对湿度40%～50%，空气流速0.15～0.3m/s。

舒适性空调又分为家用空调和商用空调。国际标准规定，商用空调是3HP（匹）以上空调机组的统称，因此商用空调的种类颇多，包括风冷热泵型中央空调机组、水冷螺杆式冷水机组和离心式冷水机组等。

### 1.2.2 家用空调中的分体式空调

#### 1. 分体式空调的结构

分体式空调由室内机和室外机组成，两者通过电缆和管道相连接，某型号分体式空调的室内机和室外机的结构与外观如图1.1－1所示。

配管中包括连接电线、制冷剂管道、排凝结水管等。

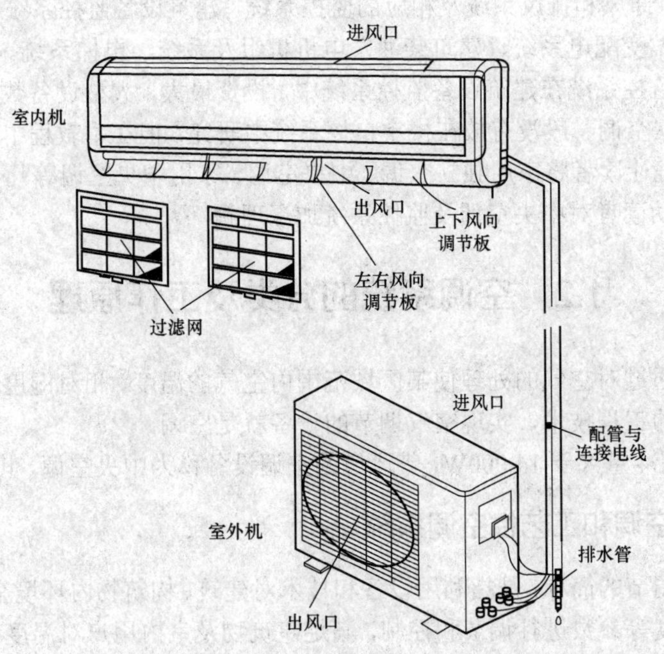


图1.1－1 某型号分体式空调的室内机和室外机

室内机和室外机之间的管道采用铜管接头连接，即在两个系统连接的进出口管上装有手动开闭阀门，在冷凝器、蒸发器及压缩机的制冷剂循环通道内按规定量充入制冷剂，制冷剂由进出口的两个手动阀门封闭在系统里。室内、外机组用软管连接起来，构成一个完整的制冷系统。连接软管中的导线将室内外机组控制电路连接起来，使得置于室内的主控开关能同时控制室外机组。

室外机包括压缩机、冷凝器、消声器、风扇电动机、风扇、支架、电机保护器、继电器、运转电容器、压缩器保护器、四通换向阀、缓冲器、单向阀、干燥过滤器和毛细管（制等部件。室内机包括蒸发器、送风机、干燥过滤器、毛细管和单向阀等。

中小型分体式空调器的压缩机全为全封闭式压缩机，多放在室外机组。制冷剂多使用冷媒R22，R22也是我们常讲的空调机冷媒氟利昂的一种。氟利昂在常温下是无色气体或易挥发液体，低毒，化学性质稳定。主要用作制冷剂，但氟利昂也是一种能对大气臭氧层产生破坏作用的冷媒。

使用分体式空调的优点是：压缩机和冷凝器封装在室外机内并置于室外，离房间较远，降低了噪声；安装和检修方便；室内机组占地面积小，布置方便，造型美观。

分体式空调器的室内机组有多种形式，如壁挂式、吸顶式、立式等，但不管外形如何不同，其制冷原理是完全一样的。图1.1－2为分体式空调的几种形式。

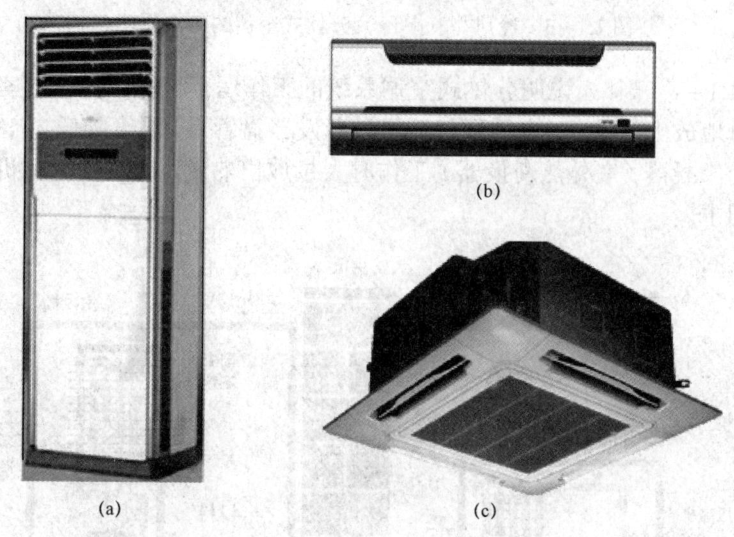

(a) (b) (c)

图1.1－2 分体式空调的几种形式

（a）立式空调（室内机）；（b）壁挂式空调（室内机）；（c）吸顶式空调（室内机）

### 2. 分体式空调的工作原理

分体式空调又分为冷风型（单冷）空调、电热型空调和热泵型分体空调器等，由于篇幅有限，这里仅介绍冷风型（单冷）空调。

冷风型（单冷）分体式空调的工作原理如图 1.1－3 所示。制冷是一个循环不断进行的过程，从安装在室外机中的压缩机开始分析分体式空调的运行过程：① 压缩机将冷媒（制冷剂）压缩成高压气态；② 高压气态冷媒进入冷凝器（室外换热器），通过冷凝器冷却放热变成高压液体，从冷凝器流出；③ 经过干燥过滤器，对高压液态冷媒进行干燥过滤处理；

④ 高压液态冷媒进入毛细管，将冷媒变成低压液体；⑤ 低压液态冷媒经过高压阀流出室外机；⑥ 低压液态冷媒通过连接室外机和室内机的中间连管，到达室内机的管接头后进入室内机内的蒸发器（室内换热器）；⑦ 蒸发器将低压液状冷媒通过蒸发又将冷媒变回到低压气态，同时放出大量冷量；⑧ 低压气态冷媒从蒸发器中流出，再经室内机的管接头，再通过中间连管流进室外机的低压阀；⑨ 低压液体冷媒经过室外机的低压阀，再经过进气管，进入气液分离器；⑩ 低压液体冷媒进入压缩机，经压缩，变成高压气态冷媒等。以后的过程继续重复着以上的步骤。

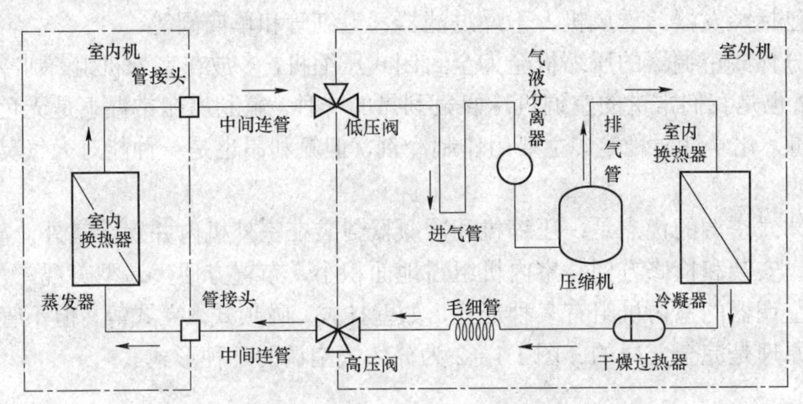


图 1.1－3　冷风型（单冷）分体式空调的工作原理

可以用图 1.1－4 来补充说明分体式空调系统的工作运行过程。图中的室内机部分，蒸发器工作时大量地放出冷量，室内循环气流经过蒸发器盘管后，温度降低，向室内送出冷风。室外机部分中的冷凝器（室外热交换器）工作时大量放出热量，通过轴流风机将放出的热量散发到室外空间中。

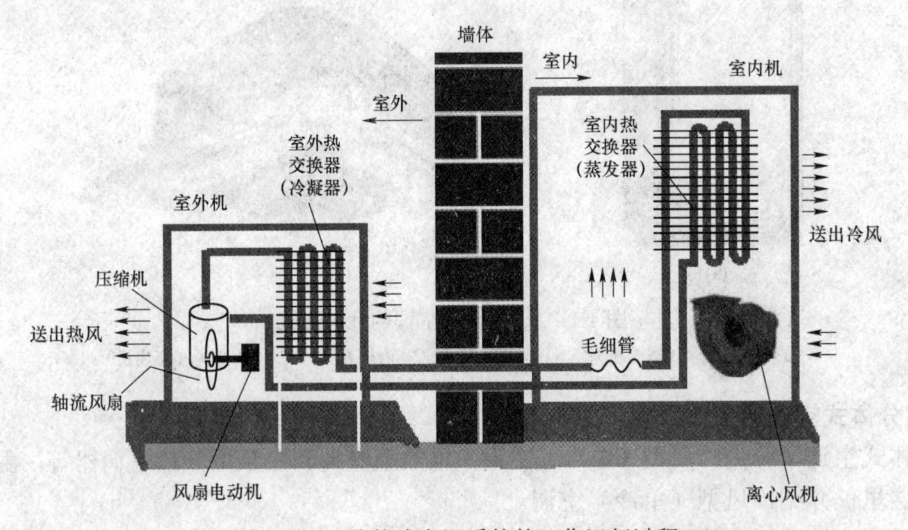


图 1.1－4　分体式空调系统的工作运行过程

### 3. 分体式空调的安装使用

（1）室内机和室外机的安装位置。

1）室内机的安装位置：

◆ 吹出的冷气应流过人活动的主要场所，进、出风口远离障碍物，确保气流不会被挡住；
◆ 室内机安装位置附近不能有电源（如电热器、燃气炉灶等）；
◆ 主机及遥控器要距离电视、音响等1m以上，以免互相产生干扰；
◆ 避免安装在阳光可以直射到的地方；
◆ 选择容易排出冷凝水、易于室外机组连接的地方；
◆ 不要靠近高频设备、高功率无线装置的地方，以免干扰空调的正常工作；
◆ 尽可能远离荧光灯、白炽灯处（否则会导致遥控器不能正常地操作控制）；
◆ 选择可以承受室内机重量且不会使其剧烈振动的坚固墙壁上；
◆ 分体式室内机不能安装在其他电器的上方；
◆ 室内机组与室外机组间高度应满足使用说明书的要求。

2）室外机的安装位置：

◆ 室外机安装位置选择应尽可能离室内机较近的室外，且通风良好；
◆ 选择能承受室外机组重量且不会产生剧烈振动的地方；
◆ 要避免安装在有可燃性气体泄漏的地方；
◆ 安装位置不仅要通风好，而且要保持灰尘少，在不易被雨淋和被阳光直射的地方，如有必要配上遮阳板，但不能妨碍空气流通；
◆ 为保持空气流畅，室外机的前后、左右应留有一定的空间；
◆ 运行噪声和吹出热风不应对邻居的生活造成影响；
◆ 室外机组附近没有阻碍自身进风和出风的障碍物；
◆ 没有易燃气体、腐蚀性气体泄露的地方；
◆ 饲养动物或种植花木的场地不宜安装，因为排出的热气对它们有影响。

（2）关于配管。室外机组和室内机组的连接管及配管如图1.1－5所示。

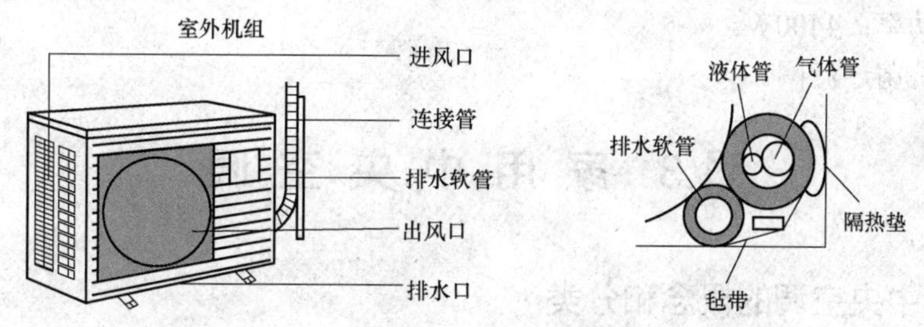


图1.1－5　室外机组和室内机组的连接管及配管

设置配水软管的时候要做到：

◆ 要将排水软管配置在配管的下方；
◆ 不要使配水软管隆起或盘曲；
◆ 不要拉着排水软管进行包扎；
◆ 排水软管通过室内时，使用隔热材料缠绕包裹；
◆ 用毡带包裹配管和排水软管，并在接触墙面的地方贴上隔热垫。

将连接线连同连接管、排水软管捆扎在一起，并确定好与室内机的连接长短距离。用包扎带将其均匀地包扎好，包扎方向应由室外机向室内机包扎，以防雨水进入管路而影响管温和损坏绝缘。此时应注意，电源线、控制线不应交叉缠绕，连接线放在上面，排水软管放在

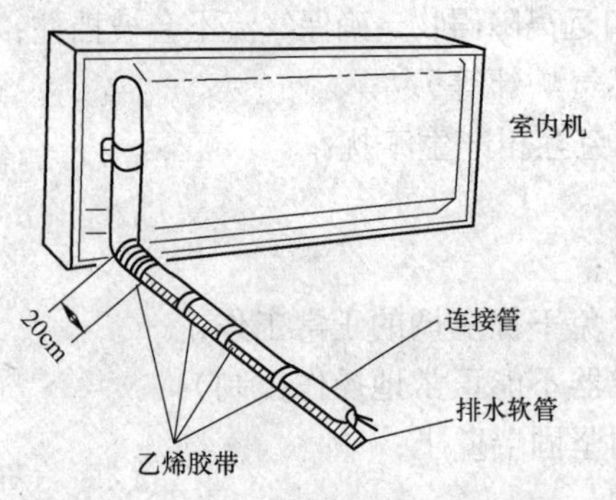


图 1.1－6　室内机管线连接示意图

下面，配置在冷媒管道的下方，如图 1.1－6 所示。

连接室内机和室外机的配管安装时，需要在墙上开孔，根据机种以及室内机组的安装位置，要求室外墙孔应略微向下 0.2～0.5cm，以防外部雨水沿管子侵入室内。

4. 变频型分体式空调

分体式空调中还经常听到变频型分体式空调，所谓变频，是指压缩机转速可根据环境的实际负荷的变化相应地调节，使用一个小型变频器为压缩机电动机提供驱动电源，变频器输出频率发生变化，控制压缩机电动机转速变化，调节制冷量或制热量。传统的分体式空调使用选择开关，调节改变风扇的转速，因此不适合环境变化，耗电量大，为了省电，只有靠压缩机时开时停来操作，增加空调机的启动功耗，同时还将导致空调机寿命缩短，也造成室温波动大。变频空调机的耗电量比传统产品小。

某型号的变频空调的一些技术参数介绍：

◆ 功率：1.5 匹，能源消耗量 3.89W。

◆ 触摸式按键操作，壁挂式结构，在机体上设有显示屏，方便用户了解空调工作情况及室内温度。

◆ 0.5℃精确控温。

◆ 制冷面积 11～18m²，制热面积 13～17m²。

◆ 冷暖类型：冷暖电辅。

◆ 是否变频：是。

◆ 制冷功率：1120W。

◆ 制热功率：4400W。

◆ 配置抗菌过滤网。

## 1.3　家用中央空调

### 1.3.1　家用中央空调的概念和分类

1. 家用中央空调的概念

家用中央空调是指根据国家空调设计规范的设计参数和要求进行选型设计和安装的，用于家庭的空调系统。家用中央空调也叫作户式中央空调或家庭中央空调。家用中央空调是一个小型化的独立空调系统，其冷量通过一定的介质输送空调房间，以满足居住的舒适性要求。它是介于传统中央空调和家用空调之间的一种形式，是随着人们住房条件的改善和生活质量的提高而逐渐发展起来的一种空调系统。

家用中央空调将大型中央空调的便利、舒适、高档次和传统小型分体空调的简单灵活结合起来，成为一种应用越来越广泛的空调形式。

家用中央空调和中央空调的主要组成结构非常类似：一台主机通过风道或冷媒管连接多个末端设备的方式来控制不同的房间以达到室内空气调节的目的。

2. 家用中央空调的分类

家用中央空调按工作原理可分为两种：一种是由大型中央空调系统的设备演化而来的空调系统，如暖通空调制造商提供的户型中央空调，各种款式的风冷式冷热水机组；另一种是由分体壁挂空调设备演化而来的空调系统，如一拖多等。

从热输送介质方式来看，家用中央空调产品可划分成三种类型：一种以制冷剂为热输送介质的氟利昂制冷系统，如一拖多空调；一种以水为冷热媒向室内的末端装置供送冷热源，属于以水系统换热的空气－水热泵机组；另一种以空气为热输送介质的全空气系统，如风管式空调等。

家用中央空调是适用于别墅、公寓、家庭住宅和各种工业、商业场所的空调系统。家用中央空调由一个室外机产生冷（热）源进而向各个房间供冷（热），属于（小型）商用空调的一种。

### 1.3.2 家用中央空调系统的特点

如前所述，家用中央空调主要有冷媒系统、水系统和全空气系统三类。三类系统各有特点。

1. 冷媒系统

冷媒系统也称多联机系统，输送介质为制冷剂，是由一台室外机通过制冷剂管路向若干室内机输送制冷剂的空调系统。该系统由室内机、室外机、冷媒管、凝结水管等组成，室内外机之间采用紫铜管连接。

（1）系统优点：

1）冷媒直接蒸发，能效比较高。

2）型号规格多，选择余地大。

3）一拖多系统，能自动根据负荷变化和室内机使用情况调节室外主机输出能力，使系统高效运行。

4）使用方便，能实现集中管理和单独控制。

5）安装较为简化，施工速度快，管道占用吊顶空间小。

（2）系统缺点：

1）安装技术要求高，维护难度较大。

2）压缩机技术较复杂，系统价格较高。

3）制冷制热效率高，但也导致舒适度降低。

2. 水系统

水系统的输送介质为水，室外机生产制备空调冷（热）水，由管路输运给室内的诸末端装置。该系统由风冷热泵机组、室内末端及空调水管等组成，室内末端通常为风机盘管。

（1）系统优点：送风舒适性高，调节湿度能力好。

（2）系统缺点：若发生漏水情况，对装修破坏较严重，但泄漏点容易被发现和便于维修。

3. 全空气系统

全空气系统主要为风管式系统，是一种一拖一形式，与家用分体机相似，是由室内外机、冷媒管、凝结水管等组成，室内外机之间采用紫铜管连接。室内部分为吊顶暗藏式，通过风管及风口送风。

（1）系统优点：投资相对低；冷媒管路较短，不易发生冷媒泄漏。

（2）系统缺点：室外机数量多，效率较低，运行费用相对要高。

4. 水系统和冷媒系统的部分特点比较

对于水系统和冷媒系统两类家用中央空调，各有特点，市场占有率相差不大。水系统中央空调以美国四大品牌为主，如特灵、开利、约克、麦克维尔等。冷媒系统中央空调以日本品牌为核心，如大金、日立、三菱重工等。这些品牌基本上占据了我国家用中央空调大部分市场，除此之外，国产家用中央空调也占据了一部分市场。

选特灵家用中央空调（水系统）和大金中央空调（冷媒系统）为代表，列出两类产品的主要特点比较，见表 1.1－1。

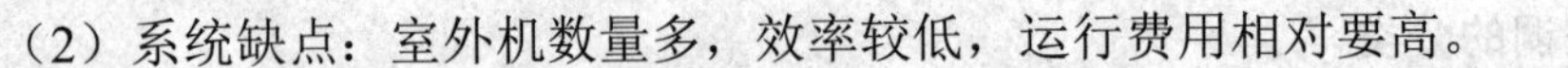

表 1.1－1　水系统和冷媒系统家用中央空调的主要特点比较

| 项目 | 家用中央空调水系统 | 家用中央空调冷媒系统 |
| --- | --- | --- |
| 能效比 | 适合大面积使用，使用率越大越节能（水的热容比较大） | 小户型使用（变频技术，使用率较低的情况下有优势） |
| 舒适性 | 水分不容易丢失，温差梯度小 | 使用时间长会导致室内空气干燥，有不舒适感 |
| 循环系统 | 水机（水循环系统） | 氟机（氟利昂等冷媒循环系统） |
| 辐射 | 不会产生高频谐波，具有优越的电磁兼容性，电气设备零干扰 | 高频电磁谐波，辐射，对人体、精密电器产生干扰 |
| 可靠性 | 双回路设计，多个压缩机，即使一个压缩机回路故障仍能继续工作，可靠的涡旋式压缩机，机组运行寿命长 | 一台变频压缩机，室外机和室内机的控制全部连接，一旦某台机出现故障，整个系统不能使用，只有一台压缩机，需长时间运行 |
| 安全性 | 制冷系统集中于外机，安全可靠 | 冷媒遍布于系统各部，泄漏概率相对水系统较高 |
| 使用寿命 | 水机的设计寿命是 20 年 | 氟机是 15 年 |
| 售后服务 | 性能比较稳定，后期维修成本低 | 前几年使用较好，7～8 年后容易出问题，维保费用较高 |
| 制热效果 | 水系统制热范围可在－10℃，水系统也可以加壁挂炉辅助供暖 | 氟系统制热在－5℃以下较差 |
| 热效率 | 升温较慢 | 升温很快 |

### 1.3.3　家用中央空调的使用特点

对于多个房间同时配置空调，选择什么形式的空调配置最为经济？如果每个房间安装一个空调，不仅影响房屋美观，而且几个空调一起使用，耗电量大。与普通分体式空调相比较，使用家用中央空调是较为经济的空调配置方式。

家用中央空调将全部居室空间的空气调节作为一项整体工程来实现，克服了分体式空调对居室分割的局部处理和不均匀的空气气流等不足之处，能达到居室内的温度均匀，波动小，给用户带来更好的热舒适感。

家用中央空调可以通过巧妙的设计和安装，实现与整体装修一致以及和谐统一。其主机安置于阳台的隐蔽处，室内机的安装有多种选择方式，可根据户型装修的喜好，选择侧送风或下送风的方式，利用吊顶将室内机安置于天花板内，家用中央空调不会影响居室内装潢的整体协调性，也不同时安装多台室外机而影响建筑物外观的情况。

家用中央空调在西方发达国家中已经广为使用，但在我国国内的使用还没有处于主流应用，但未来的趋势是家用中央空调的应用将会越来越深入和广泛。

家用中央空调在应用中也存在着一些需要配合解决的问题，如需进行设计与专业性安装；家用中央空调要求电负荷较大，在选购前应该重点考虑安装空间的供电负荷是否满足要求等。

## 1.3.4 家用中央空调风管式系统

风管式系统的家用中央空调就是以空气作为输送介质，利用冷水机组集中制冷，将新风冷却或加热，而后与回风混合后送入室内。如果没有新鲜风源，风管式系统类型的家用中央空调就只能将回风冷却或加热了。

风管式系统的室外机集中产生冷热量，将从室内的回风（或回风与新风的混合）在室内机集中进行空气处理，如冷却、加热、加湿、净化等，再直接由风管送入各个空调区。系统室内与室外机之间由制冷剂铜管连接。

某品牌的几款风管机如图 1.1－7 所示。

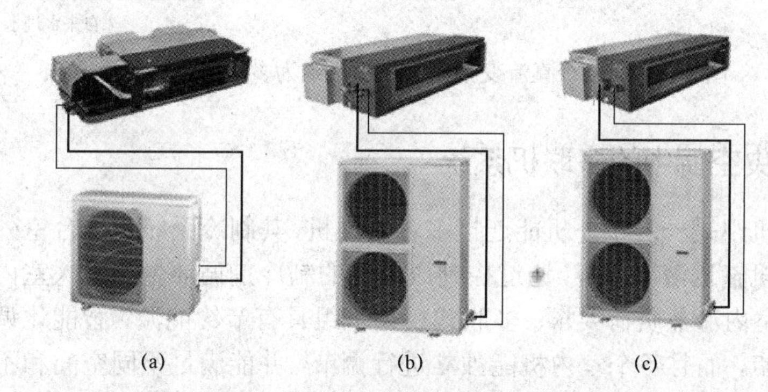

图 1.1－7 某品牌的几款风管机

（a）超薄型风管机；（b）一般风管机；（c）直流变频风管机

风管式系统成本较低，而且新风系统能够更好地提高空气质量。风管机的适用范围为商场、酒店大厅、大型会议室、餐厅和食堂等场所。

## 1.3.5 家用中央空调中的冷/热水机组

家用中央空调的冷/热水机组是指输送介质通常选用乙二醇溶液或直接选用水。通过室外主机产生出空调房间内末端装置所需的冷、热水（冷源或热源），由管路系统输送到室内的各个末端装置，并与室内空气进行热交换，为空调房间供送冷、热风。

冷/热水机组的风机盘管可以调节风机转速，对每个空调房间都能进行单独调节，因此在节能效果好。

通过冷/热水机组将冷热水送到每一个空调房间供冷或供热的情况如图 1.1－8 所示。

一个直流变频多联热水机组为多个房间同时供热的情况如图 1.1－9 所示。

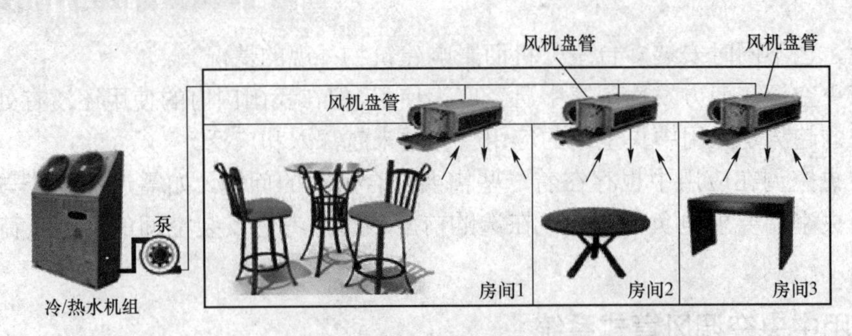


图 1.1－8　通过冷/热水机组向房间供冷或供热的情况

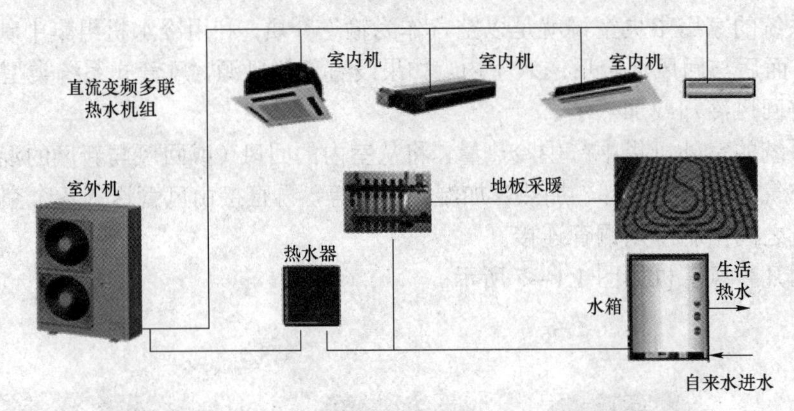


图 1.1－9　一个直流变频多联热水机组为多房间供热的情况

## 1.3.6　家用中央空调中的多联机系统

多联式空调机组是一台室外机能连接多台室内机，其制冷系统是一台室外机通过管路能够向若干个室内机输送液态冷媒，通过控制压缩机的制冷剂循环量和进入室内各个换热器的冷媒流量，满足室内冷热负荷要求。多联式空调机组具有节约能源、智能化调节和精确的温度控制等诸多优点，而且各个室内机能独立进行调节，并能满足不同空间和不同空调负荷的需求。

多联机型系统就是常说的一拖多系统，由一台或数台室外机带动服务区中不同空调房间的室内机末端装置。图 1.1－10 给出了室内机分布在不同位置的多联机系统。

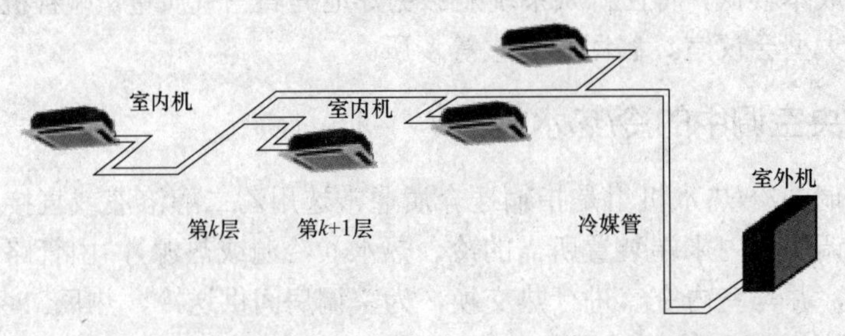


图 1.1－10　室内机分布在不同位置的多联机型系统

多联机型系统是冷媒系统。这类系统中，以压缩制冷剂为循环输运的冷媒，一台压缩机就可带动多台室内机，室外主机由换热器、压缩机等组件组成。而室内机则由直接蒸发式换热器和风机组合而成。制冷剂通过管路由室外机送至室内机，通过控制管路中制冷剂的流量以及进入室内各散热器的制冷流量，来满足各个房间实际负荷对冷量的需求。多联机型系统的节能性能优良。

多联机型系统的一拖多如图 1.1－11（a）所示。多联机型系统中，输运冷媒的是铜管，如果出现冷媒分路，则使用分歧管，实现一拖多的结构，结构如图 1－11（b）所示。

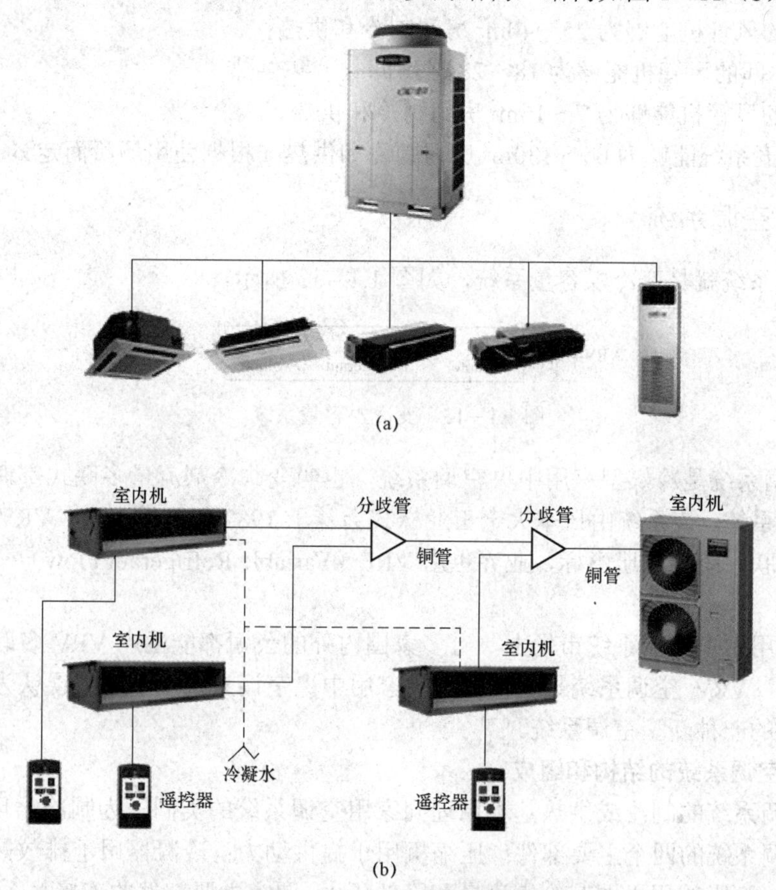


图 1.1－11　多联机型系统

（a）多联机型系统的一拖多；（b）一个多联机型系统

某国产智能变频中央空调的结构是一拖五，一个室外机和五个暗藏式室内机（风管机），如图 1.1－12 所示。

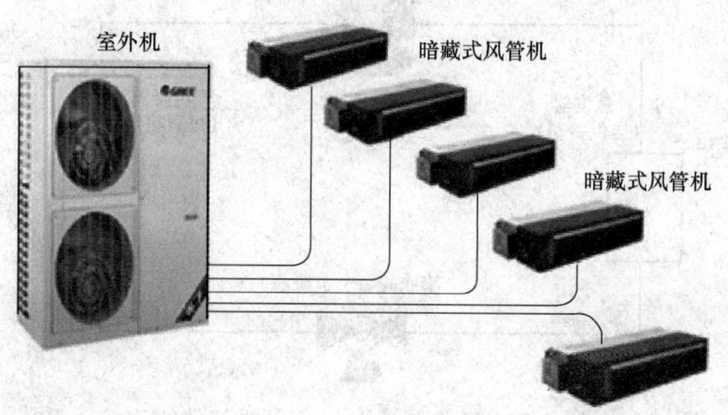


图 1.1－12　某国产一拖五智能变频中央空调

功率：5 匹。

功能：制冷、制热。

功耗范围：800～3800W。

内机型号：一拖五。

1 台 2 匹的风管机能够为 25～40m² 房间制冷和供热；

1 台大 1.5 匹的风管机能够为 18～28m² 房间制冷和供热；

3 台 1 匹的风管机能够为 7～16m² 房间制冷和供热。

整个一拖五系统能够为 65～130m² 房间制冷和供热（根据使用场所而定）。

### 1.3.7 VRV 空调系统

VAV 空调系统就是变冷媒容量系统，如图 1.1－13 所示。

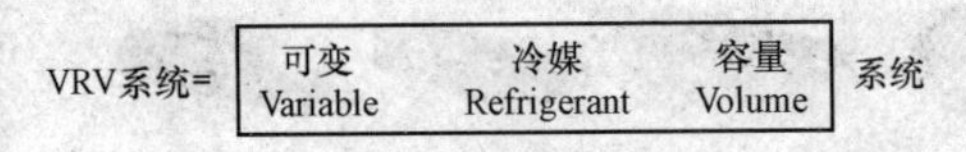


图 1.1－13 变冷媒容量系统

VRV 空调系统是冷媒型家用中央空调系统，也叫变制冷剂流量多联式空调系统，当然也属于多联机系统，该系统由日本大金工业株式会社于 1982 年开发上市，VRV 也成为大金变冷媒流量多联系统的注册商标，业界也用 VRF（Variable Refrigerant Flow）一词对同类系统加以区分。

现在的家用中央空调系统市场上，有多家国内外的公司都能生产 VRV 多联机系统，此处要强调一下：VRV 空调系统是一种典型的家用中央空调系统，不要被误认为是家用中央空调系统以外的一种新型空调系统。

#### 1. VRV 空调系统的结构和组成

VRV 空调系统的制冷或供热基本原理同家用空调系统的类同，为制冷循环－逆卡诺循环。VRV 空调系统的四个主要部件：压缩机用于提供动力；冷凝器用于排放热量；蒸发器用于提供冷量；膨胀阀用于调节冷媒流量和降低压力。四个主要部件的连接关系如图 1.1－14 所示。

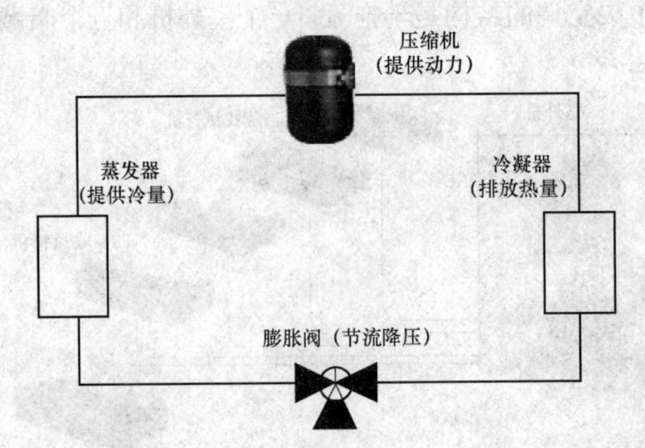


图 1.1－14 VRV 空调系统中几个主要部件的连接关系

（1）压缩机。压缩机是 VRV 空调系统的“心脏”。压缩机在制冷或制热过程中的作用在于，将从蒸发器输送来的气态制冷剂的温度和压力都提高后，送入到冷凝器中。

压缩机的作用如图 1.1－15 所示。

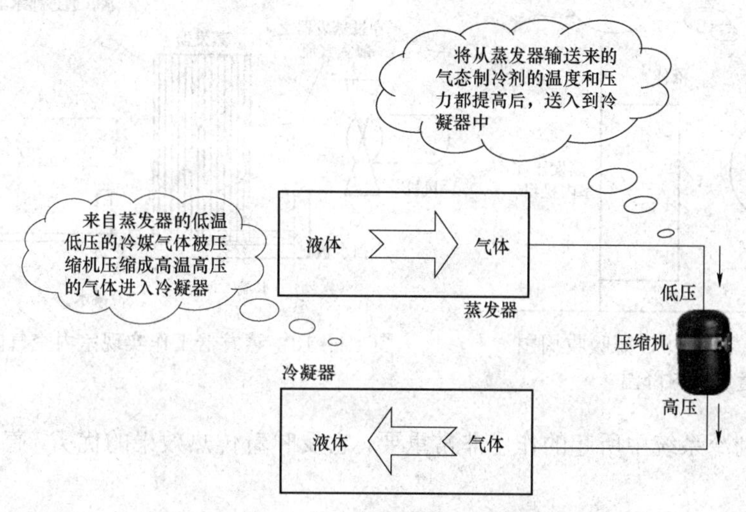


图 1.1－15　压缩机的作用

压缩机和冷凝、蒸发器及膨胀阀的配合如图 1.1－16 所示。

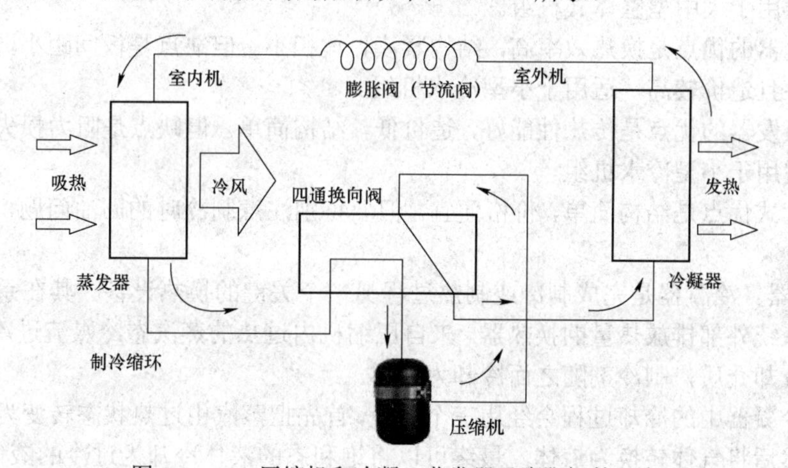


图 1.1－16　压缩机和冷凝、蒸发器及膨胀阀的配合

从图中看到，压缩机将来自蒸发器输送的气态冷媒的温度和压力都提高后，将高温高压的气态冷媒继续送往冷凝器。

（2）蒸发器。在制冷或制热过程中需要有热交换设备，VRV 空调系统中的制冷剂就是在蒸发器中来实现热量交换的，在蒸发器中，制冷剂液体在较低的温度下吸收被冷却的物体或介质的热量转变为蒸汽。可见，蒸发器是制冷装置中产生和输出冷量的设备。蒸发器是室内机的重要组成部分，即蒸发器位于室内机中，蒸发器中的液态冷媒吸收周围空气的热量，使空气温度下降，其过程如图 1.1－17 所示。具体实现的过程是：通过风机使室内空气流穿过蒸发器，生成室内需求的冷风，蒸发器工作工程中，空气被冷却时会产生冷凝水，需要通过排水管排走，如图 1.1－18 所示。

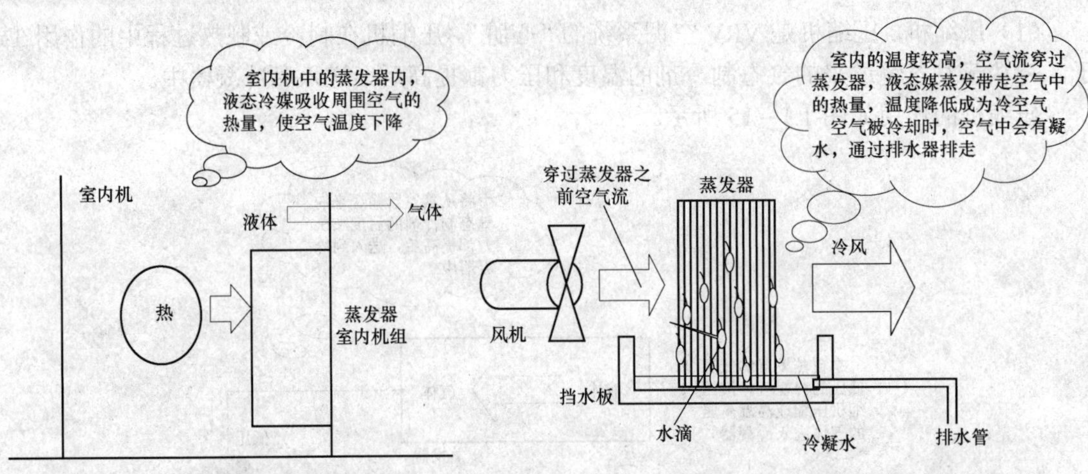


图 1.1－17　蒸发器中冷媒吸收周围热量使室内降温

图 1.1－18　蒸发器工作实现室内空气降温的过程

蒸发器在制冷系统中所起的作用非常重要，它反映着传热效果的优劣，直接反映着制冷剂性能的好坏。

蒸发器按其制作工艺也可分为壳管式、板式、套管式和立式盘管式四种。壳管式蒸发器的优点是冻结的危险小，结构紧凑，腐蚀缓慢，技术成熟。但缺点是冬季管内易冷凝，传热系数小，其适用于大中型整体式机组。

板式蒸发器的优点是换热效率高，结构紧凑，体积小。但缺点是板间距小，易结垢、结冰、冻裂，并且造价较高，适用于小型冷水机组。

套管式蒸发器的优点是传热性能好，造价低，结构简单。但缺点是阻力损失大，水垢不易清除，其适用于小型冷水机组。

立式盘管式优点是结构简单，价格便宜。但要特别注意制冷时的回油问题，其适用于小型冷水机组。

3）冷凝器。冷凝器是完成制冷或制热过程另一个关键的换热设备。其在系统中的作用是将冷媒向系统外部排放热量的换热器。来自压缩机内过热的蒸汽态冷媒流进冷凝器后，将热量传递给冷却介质，制冷剂随之而冷却为液体。

冷媒在冷凝器中的冷却过程会经历三个阶段，首先把蒸汽由过热状态转变为冷凝压力下的饱和态，然后将气体转换为液体，最终可以将饱和态的液体冷却为过冷的液体。

冷凝器装置在室外机中，其工作过程如图 1.1－19 所示。

常用的冷凝器有立式壳管式、卧式壳管式、蒸发式和空气冷却式，它们各自的特点是：① 立式壳管式冷凝器适用于温度高，水质差，水量丰富的地区；② 卧式壳管式冷凝器适用于温度低，水质较好的地区；③ 蒸发式冷凝器适用于室外空气湿球温度较低，缺水的地区；④ 空气冷却式冷凝器适用于缺水或当地室外空气干球温度较低的小型制冷装置。

4）膨胀阀。膨胀阀是制冷系统的主要元件之一，它在空调制冷系统中的主要的作用：对流进的高压液体冷媒降压并节流，确保给冷凝器和蒸发器之间留有一定的压差值，进而满足进入蒸发器的冷媒的低压要求，使其蒸发吸收周围热量来完成制冷的目标。同时也是为了适应蒸发器的负荷变化，通过节流来调节蒸发器内的制冷剂流量，以保证系统安全可靠地运行。膨胀阀位于蒸发器和冷凝器之间，对冷媒的压力和流量进行调节，如图 1.1－20 所示。

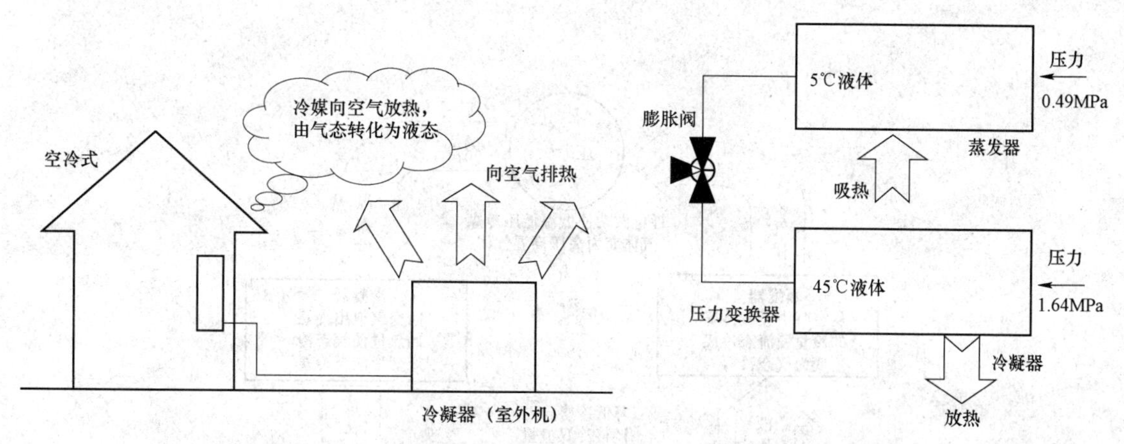


图 1.1－19　室外机中冷凝器的工作　　图 1.1－20　膨胀阀对冷媒的压力和流量进行调节

VRV 空调系统中使用的膨胀阀有电子膨胀阀和热力膨胀阀，在节流降压的调节过程中，电子膨胀阀具有调节负荷变化范围大，过热度控制偏差小，调节制冷剂流量性能强等优点。电子膨胀阀按驱动方式可分为电磁式电子膨胀阀和电动式电子膨胀阀两类。

2. VRV 空调系统的工作原理

VRV 空调系统由一台或多台室外机与多组室内机组成，通过制冷管道将室内机与室外机连接构成一个闭合的系统，同时采用歧管以及电子膨胀阀的共同作用来控制冷媒的分配，一个 3 台室外机的 VRV 空调系统的结构如图 1.1－21 所示。

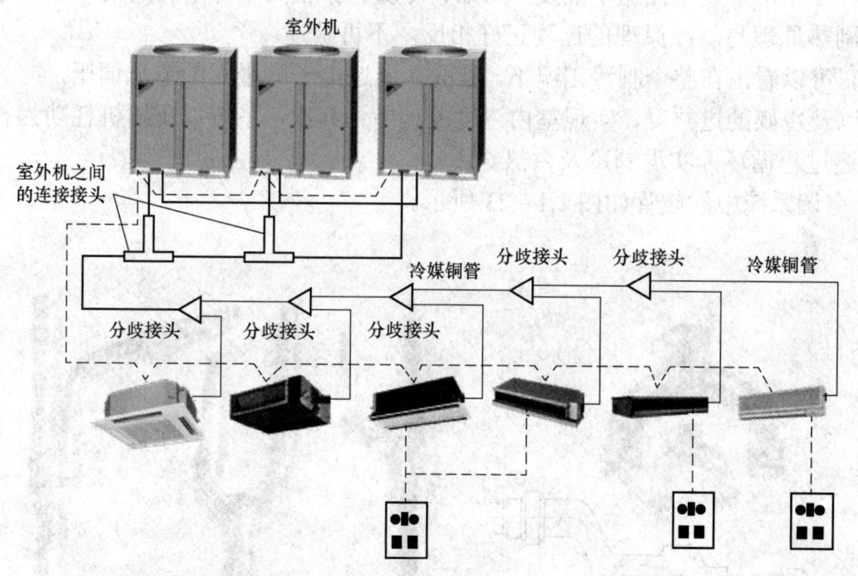


图 1.1－21　一个 3 台室外机的 VRV 空调系统

VRV 空调系统具有结构简单、紧凑，便于施工，节能，舒适，各房间可以独立调节控制，任意一台室内机可直接启动主机运行。

VRV 空调系统的制冷过程，如图 1.1－22 所示。

制冷的具体过程，首先是低温低压的液态冷媒在蒸发器中吸收热量，即发生热量交换，使液态冷媒转换为低温低压的气态冷媒。

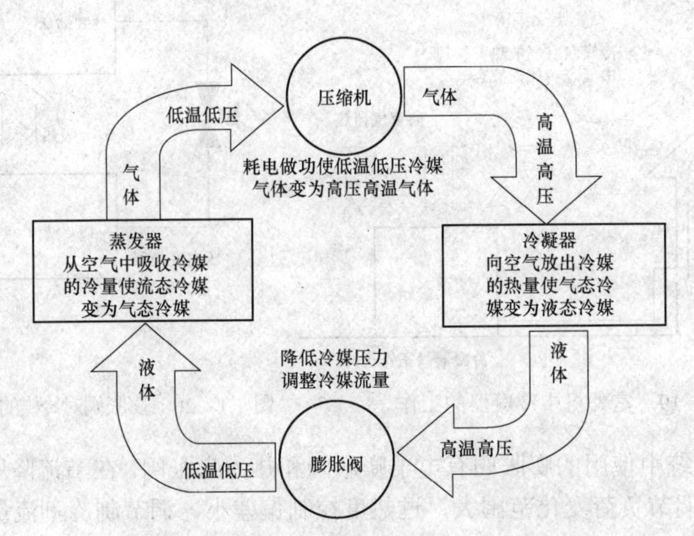


图 1.1－22　VRV 空调系统的制冷过程

汽化成低温低压的气态冷媒后，低温低压的气态冷媒被送进压缩机，被压缩成高温高压的气体后，再经四通阀送至冷凝器中，在冷凝器出来的高温高压液态冷媒再由膨胀阀膨胀为低压低温的液态冷媒，再次进入蒸发器吸热汽化，如此循环反复，以达到循环制冷的效果。这样，冷媒在整个系统中经历了蒸发、压缩、冷凝、膨胀四个环节，完成一个完整的制冷循环。因为制热原理与制冷原理的过程正好相反，不再赘述。

由此，可以看出在整个制冷工况下，首先，通过电子膨胀阀的节流调压，控制室内机的热交换，以及冷媒的过热度，实现室内温度的调节；其次，系统以压缩机耗功为补偿，通过冷媒的上述过程循环，实现制冷及供热。

VRV 空调系统中的歧管如图 1.1－23 所示。

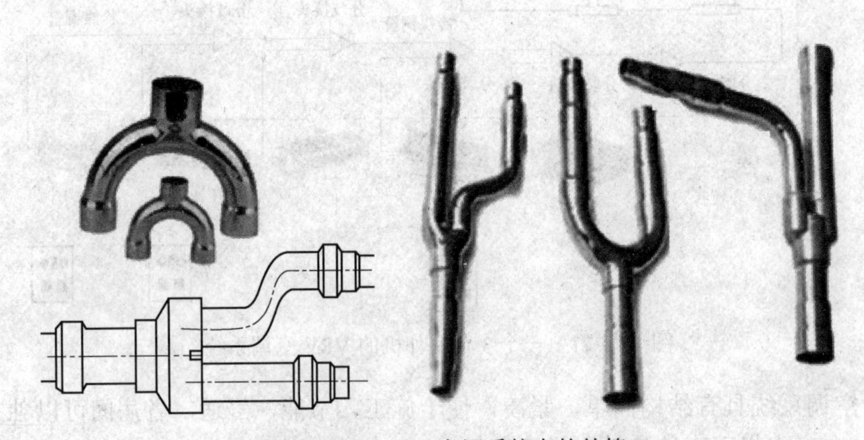

图 1.1－23　VRV 空调系统中的歧管

VRV 空调系统中的冷媒铜管如图 1.1－24 所示。

VRV 空调制冷过程原理如图 1.1－25 所示。

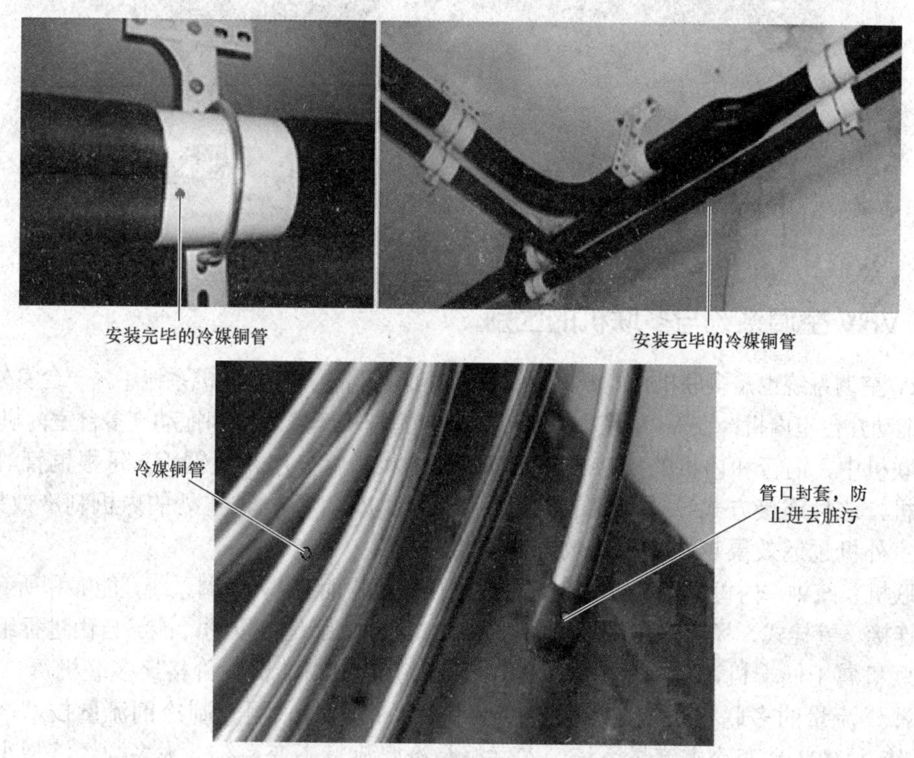


图 1.1－24　VRV 空调系统中的冷媒铜管

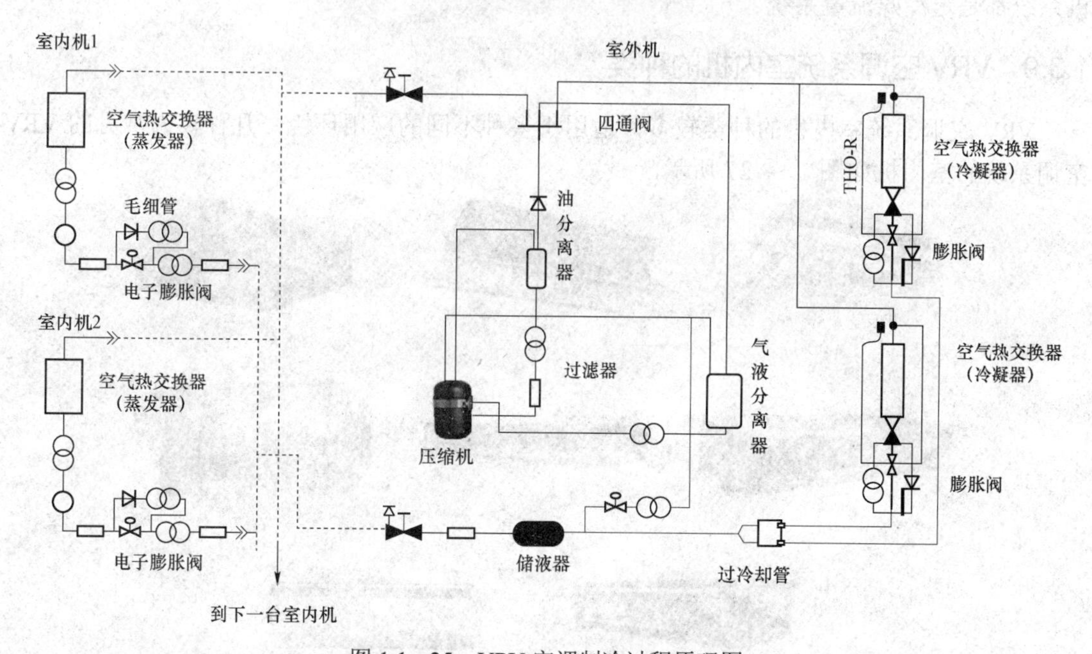


图 1.1－25　VRV 空调制冷过程原理图

VRV 空调的室外机机身紧凑，1 台室外机便可连接多台室内机，节约室外安装空间，还可以美化建筑外墙墙面。室外机安装实例如图 1.1－26 所示。

图 1.1－26　室外机安装实例

## 1.3.8　VRV 空调系统与多联机的区别

VRV 空调系统也是多联机，但严格地讲，二者是不同的。在多联机系统中，一台室外机一般连接和拖动几台室内机；在 VRV 空调系统中，一台室外机一般连接和拖动许多台室内机。

多联机中，铜管和内机的连接方式：有几台内机，就分出几根铜管，每根铜管对应连接一台内机，这种连接方式导致冷媒的输运及分布不均匀，不同位置处的内机制冷效果不同，内机离室外机越近效果越好，越远效果越差。

多联机系统中，内机形式选择较少，主要是风管机。而 VRV 空调系统，能够和所有形式的内机相连接，壁挂式、风管机、嵌入式、天井机、落地式都是可以的，能够自由进行组合。

多联机属于低端机，价格便宜。VRV 空调系统是中高端机，价格比多联机贵。VRV 是使用变冷媒流量的多联机系统，如果一个多联机系统没有采用变制冷剂流量技术，就不是 VRV 系统。VRV 是变冷媒流量系统，多联机是冷媒流量不变系统，大多数经济型小型多联机系统都是定冷媒流量系统。

## 1.3.9　VRV 空调系统室内机的种类

VRV 空调系统室内机的种类较多，适用于多种不同的应用环境，几种较为常见的 VRV 空调系统的室内机如图 1.1－27 所示。

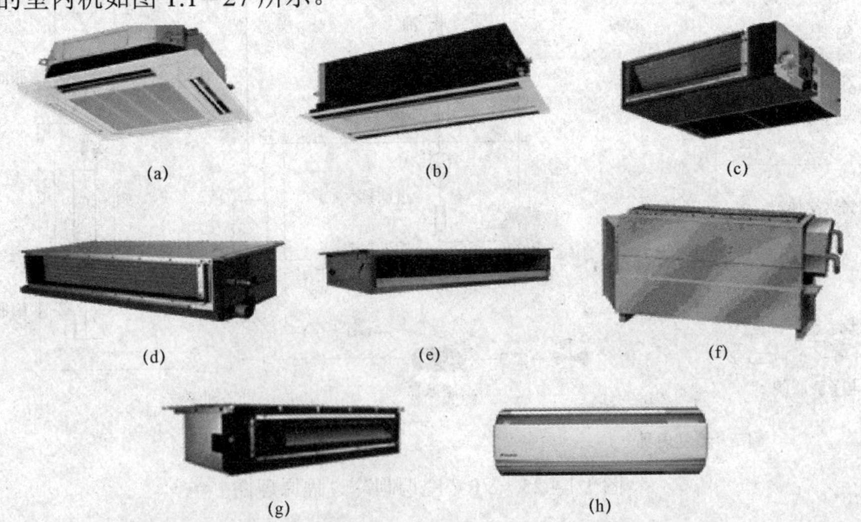


图 1.1－27　几种较为常见的 VRV 空调系统的室内机

（a）天花板嵌入式（四向气流）；（b）天花板嵌入式（双向气流）；（c）天花板嵌入导管内藏式；（d）天花板内藏风管式；（e）天花板内藏风管式（超薄型）；（f）落地内藏式；（g）天花板内藏直吹式（超薄型）；（h）壁挂式

几种常见的室内机的特点见表1.1－2。

表1.1－2　　几种常见的室内机的特点

| 室内机名称 | 外形 | 设备特点 |
| --- | --- | --- |
| 天花板嵌入式（四向气流） |  | 四向出风，气流舒适，机身薄，节省空间 |
| 天花板嵌入式（双向气流） |  | 两向出风，气流舒适，机身薄，节省空间 |
| 天花板内藏风管式 |  | 低静压，短风管，设备经济，与装潢很好地融合 |
| 天花板嵌入导管内藏式 |  | 中静压，较长风管，与装潢很好地融合 |
| 天花板内藏风管式（超薄型） |  | 低静压，机身超薄 |
| 壁挂式 |  | 气流舒适，不需要天花板 |

## 1.3.10　VRV空调系统的设计步骤及设计限制

### 1. VRV空调系统的设计步骤

- VRV室内机选型；
- VRV室外机选型；
- VRV系统划分；
- VRV冷媒管设计；
- VRV衰减核算；
- VRV室内机摆放；
- VRV排水管设计；
- VRV新风设计；
- VRV风管设计；
- VRV控制线路设计；
- VRV系统图设计；
- VRV Imanager设计；
- VRV配电设计。

2. VRV 系统的设计限制

在 VRV 系统的设计中，室内机和室外机的安装高度差、室内机的安装高度差、连接室内机和室外机的单程总管长度等，都受到限制。

◆ 室内机之间的安装高度差不能超过 15m。

◆ 单程管总长不能超过 150m；配管总长不能超过 300m。

◆ 系统中室外机连接容量不能超过 130%；对同时运行可能性很大的办公楼等公共场所，系统连接容量不能超过 110%。

◆ 如果室内机在上，室内外机高度差不能超过 40m。

◆ 室内机与室外机之间高度差不超过 50m。

◆ 室外机之间高度差不超过 5m。

VRV 空调系统设计限制如图 1.1－28 所示。

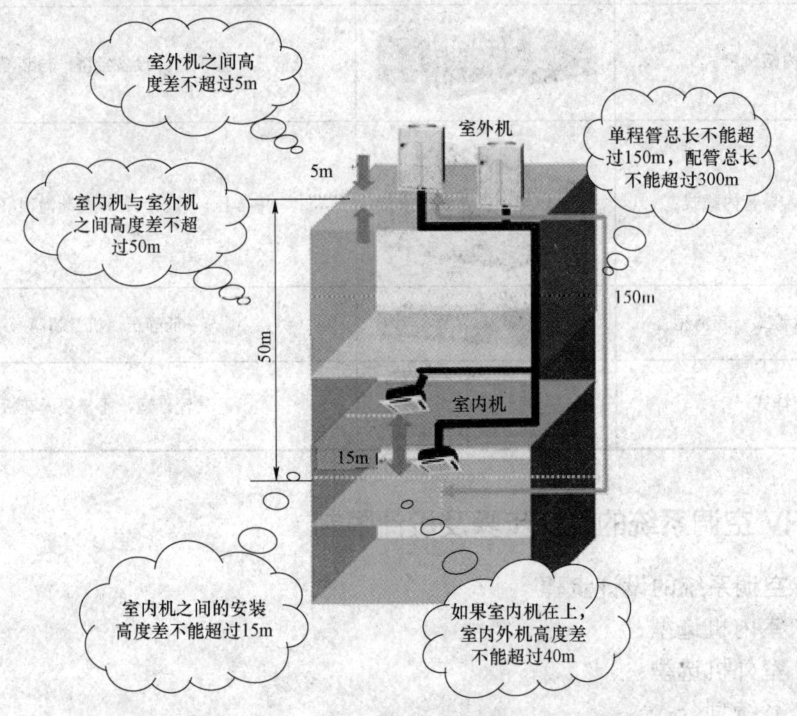


图 1.1－28　VRV 空调系统的设计限制

## 1.3.11　应用 VRV 系统时的建筑负荷计算

1. 建筑负荷计算的方法

选择 VRV 系统室外机、室内机及系统总容量一般是基于较精细负荷计算基础之上进行的。

建筑负荷计算的方法可以使用估算法（经验法）和软件计算法。

这里需要进行说明的是：建筑负荷计算的工作一般有暖通空调工程师来完成，但是对于从事建筑设备监控系统工程的弱电工程师，应该能够使用估算法（经验法）计算室内使用照明设备对室内负荷的负荷贡献值数据，应该能够使用估算法（经验法）计算室内使用电气设备对室内负荷的负荷贡献值数据。

**2. 估算法（经验法）计算建筑负荷**

使用估算法（经验法）计算建筑负荷的含义是：根据不同类型和用途的房间以及房间面积大小在不同季节和不同时间段对室内负荷使用经验值进行估算。对部分房间的热（冷）负荷估算见表 1.1－3，同时给出新风量供给参考值。

**表 1.1－3　热（冷）负荷估算举例**

| 序号 | 房间类型 | 人/m² | 新风量［m³（人·h)］ | | 负荷/（W/m²） |
|---|---|---|---|---|---|
| | | | 适当 | 最小 | 一般 |
| 1 | 旅游旅馆：客房 | 0.063 | 50 | 30 | 135 |
| 2 | 中餐厅 | 0.67 | 25 | 17 | 430 |
| 3 | 接待室 | 0.13 | 18 | 9 | 230 |
| 4 | 小会议室 | 0.33 | 40 | 17 | 280 |
| 5 | 大会议室 | 0.67 | 40 | 17 | 430 |
| 6 | 办公室 | 0.1 | 25 | 18 | 160 |
| 7 | 商店 | 0.2 | 18 | 9 | 180 |
| 8 | 科研办公楼 | 0.2 | 20 | 18 | 180 |
| 9 | 商场：底层 | 1 | 20 | 10 | 430 |
| 10 | 二层 | 0.83 | 20 | 12 | 360 |
| 11 | 三层及三层以上 | 0.5 | 20 | 12 | 270 |
| 12 | 影剧院：观众席 | 2 | 12 | 9 | 530 |
| 13 | 体育馆：比赛馆 | 0.4 | 15 | 9 | 245 |
| 14 | 看台，观众休息厅 | 0.5 | 40 | 25 | 245 |
| 15 | 贵宾室 | 0.13 | 50 | 40 | 210 |
| 16 | 图书馆：阅览室 | 0.1 | 25 | 17 | 145 |
| 17 | 展览厅：陈列室 | 0.25 | 25 | 18 | 210 |
| 18 | 会堂：报告厅 | 0.5 | 25 | 18 | 320 |
| 19 | 公寓，住宅 | 0.1 | 50 | 20 | 190 |

特殊场所的热（冷）负荷计算的估算见表 1.1－4。

**表 1.1－4　特殊场所的热（冷）负荷计算的估算**

| 房间类型 | 面积/m² | 热负荷系数（经验数据）/（W/m²） | 热负荷/W |
|---|---|---|---|
| 总经理室 | 40 | 180 | 7200 |
| 图书室 | 20 | 150 | 3000 |
| 接待室 | 30 | 180 | 5400 |
| 会议室 | 40 | 280 | 11 200 |

3. 软件计算法

暖通空调工程师在考虑房间的功能、朝向、楼层高度、围护结构情况、新风量以及新风处理方式后，使用软件计算法计算建筑负荷。

在 VRV 空调系统使用软件计算法时，可以使用大金负荷软件、天正负荷软件和鸿业负荷软件等。

由于各个不同朝向的区域达到最大负荷的时间不同，因此许多大型项目必须要使用热负荷计算软件来逐时计算热负荷，进而确定整个系统的最大负荷。

整个系统的最大负荷一定要小于各区域最大负荷之和。因此，室外机容量一般可以选的比室内机容量之和要小一些。还要考虑室内机的同时使用系数来选用容量。

在使用软件逐时计算热负荷时，要考虑空调区域在不同位置、朝向时的最大负荷出现在不同的时间。

◆ 在进行建筑分区的情况下，夏季内区的冷负荷最大值出现在下午两点左后，而在冬季无须制热。

◆ 西向房间的最大负荷一般出现在下午 3～4 时。

◆ 北向房间的最大负荷一般出现在下午 1 时。

◆ 东向房间的最大负荷一般出现在上午 9～10 时。

◆ 南向房间的最大负荷一般出现在中午 12 时～下午 1 时。

使用大金热负荷计算软件的一个界面如图 1.1－29 所示。客户端软件界面上有项目概要、房间数据、项目名称、所在城市及外墙种类。

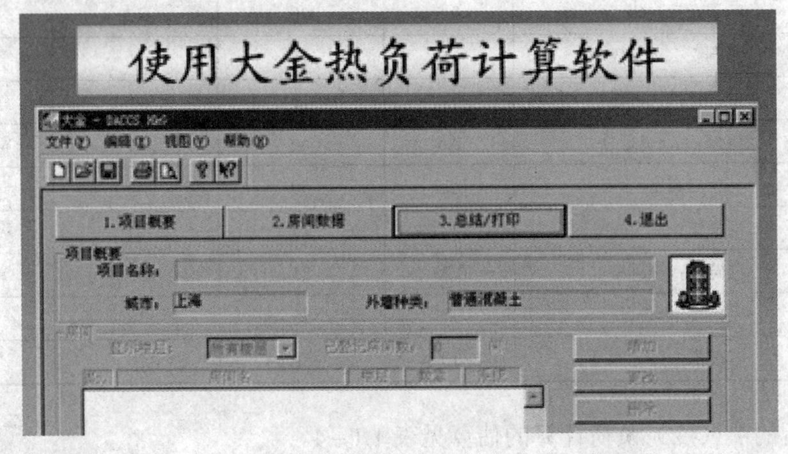


图 1.1－29　使用大金热负荷计算软件的一个界面

## 1.3.12　VRV 室内机和室外机的选型

1. VRV 室内机选型

根据估算的热（冷）负荷选择室内机型号，配合室内装修、天花板装修情况和用户要求选择室内机形式。

VRV 室内机选型注意事项如下：

（1）室内机形式选择考虑与天花板装修的配合。选择风管型室内机时应充分考虑室内噪声，送风管、回风管的长度，转弯引起的压力损失。

（2）壁挂型室内机尽量不要安装在卧室、书房等对噪音要求比较高的环境里。原因是壁挂机的噪声尽管不大，但机器内部安装了电子膨胀阀，运行时，冷媒流动的声音在噪声要求比较高的环境里特别明显，因此尽量避免将壁挂机安装在噪音要求低的室内。

**2. VRV 室外机选型**

容量系数：制冷能力的指数。

室内机容量系数根据风口型号确定，如 FXYF50 的容量系数为 50。

主机容量系数根据匹数确定，如 8 匹容量系数为 200；10 匹容量系数为 250；16 匹容量系数为 400。

系统连接率：室内机的容量系数之和。

**3. 工程应用的部分补充情况**

由于 VRV 空调系统具备许多优点，到目前为止已越来越多地应用于设备用房、别墅、公寓、办公楼、商场、酒店、医院和学校等民用建筑中。下面对工程应用的情况做一些补充说明。

（1）房间的朝向，外墙结构，屋顶结构，使用人数和室内热源（如电器等）将在很大程度上影响冷负荷量。另外，顶层房间的耗冷量要比其他层房间耗冷量大。

（2）安装与设计一体化。家用中央空调系统功能 30%在于设计合理，20%在于机组质量，50%在于安装质量。因此相比于普通家庭空调，户式中央空调服务更强调安装与设计，这就要求企业必须有专业技术开发、设计和服务能力。现在很多企业并不具备这种专业能力，导致系统安装后不能正常运行。所以安装与设计将成为行业一道门槛。所以业内企业用"方案制定、方案设计、工程施工、项目调试"四个阶段的紧密结合来为用户提供更为专业、标准的服务，既设计与安装一体化的服务。

（3）家用中央空调系统的市场开拓。家用中央空调 80%以上的销量要靠设计院、工程投标方等渠道获得。由于目前家用中央空调的销售大都是走工程渠道，并非完整意义的终端消费品，决定采购中央空调的并不是最终用户，而是地产开发商和建筑设计院的工程师，这种情况对于要开拓市场的业内企业是要注意的。

（4）部分学校 VRV 空调系统的使用。由于 VRV 空调技术先进，能效比高,室外机可根据空调房间负荷的变化而自动调节冷量的输送，非常适合于学校的教学环境；VRV 空调室内机具有嵌入式、管道式、壁挂式、落地式、悬吊式等，其给学校环境提供了很多的选择，又由于室内机可很好的结合学校现有的建筑物吊顶格局；节约运行费用和能源；VRV 在无大故障运行时，可运行达 10 年以上；VRV 系统控制简单、质量可靠，室内机和室外采用无缝铜管焊接，并经高压氮气测试，可靠性高，不需专人维修，只需定期清洗室内外机即可；VRV 室内机噪声低；室外机只有 50～65dB，完全能够达到办公、学习、休息等不同环境的要求。

由于 VRV 空调系统具有半集中的单元式结构，使得整幢教学楼内可以分层进行安装和使用，施工中，可以逐层安装、逐层调试、逐层运行，这对于工期和资金都很紧张的学校工程而言，可以说是是一个很有利的系统，这是普通的中央空调无法做到的。

VRV 空调系统可采用频率可调的压缩机，相对于不同速系统具有明显的节能、舒适的效果。VRV 空调系统可根据室内负荷的变化连续调节压缩机的转速，减少压缩机因频繁启动、停止而造成的电能损失。空调系统的能效比随着频率的降低而升高，由于压缩机长期工作在低频区域，整个空调系统的能效比远高于传统的中央空调，同时采用变频启动压缩机，降低了启动电流，对电气设备的损耗相对较小，延长使用寿命并节约电能，减弱了对电网内其他设备的冲击。

根据学校的环境特点，主要采用吸顶结构的四面出风式室内机，室内机设置在教室中部，可以更好地向周围送风，空气流动适宜，气流组织形式好，制冷或制热的效率也较高。

# 1.4 中央空调系统

## 1.4.1 中央空调系统和家用空调系统的不同

前面已经介绍了家用空调系统和家用中央空调系统，对于建筑设备监控系统来讲，中央空调系统是主要研究对象之一。中央空调系统与家用空调系统的主要区别在于：中央空调系统的末端设备不直接配置冷热源，家用空调系统是自带冷热源的。

家用空调系统的最主要代表就是分体式空调，冷媒在外力做功的情况下发生相变，在蒸发器的位置处大量吸收周边空气介质的热量，进行制冷；在冷凝器的位置处冷媒放出大量的热送出热风，冷媒在室内机与室外机的冷媒输运管内循环流通，实现制冷或制热的过程。换句话讲，家用空调系统是自带冷热源的。中央空调系统的末端设备，空调机组、风机盘管、新风机组和变风量空调机组是不自带冷热源的，中央空调系统的冷源和热源是由专门的设备来提供的，如冷源是由冷水机组提供的，热源则是由诸如热交换站、热锅炉提供的。

中央空调系统的组成＝末端设备＋冷热源

中央空调系统的主要末端设备（空气处理设备）有新风机组、空调机组、风机盘管和变风量空调机组。

中央空调系统的冷源有冷水机组等。

中央空调系统的热源有热交换站或热锅炉等。

中央空调的组成如图 1.1－30 所示，图中看到，中央空调系统的空气处理设备自身没有冷热源，需要有冷热源设备供给，常见的空气处理设备是空调机组、新风机组和风机盘管，冷源多为冷水机组。中央空调系统适合装备在较大或中型的建筑物中。

中央空调的使用寿命一般为 15～25 年，而普通空调则超不过 10 年，如果保养维护正常，中央空调的寿命还可以更长。

中央空调系统是若干个房间使用一台主机的空气调节系统。中央空调是由一台主机（或一套制冷系统或供风系统）通过风道送风或冷热水源带动多个末端的方式来控制不同的房间以达到室内空气调节的目的的空调系统。而家用分体式空调，没有配置风道，采用空气冷却冷凝器、全封闭型电动机—压缩机，在需要进行温度调节的区域装置一台或几台室内机进行空气处理。

家用空调器不能设置新风系统，时间稍长，会产生空气中氧气不足的情况；气流组织为侧送顶回，只能在某固定点送风，舒适性差；安装与建筑、装饰总体配合性差，室外机吊装于建筑外墙，影响建筑外观且有安全隐患。室内机通过管道和室外机相连接，设置在室内的方式可以是立式、壁挂式，与装饰不协调；分体壁挂空调室内外机组的连接管路不能太长，较大地限制了家用空调的使用范围；家用中央空调系统有独立的冷热源，与设置在室内的末端设备（新风机组、空调机组、风机盘管和变风量空调机组）是分开的；而家用分体式空调自带冷热源。

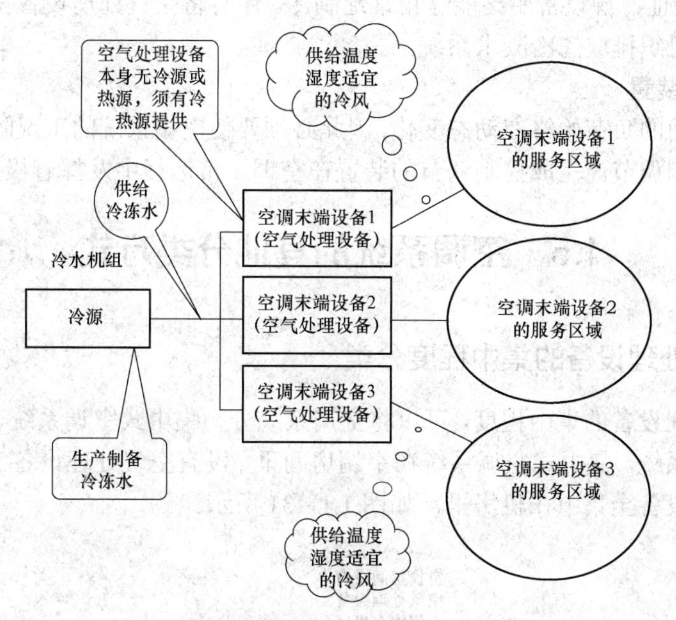


图 1.1－30　中央空调的组成

## 1.4.2　中央空调系统各个组成部分的功能

### 1. 中央空调系统的组成

中央空调系统包括冷热源设备、空气处理设备、空调风系统、空调水系统和控制调节装置。或者讲，中央空调包括以下几个部分，即中央空调末端设备、冷水系统、风管系统和控制系统。这里的末端设备指的是新风机组、空调机组、风机盘管和变风量空调机组。

中央空调工程包括空调负荷计算、水力管路设计、空调末端设备的选择、风系统管道设计、控制系统设计及各子系统的施工。

### 2. 冷热源设备

冷源设备暑季提供冷源，冷源是夏季用来给空调系统提供冷量来制送冷风的设备，如风冷冷水机组（风冷模块机组、风冷螺杆机组等）和水冷冷水机组（水冷螺杆机组）；热源设备冬季提供热源，冬季给空调系统提供热量来加热送风空气的设备，有风冷热泵空调机组和锅炉等。

### 3. 空气处理设备

其作用是将送风空气处理到所需要的状态，主要是风机盘管、空调柜和新风机组等，属于空调系统的室内末端设备。

### 4. 空调风系统

其作用是将空气处理设备产生的冷风通过风管系统（送风管）送到空调房间内，同时将空调房间内的回风引回空气处理设备循环制冷或加热。

5. 空调水系统

其作用是将冷源设备产生的冷量输送到室内空气处理设备，再将发生过热交换后损失冷量的媒质水再将送回冷源设备处理，循环往复，还有冷却水系统，将冷源设备的部分热散发到空间中去，以保证冷源设备始终能够正常地制冷。还有将空气处理设备在制冷运行中产生的冷凝水集中有组织排放的冷凝水系统。

6. 控制调节装置

由于空调房间的负荷始终在动态变化，因此必须要使空调系统的工况随着负荷的变化而变化，即进行控制调节。完成控制调节的装置在空调正常运行中发挥着极为重要的作用。

## 1.5 空调系统的其他分类方式

### 1.5.1 按空气处理设备的集中程度分类

按照空气处理设备的集中程度，可以将空调系统分为集中式空调系统、半集中式空调系统和局部式空调系统。集中式空调系统在空调房间里，没有空气处理设备，只有送风口和回风口，空气处理设备全集中在机房里，如图 1.1－31 所示。

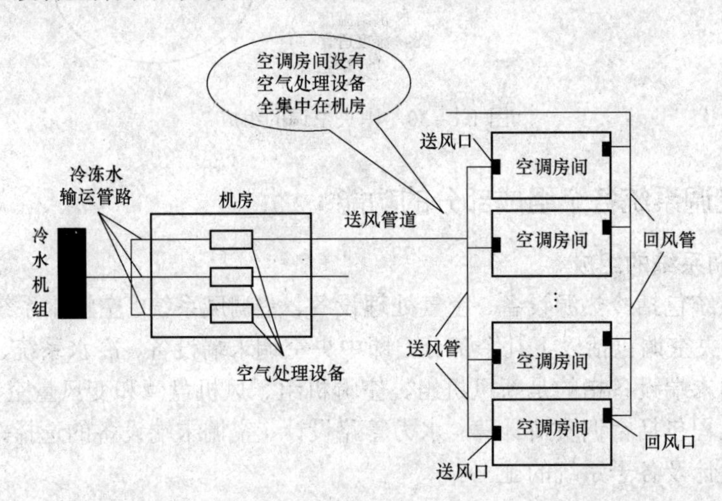


图 1.1－31　集中式空调系统

半集中式空调系统，如图 1.1－32 所示。空气处理设备直接安装在空调房间，冷源则由专门的冷源设备如冷水机组从外部提供，风机盘管就是典型的半集中式空调系统。

### 1.5.2 按承载空调负荷所用工作媒质分类

根据承载空调负荷时使用的工作媒质的不同，又可以将空调系统分为全空气式空调系统、空气－水式空调系统、全水式空调系统和冷剂式空调系统。

1. 全空气式空调系统

由经过处理的空气作为承载室内全部空调负荷的工作媒质，构成的空调系统就是全空气式空调系统。单风道集中式空调系统、双风道集中式空调系统、全空气诱导系统和变风量集中式空调系统都属于全空气式空调系统。

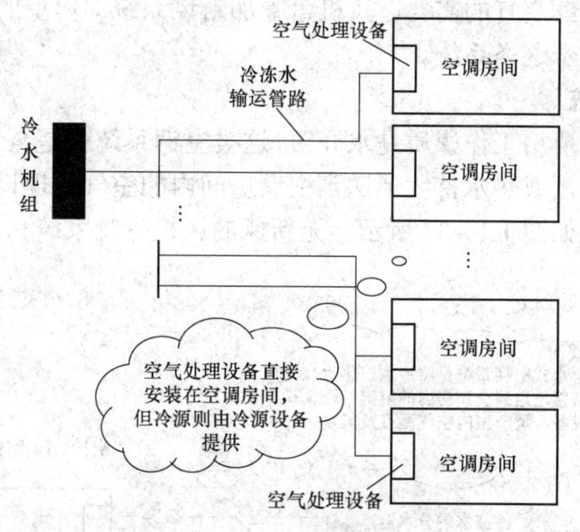


图 1.1－32　半集中式空调系统

用通俗的话讲，全空气式空调系统是通过通风管路将冷风或热风送到空调房间的一种空调系统。简言之，就是直接向空调房间通过送风管道输送冷风（或热风）的空调系统，如图 1.1－33 所示。

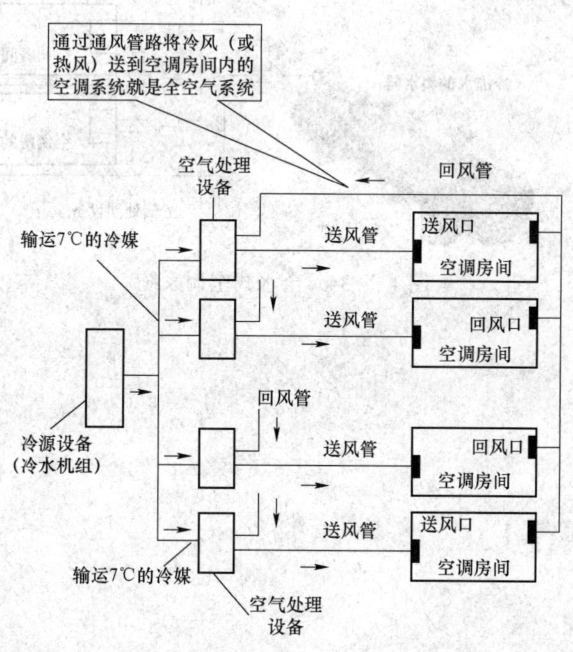


图 1.1－33　全空气式空调系统

国内中央空调系统大量地使用全空气式空调系统。

## 2. 空气－水式空调系统

由经过处理的空气和水共同作为承载室内空调负荷的工作媒质，构成的空调系统就是空气－水式空调系统. 以风机盘管加新风系统为例，水作为工作媒质的风机盘管向室内提供冷量或热量，承担室内部分冷负荷或热负荷，同时有一新风系统向室内提供部分冷量或热量，而又满足室内对室外新鲜空气的需要，风机盘管加新风系统即典型的空气－水式空调系统，再热加诱导器系统也属于这类系统。

3. 全水式空调系统

承载室内空调负荷所用工作媒质是水介质，这类空调系统就是全水式空调系统。换言之，全水式空调系统是将冷水或热水持续地送到空调房间内的空气处理设备，调节室内的空气温度及湿度的空调系统，如图 1.1－34 所示。无新风的风机盘管系统和冷辐射板系统属于这类系统。

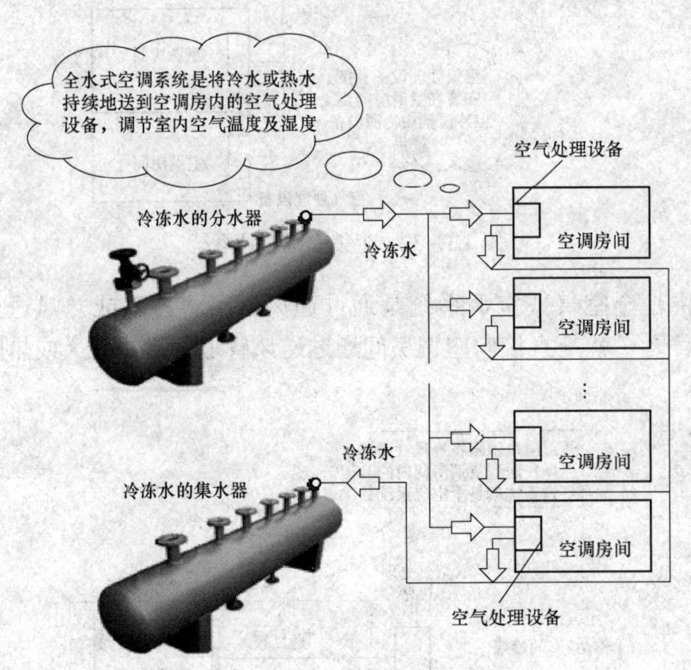


图 1.1－34　全水式空调系统

# 第2章
# 新风机组、空调机组和风机盘管及其控制

如前所述，建筑设备监控系统的主要研究和控制对象之一是中央空调系统，中央空调系统由末端设备和冷热源组成。中央空调系统的末端设备有新风机组、空调机组、风机盘管和变风量空调机组，中央空调系统的冷源装置主要是：生产制备冷冻水并向外输运低温冷冻水的冷水机组；中央空调系统的热源装置主要是热交换站、热锅炉等。中央空调系统的组成如图 1.2－1 所示。

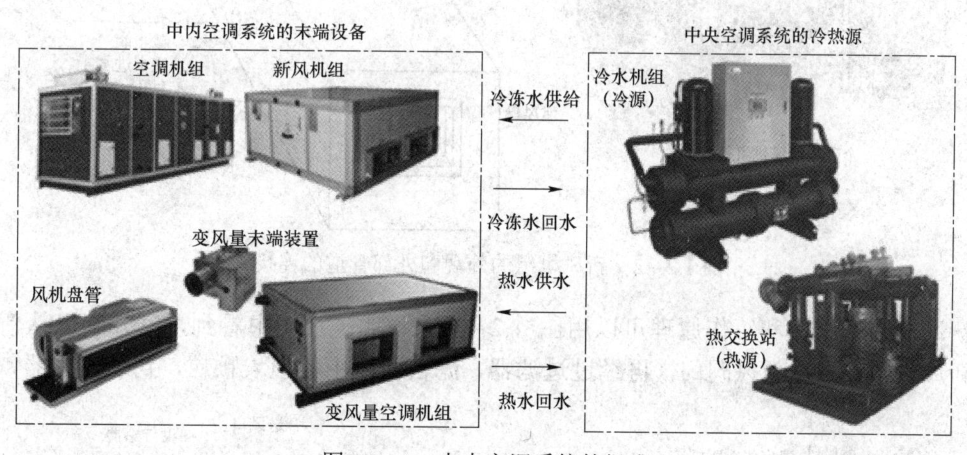


图 1.2－1　中央空调系统的组成

新风机组、空调机组、变风量空调机组和风机盘管是中央空调系统广为使用的末端设备，作为一个从事建筑弱电或建筑智能化工程的工程师，应该通晓这些设备及控制对象的工作原理、运行工艺及运行工况，对中央空调及控制系统有一定程度的驾驭能力，要能够进行这方面工程的相关监控系统的设计、施工和调试；要进行控制系统的通信网络架构设计、施工和调试；要对各种不同应用环境中使用的控制器进行控制程序的编写、调试。除了必须要对中央空调系统的这些末端设备的运行原理、运行工况有较深的理解外，还要对中央空调系统的制冷站及提供热源的热源装置的运行原理、运行工况有较深的理解和认知。

# 2.1 新风机组及其控制

## 2.1.1 新风机组的结构和工作原理

新风机组也叫空气处理机组，是提供清新空气的一种空气调节设备。功能上按使用环境的要求可以达到恒温恒湿或者单纯提供新鲜空气。工作原理是在室外抽取新鲜的空气经过除尘、除湿（或加湿）、降温（或升温）等处理后通过风机送到室内，在进入室内空间时替换室内原有的空气。

新风机组主要功能是为空调区域提供恒温恒湿的空气或新鲜空气。新风机组的工作原理：室外新风通过新风口进入新风机组，新风机组将进入的室外空气进行过滤，滤去空气中的颗粒物，然后对空气进行制冷及除湿或加湿处理，再通过送风机将经过处理之后温度适宜和湿度适宜的冷空气送到空调区域。

一个卧式新风机组的外观和外部管道的连接如图 1.2－2 所示。

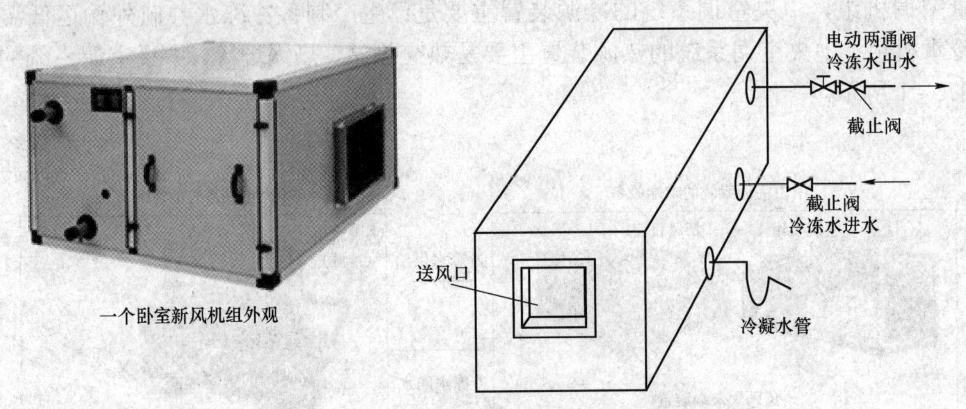


图 1.2－2　新风机组的外观和外部管道的连接

新风机组的结构和工作原理可以用图 1.2－3 来说明。在图中看到，室外新风从新风口进入新风机组，经过新风阀门，再经过过滤器，滤去新风中的尘埃颗粒，到达表冷器，由于

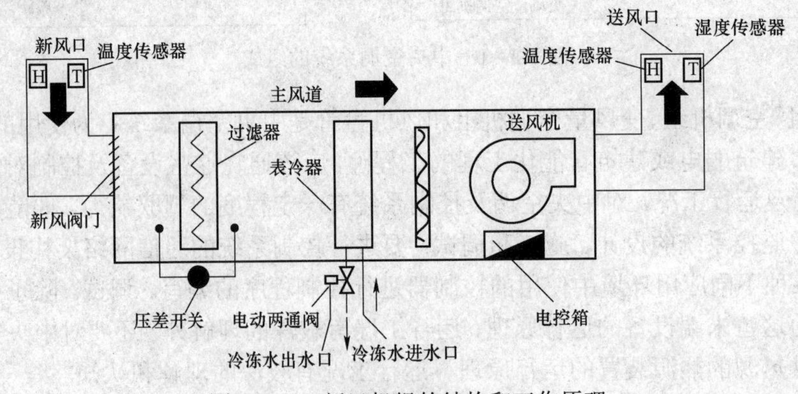


图 1.2－3　新风机组的结构和工作原理

表冷器盘管中流动着温度很低的冷冻水（7℃），表冷器的温度也很低，当新风继续穿过表冷器细密金属孔洞的时候，温度被降低了，如果湿度值不合适，再经过加湿或减湿调节，得到了温度适宜和湿度适宜的冷空气，还要经过风道中送风机的强力导引，由送风口向空调房间或空调区域送出温度适宜、湿度适宜的冷空气及新风。

新风机组的安装示意图如图1.2－4所示。

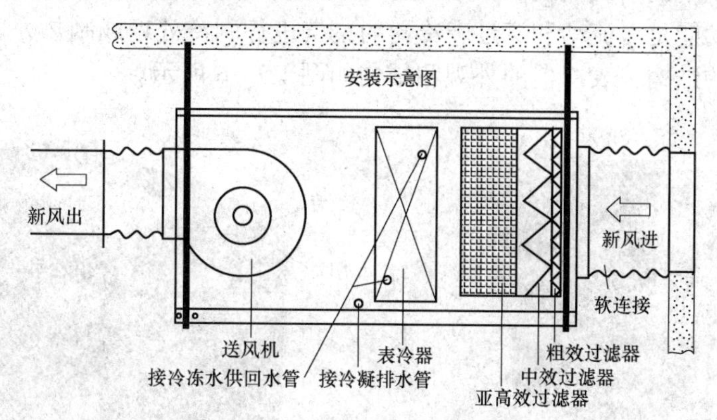


图1.2－4　新风机组的安装示意图

## 2.1.2　新风机组中的部分组件

新风机组中的主要组件有过滤器、表冷器和冷水盘管、加湿器、压差开关、温度传感器和湿度传感器、电动两通阀、送风机等。这些组件在空调机组中的应用情况是一样的，因此在后面的空调机组中对这些组件的主要作用、功能就不再重复。

### 1. 过滤器

在空调系统中用来过滤空气中尤其是新风中的尘埃粒子的装置就是过滤器。工程应用中的中央空调系统使用的过滤器有初效过滤器、中效过滤器及高效过滤器。中效过滤器和高效过滤器产品如图1.2－5所示。

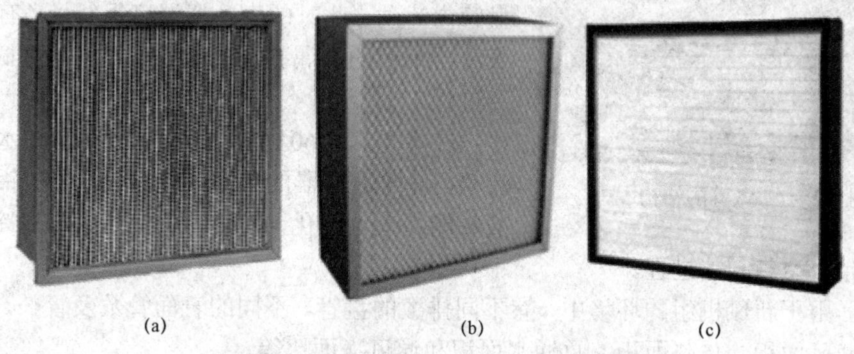

(a)　(b)　(c)

图1.2－5　一种中效过滤器和高效过滤器产品外观

（a）中效过滤器；（b）过滤器；（c）高效过滤器

（1）初效过滤器。初效过滤器适用于空调系统的初效过滤，主要用于过滤5μm以上的尘埃粒子。过滤材料有无纺布、尼龙网、活性炭滤材和金属孔网等。

（2）中效过滤器和高效过滤器。中效过滤器适用于空调系统的中级过滤，主要用于过滤1～

5μm 的尘埃粒子，具有阻力小、风量大的优点。高效过滤器过滤尘埃粒子可以达到 0.1μm 的量级。

如果没有过滤器，新风中的大量尘埃粒子将堵塞表冷器的金属孔洞，导致新风机组风道堵塞而无法工作。

2. 表冷器和冷水盘管

中央空调系统中的新风机组、空调机组、风机盘管及变风量空调机组中的核心部件之一就是表冷器，其功能是对流动和穿过表冷器的空气进行制冷处理或制热处理。

（1）表冷器的结构。表冷器的外观和结构如图 1.2－6 所示。

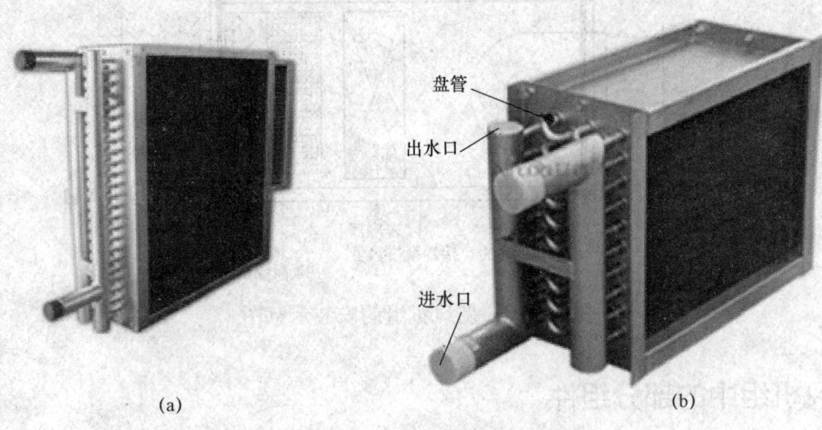


图 1.2－6　表冷器的外观和结构

（a）可用于新风机组及空调机组的表冷器；（b）中央空调中的表冷器结构

图 1.2－7　盘管的结构

从图 1.2－6 中看出，表冷器实际上是嵌入了冷水盘管的温度调节装置，盘管的结构如图 1.2－7 所示。

（2）表冷器的工作原理。在暑季，将 7℃冷冻水注入盘管，盘管外面通过散热性能优越的铝翅片，和进水管道及出水管道一起组成表冷器，7℃冷冻水在盘管内流动，此时的表冷器温度很低，当有空气穿过表冷器细密的金属孔洞的时候，温度被降低，完成制冷过程。

在冬季，将 60℃的热水注入盘管，热水在盘管内流动，此时表冷器的温度较高，表冷器的铝翅片使其散热能力大为强化，当流动的空气穿过表冷器时，温度升高，完成空气制热过程。

表冷器用于新风机组的环境中，有不同排数的盘管，不同的表面管数及管长，其主要技术参数有迎风面积、传热面积、总通水面积和通风净面比等。

3. 压差开关

（1）压差开关的结构和工作原理。在通风及空调系统中的气体压差检测中，要用到空气压差开关，用来进行空气过滤网、风机两侧的气流状态的检测。在过滤器两侧的压差开关主要是监测过滤器是否堵塞而设置的。压差开关的两根塑料管道分别放置在过滤器的两侧，当出现过滤器堵塞的时候，过滤器两侧的空气压差达到整定值就发出报警信号，运行维护人员就要进行清洗或维护更换。

图 1.2－8 是两种压差开关的外观图。

图 1.2－8　两种压差开关的外观

图 1.2－8 中的两个导气孔检测不同位置压力，作用于控制器薄膜的两面。当两侧压差大于设定值时，弹簧承托的薄膜移动并启动开关。当探测微量正压时，只需使用高压连接端而不用低压连接器；若探测真空度时，则只需使用低压连接端，而高压连接端则连通大气。

压差开关的常规应用包括：

1）初效、中效过滤网及亚高效、高效过滤器阻塞报警监测。

2）风机运行状态监测。

（2）TP33 压差开关的技术参数。柏斯顿公司生产的 TP33 压差开关的主要技术参数如下：

1）TP33C－20：20～200Pa。

2）TP33C－30：30～300Pa。

3）TP33C－50：50～500Pa。

4）TP33C－100：100～1000Pa。

5）最大媒介压力：5000Pa。

6）工作温度：－15℃～＋60℃（过压 1000Pa）。

（3）应用环境：

1）实际压差小于设定值，触点 1－2 导通。

2）实际压差大于设定值，触点 1－3 导通。

（4）接线。TP33 压差开关的接线如图 1.2－9 所示。

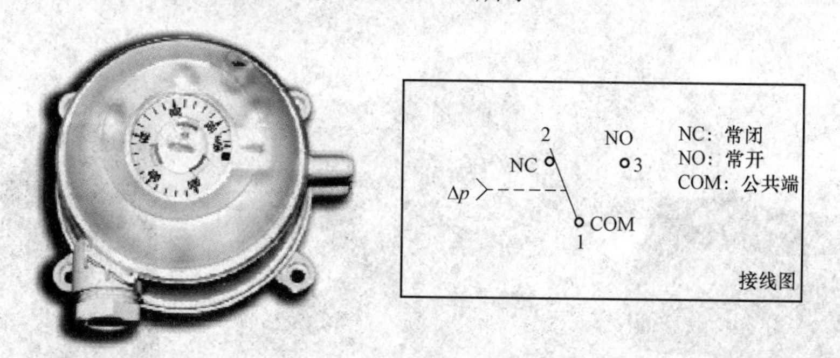


图 1.2－9　TP33 压差开关的接线图

### 4. 温度传感器和湿度传感器

（1）温度传感器。温度传感器用于测量现场温度。安装形式有室内、室外、风管、浸没式、烟道式和表面式等。常见测温传感器元件有硅材料、镍热电阻、铂热电阻和热敏电阻，将这些元件接成电桥型，一旦温度变化，电桥将电压量信号送出。

由于应用在不同的场合，温度常用传感器也分为室内、室外、风道和水道等类型，传输信号也包括电压（0～10V）和电流（0～20mA 或 4～20mA）信号，常见的传感元件有铂电阻、热敏电阻等。图 1.2－10 是几种常用的温度传感器外形图。

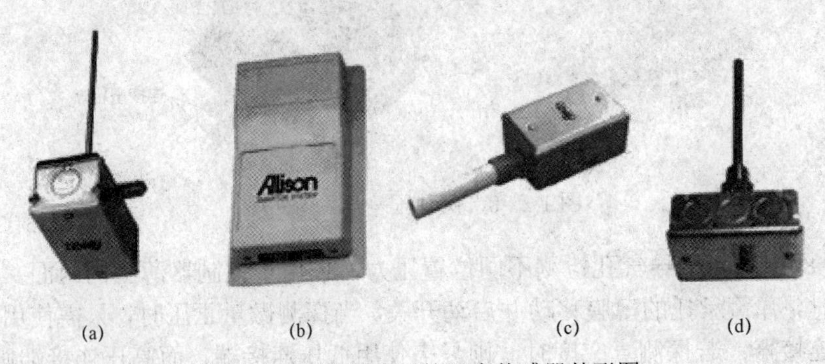


图 1.2－10　几种常用的温度传感器外形图

（a）风管温度传感器；（b）房间温度传感器；（c）室外温度传感器；（d）水管温度传感器

（2）湿度传感器。湿度传感器主要用于测量空气湿度。安装形式也有室内、室外、风道型等。此类传感器如电容式湿度传感器、温度变化引起电容容值变化，可将变化信号送出。阻性疏松聚合物也是一种湿度传感器测量元件。

湿度传感器测量空气的相对湿度时，其输出信号一般通过变送器输出为直流的 0～10V 电压或 4～20mA 的电流信号。图 1.2－11 是两种常用的湿度传感器的外形图。

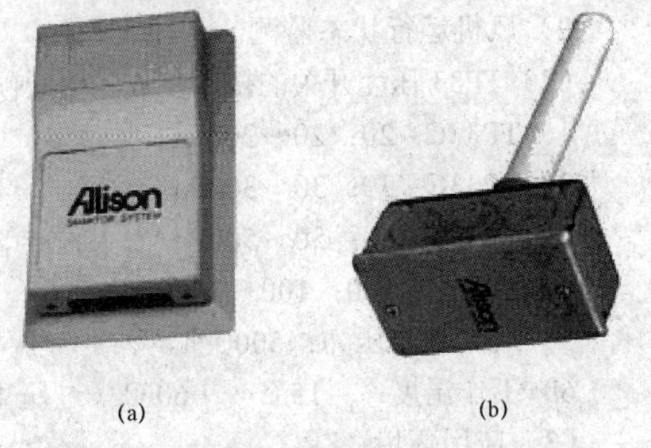


图 1.2－11　两种常用的湿度传感器外形图

（a）房间湿度传感器；（b）风管湿度传感器

（3）温湿度传感器。对于空调系统来讲，温度、湿度的测量经常是成对出现的，温湿度传感器就成为一种常用的传感器。图 1.2－12 给出了几种常用的温湿度传感器的外形图。

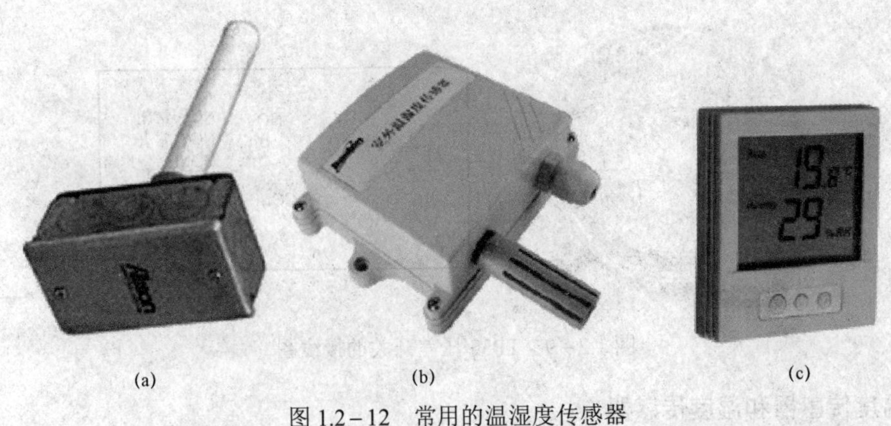


图 1.2－12　常用的温湿度传感器

（a）风管温湿度传感器；（b）室外温湿度传感器；（c）温湿度传感器

室外温湿度传感器及参数如下：

温度：－50℃～＋50℃。

湿度：0～100%RH。

电源：24V±10%，AC/DC。

功率：1.5W。

输出：0～10V/4～20mA。

如果传感器信号处理电路中包括变送电路，传感器就成了变送器。所谓的变送器，即具有将非标电量转换成标准电量的功能：4～20mA 电流，0～5V，0～10V 的电压。常用温湿度变送器的外观如图 1.2－13 所示。

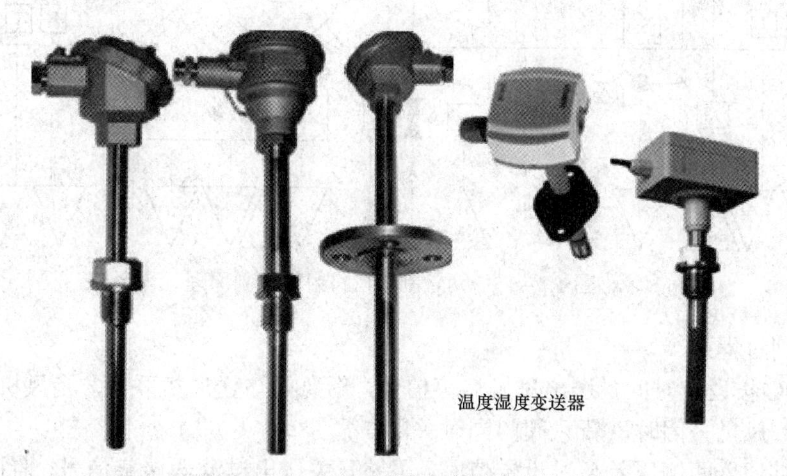


图 1.2－13　常用温湿度变送器的外观

（4）温湿度传感器与控制器的接线实例。温湿度传感器与控制器（此处的控制器是西门子的可编程序控制器 SIEMENS PLC－200）的接线实例如图 1.2－14 所示。

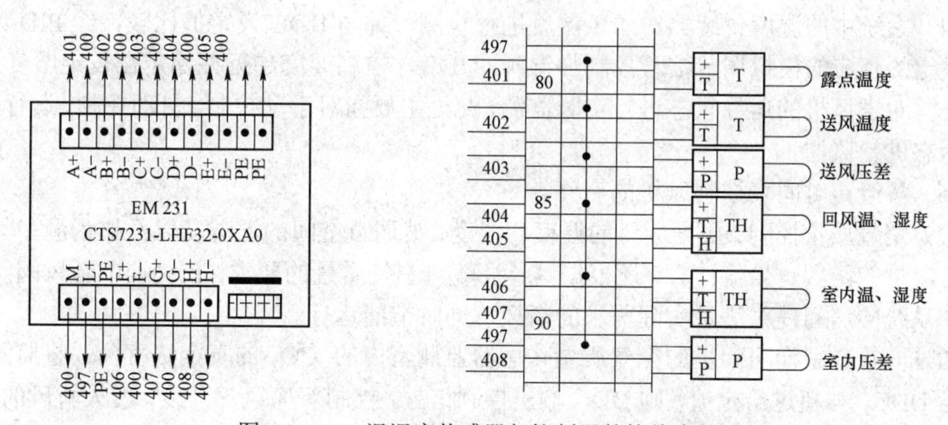


图 1.2－14　温湿度传感器与控制器的接线实例

### 2.1.3　新风机组的控制

#### 1. 控制原理

两管制新风机组的控制原理如图 1.2－15 所示。在图 1.2－15 中，新风口的温度传感器、湿度传感器，送风口的温度传感器、湿度传感器，压差开关、防冻开关度接入DDC控制器的输入端子；新风阀门驱动器控制电路、接在表冷器冷冻水盘管出水口的电动两通阀控制电路、加湿器阀门驱动器控制电路、电控箱里的交流接触器控制回来都接在DDC控制器的输出端。传感器采集信号分为AI（模拟输入）、DI（数字输入）信号；控制器对执行器发布的指令信号为DO（直流输出信号）、AO（模拟输出信号）信号。

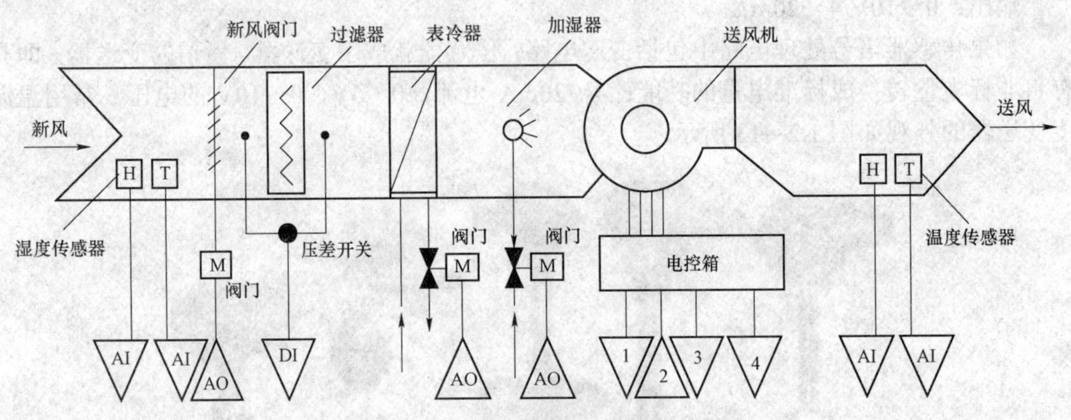


图1.2－15　两管制新风机组的控制原理

基本控制过程：

（1）DDC按设定时间，送出风机启停信号，新风阀与送风机联锁。当风机启动运行时，新风阀打开，风机关闭时，新风阀门同时关闭。

（2）当过滤器两侧压差超过设定值时，压差开关送出过滤器堵塞信号，监控工作站给出报警信号。

（3）温度传感器检测出实测送风温度值，经与DDC设定值比较，再经PID计算，输出相应的模拟信号，控制水阀门的开启度，控制调节温度趋近并稳定在设定值附近。

（4）系统中的湿度传感器对送风湿度进行检测，并与DDC设定值比较，经PID计算，给出设定的相应的模拟调节信号控制加湿阀的开度，控制湿度趋近并稳定在设定湿度上。

（5）对送风机的运行状态进行实时监测，此处主要指对手动控制、自动控制、运行过程、故障状态进行监控。

（6）按给定时间表控制风机的启停。

（7）空气质量控制。根据新风的温度和湿度、被调节空间的温湿度以及作为湿空气的温度和含湿量的函数一焓值计算，还根据具体环境对空气质量的要求，控制调节新风阀门的开度，使系统向房间提供满足实际需求的新风，同时节能运行。

通过安置在空调房间里的空气质量传感器监测室内的 $CO_2$ 的真实浓度，并将监测信号输送给DDC，若超过给定值，则DDC输出控制信号，控制新风风门开度，增大新风的供给。

（8）过滤器堵塞和防冻保护。当过滤器的过滤网出现积灰积尘、堵塞严重时，如果不进行清洗或清理，就会影响过滤器及整个新风机组的正常工作。通过压差开关监测过滤器两端压差，如果压差超过设定值时，给出报警信号。

新风机组中还应设置防冻开关，监测换热器出风侧温度。当室外温度过低，防冰开关监测到的换热器侧温度低于给定值时，关闭风门和风机，防止换热器温度进一步降低。

实际工程中新风机组向楼宇不同区域及房间输送冷风的方式如图1.2－16所示。

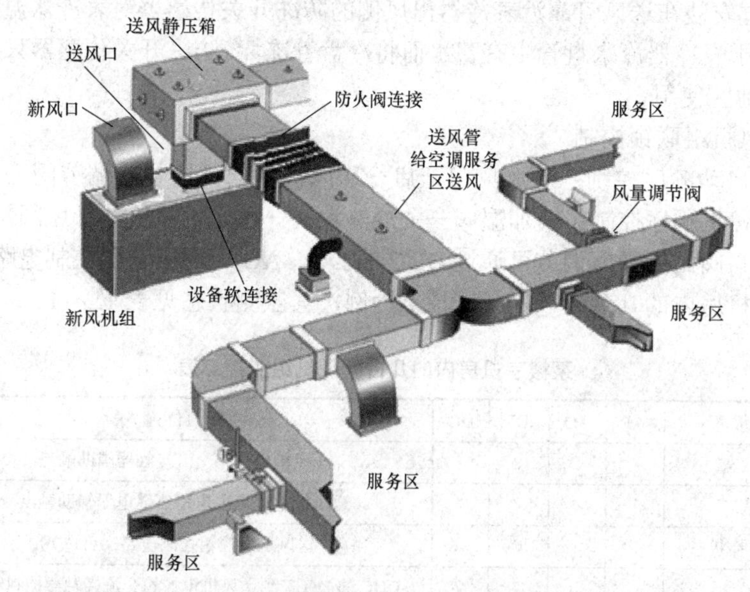


图1.2－16　新风机组向楼宇不同区域及房间输送冷风的方式

## 2. 新风机组运行状态及参量监控

新风机组运行状态及参量监控的主要内容有：

（1）由安装在新风口的风管式空气温度传感器对新风温度进行监测。

（2）由安装在新风口的风管式空气湿度传感器对新风湿度进行监测（在空调控制系统中，不是每个新风口都安装新风温度传感器和湿度传感器，只需要在有代表性的少数新风入口或室外适当的检测点安装，测量值可供整个空调控制系统使用）。

（3）从安装在过滤网两侧的压差开关对过滤网两侧压差进行监测。采用压差开关监测过滤器两端差压，当差压超过整定值时，压差开关报警，表明过滤网两侧压差过大，过滤网积灰积尘，堵塞严重，需要进行清理、清洗。

（4）从安装在送风管上的风管式空气温度传感器对送风温度进行检测。

（5）从安装在送风管上的风管式空气湿度传感器对送风湿度进行检测。

（6）通过对送风机配电柜接触器辅助触点的断通状态监测风机的运行状态。

（7）通过对送风机配电柜热继电器辅助触点的断通状态，对风机故障进行监测。

（8）从DDC数字输出口（DO）输出到送风机配电箱接触器控制回路，对送风机进行开关控制。

（9）对新风机风门开度的控制。根据新风的温湿度、房间的温湿度及焓值计算以及空气质量的要求，控制新风门的开度，使系统在最佳的新风风量状态下运行，以便达到既节能又能使空调房间的空气质量符合卫生标准的目的。

（10）DDC模拟输出口（AO）输出到冷热水二通调节阀阀门驱动器控制输入口，对冷水阀/热水阀开度控制调节。

（11）加湿阀门开度控制。

（12）通过安装在空调区域的$CO_2$传感器对空气质量进行监测。

（13）通过送风管内的风管式风速传感器检测风速。

（14）通过安装在送风管靠近表冷器出风侧的防冻开关传感器对表冷器温度进行监测，防止在冬季由于表冷器冷水盘管中有蓄水而将冷盘管冻坏。防冻开关传感器只在冬天气温低于0℃的北方地区使用。

（15）新风机组联锁控制。

新风机组启动顺序控制：新风风门开启→送风机启动→冷热水调节阀开启→加湿阀开启。新风机组停机顺序控制：关加湿阀→关冷热水阀→送风机停机→新风阀门全关。

以上风门与阀门的开度调节可通过DDC的DO、AO口对驱动器控制电路进行控制。

以某楼宇机房内的几台新风机组监控点为例，其监测状态见表1.2－1。

表1.2－1　某楼宇机房内的几台新风机组监控点表

| 监测、控制点描述 | AI | AO | DI | DO | 接口位置 | 备注 |
|---|---|---|---|---|---|---|
| 送风机运行状态 | | | √ | | 送风机电控箱交流接触器辅助触点 | |
| 送风机故障状态 | | | √ | | 送风机电控箱主电路热继电器辅助触点 | |
| 送风机手/自动转换状态 | | | √ | | 送风机电控箱控制电路（可选） | |
| 送风机开/关控制 | | | | √ | DDC的DO口到送风机电控箱交流接触器控制回路 | |
| 空调冷冻水、热水阀门调节 | | √ | | | DDC的AO口到冷热水电动阀驱动器控制口 | |
| 加湿阀门调节 | | √ | | | DDC的AO口到加湿电动阀驱动器控制口 | |
| 新风口风门开度控制 | | √ | | | DDC的AO口到风门驱动器控制口 | |
| 防冻报警 | | | √ | | 低温报警开关 | |
| 过滤网压差报警 | | | √ | | 过滤网压差传感器 | |
| 新风温度 | √ | | | | 风管式温度传感器（可选） | |
| 新风湿度 | √ | | | | 风管式湿度传感器（可选） | |
| 送风温度 | √ | | | | 风管式温度传感器 | |
| 送风湿度 | √ | | | | 风管式湿度传感器 | |
| 空气质量 | √ | | | | 空气质量传感器（$CO_2$、CO含量） | |
| 合　计 | | | | | | |

3. 新风机组的温度调节与节能策略

新风机组的控制多以出风口温度或房间温度作为主调参数。室外温度变化对于新风机组控制系统来讲是一个调节系统的扰动量，即新风温度作为扰动信号加入调节系统，可采用线性系统控制理论中的前馈补偿方法来消除新风温度变化对输出的影响。具体地讲，室外新风温度降低，新风温度测量值减小，将该温度变化量（负值）输送给DDC按给定算法运算输出一个相应的抵消控制量，使表冷器中的冷盘管上的电动两通阀阀门开度减小，减少房间的冷量供给。

在过渡季节或特别的天气里，室外温度在设定值允许范围内时，可停止对空气温度的调节以节约能源。

4. 季节工况的控制

新风机组的控制系统保证新风机组能实现上述的检测、控制、保护和联锁等功能。另外，送风机还要进行以下三个季节工况切换控制，即夏季工况、过渡季工况和冬季工况。在新风机组中，控制器要实现温度控制和湿度控制，还要借助于PID比例积分微分调节器来实现。

**5. 送风温度控制和室内温度控制**

（1）送风温度控制。如果新风机组主要是为满足空调区域的空气洁净卫生的要求，不是作为承载该空调区域的冷负荷或热负荷，就要进行送风温度控制。在送风温度控制方式下，始终保持送风温度以保持恒定值。当然送风温度在夏季或暑期有夏季温度控制值，在冬季有冬季送风温度控制值。

因此要保证控制器在暑期和冬季运行工况的正常转换。新风机组暑期送风温度的控制方式主要是通过调节盘管中冷冻水流量来实施控制，冬季通过调节盘管中热水流量来实施控制。

（2）室内温度控制。许多空气调节区域要求新风机组能够承载室内能负荷或热负荷，变现在要对室内温度进行控制。由于室内的冷负荷或热负荷一直是动态变化的，因此仅仅进行送风温度的恒温控制是不能满足室内动态负荷变化的要求，就需要对室内温度进行控制。具体的控制方法是，通过传感器检测室内的实时温度值，并将该温度信号输入给控制器。如果温度高于设定温度，则控制器经过如下处理：检测温度与设定温度值之差作为控制流经盘管的冷冻水或热水流量的基本控制参数，当这个差值较大时，控制流量的电动阀阀门开度加大；反之开度减小，增大了冷冻水或热水的流量，也就是增加冷量或热量的供给，实现了对空调区域温度的实时控制。

从新风机组全年运行控制并考虑过渡季节的运行来讲，应该采用送风温度与室内温度的联合控制方式。

**6. 相对湿度控制**

新风机组相对湿度调节方法有蒸汽加湿、高压喷雾、超声波加湿及电加湿、循环水喷水加湿等。

（1）蒸汽加湿。在许多应用环境中，根据被控湿度的要求，自动调整蒸汽加湿量。蒸汽加湿器采用调节式阀门（直线特性），调节器应采用PI型控制器，风管式湿度传感器安装于送风机组的送风管道上。

在一部分应用环境中，也可以采用位式加湿器（配快开型阀门）和位式调节器，使用位式控制方式进行加湿调节。对于双位控制，位式加湿器工作状态是开全关。蒸汽加湿器采用位式控制时，湿度传感器应设于相对湿度变化较为平缓的位置。

（2）高压喷雾、超声波加湿及电加湿。高压喷雾、超声波加湿及电加湿这几种加湿都采用位式调节方式，湿度传感器应设于相对湿度变化较为平缓的位置。控制器采用位式，控制加湿器的启停（或开关）。

还可以使用循环水喷水加湿的方式调节空调区域的相对湿度。

**7. 新风机组与空调机组的应用场所**

新风机组的设计最大风量是按空调房间内用户人数在满员状况时设定的，而在实际使用过程中，空调房间内用户人数一般情况并非是满员的，所以应该减少新风量以节省能源。该方法特别适合于某些采用风机盘管加新风系统的办公建筑及其他一些区域。

新风机组和空调机组区别在于：在暑期时段，新风机组工作时仅处理和制冷室外的新风；而空调机组不仅使用新风而且还是用回风。新风机组多和风机盘管配合起来构成风机盘管加新风系统来使用。新风机组和空调机组还有一个重要区别，新风机组一般来说不承担空调区域的热湿负荷，主要功能就是送新风。换言之，空调机组的主要功能之一是通过调控满足室内的热负荷、冷负荷和湿负荷，而新风机组的主要功能不是承载空调区域的热湿负荷。空调机组对空调区域的空气进行综合处理，控制空调区域的温度湿度，同时还要控制空调区域的空气质量等，工作过程一般比较复杂。空调机组对于空气处理较新风机组在工艺上要相对复杂，所以空调机组多应用在不能安装风机盘管的大范围公共区域，而新风机组多配合安装有风机盘管的小范围空间使用。

### 2.1.4 新风机组控制设计要点

（1）风机控制（程序设定）：按设定时间程序启、停风机，并与进风阀门联锁，累积运行时间。

（2）温度控制（温度、阀门开度、冬夏季转换设定）：根据送风温度与设定值之差，以比例模式控制盘管供水阀开度。冬季时设定阀门最小开度，以维持盘管不冻结最小热水流量。

（3）过滤器控制：测量过滤器两侧气流压差，若超过设定值，更新过滤网。

（4）新风风阀控制：根据室内新风控制 CO 的浓度，控制进风风阀开度。

（5）监测：室外新风温度、送风温度、风机运行状态和过滤网状态。

（6）报警、记录：温度超限、风机故障、过滤器压差超限、更新过滤器和电机故障。

（7）显示、打印：温度参数设定值及测量状态。

### 2.1.5 新型新风设备

随着技术的发展和用户对新风系统提出了新的要求，出现了许多具有新功能的新风系统，如可以过滤 PM2.5 颗粒物的新风系统和能够对室内空气进行净化的新风系统等。

**1. 可以过滤 PM2.5 的新风系统**

近年来随着城市的高速发展，城市及周边地区的工业及生活燃煤、工业排放及城市中数量巨大的汽车尾气排放，大气中的 PM2.5 颗粒物的污染越来越严重，一种能够过滤 PM2.5 颗粒物的高效新风净化箱，既能提供新风，同时还能滤除空气中的有害颗粒物及有害气体。PM2.5 高效新风净化箱如图 1.2－17 所示，该净化箱采用三重过滤，滤除有害的颗粒物：第一层采用无纺布初效过滤，主要过滤 5μm 以上的尘埃粒子，有效地阻隔了空气中可见灰尘的侵袭；第二层活性炭过滤，采用圆柱形活性炭，专用于吸附甲醛、苯系物、氨、氡、TVOC 等数十种有害物质等；第三层采用 F7 级中高效过滤，对 PM2.5 的滤除可达 90%以上。

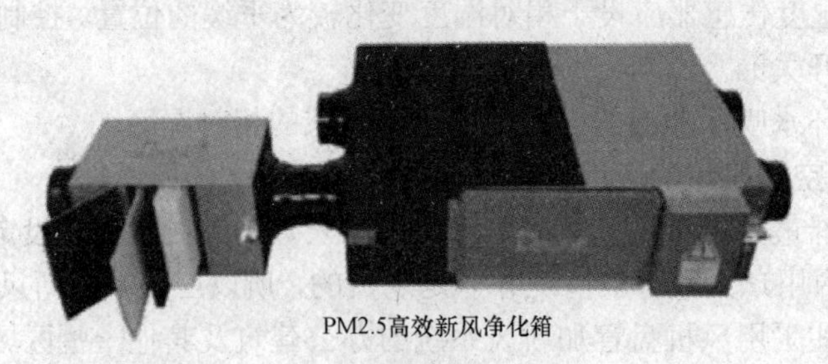


图 1.2－17 可以过滤 PM2.5 的新风净化箱

2. 布朗新风系统

布朗新风系统是一种可以室内外空气不断循环的空气置换系统，不仅可全天候不间断地排出室内各种污浊、污染空气，对引入室内的空气也可高效过滤、净化，还可以保证室内能源转换最大化，使其成为净洁、新鲜的空气，该系统的结构如图1.2－18所示。

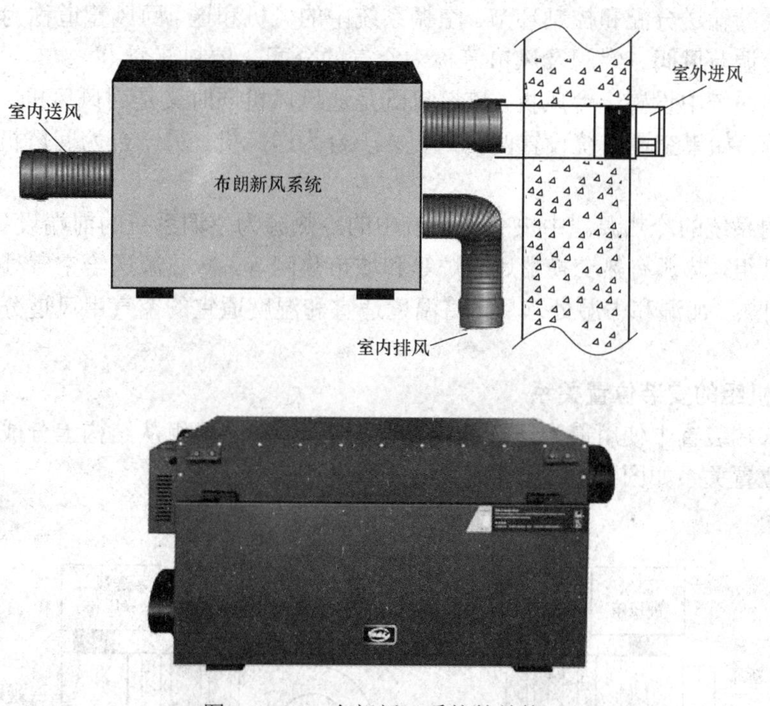


图1.2－18 布朗新风系统的结构

注：对颗粒物有较高的过滤能力，采用超声波智能加湿，超静音运行，易维护

对于从事建筑弱电的工程师来讲，要密切关注这些在生活及生产中应用越来越多的新型新风系统。

## 2.2 空调机组及其控制技术

国家标准规定，符合下列条件之一时，应设置空气调节系统：

（1）采用采暖通风达不到人体舒适标准或室内热湿环境要求的情况。

（2）采用采暖通风达不到工艺对室内温度、湿度、洁净度等要求的情况。

（3）对提高劳动生产率和经济效益有显著作用的情况。

（4）对保证身体健康、促进康复有显著效果的情况。

（5）采用采暖通风虽能达到人体舒适和满足室内热湿环境要求，但不经济的情况。

中央空调系统是这样一类空气调节系统：空调末端装置有统一的冷热源供给冷量和热能。

### 2.2.1 空调机组的结构和组成

#### 1. 中央空调系统的组成

如前所述，中央空调系统由冷热源和空调末端设备组成，从具体的组件功能角度来分，中央空调系统由新风部分、空气的过滤部分、空气的热湿处理部分、空气的输送分配和控制环节和空调系统的冷热源几个部分组成。

（1）空气的过滤部分。新风进入空气处理装置，要经过过滤器，除去空气中较大的灰尘颗粒。一般的空调系统设有两级空气过滤器，即一级空气预过滤器和一级中效空气过滤器。

（2）空气的输送分配和控制环节。空调系统中的风机和送、回风管道称为空气的输送部分；风道中的调节风阀、蝶阀及风口等称为空气的分配、控制部分。

如果空调系统中设置一台风机，该风机既是送风风机同时又是回风风机，该空调系统称为单风机系统。如果空调系统设置两台风机，一台为送风机，另一台为回风机，称为双风机系统。

（3）空调系统的冷热源。中央空调系统中的冷热源为空调系统的前端设备供给冷热源，冷源有冷水机组，热源有热交换器、锅炉等和城市热网等。冷热源送给空气处理装置对空气进行制冷、加热、加湿和去湿处理后，将温度适宜和湿度适宜的空气用风道分别送到各个空调房间。

**2. 空调机组的安装位置关系**

在空调末端装置中使用最为广泛的就是空调机组。空调机组从结构上分成若干段不同区域，其安装位置关系如图 1.2－19 所示。

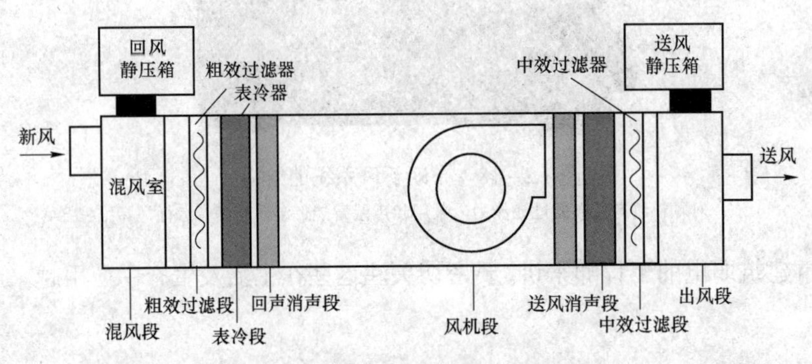


图 1.2－19　空调机组的安装位置关系

**3. 两管制和四管制空调机组**

空调机组有两管制和四管制系统。两管制空调机组中仅有一个盘管，在暑季可以通过该盘管输运流通冷冻水对空调区域进行制冷，在冬季则通过该盘管输运流通热水对空调区域进行暖风供给。只使用一个盘管或者说一管二用的系统就是两管制空调机组。四管制空调机组中有两个盘管，一个热水盘管，另一个冷水盘管。在暑季为冷水盘管供给冷冻水，对空调区域供冷；在冬季时为热水盘管供给热水，向空调区域供送暖风。使用两个盘管的空调机组叫四管制空调机组。

全年运行的空气调节系统，仅要求按季节进行供冷和供热转换时，应采用两管制水系统；当建筑物内一些区域需全年供冷时，宜采用冷热源同时使用的分区两管制水系统；当供冷和供热工况交替频繁或同时使用时，可采用四管制水系统。

两管制的空调机组如图 1.2－20 所示。

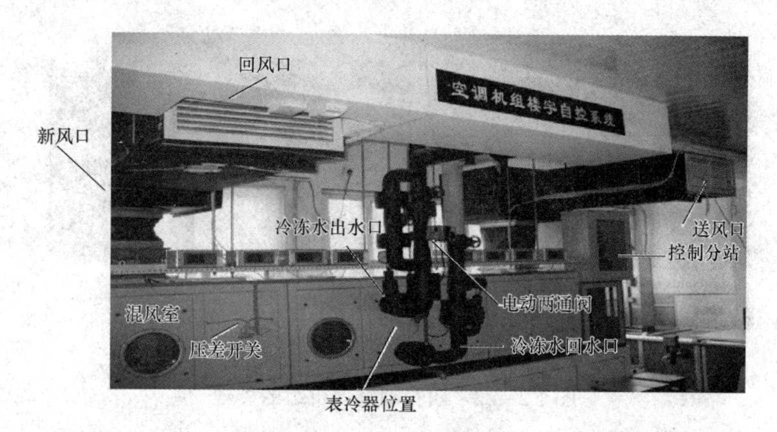


图 1.2－20　两管制的空调机组

两管制空调机组在暑季供冷运行时，通过嵌入冷水盘管的表冷器输运 7℃冷冻水，对空气进行制冷处理；冬季采暖运行时，由热源供给的热水通过盘管对空气进行加热处理。夏季与冬季工况的转换主要采用手动方式在总供、回水管或集水器、分水器上进行切换，也可以采用电动阀自动切换。系统内制备冷冻水和热水的设备并联设置，它们随着季节的转换交替运行。两管制空调冷、热水系统简单，布置方便，占用建筑空间小，节省投资。因此，已成为空调工程中采用的主流应用系统。

四管制空调机组的结构如图 1.2－21 所示。

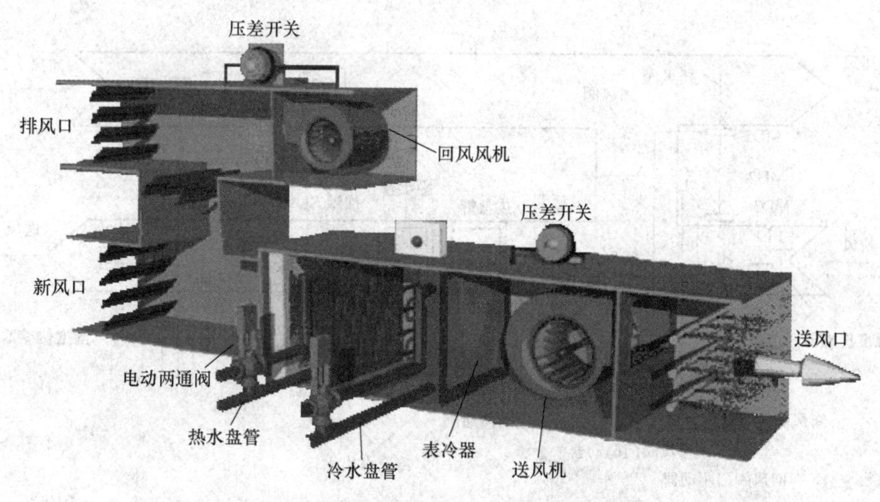


图 1.2－21　四管制空调机组的结构

四管制空调系统中供冷、供热的供、回水管路分别独立设置，冷水和热水管路分别为两套彼此独立的管路系统，各末端装置和空气处理机组可随时自由选择供冷或供热的运行模式。

四管制空调系统相对于两管制空调系统要复杂，初投资高，占用建筑空间较大，因此在实际的空调工程中较少采用。在少数的高级宾馆中，同时要求供冷和供热时，或冬季在建筑物外区供热的同时内区却存在大量的余热时，才选用四管制空调系统。

四管制空调机组的外观如图 1.2－22 所示。

图 1.2－22　四管制空调机组的外观

## 2.2.2　空调机组的控制原理

### 1. 典型的四管制空调机组控制原理

典型的四管制空调机组中除了包括基本组件之外，还包括一组传感器和执行器以及核心控制器。

传感器将采集到的现场不同物理量信息送给控制器，控制器里的程序根据确定的算法、控制逻辑将相应的控制指令送往执行器，实现对温度、湿度等物理量的控制和调节。一个没有接入控制器的四管制空调机组如图 1.2－23 所示。

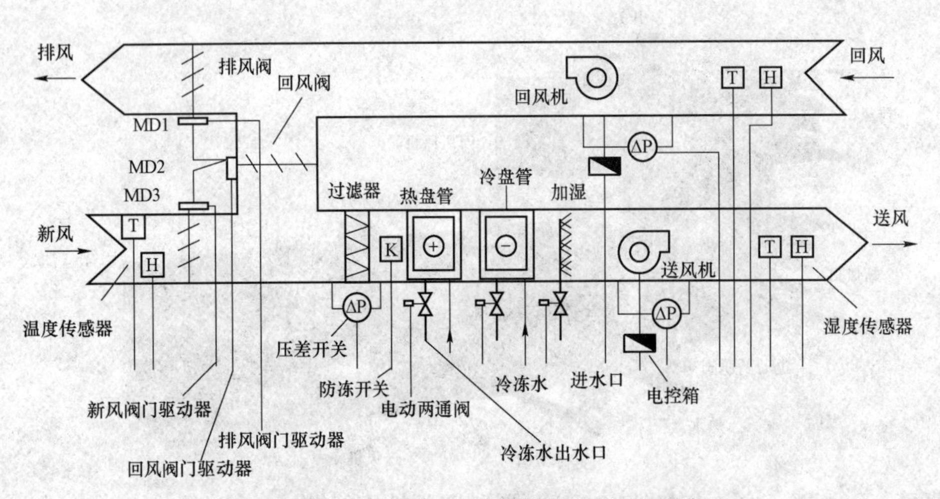


图 1.2－23　一个没有接入控制器的四管制空调机组

将该四管制空调机组中所有的传感器、执行器和控制器 DDC 相连接后，组成一个完整的控制系统，其控制原理如图 1.2－24 所示。

控制系统的各部分工作情况如下：

（1）电动风阀与送风机、回风机的联锁控制。当送风机、回风机关闭时，新风阀、回风阀、排风阀都关闭。新风阀和排风阀同步动作，与回风阀动作相反。根据新风、回风及送风焓值的比较，调节新风阀和回风阀开度。当风机启动时，新风阀打开；风机关闭时，新风阀关闭。

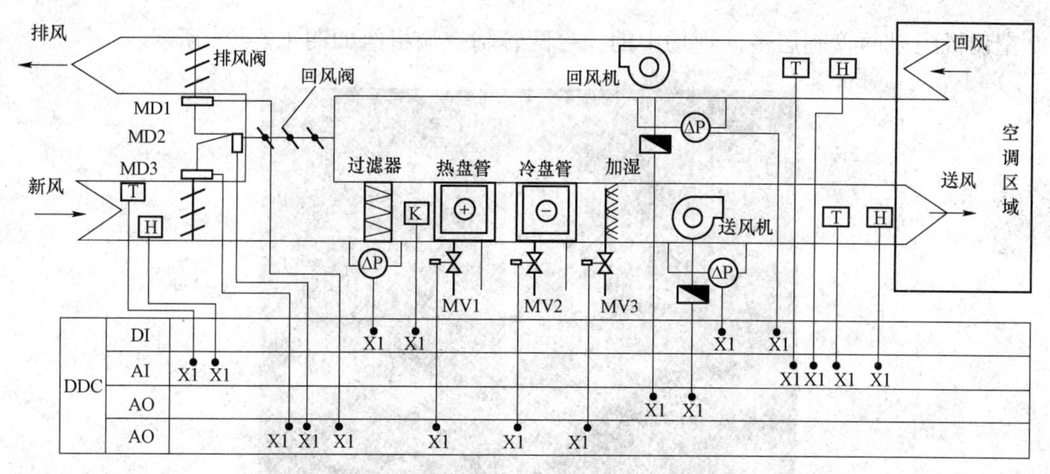


图 1.2－24 典型的四管制空调机组控制原理图

MD1/2/3—风门执行器；ΔP—压差开关；K—防冻开关；MV1/2—水阀；MV3—加湿器；T—温度传感器；H—湿度传感器

（2）当过滤器两侧压差超过设定值时，压差开关送出过滤器堵塞信号，并由监控工作站给出报警信号。

（3）送风温度传感器检测出实际送风温度，送往 DDC 与给定值进行比较，经 PID 计算后输出相应的模拟信号控制水阀开度，直到实测温度非常逼近和等于设定温度。

（4）送风湿度传感器检测出送风湿度实际值，送往 DDC 后与设定值比较，经 PID 计算后，输出相应的模拟信号调节加湿阀开度，控制房间湿度在一定范围内。当加湿器为开关量时，则输出启/停控制信号。

（5）由设定的时间表对风机启/停进行控制，并自动对风机手动/自动状态、运行状态和故障状态进行监测；对送风机、回风机的启/停进行顺序控制。

（6）在冬季温度很低时，一般设为 5℃，防冻开关发出控制信号，新风阀关闭，防止盘管冻裂。当防冻开关正常工作时，要重新打开新风阀，恢复正常工作。

### 2. 两管制空调机组及控制

两管制空调机组的控制原理与四管制空调机组的控制原理是一样的。典型的两管制空调机组的控制原理图如图 1.2－25 所示。

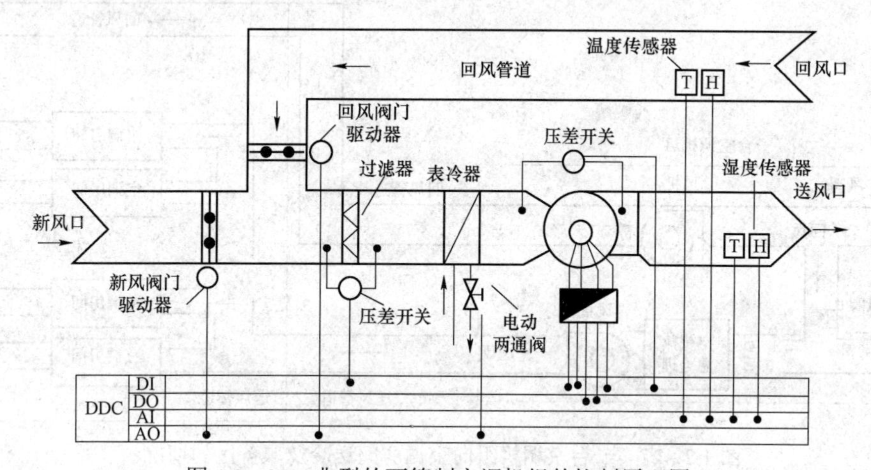


图 1.2－25 典型的两管制空调机组的控制原理图

空调机组以两管制居多，现场中的一台两管制空调机组如图 1.2－26 所示。

图 1.2－26 现场中的一台两管制空调机组

另外，在现场中使用三个风口的两管制空调机组应用最为普遍，三个风口分别是新风口、回风口和送风口。部分两管制空调机组采用四个风口，即除了上述的三个风口以外，还有一个排风口。

不管是两管制还是四管制空调机组，当风道风管中的阻尼较大时，有时需在系统中加入回风风机、排风风机等。当回风风管风道的阻尼较高时，则在回风风管中使用回风风机；如果排风风管风道的阻尼较高，则在排风风管中使用排风风机。回风风机、排风风机都是可选件，很多实际工程环境中可以不用，这样一来可以简化空调系统的结构及降低控制系统的复杂程度。

## 2.2.3 空调机组的运行方式、运行状态及参量监控

### 1. 中央空调系统的运行方式

在中央空调系统中，不管是使用新风机组，还是使用空调机组（也叫空调箱或空气处理机）作为空气处理设备，每一台空气处理设备都有一个服务区。一台空调机组向空调房间送冷及服务区的情况如图 1.2－27 所示。

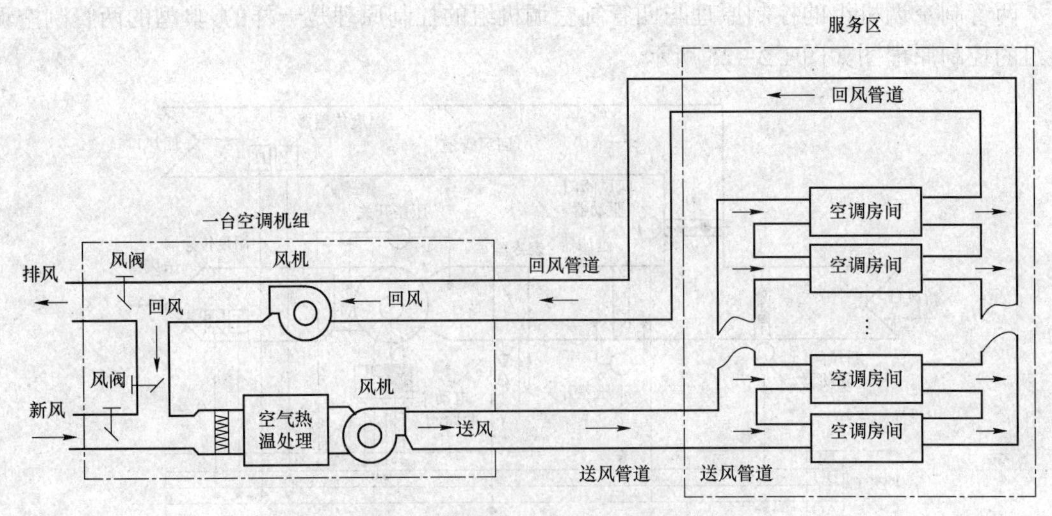


图 1.2－27 一台空调机组向空调房间送冷及服务区的情况

空调机组对服务区供送冷风情况如图 1.2－28 所示。

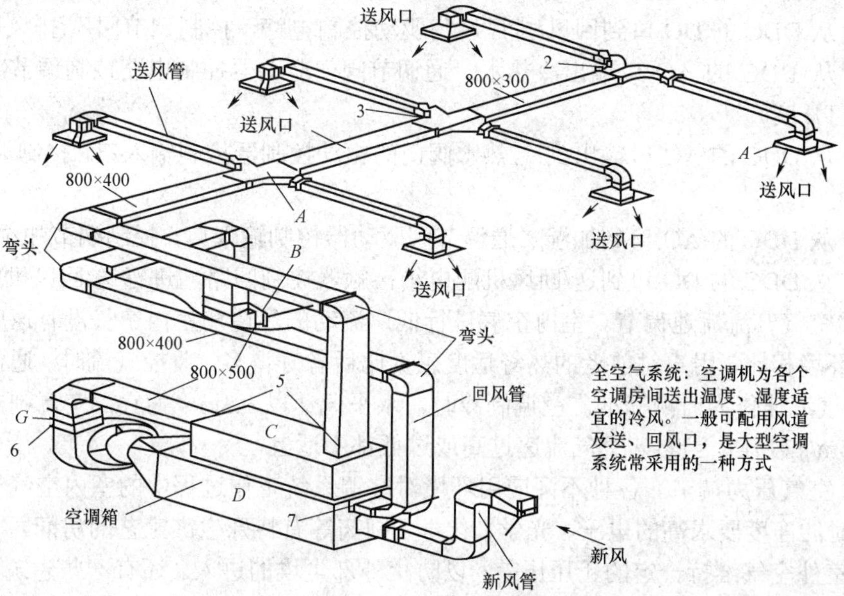

图 1.2－28　空调机组对服务区供送冷风的情况

## 2. 定风量空调机组的运行状态及参量监控

自动控制系统对定风量空调机组进行以下运行参量及运行状态进行监控：

（1）从室外的温度传感器和新风口上的风管式温度传感器采集室外温度和新风温度。

（2）从室外的湿度传感器和新风口上风管空气湿度传感器采集室外和新风湿度。

（3）从安装在过滤网上的压差开关监测过滤网两侧压差。

（4）从安装在送风管和回风管上的风管空气温度传感器采集送/回风温度。

（5）从安装在送风管和回风管上的风管空气湿度传感器采集送/回风湿度。

（6）使用安装在空调区域或回风管上的空气质量传感器（如 $CO_2$ 传感器）进行空气质量监测。空气中含氧量的高低，室内 $CO_2$ 的浓度，以及空气中悬浮污物的浓度直接影响室内用户的身体健康。空气中含氧量下降，室内 $CO_2$ 的浓度增加，会使人感到胸闷憋气，长期工作在 $CO_2$ 浓度较高的环境中，会对用户的身体健康产生累积性的伤害，一般情况下，要求室内 $CO_2$ 的浓度不应超过 0.1%，通过新风量的调节就可以调节和控制室内 $CO_2$ 的浓度，进而调节室内空气质量。空调区域中适宜的温湿度有利于细菌繁殖、悬浮性颗粒物的聚集，室内的悬浮污物携带多种细菌进入空调通风系统中，被室内用户吸入体内，造成危害，可通过加强对这些悬浮颗粒的过滤以保证空调环境的清洁度。空气含氧量和 $CO_2$ 浓度的调节都是空气调节的重要任务。

（7）采集由送风管上的风速传感器测出的风速对送风风速进行监测。

（8）自安装在送风管表冷器出风侧的防冻开关采集防冻开关状态监测信号（在冬季温度低于 0℃的北方地区使用）。

（9）通过送/回风机配电柜热继电器辅助触点处的开闭状态采集到送/回风机故障状态的监测。

（10）通过对送/回风机配电柜热继电器辅助触点，对送/回机运行状态进行监测。

（11）从DDC的DO口到新风口风门驱动器控制电路，调节控制新风口风门开度。

（12）从DDC的DO口到回风/排风风门驱动控制电路，控制调节回风/排风风门开度。

（13）从DDC的AO口输出冷热水二通调节阀门驱动器控制电路控制调节冷热水二通调节阀阀门开度。

（14）从DDC的AO口输出到冷/热水阀门的驱动控制器控制输入口，控制调节冷/热水阀门开度。

（15）从DDC的AO口到加湿二通调节阀驱动器控制输入口，控制调节加湿阀门开度。

（16）从DDC的DO口到送/回风机配电箱接触器控制回路，进行送/回风机启停控制。

（17）空气气流流速调节。室内空气进行低速流动的环境和室内空气没有速度场分布处于静止的环境相比，用户对前者的热舒适度感觉比后者好得多。监控气流时，通常选距地面1.2m的空气流速作为监测标准。空调制冷时，水平风速以0.3m/s为宜；空调制热时，水平风速以0.5m/s较佳。当然，空气流速过高或过低都不适宜。

（18）空气压力调节。各种不同应用环境对空调系统工作过程中的室内空气气压有不同的要求。对洁净度要求高的电子、光学、化学、制药等有特殊生产工艺的房间，要求室内空气相对于室外空气维持一定的正压压差，以防止外部尘埃的进入。还有一些建筑环境，存在有毒、有害的气体，为避免有毒、有害气体的泄漏，调节控制使室内呈现负压压差，保证有害气体不外泄。

### 2.2.4 空调机组的运行控制

（1）联锁控制。空调机组启动时的联锁控制顺序为：新风风门→回风风门→排风风门开启→送风机启动→回风机启动→冷热水调节阀启动→加湿阀开启。

空调机组停机顺序控制：关闭加湿阀→关闭冷热水阀→送风机停机→新风风门关闭→回风风门关闭→排风风门关闭。

（2）空调机组的温度调节与节能运行。定风量空调机组中，用回风温度作为被调参数，由回风温度传感器测出回风温度量传送给DDC，DDC计算回风温度与设定温度的差值，按PID调节规律处理并输出调节控制信号。

通过调节空调机组冷热水阀门开度调节冷/热水量，使被控区域的温度保持在设定值。室外温度变化通过新风温度来反映，新风温度值输入给DDC进行处理后控制相应的调节阀开度，进而达到空调区域的温度控制。

（3）空调机组回风湿度控制。由回风湿度传感器测出的回风湿度量值信号送回DDC，通过与给定值比较后产生一个偏差，经由给定算法（PI规律调节）处理后，控制调节加湿电动阀开度，使被调节区域的空气湿度满足设定要求。

（4）新风风门、回风风门及排风风门的控制。由新风温/湿度传感器和回风温/湿度传感器测出的温/湿度信号量值传送给DDC，DDC根据这些数据进行焓差计算，按回风和新风的焓值比例及新风量的需求，调节新风风门和回风风门开度，同时使系统在趋近较佳的新风/回风比例上节能运行。

（5）过滤器压差报警及机组防冻。在过滤网出现堵塞严重、积灰较严重的情况下，在过滤器上应安装压差开关报警。冬季时，还需要对机组进行防冻监测和控制。

（6）空气质量控制。使用 $CO_2$ 气体传感器监测室内空气质量，DDC 接收到测出量后，应进行对比运算，再输出控制信号调节新风风门开度，通过调节新风量供给来控制空调区域的空气质量。

（7）空调机组的定时运行和远程控制。通过控制系统，按给定的时间表对空调机组进行定时启/停控制，并能对相关设备进行远程控制。

### 2.2.5 平衡冷水机组一侧恒流量和空调机组一侧的变流量关系的控制

在中央空调系统中，冷水机组一侧向远端的空调末端设备提供和输运冷冻水，以空调机组和冷水机组的配合运行为例。冷水机组一侧要求恒流量运行，对于冷水机组来讲，冷冻水的流出量要等于冷冻水的流入量，如果冷冻水的流出量要大于冷冻水的流入量，或冷冻水的流出量小于冷冻水的流入量，这两种情况是不可能发生的，即冷水机组一侧必须要满足恒流量运行的要求。

但是在空调机组一侧，流进冷冻水的流量受安装在冷水盘管上的电动两通阀或三通阀的控制，因此流过空调机组的冷冻水流量是变化的，即空调机组一侧的冷冻水是变流量的。

因此控制系统必须要解决冷水机组一侧恒流量和空调机组一侧的变流量运行的关系。在空调机组一侧使用三通自动调节阀，就是解决这个问题的一种方法，如图 1.2－29 和图 1.2－30 所示。

冷冻水流量 $Q_1$ 被三通自动调节阀调节为两个分流量 $Q_2$ 和 $Q_3$，三通自动调节阀提供了一个旁通支路，对于每一台空调机组来讲，相当于定流量系统。

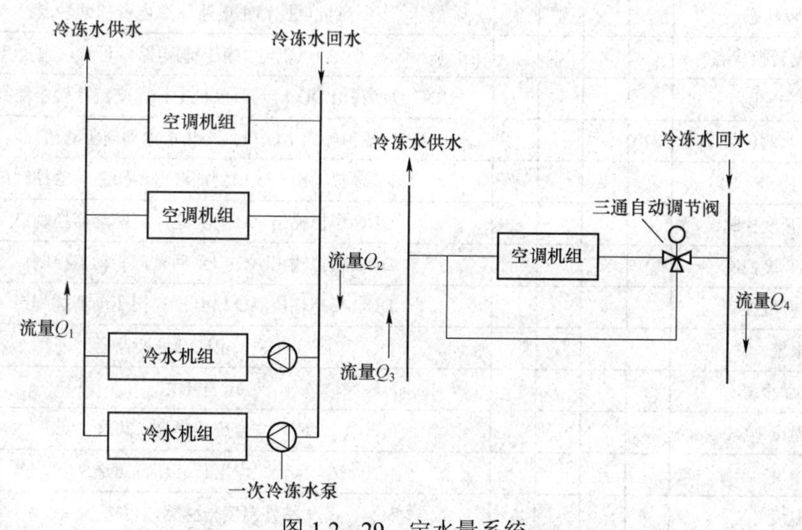


图 1.2－29 定水量系统

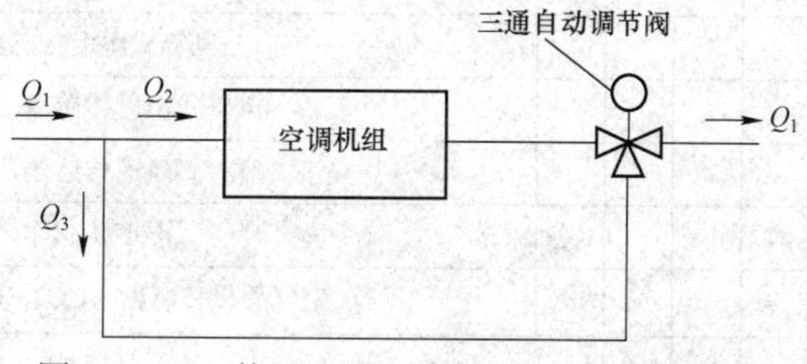


图 1.2－30 使用三通自动调节阀调节平衡流量

## 2.2.6 空调机组的监控点表及其编制

### 1. 空调机组的监控点表

在进行中央空调空调机组控制系统的设计、施工中，都要用到监测、控制点配置表。空调机组（空调箱）的结构、原理基本相同，在不同的应用环境中，可能有一些差别，诸如两管制空调机组、四管制空调机组，有的空调机组有新风口、回风口和送风口三个风口，有的空调机组除了上述的三个风口以外，还有排风口等。以上差异主要原因在于应用环境的不同，如空调机组的回风管道通路可能包括房间天花板吊顶部分，使风道阻尼变大，因此需要在回风通道中增加回风机；在风管系统较为复杂的情况下，设置排风口和排风风机克服风道阻尼，使回风、排风过程顺畅等。因此不同空调机组的监测、控制点表不是完全相同的，但绝大多数监控内容是一样的。某现场环境中配置的一台空调机组的监测、控制点配置见表 1.2-2。

表 1.2-2　某现场环境中配置的空调机组监测、控制点配置表

| 监测、控制点描述 | AI | AO | DI | DO | 接口位置 | 备注 |
|---|---|---|---|---|---|---|
| 送风机运行状态 | | | √ | | 送风机电控箱交流接触器辅助触点 | |
| 送风机故障状态 | | | √ | | 送风机电控箱主电路热继电器辅助触点 | |
| 送风机手/自动转换状态 | | | √ | | 送风机电控箱控制电路，可选 | |
| 送风机开/关控制 | | | | √ | DDC 数字输出 DO 口到送风机电控箱交流接触器控制回路 | |
| 回风机运行状态 | | | √ | | 回风机电控箱交流接触器辅助触点 | |
| 回风机故障状态 | | | √ | | 回风机电控箱主电路热继电器辅助触点 | |
| 回风机手/自动转换状态 | | | √ | | 回风机电控箱控制电路，可选 | |
| 回风机开/关控制 | | | | √ | DDC 数字输出 DO 口到回风机电控箱交流接触器控制回路 | |
| 空调冷冻水/热水阀门调节 | | √ | | | DDC 模拟输出 AO 口到冷热水电动阀驱动器控制口 | |
| 加湿阀门调节 | | √ | | | DDC 模拟输出 AO 口到加湿电动阀驱动器控制口 | |
| 新风口风门开度控制 | | √ | | | DDC 模拟输出 AO 口到送风门驱动器控制口 | |
| 回风口风门开度控制 | | √ | | | DDC 模拟输出 AO 口到回风门驱动器控制口 | |
| 排风口风门开度控制 | | √ | | | DDC 模拟输出 AO 口到排风门驱动器控制口 | |
| 防冻报警 | | | √ | | 防冻开关（也叫低温断路器） | |
| 过滤网压差报警 | | | √ | | 压差开关 | |
| 新风温度 | √ | | | | 风管式温度传感器，可选 | |
| 新风湿度 | √ | | | | 风管式湿度传感器，可选 | |
| 室外温度 | √ | | | | 室外温度传感器，可选 | |
| 回风温度 | √ | | | | 风管式温度传感器 | |
| 回风湿度 | √ | | | | 风管式湿度传感器 | |
| 送风温度 | √ | | | | 风管式温度传感器，可选 | |
| 送风风速 | √ | | | | 风管式风速传感器，可选 | |
| 送风湿度 | √ | | | | 风管式湿度传感器，可选 | |
| 空气质量 | √ | | | | 空气质量传感器（$CO_2$、CO 浓度） | |
| 合　计 | | | | | | |

### 2. 监控点表的编制

在空调系统的各个组成部分所有设备完成选型后，根据控制系统结构图，控制系统的设计人员及暖通空调、各相关工种设计人员要共同编制并完成空调系统监控点表。空调系统监控点表是全部控制对象设备及进行监控内容的完整汇总表，是系统规划与设计意图的集中体现，工程中后续的每一项工作都以空调系统监控点表为依据。有了监控点表，接下来就可以选择控制系统中的核心控制部件——DDC 控制器。因此空调系统监控点表也是 DDC 控制器监控点一览表。

监控点的信号有传感器采集的监测信号和传送给执行器的控制信号，监测信号有模拟输入信号和数字输入信号，模拟输入信号标记为 AI 信号，数字输入信号标记为 DI 信号。由控制器传送给执行器的控制信号分为模拟输出信号和数字输出信号，模拟输出信号标记为 AO 信号，数字输出信号标记为 DO 信号。

在组织物理系统时，需要将传感器、执行器和控制器连线，因此还要分清各点的信号类型（如直流电压、直流电流、干接点和湿接点等）。此外，根据监控性质，监控点又可划分显示型、控制型和记录型 3 类。

显示型监控点是指：① 设备即时运行状态的检测与显示；② 报警状态的检测与显示；③ 其他需要进行显示监视信息的情况。

控制型监控点：是指根据特定的控制逻辑及简单、优化、智能的控制算法需要接入的监控点。记录型监控点：① 状态检测点；② 运行记录及报表生成点等。

监控表的格式以简明、清晰为原则，根据选定的建筑物内各类设备的技术性能，有针对性地进行制表。

编制监控点表的时候，还要注意：

（1）在监控点表上清晰给出每个分站的监控范围，并对分站进行编号。这里讲的分站是指现场分站及空调机组或新风机组的 DDC 控制箱。

（2）如果控制系统的通信网络架构中，包括多种测控网络或总线时，对不同的测控网络或总线给予不同的“通道编号”。

（3）对于每个监控点进行编号。

（4）监控点号中各部分内容的排序如图 1.2－31 所示。

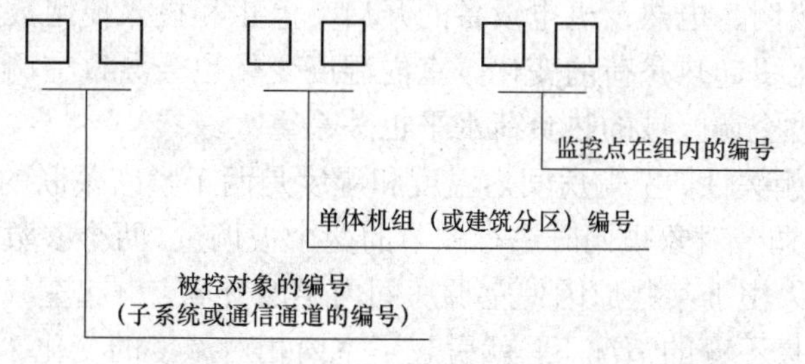


图 1.2－31 监控点内容的排序

### 3. 干接点和湿接点

干接点是指无源开关，具有闭合和断开的两种状态，两个接点之间没有极性，可以互换。常见的干接点信号有具有两值状态输出的传感器，如防冻开关、压差开关、继电器接点等。

湿接点是指有源开关，具有有电和无电的两种状态，两个接点之间有极性，不能反接。

在空调控制系统中，主要使用各种干接点，因为干接点没有极性带来很多优点：接法简单，降低工程成本和工程人员要求，提高工程速度；连接干接点的导线即使长期短路既不会损坏本地的控制设备，也不会损坏远方的设备；接入容易，接口容易统一。

### 2.2.7 空调房间的热负荷、湿负荷及其计算

对室内热、湿负荷的定量计算是进行空调设备及控制系统设计的基本依据。热、湿负荷的定量计算决定了空调系统的送风量和空调设备的容量。

**1. 空调房间热负荷**

为保持所要求的室内温度，必须由空调系统从房间带走的热量称为空调房间冷负荷。如果空调系统需要向室内提供热量，以补偿热损失，这时房间负荷为供热负荷，简称热负荷。

**2. 影响空调系统热负荷的重要因素及温湿度和相关性**

空调系统中的各个设备容量是按照容量冗余原则选择的，即根据空调房间内可能出现的最大热、湿负荷进行选择的，而在空调的实际运行中，空调负荷是动态变化的。

当空调系统在运行过程中的某一时刻处于稳定状态，空调房间内的空气温度保持恒定，流出和流入空调房间内的热量处于平衡状态。

由于外部的干扰作用破坏了原来的能量平衡状态，引起调节参数的变化，于是调节过程便开始，以改变对象的输入或输出的能量，使能量达到新的平衡，并使调节参数回到给定值。

（1）影响空调系统负荷的部分重要因素。空调系统负荷在多种外部因素的作用下呈动态变化，这些外部因素主要有以下一些情况：

1）太阳辐射。通过空调房间的外窗进入室内的太阳辐射热，将会受到天气阴、晴变化影响。

2）室外空气温度：由于室内、外温差的变化而引起室内、外热量传递的变化，从而造成空调房间内热负荷的变化。

3）室外空气的渗透：室外空气通过空调房间的门、窗缝隙进入室内，造成对室内温度的影响。

4）新风：为了满足室内卫生需要和正压及排风等要求，而采入室外空气量的变化，即新风的使用情况直接造成室内热负荷的变化。

5）建筑环境内照明、电热及机电设备的开启、停止和投入使用数量的变化。

6）室内湿度变化引起热负荷的变化。室内湿度变化也会导致空调系统热负荷的变化。

7）建筑外围护对空调区域的热负荷水平也关系重大。

（2）温、湿度的相关性。空调房间内温度和湿度是两个紧密关联的物理量及参数，这两个参数常常是在一个调节对象里同时进行调节的两个被调量。两个参数在调节过程中既相互制约又相互影响。如果由于某些原因使空调房间内温度升高，引起空气中水蒸气的饱和分压力发生变化，在含湿量不变的情况下，就引起了室内相对湿度的变化（温度的升高会使相对湿度降低，温度的降低则会使相对湿度升高），在调节过程中，对某一参数进行调节时，同时也会引起另一参数的变化。

**3. 室内外热源形成的冷负荷**

（1）室外热源形成的负荷。室外热源形成的负荷由通过围护结构传热形成的冷负荷、透过玻璃窗进入室内的太阳光辐射形成的冷负荷和室内热源形成的冷负荷三部分组成。

1）通过围护结构（外墙和屋顶）传热形成的冷负荷

$$Q = KF(t_u - t_n) \tag{1.2-1}$$

式中 $Q$——在太阳辐射热和室外空气综合作用下通过外墙或屋顶形成的室内冷负荷，W；

$K$——围护结构（外墙和屋顶）的传热系数，W/（$m^2$·K）；

$F$——围护结构的传热面积，$m^2$；

$t_u$——冷负荷计算温度，℃；

$t_n$——室内空气温度，℃。

2）透过玻璃窗进入室内的太阳辐射热形成的冷负荷。在室内、外热源的作用下，某一时刻进入空调房间的总热量叫作该时刻的热量。

对没有内遮阳的玻璃窗，最大冷负荷 =（0.6～0.7）× 最大得热量；

对有内遮阳的玻璃窗，最大冷负荷 =（0.8～0.85）× 最大得热量；

对设有内遮阳的玻璃窗，最大冷负荷出现时间比最大得热量出现时间推迟约 1h。

（2）室内热源形成的冷负荷。

1）人体散热和散湿。人体的散热量和散湿量与性别、年龄、衣着、劳动强度及环境温湿度有关。

人体散热量计算

$$Q=qn_1n_2 \tag{1.2-2}$$

式中 $q$——不同室温和劳动性质时成年男子散热量，W；

$n_1$——室内人数；

$n_2$——群集系数，随人员组成而定。

人体的散湿量计算

$$W=un \tag{1.2-3}$$

式中 $u$——不同室温和劳动性质时成年男子的散湿量，g/h。

2）照明灯具散热。照明灯具散热量计算

$$Q= n_1n_2N \tag{1.2-4}$$

式中 $N$——照明灯具的安装功率，kW；

$n_1$——镇流器消耗功率系数，对白炽灯 $n_1 = 1.0$，镇流器装在顶棚内的荧光灯 $n_1 = 1.0$，镇流器安装在空调房间内的荧光灯 $n_1 = 1.2$；

$n_2$——灯罩隔热系数。

3）用电设备的散热。电热设备的散热量计算

$$Q= n_1n_2n_3n_4N \tag{1.2-5}$$

式中 $N$——电热设备的安装功率，kW；

$n_1$——利用系数，设计最大实耗功率与安装功率之比，一般可取 0.7～0.9；

$n_2$——同时使用系数，即同时使用的安装功率与总安装功率之比，一般可取 0.5～1.0；

$n_3$——负荷系数，每小时平均实耗功率与最大实耗功率之比，一般可取 0.5 左右；

$n_4$——通风保温系数，一般可取 0.5。

夏季部分不同的空调房间冷负荷概算指标，见表 1.2-3。

表 1.2－3　　夏季部分不同的空调房间冷负荷概算指标

| 场所 | 空调房间冷负荷概算指标/（$W/m^2$） |
|---|---|
| 办公楼（全部） | 95～115 |
| 超高办公楼 | 105～145 |
| 旅馆（全部） | 70～95 |
| 剧场（观众厅） | 230～350 |

## 2.2.8　空调房间送风量和空调系统新风量的确定

### 1. 空调房间送风量的确定

夏季空调房间的送风量$G$可使用下式计算

$$G=\frac{Q}{h_{\mathrm{N}}-h_{\mathrm{O}}}=\frac{1\,000W}{d_{\mathrm{N}}-d_{\mathrm{O}}}\quad(\mathrm{kg/s})\tag{1.2-6}$$

式中　$Q$——空调房间的总余热量；

$W$——空调房间的总余湿量。

如果已知送风温度$t_0$，送风温差$\Delta t_0$，设计温度和湿度，就可以从$h-d$图上，读出描述送风状态$O(h_{\mathrm{O}},d_{\mathrm{O}})$和室内状态$N(h_{\mathrm{N}},d_{\mathrm{N}})$，并求出夏季空调房间的送风量$G$。

### 2. 空调系统新风量的确定

空调系统的主要前端设备空调机组使用回风，与新风机组相比会产生很好的节能效果。合理地规定和选用回风量，是空调节能的有效途径之一。送风中包括新风的引入，来满足室内用户人体生理需氧量和稀释室内二氧化碳及甲醛等有害气体和气味。引入一定量的新风还能维持空调房间内一定的正压需求，如果空调房间内有局部排风系统时，引入新风还可以对排风量进行补偿。

国家对一般场所室内空气的新风量标准是 $30m^3/h$。对一些特殊场合，如医院、商场、学校等要求的新风量更高。

国标暖通空调设计规范，对各类民用建筑的最小新风量提出推荐值。表 1.2－4 给出的最小新风量，可供民用建筑参考。

表 1.2－4　　民用建筑最小新风量

| 建筑物名称 | 每人最小新风量/（$m^3/h$）（不吸烟情况） | 建筑物名称 | 每人最小新风量/（$m^3/h$）（不吸烟情况） |
|---|---|---|---|
| 宾馆、饭店（客房） | 30 | 餐厅 | 20 |
| 体育馆 | 8 | 个人办公室 | 25 |
| 办公室 | 18 | | |

## 2.2.9　空调机组中水阀开度的控制

### 1. PID 算法调节空调机组中水阀开度

在空调机组中，由冷水机组输运送来的冷冻水经过嵌入表冷器的冷水盘管，为控制穿过表冷器的冷风温度，通过调节冷冻水的流量来实现，因此将表冷器冷冻水的出水口处安装了电动两通阀或三通阀，通过调节阀门开度，就可以调节冷冻水流量，进而实现空调房间内温度的调节。一般来讲控制系统的控制越精细，温度控制精度就越高。

设定空调机组使用了电动两通阀，则电动两通阀门开度控制的情况如下，将控制器的模拟输出AO口和电动两通阀的控制电路连接起来，控制器中的控制程序包括PID算法，程序中的比例控制语句为

$$K=P(T_2-T_0)\times\%$$

式中 $K$——阀门开度；

$P$——的比例系数；

$T_2$——温度传感器的实测温度；

$T_0$——PID控制中的设定温度。

举例：设定温度 $T_0$ 为26℃，实测温度 $T_2$ 为29℃，PID调节器的比例系数 $P$ 设定为28，根据上边的比例控制语句，电动两通阀阀门开度 $K=28\times[29-26]\%=84\%$。

在实际控制过程中，电动两通阀阀门开度不是在接收控制指令后一下子达到84%的开度，而是冲过84%，然后再回落低于84%，并经过一段时间振荡后，才稳定在84%的开度上，这个过程用图1.2－32表示。

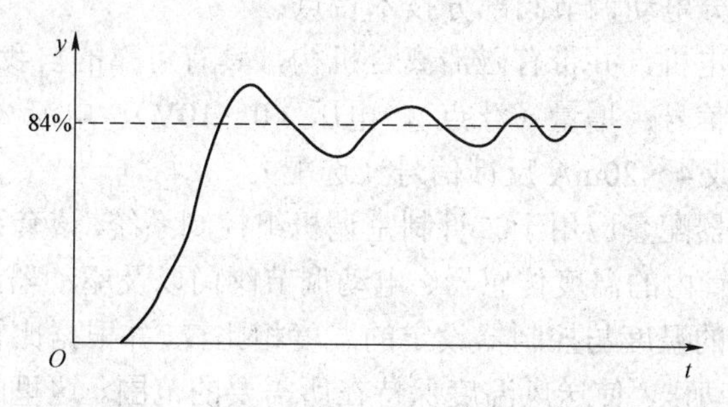

图1.2－32 阀门开度调节到84%的实际实现过程

### 2. 一个比例积分电动两通阀的安装接线

使用LDVB3200比例积分电动两通阀作为安装接线说明，该阀门外观如图1.2－33所示，结构如图1.2－34所示。

图1.2－33 LDVB3200比例积分电动两通阀

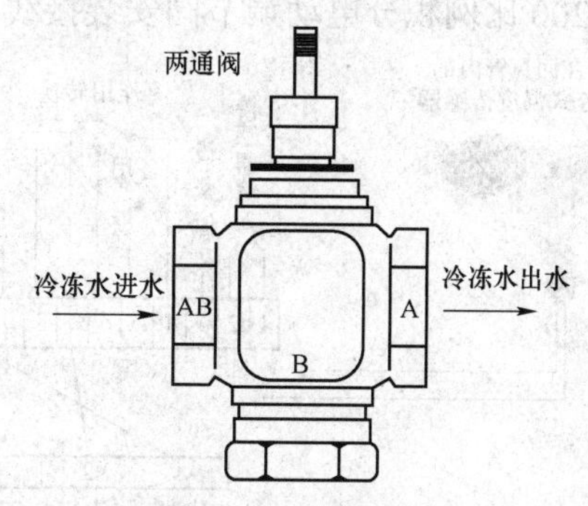

图1.2－34 两通阀结构

比例积分电动两通阀由电动执行器、两通阀体、变压器、比例积分温控器、温度传感器五件套组成，适用于中央空调空调机组用于控制冷冻水的流量控制。比例积分式控制电动两

通阀阀门开度的空调机组组件连接关系如图 1.2－35 所示。

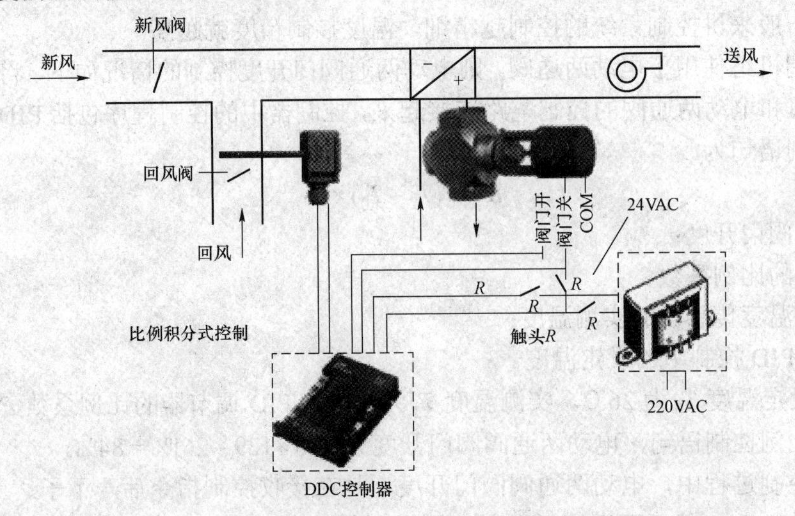


图 1.2－35　电动两通阀阀门开度控制的空调机组组件连接关系

LDVB3200 比例积分电动调节阀部分技术特点：

（1）选用永磁同步电机，并带有磁滞离合机构，具有可靠的自我保护功能。

（2）适合多种控制信号：增量（浮点），电压（0～10V），电流（4～20mA）。

（3）具有 0～10V 或 4～20mA 反馈信号（选配）。

电动两通阀与驱动器配套应用于二管制空调机组控制系统，该套系统主要由比例积分温度控制器、安装在回风管内的温度传感器、电动调节阀门以及驱动器组成，控制器的作用是把温度传感器所检测到的温度与控制器设定的温度相比较，并根据比较结果输出相应的电压信号，以控制电动阀的动作，使送风温度保持在所需要的范围。这里的比例积分温度控制器可以看做内装有 PID 算法控制程序的 DDC 控制器。

当温度传感器检测到的室温高于温度控制器设定的温度时，电动调节阀开启，流量增大；反之，当温度传感器检测到的室温低于温度控制器设定的温度时，阀门关闭，流量减小，实现温度的自动调节。

LDVB3200 比例积分电动调节阀安装接线如图 1.2－36 所示。

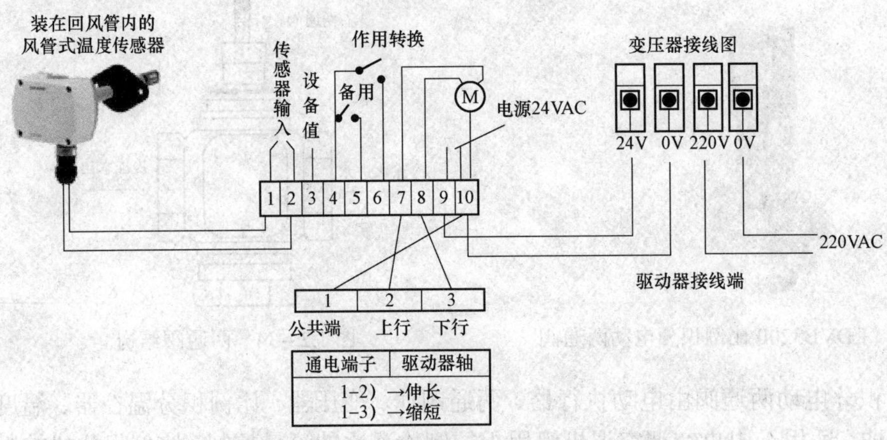


| 通电端子 | 驱动器轴 |
| --- | --- |
| 1-2） | →伸长 |
| 1-3） | →缩短 |

图 1.2－36　LDVB3200 比例积分电动调节阀安装接线图

## 2.2.10 空调机组的供冷量

大多数现代建筑中装备的中央空调系统多为全空气与空气－水空调（即风机盘管）系统，这里的全空气空调系统是新风机组及空调机组，这些空气处理机组集中安置在机房，因此是集中式空调系统，由于冷源由冷水机组提供，风机盘管是空调房间内的末端设备，所以风机盘管则是半集中式空调系统。

工程中常用的空调机组是定风量空调系统，空调机组在向空调区域供送冷风的时候，实质是向空调区域供送冷量。空调房间内的负荷是动态变化的，为了调节室内的温度，通过改变空调机组的送风温度来满足室内冷（热）负荷需求。

空调机组在向空调房间输送冷风的时候，送入空调房间的冷量是

$$Q = cpl(t_{\mathrm{n}} - t_0)$$

式中 $c$ ——空气的比热容；

$p$ ——空气密度；

$l$ ——送风量；

$t_0$ ——室内温度；

$t_{\mathrm{n}}$ ——送风温度；

$Q$ ——送入空调房间的冷量。

如果送风量$l$维持为常量，通过调节送风温度$t_{\mathrm{n}}$，就可以调节空调房间的供冷量，由于空调房间内的冷负荷是动态变化的，即为了维持室内的温度在某一个舒适值上，送风温度$t_{\mathrm{n}}$也随室内负荷动态变化，就可维持室温不变，这就是定风量空调系统的工作原理。

空调系统不仅在暑季能够向空调房间供给冷量进行空气制冷，在冬季还能向空调房间供给热量进行空气制热。制冷时，把热从房间内移出；供热时，把热量输运进房间内。在向空调房间供给冷量的时候，即为冷负荷；在向空调房间供给热量的时候，即为热负荷。换言之，冷负荷是指制冷负荷，其量值等于为使室内温湿度维持在规定水准上而需从室内排除的热量；而热负荷是指为了补偿房间失热量需向房间供应的热量。

## 2.2.11 空调机组控制设计要点

（1）风机控制（程序设定）：根据设定程序启、停风机，累积运行时间。

（2）温度控制（温度设定、冬夏季转换设定）：根据回风温度与设定值之差，按比例积分调节模式调节供水阀门开度；春、秋季按比例调节风阀，改变新风、排风及送、回风混合比例；根据表冷器温度设限，控制防冻开关。

（3）焓值控制：根据回风温湿度、温度计算焓值与设定值之差，控制加湿段启停。加湿段与送风风机启停联锁。

（4）过滤器控制：测量过滤网两侧气流压差，若超过设限值，更新过滤网。

（5）监测：新风、送风、回风温度，表冷器温度，$CO_2$浓度，室内湿度，风机状态和过滤器状态。

（6）报警、记录：送风温度超限，过滤器压差超限，更新过滤器和风机故障。

（7）显示、打印：温度参数、湿度参数、设定值及测量状态。

## 2.3 风机盘管系统及其控制

风机盘管是由小型风机、电动机和盘管（空气换热器）等组成的空调系统末端装置之一。盘管管内流过冷冻水或热水时与管外空气换热，使空气被冷却、除湿或加热来调节室内的空气参数。风机盘管是常用的供冷、供热末端装置。

### 2.3.1 风机盘管的分类和结构

风机盘管机按照结构形式可分为立式、卧式、壁挂式和卡式等；按照安装方式可分为明装和暗装。几种不同结构形式的风机盘管外观如图 1.2－37 所示。

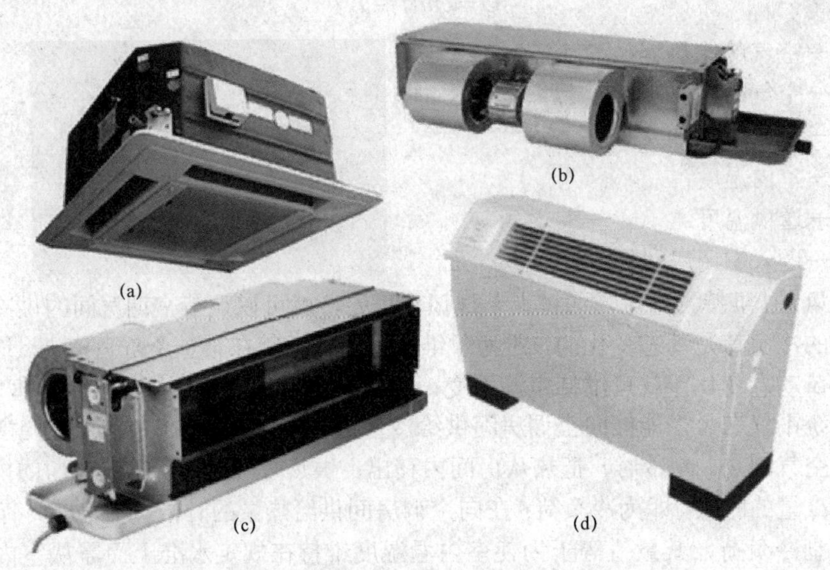

图 1.2－37 几种不同结构形式的风机盘管外观

（a）吸顶式风机盘管（卡式风机盘管）；（b）卧式安装风机盘管；（c）壁挂式风机盘管；（d）立式明装风机盘管

卧式安装的风机盘管内部结构如图 1.2－38 所示。

风机盘管中的风机可以是单台、两台或多台。风机盘管中驱动风机的电动机主要是单相电容式调速电动机。这种单相电动机有三个抽头，其中有一对抽头之间的测量电阻值比其他两个端子间的电阻值要高，在电阻值最大的两个端子之间并联电容，另一个端子（公共端）接电源。再测试公共端与接电容两端的接头之间的电阻，阻值大的一端就接电源的另一端。通过控制线路将接电容一端的电源线改接另一端就可以控制反转。

通过改变电机的输入电压，变换电机转速，使风机盘管提供的风量按高、中、低三挡调节（三挡风量一般按额定风量的 1:0.75:0.5 设置）。

装置中的盘管是有 2～3 排铜管串铝合金翅片的换热器，其冷冻水与水系统的冷管路相连，如果需要供给热水时，则将盘管与水系统的热水管路相连。为了保护风机和电机，减轻积灰对盘管换热效果的影响和减少房间空气中的污染物，在风机盘管（除卧式暗装机组外）的空气进口处安装便于清洗、更换的过滤器，以阻留灰尘和纤维物。

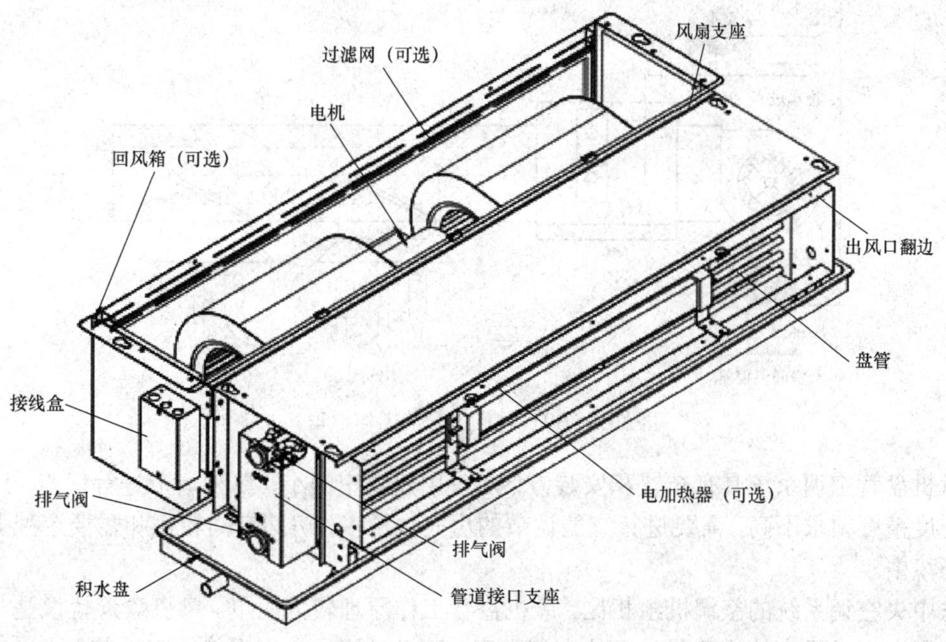


图 1.2－38　卧式安装的风机盘管内部结构

风机盘管包括单盘管机组和双盘管机组。单盘管机组内只有 1 个盘管，冷热兼用，单盘管机组的供热量一般为供冷量的 1.5 倍；双盘管机组内有 2 个盘管，分别供热和供冷。

## 2.3.2　风机盘管空调系统的工作原理

### 1. 风机盘管的组成

风机盘管主要由风机、换热盘管和机壳组成，按风机盘管机外静压可分为标准型和高静压型。风机一般采用双进风前弯形叶片离心风机，电机采用电容式 4 极单相电机、三挡转速。

### 2. 风机盘管空调系统的工作原理

风机盘管是中央空调系统使用最广的末端设备，风机盘管的全称为中央空调风机盘管机组，房间局部吊顶的风口就隐藏着风机盘管，它不停地为人们带来舒适的温度。

风机盘管控制多采用就地控制的方案，分为简单控制和温度控制两种：

风机盘管简单控制：使用三速开关直接手动控制风机的三速转换与启停。

风机盘管温度控制：使用温控器根据设定温度与实际检测温度的比较、运算，自动控制电动两/三通阀的开闭，风机的三速转换，或直接控制风机的三速转换与启停，从而通过控制系统水流或风量达到恒温。

使用风机盘管机组不断地循环调节室内空气，通过盘管和周围环境的热交换实现空气的冷却或加热，以保持房间要求的温度和一定的相对湿度。盘管使用的冷水或热水，由集中冷源和热源供应，与此同时，由新风空调机房集中处理后的新风，通过专门的新风管道分别送入各空调房间，以满足空调区域对新风的需求。

风机盘管的工作原理如图 1.2－39 所示。

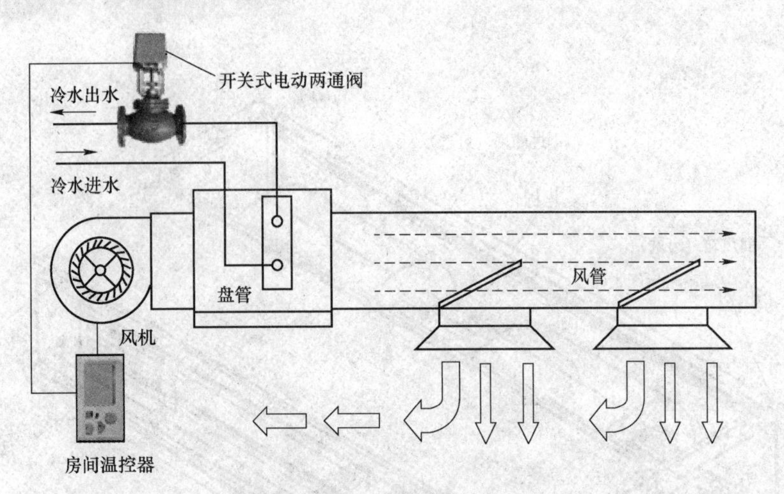


图 1.2－39　风机盘管的工作原理

风机盘管空调系统具有布置和安装方便、占用建筑空间小、单独调节好等优点，广泛用于温湿度精度要求不高，需要进行空气调节的房间数量多，房间空间较小和需要单独调节控制的环境中。

与中央空调系统的空调机组相比，风机盘管工作原理较为简单。风机盘管就像是一台能够送出用户需求温度的冷风或热风的大型电扇。风机盘管是空调系统的末端装置，风机盘管一般均可以调节其风机转速（或通过旁通阀调节经过盘管的水量），从而调节送入室内的冷/热量，实现对室内温度的调节。

两管制冷/热合用的风机盘管工作控制原理图如图 1.2－40 所示。

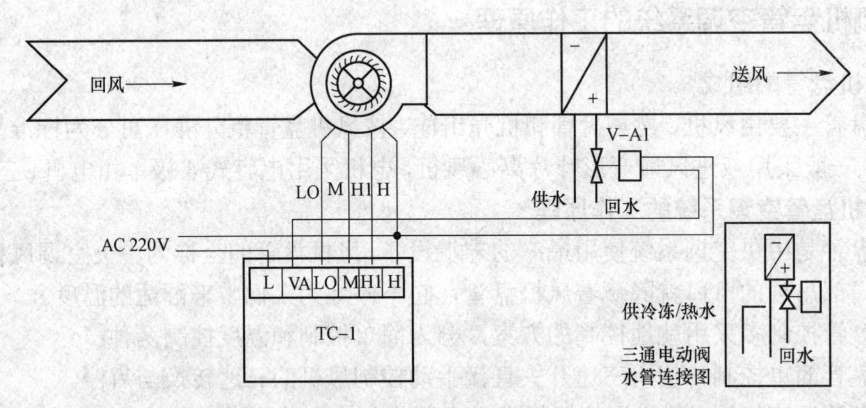


图 1.2－40　两管制冷/热合用的风机盘管工作控制原理图

图 1.2－40　中的风机盘管两管制温度控制系统是由温度控制器 TC－1 和电动阀 VA－1 组成。温度控制器 TC－1 的作用是检测室内的温度并与控制器设定温度进行比较，并根据比较结果对电动阀 VA－1 进行通、断控制，调节冷冻水或热水的输运通道开通或关闭，控制送出的冷风或热风温度，使房间温度保持恒定。

温度控制器 TC－1 通过传感器测得室内温度，与设定温度比较，当室内需要冷风或热风时，控制器打开电动阀和风机，向室内供冷或供热。

现在工程中使用的独立运行风机盘管的温度控制器一般没有网络通信功能，就是说无法进行网络控制或远程控制。温控器的设定温度一般在5～30℃范围内可调。通过操作温控器上的“高、中、低”三挡开关，来控制风机盘管内的风机按“高、中、低”三种转速速运行，在不同挡转速下，调节送出冷风或热风的风量实现空调房间内温度的调节。

风机盘管工作在夏季模式时，空调水管输运冷冻水，温控器选择开关应拨在“COOL（冷）的挡位。当空调区域的温度升高并超过设定点温度时，恒温器的触点接通，电动两通阀被打开、风机运行送风，风机盘管对室内空气制冷；当室温在冷气的作用下降低并低于设定温度时，恒温器的触点断开，电动阀被关闭、风机停止运行，风机盘管停止对室内空气制冷。这样往复循环，使室温保持在一定范围之内。

风机盘管的冷/热量可通过控制盘管水量、气流旁通、风机转速或三者的结合来控制。冷/热量的控制可手动也可采用自动模式。

### 3. 风机盘管工程应用中的冷量风量校核

风机盘管可以自成单元，调节灵活。风机盘管为三挡变速，且水路系统可根据用户室温设定情况，采取冷热水自动控制温度调节阀调节，从而使各房间可独立调节室温，以满足不同空调使用客户的需求，房间无人使用时可手动关机或自动定时关机，可根据不同用户的使用需求来配置风机盘管机组和进行个性化调节控制，使整体系统的运行费用降低。

使用风机盘管对于分区控制较为容易，可以按房间的朝向、楼层、用途、使用时间等分成若干区域，按不同的客户使用需求进行分区控制，避免了大风道系统依靠集中控制的不足。

风机盘管机体小，布置灵活，安装方便，占用建筑空间较少，便于配合内装施工。根据业主的不同需求，结合设计图纸选择进行工程实施，要充分考虑冷量和风量的校核。

（1）冷量的校核。选择风机盘管主要是根据空调房间的计算冷负荷来进行，但同时要结合不同的新风供给方式来综合考虑，因为不同的新风供给方式能够导致风机盘管的计算负载冷量不同。如果采用新风直接通过外墙送至空调房间的方式，进入房间内的新风没有经过热湿处理，此时，风机盘管的计算冷量=室内冷负荷+新风计算冷负荷；采用独立的新风系统时，则风机盘管的计算冷量=室内冷负荷。当风机盘管的冷量过高，导致供冷能力过大，机组开动率低，换气次数减少，空气质量差，室温梯度大，系统容量和设备投资大，空调能耗加大，空调效果降低。当风机盘管的冷量过低，会形成小马拉大车的情况。

（2）风量校核。按房间空气品质要求校核换气次数。换气次数越多，则空气品质越好，如果空调区域中感受有异味、气闷的现象，标志着风机盘管系统换气次数少，风量校核没有做好。

### 4. 风机盘管工程应用中的送、回风方式

在风机盘管工程应用中，送、回风方式的选择对机组使用效能也有一定影响。送、回风方式直接影响空调房间内的气流组织，影响到空调房间的温度场、速度场的均匀性和稳定性，直接影响空气调节效果。

应根据实际的建筑格局、房间的结构形式，进深、高度等情况，选择适合的风量、风速指标来相应选择风机盘管型号。

### 5. 风机盘管水量调节和风量调节

（1）风机盘管水量调节。流经风机盘管中的水量调节方法有两通电动阀调节和三通电动阀调节。

1）两通电动阀调节水量。两通电动阀调节水量的方法如图1.2-41所示。在冷冻水管

路上的回水测设置两通电动阀，使用恒温控制器依据室内空气温度控制二通电动阀的开启与关闭。

2）三通电动阀调节水量。三通电动阀调节水量的方法是在冷冻水路上设置三通电动阀，如图 1.2－42（a)、（b）所示。用恒温控制器根据室内温度控制三通电动阀的开启与关闭，使冷冻水全部通过风机盘管或全部旁通流入回水管。

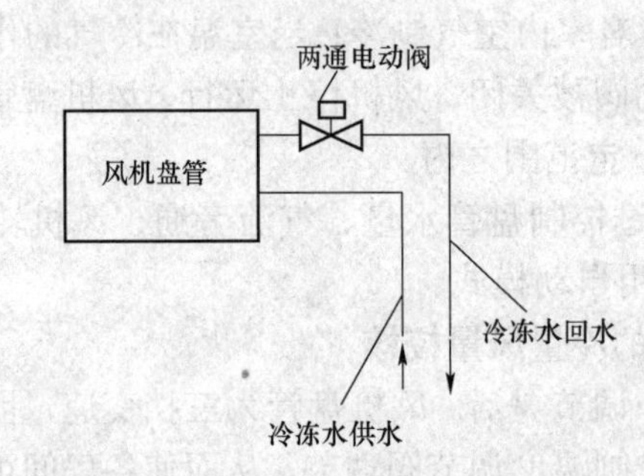


图 1.2－41　两通电动阀调节水量的方法

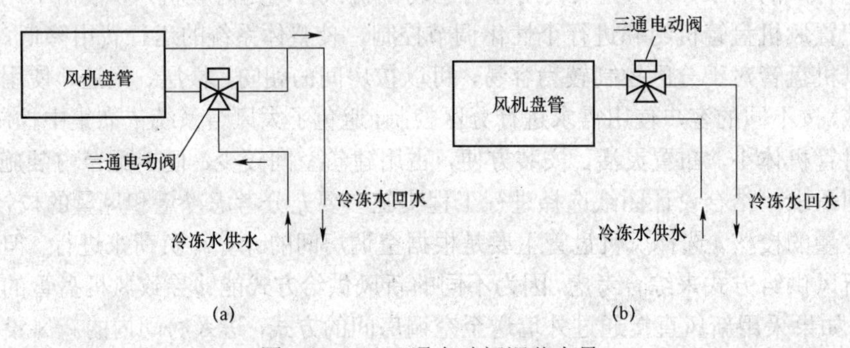


图 1.2－42　三通电动阀调节水量

（2）风机盘管风量调节。风机盘管设置高、中、低三挡风速调节，使用三速开关操作，用户可根据具体的使用环境及使用要求手动选择风量挡。通常还将恒温控制器与三速开关组合在一起，并设有供冷供热转换开关，这样可以同时进行风量和水量调节。

## 2.3.3　风机盘管加新风系统

风机盘管加新风系统是实际工程中广泛应用的一种空调末端组织方式，该方式采用新风系统与风机盘管组合的形式，解决了仅使用风机盘管不能解决新风供给不足的缺点。

### 1. 新风系统

新风系统就是在 24h 不开窗的前提下仍然能够引入室外新鲜空气，排除室内浑浊有害的空气。新风系统由风机、进风口、排风口及各种管道和接头组成。安装在吊顶内的风机通过管道与一系列的排风口相连，风机启动，室内受污染的空气经排风口及风机排到室外，使室内形成负压，室外新鲜空气便经进风口进入室内，从而使室内人员可呼吸到高品质的新鲜空气，这就是新风系统。

正负压不均衡导致空气流动，在密闭的空调区域使用专用设备向室内送新风，同时将室内的浑浊气体输运到室外进行空气循环搬移，满足室内新风换气的需求。

### 2. 常见的风机盘管加新风系统的实现方式

风机盘管加新风系统的实质就是独立的风机盘管和独立的新风系统的组合。常见的实现方式如图 1.2－43 所示。

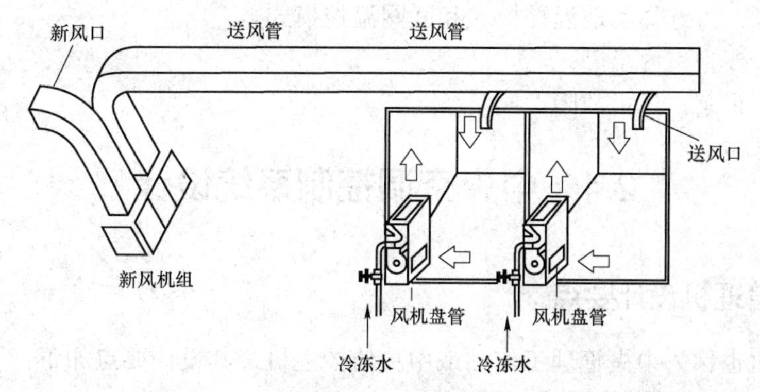


图 1.2－43　风机盘管加新风系统的实现方式

在大量的写字楼和办公楼中，风机盘管加新风系统的组合形式多为吸顶式的风机盘管加新风系统。

### 3. 风机盘管加新风系统的优缺点

风机盘管加新风系统由中央空调风机盘管和新风系统两部分组成。新风系统负担新风负荷以满足室内空气质量的需求，风机盘管加新风系统是水系统空调中一种重要形式，是建筑中广为采用的空调形式。

（1）与全空气系统相比，风机盘管加新风系统的优点如下：

1）控制应用灵活，可以根据不同空调区域的具体情况灵活配置安装，可灵活地调节不同空调区域的温度，根据房间的使用状况确定风机盘管的启停。

2）风机盘管机组体型小，占地小，布置和安装方便，适合新老建筑内的使用。

3）根据建筑内不同区域对冷量的需求不同，采用的调节方式不同，容易实现系统分区控制，冷热负荷能够按房间朝向、使用目的、使用时间等把系统分割为若干区域系统，实施分区控制。

4）各房间可独立调节室温，房间没有用户时可以关掉风机，以节省运转费用，只关风机、不关冷水或热水，对其他房间的正常使用不受影响，而且各个房间之间的空气互不串通。风机可多挡变速，而且还可以控制水温和水量，所以调节灵活。

（2）与全空气系统相比，风机盘管加新风系统也有以下一些明显不足：

1）由于机组分散设置，设备台数多，维修保养和管理工作量大。

2）由于没有采取任何过滤措施，导致室内空气品质变差，很难进行二级过滤并较易发生凝结水渗漏。

3）由于受噪声的限制，风机转速不能过高。

4）风机盘管机组方式本身解决新风量困难，由于机组风机的静压小，气流分布受限制，适用于进深小于 6m 的房间。

综上所述，正确地认识风机盘管加新风系统的优缺点，进行合理的设计和设备选择，并选用正确的施工安装来减轻风机盘管加新风系统固有缺陷产生的负面作用。

### 2.3.4 风机盘管系统控制设计要点

（1）温度控制（冬夏季转换设定）：根据室内控制器设定值与室温之差，按比例模式调节供水阀门开度，可选择就地温控模式和联网温控模式。

（2）监测：典型室内温度。

（3）报警、记录：风机故障。

## 2.4 中央空调控制系统设计

### 2.4.1 中央管理机设计要点

中央管理机也称为中央管理工作站或中央监控主机，其设计要点如下：

**1. 中央管理工作站硬件配置**

I 类楼控系统应该配置处理能力强的工业级计算机。当楼控系统规模较小时，采用配置较高的 PC 就可以。

**2. 中央管理工作站软件配置**

中央管理工作站应具备系统软件、应用软件、语言处理软件、数据库生成和管理软件、通信管理软件、故障自诊断软件及系统调试与维护软件。

**3. 中央管理工作站电源设计**

由变电室专路为中央管理工作站供电，负荷等级不低于所处楼宇中最高负荷等级。

中央管理工作站应配置不间断供电电源 UPS，容量是中央管理工作站的全部负荷与为系统扩充预留负荷之和，供电时间不小于 30min。

### 2.4.2 现场分站设计要点

现场分站是指安装 DDC 控制器的控制单元，多表现为控制箱形式。壁挂形式的 DDC 控制箱（现场分站）如图 1.2－44 所示，内部结构如图 1.2－45 所示。

图 1.2－44　壁挂形式的 DDC 控制箱

图 1.2－45　DDC 控制箱内部结构

1. 现场分站功能

DDC 具有独立的控制程序，控制程序包含各种有效地算法。现场分站能够独立地实现对所负责监控设备和监控参量实施有效和可靠地监控，监控内容包括：实时采集各种现场被控物理量的数据信息，实时调节并驱动执行机构。DDC 直接和中央管理工作站进行通信。中央管理工作站对现场分站的运行进行检测、高权限的管理、参数设定、监控程序运行的一定程度管理。中央管理工作站出现故障时，即使和分站断开通信联系，分站也一样有序地按照设定程序控制相关建筑机电设备工作运行。

2. 分站容量及位置

（1）分站容量根据所负责监控设备的数量及监控点数确定，但应该留有 10%～15%的余量。

（2）分站位置选在受控设备相对集中，并以达到末端元件距离较短为原则（一般不超过 50m）。

（3）分站多选壁挂箱式结构。如果在设备集中的机房控制模块较多时，也可选落地柜式结构。

3. 分站电源配置

（1）对于Ⅰ类系统，当中控室设有 UPS 电源时，分站电源由 UPS 电源盘集中供给，线路采用放射式或树干式。

（2）对于Ⅱ类系统，分站电源可就地由邻近动力盘专路供给。

4. 分站控制接线应尽量避开的一些情况

（1）分站设置地点要远离有压输水管道，以免管道、阀门跑水，殃及控制盘。在潮湿、蒸汽场所，应采取防潮、防结露措施。

（2）分站设置地点要远离电动机、大电流母线和强电电缆通道，间距至少 1.5m，以避免电磁干扰。在无法躲避干扰源时，应采取可靠的屏蔽和接地措施。

## 2.4.3 中控室

楼宇内和楼宇自控系统一般要设置一个监控中心，监控中心将楼宇自控系统、消防系统、安防系统集中在一个控制室内实施管理，这样可以做到全面监控和对各个子系统进行协调及管理，及时快捷地响应处理各类突发事件，提高防灾及处置能力，节省管理人员，作为一个综合性的监控中心，通常被称为中控室。某楼宇的一个中控室如图 1.2－46 所示。

图 1.2－46 某楼宇的一个中控室

我国在《智能建筑设计标准》明确提出：消防控制室可单独设置，当楼宇自控系统和安防系统合用控制室时，相关设备应辟出独立的区域，并确保各子系统的设备工作时不会互相干扰。作为楼宇自控中心，监控中心设有中央工作站，由计算机系统和显示输出设备组成，中央站也叫管理中心或上位计算机，可对整个系统实行管理和优化调节，其作用是可对楼宇自控系统的全部重要数据都能方便地读取和存储、监测、控制和打印输出，非标准程序的开发等。

监控中心位置宜设置在主楼底层接近被控设备中心的地方，也可在地下一层。监控中心要求设置在无有害气体、远离变电站、电梯、蒸汽及烟尘、水泵房等易产生强电磁干扰的地方。监控中心应将楼宇的重要区域的消防、安防、疏散通道及相关设备的所在位置给出醒目的平面图或模拟图。

较大型的监控中心一般有照明控制盘、变配电控制盘、通信控制盘、闭路电视控制盘、消防控制盘、保安控制盘、公共广播、内部电话及闭路电视监视器，还有一些相关的显示控制台、打印机等。

一个监控中心所占面积与楼宇建筑面积间有一个可参考的比例关系：如楼宇建筑面积 10 000m$^2$ 时，监控中心面积 20m$^2$；如楼宇建筑面积 30 000m$^2$，监控中心面积 90m$^2$。

监控中心的一些技术条件有：

（1）空调：可用中央空调或自备专用空调。

（2）照明：平均最低照度 150～200lx，一般采用无栅暗装照明，最好是反光照明。

（3）消防：用卤代烷替换品或二氧化碳固定式或找手提式灭火装置，禁止用水灭火装置，必须装备火灾报警设施。

（4）地面和墙壁：宜采用架空防静电活动地板，高度不低于 0.2m，一般高度 0.3m，以便敷设线路。也可不用架空活动地板，如用网络地板扁平电缆，地面和墙壁应有一定的耐火极限。

（5）不间断电源设置（UPS）：可以使用集中的大容量不间断电源，也可采用分散小型的 UPS。不间断电源 UPS 耗资较多，须选择适宜的容量，使用以下两种方法选用 UPS。

1）根据正常容量计算：所有负荷容量的算术和再加上预计的扩展容量（不含 BAS 中的执行机构）。

2）由启动容量计算：单台容量为最大设备的额定容量的 10 倍加上其他设备的额定容量之和，选择最接近以上计算值且容量稍大的 UPS，UPS 供电时间不低于 20min。

## 2.4.4　空调冷热水系统的一些设置参数

国标对空调冷热水系统给出了参数设置范围。

**1. 空气调节冷热水参数设置**

应通过技术经济比较后确定，宜采用以下数值：

空调冷冻水供水温度为 5～9℃，一般为 7℃；

空调冷冻水供回水温差为 5～10℃，一般为 5℃；

空调热水供水温度为 40～65℃，一般为 60℃；

空调热水供回水温差为 4.2～15℃，一般为 10℃。

### 2. 空调水系统的闭式循环及开式系统运行方式

空调水系统宜采用闭式循环。当必须采用开式系统运行时，应设置蓄水箱。蓄水箱的蓄水量，宜按系统循环水量的5%～10%确定。

### 3. 两管制和四管制水系统

全年运行的空气调节系统，仅要求按季节进行供冷和供热转换时，应采用两管制水系统；当建筑物内一些区域需全年供冷时，宜采用冷热源同时使用的分区两管制水系统；当供冷和供热工况交替频繁或同时使用时，可采用四管制水系统。

### 4. 冷冻水输运中的一次泵和二次泵

中小型工程宜采用一次泵系统，系统较大、阻力较高，且各环路负荷特性或阻力相差悬殊时，宜在空气调节水的冷源侧和负荷侧分别设一次泵和二次泵。

### 5. 多台冷冻站构成的空气调节水系统要配置自控系统

设置2台或2台以上冷水机组和循环泵的空气调节水系统，应能适应负荷变化改变系统流量，设置相应的自控系统。

### 6. 水系统的竖向分区及风机盘管水系统分区

水系统的竖向分区应根据设备、管道及附件的承压能力确定，两管制风机盘管水系统的管路宜按建筑物的朝向及内外区分区布置。

### 7. 空气调节水循环泵的选用

（1）两管制空气调节水系统，宜分别设置冷水和热水循环泵。当冷水循环泵兼作冬季的热水循环泵使用时，冬、夏季水泵运行的台数及单台水泵的流量、扬程应与系统工况相吻合。

（2）一次泵系统的冷水泵以及二次泵系统中一次冷水泵的台数和流量，应与冷水机组的台数及蒸发器的额定流量相对应。

（3）二次泵系统的二次冷水泵台数应按系统的分区和每个分区的流量调节方式确定，每个分区不宜少于2台。

### 8. 空调水系统的布置和选择

空调水系统布置和选择管径时，应减少并联环路之间的压力损失的相对差额，当超过15%时，应设置调节装置。

### 9. 空调补水泵的选择

空调水系统的补水点，宜设置在循环水泵的吸入口处。当补水压力低于补水点压力时，应设置补水泵。空气调节补水泵按下列要求选择和设定：

（1）小时流量宜为系统水容量的5%～10%。

（2）严寒及寒冷地区空气调节热水用及冷热水合用的补水泵，宜设置备用泵。

### 10. 补水泵与补水调节水箱

当设置补水泵时，空气调节水系统应设补水调节水箱。水箱的调节容积应按照水源的供水能力、水处理设备的间断运行时间及补水泵稳定运行等因素确定。

### 11. 硬水处理

当给水硬度较高时，空气调节热水系统的补水宜进行水处理，并应符合设备对水质的要求。

# 第3章 中央空调系统的冷热源及变风量空调系统

## 3.1 中央空调系统的冷热源

空调系统是现代建筑中的主要设备系统，是楼宇自控系统的主要监控对象之一。空调系统耗能在建筑总能耗中占40%左右。通过空调自控系统，尤其是中央空调及自控系统实现空调系统的节能运行，意义重大。空调系统在运行过程中，控制系统要进行实时调控，故对空调系统的控制系统性能要求较高。

对局部式空调，如窗式空调、柜式空调、专用恒温柜式机等，自身都携带冷热源及控制系统，不是中央空调及控制系统的监控内容，所以不多述及。中央空调自控系统与常讲到的楼宇自控系统基本内容是相同的，二者的区别在于：后者不仅仅包括中央空调自控系统，还包括：给排水监控、照明监控系统；建筑供配电监测、电梯监测和柴油机组发电监测等；系统集成等。

中央空调系统的前端设备包括新风机组、空调机组和风机盘管，前面已经做了较详细的分析讨论。中央空调系统的冷热源设备是中央空调系统的主要组成部分。冷热源设备不仅监控过程较为复杂，而且节能技术手段内容丰富。

建筑物中，系统冷源可以是冷水机组、热泵等，这些冷源主要为建筑物空调系统提供冷量；系统热源可以是锅炉系统、热交换器、热泵机组或城市热网等，除为建筑物空调系统提供热水外，还包括生活热水系统。其中，热泵机组既可以作为系统冷源，又可以作为系统热源。热泵机组功率较低，因此单独将热泵机组作为系统冷热源的建筑并不多见。如果单独将冷水机组作为系统冷源，将锅炉系统作为系统热源的话将会造成容量浪费和设备利用率低的缺欠。因为冷水机组在冬天几乎不用，而锅炉系统在夏天也仅仅需要满足生活热水需求，同时冷水机组和锅炉机组的容量又必须满足尖峰负荷需求，因此许多建筑物都将冷水机组和锅炉系统作为主要冷热源，其容量满足大多数情况下的负荷需求，不足部分由热泵机组承担。这种冷热源的配置方式相对比较经济。

由于冷水机组、热泵、锅炉等设备的控制较复杂，楼宇自控系统通过接口方式控制这些设备的启停并调节部分可控参数，如冷冻水出水温度、蒸汽温度等。

中央空调冷源系统包括冷水机组、冷冻水循环系统、冷却水系统；中央空调热源系统包括锅炉机组、热交换器等。中央空调系统中的冷热源系统投资费用高、运行能耗高，进行合理的设计来实现运行节能非常重要。

空调冷冻水由制冷机（冷水机组）提供。冷水机组由压缩式（活塞式、离心式、螺杆式、涡旋式）和吸收式冷水机组两大类组成。

要综合考虑建筑物用途、建筑物负荷大小及其变化、冷水机组特性、电源情况、水源情况、初投资运行费用、环保安全等因素来选用冷水机组（制冷机）。

制冷机和冷冻水循环泵、冷却塔、冷却水循环泵一起构成冷源。

### 3.1.1 冷水机组的分类及运行原理

将制冷机、冷却水循环水泵、冷冻水循环水泵、补水箱、集水器和分水器等一些辅助设备安装在专用设备间——制冷站中。制冷站中的冷水机组生产制备的冷冻水通过分水器向各空调区的新风机组、空调机组或风机盘管（空调末端设备）提供冷冻水，冷冻水在这些末端设备处与空气媒质进行热交换，升温后又返回制冷站的集水器，再经过冷冻水循环泵加压进入冷水机组进行制冷，整个过程循环进行。冷冻水系统由冷冻水机组、冷冻水循环泵、分水器、集水器、空调末端及一些辅助设备组成。在制冷过程中，通过对冷冻水供回水温度、流量、压力、压差、冷水机组运行台数和差压旁路调节的控制，实现对冷冻水系统的控制来满足空调末端设备对冷源的需求，同时实现节能目的。

冷水机组有多种不同分类方式：

（1）按压缩机形式分类：活塞式、螺杆式和离心式。

（2）按冷凝器冷却方式：水冷式、风冷式。

（3）按能量利用形式：单冷型、热泵型、热回收型、单冷和冰蓄冷双功能型。

（4）按密封方式：开式、半封闭式和全封闭式。

（5）按能量补偿不同分：电力补偿（压缩式）、热能补偿（吸收式）等。

冷水机组按压缩机形式分为有螺杆式冷水机组、离心式冷水机组和活塞式冷水机组。下面仅介绍螺杆式冷水机组和离心式冷水机组。

### 3.1.2 螺杆式冷水机组

两种不同型号的螺杆式冷水机组外观如图 1.3－1 所示。

图 1.3－1 两种不同型号的螺杆式冷水机组外观

螺杆式冷水机组和冷冻水泵、冷却水泵、分水器、集水器和冷却塔配合为远端的空调末端设备供给冷冻水的情况如图 1.3－2 所示。

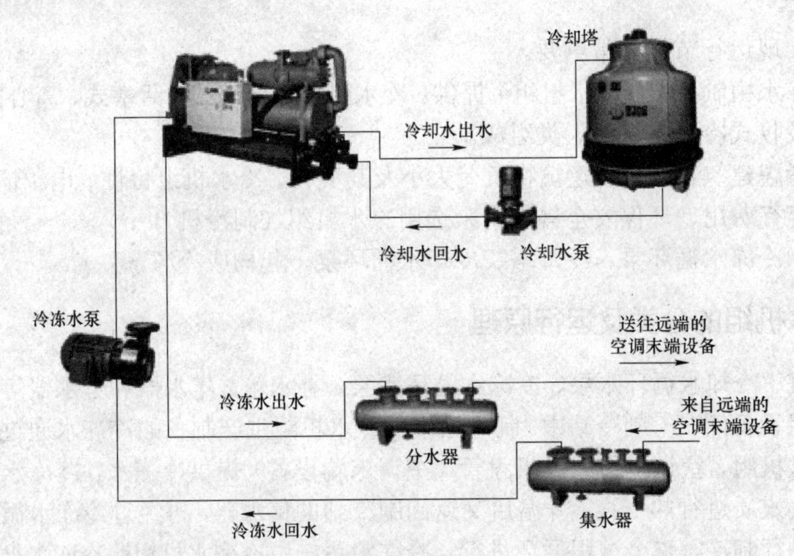


图 1.3－2　螺杆式冷水机组为远端空调末端设备供给冷冻水

冷冻水和冷却水的温度参数：冷却水进口温度为 30℃，冷却水出口温度为 35℃；冷冻水进口温度为 12℃，冷冻水出口温度为 7℃。

螺杆式冷水机组又分为水冷螺杆式冷水机组和风冷螺杆式冷水机组。水冷螺杆式冷水机组：采用螺杆压缩机，并且采用水冷却系统。风冷螺杆式冷水机组：除了具备水冷式螺杆机组系列的一般特征外，其最大的优点是不需要水冷却系统，只要是通风良好的地方便可以使用。风冷式螺杆冷水机组不需要配备冷却水泵、冷却塔等辅助设备，可节省大量材料及工程安装费用，甚至不需要设置机房。

## 3.1.3　离心式冷水机组

### 1. 离心式冷水机组的结构

以美的商用离心式大型冷水机组为例进行说明，其外观如图 1.3－3 所示。

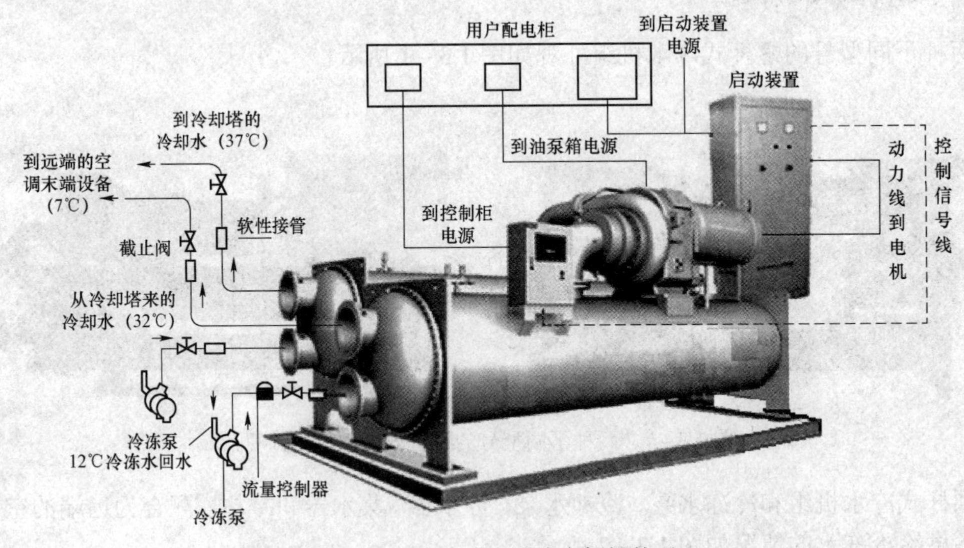


图 1.3－3　离心式大型冷水机组外观

离心式冷水机组，主要由离心制冷压缩机、主电动机、蒸发器、冷凝器、节流装置、压缩机入口能量调节机构、抽气回收装置、润滑油系统、安全保护装置、主电动机喷液蒸发冷却系统、油回收装置及控制系统等组成。

**2. 离心式冷水机组的工作原理**

离心式冷水机组是利用电作为动力源，氟利昂冷媒在蒸发器内蒸发吸收携载冷量的水的热量进行制冷，蒸发吸热后的氟利昂冷媒湿蒸汽被压缩机压缩成高温高压气体，经水冷冷凝器冷凝后变成液体，经膨胀阀节流进入蒸发器再循环。7℃冷冻水为远端的空调末端设备提供冷量。

离心式冷水机组是由蒸发器、离心式压缩机、冷凝器和节流机构（装置）组成的封闭式工作系统。在离心式冷水机组无论采用高压（R22）冷媒、中压（R134a）冷媒或低压（R134）冷媒，冷媒在工作循环的全过程中，都一样是在气态、液态和气/液混合态几种状态中转换。冷媒的气液相变主要发生在冷凝器（气态→液态）和蒸发器（液态→气态）之中，在压缩机中冷媒呈过热蒸汽状态，在减压膨胀阀中呈液态（包含少量液态冷媒）。

**3. 离心式冷水机组的控制系统**

离心式冷水机组的控制技术是较为成熟的。通过系统中的传感器、变送器以及控制器对机组进行运行控制，并对系统中的不同重要设备单元进行保护。监控系统可随时显示运行中的冷冻水出水口和进水口的水温、蒸发压力、冷凝压力、压缩机排气温度、主电动机电流、累计运行时间和启动次数。工程应用中的离心式冷水机组多配备较为完备的保护功能，如主电动机电流过大、冷冻水出水温度过低、冷冻水断水、主电动机绕组温度过高的保护等。

当制冷站由多台冷水机组组成时，能够自动地根据热负荷的变化，按照经济运行的原则，自动将正在运行的冷水机组切换到停机状态，或将处在停机状态的冷水机组切换到运行状态。

离心式冷水机组一般情况下，配备了远程通信接口，接入所在建筑的建筑设备监控系统，可以对冷水机组进行远程监控。

在制冷站中一般有多台冷水机组，而多台冷水机组需要进行群控、协调控制、按照特定节能策略的控制、能实现复杂功能的智能控制，就需要将冷站中每台控制器接入一个控制网络中，这个控制网络也叫测控网络。

控制系统需要具备的功能：

（1）根据系统负荷要求，自动安排冷水机组的投入台数，实现高效运行。

（2）平衡各机组的运行时间，延长机组寿命。

（3）实现对指定的机组、水泵、冷却塔开启和关闭功能。

（4）实时监控系统运行状态和主要参数。

（5）实现冷冻水泵、冷却水泵、冷却塔联锁控制，按需自动启用备用设备。

（6）自动记录系统数据，按使用要求保存历史运行数据。

# 3.2 制 冷 站

## 3.2.1 制冷站及部分设备

### 1. 制冷站

冷水机组是制冷站的核心设备，冷水机组的主要功能：生产制备低温冷冻水，供给和输运到远端的空调机组、新风机组、风机盘管、变风量空调机组等末端设备，流经这些末端设备的冷水盘管和表冷器，对空气进行制冷，再通过风管系统将冷空气输送到各个不同的空调房间。

在制冷站中，除了冷水机组以外，还有其他一些辅助设备，如冷却塔、冷冻水泵群组、冷却水泵群组、分水器、集水器、软化水箱和大量的管道系统，还有要控制系统和控制柜。

一个较大型的制冷站内部的场景如图 1.3－4 所示。

图 1.3－4　一个较大型的制冷站内部的场景

### 2. 分水器和集水器

制冷站中的分水器和集水器的外观如图 1.3－5 所示。

(a)　(b)

图 1.3－5　分水器和集水器的外观

（a）分水器；（b）集水器

分水器的主要功能：将制冷站中不同的冷水机组提供的冷冻水汇聚到分水器，再由分水器统一通过分管路向分布在不同位置的空调末端设备提供冷源——冷冻水。

集水器的主要功能：从远端各个不同的空调末端设备流回的冷冻水（如果流进空调末端的冷冻水温度为7℃，则回水的设计温度是12℃），流回到集水器，由于冷冻水回水的温度升高了（较7℃高了一个数值，不超过5℃），还要流回到冷水机组中继续降温。

3. 冷冻水泵

冷冻水循环泵将从空调前端设备返回的冷冻水（12℃），加压后送入冷冻机，在冷冻机内进行热交换，释放热量，降温后离开冷冻机（冷冻机出口冷水温度是 7℃），即冷冻机进口水温为12℃，出水口温度为7℃。7℃的冷冻水再到达空调末端设备进行水气热交换实现空气降温调节，再循环返回冷冻机，实现冷冻水循环制冷。

冷冻水泵的主要功能：为克服冷冻水输运的阻尼提供动力。如果冷冻水回路只有一级，则这一级冷冻水泵接在冷水机组的冷冻水回水口一侧，称为一级冷冻水泵。如果冷冻水回路中有两级冷冻水泵，则另外一台水泵接在冷水机组的冷冻水出水口一侧，称为二级冷冻水泵。

4. 冷却水塔和冷却水泵

（1）冷却水塔。冷却水塔的外观如图1.3－6所示。

图1.3－6　冷却水塔的外观

冷水机组中冷凝器在工作运行中大量地产生热量。通过冷却水循环将这些热量带走并通过冷却塔散逸到空间中去。冷却塔工作的情况和进、出水管的连接如图 1.3－7 所示。从冷凝器吸取热量后冷却水升温，通过冷却水进水管送入冷却塔空间内，冷却塔风机将注入的冷却水吹沸变成较小的液滴，小液滴在落入冷却塔底部的时候与周围的空气发生热交换，温度降低后再从冷却水出水水管流回到冷水机组中去，继续上述的冷却循环过程。

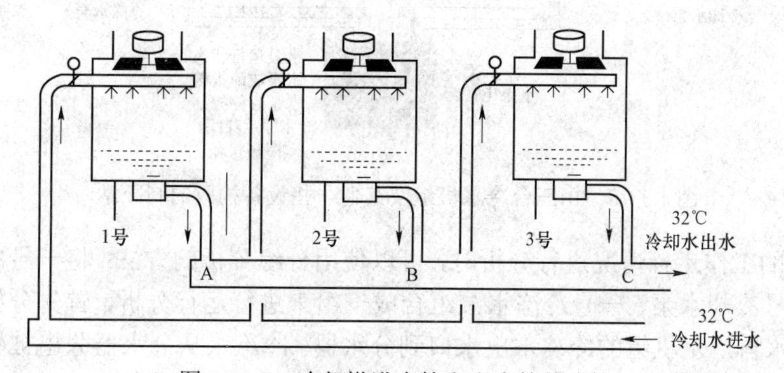


图1.3－7　冷却塔进水管和出水管的连接

从热交换的角度讲，冷却水进入冷水机与制冷剂进行热交换，吸收制冷剂释放的热量后水温升高，再通过冷却水循环系统进入冷却塔，降温处理后再循环进入制冷机（冷水机组）通过热交换，降低冷却水的温度。

（2）冷却水泵。为克服冷却水循环流动中遇到的阻尼和水位势能的障碍，使用冷却水泵。在制冷站的系统结构组成中，冷却水泵接在冷却塔的出水一侧。换言之，冷却水泵接在冷水机组冷却水回水一侧。

冷却水循环泵实现冷却水在冷冻机和冷却塔之间的循环，再通过冷却塔将冷冻机的冷却水的入口和出水口的温度控制在设定值（冷水机组冷却水入口温度 32℃，出口为 37℃）。

### 3.2.2 制冷站的运行

由三台冷水机组及其他一些设备构成的制冷站如图 1.3－8 所示。

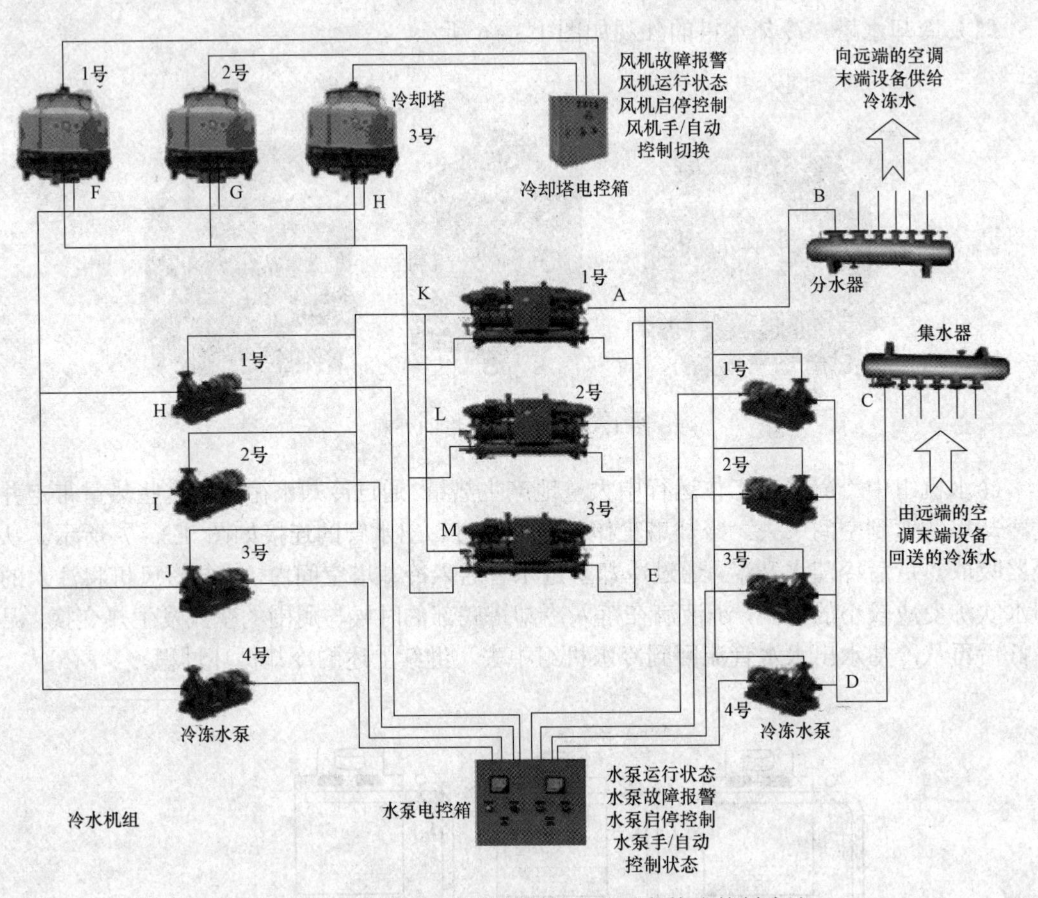


图 1.3－8　由三台冷水机组及其他一些设备构成的制冷站

对制冷站的工作运行情况进行分析时，可以使用分组分析的方法：将一号冷水机组和一号冷却塔、一号冷却水泵、一号冷冻水泵组合成一组来进行运行分析，首先分析该组的冷冻水回路，冷冻水自冷水机组的冷冻水出水口到分水器。冷冻水从分水器分出被输运到远端的空调末端，在末端的表冷器处进行热交换，温度升高从末端流出回到集水器，再从集水器回到冷水机组的冷冻会的回水口。

冷却水回路的情况是这样，从冷水机组内部吸收冷凝器的发热温度升高流出的冷却水被输运到冷却塔的顶部，通过冷却塔风机吹拂降温后，再从冷却塔底部流出并输运流进到冷水机组内进行循环运行。

### 3.2.3 空调系统末端设备和冷源的协调运行

中央空调系统是集中式或半集中式空调系统。通常由冷源（冷水机组）提供低温的冷冻水，冷冻水流进空调机组的冷水盘管，冷水盘管嵌入在金属表冷器中，在金属表冷器上有很多细密的孔洞，当来自新风口的新风和回风口的回风在混风室混风后，再穿过表冷器降低温度，由送风口送出温度和湿度适宜的冷空气。空调机组产生的冷空气通过送风管道送到各个空调房间内，每个空调房间的回风口再将回风汇聚在回风管道内循环回到空调机组，回到空调机组的回风由于在空调房间发生了热交换，将冷量输运给了空调区域，温度升高，回到空调机组继续降温处理，同时进行湿度处理。

冷水机组向远端的空调末端设备提供冷冻水作为冷源的情况，以及冷源和空调末端设备的协调运行情况如图 1.3－9 所示。

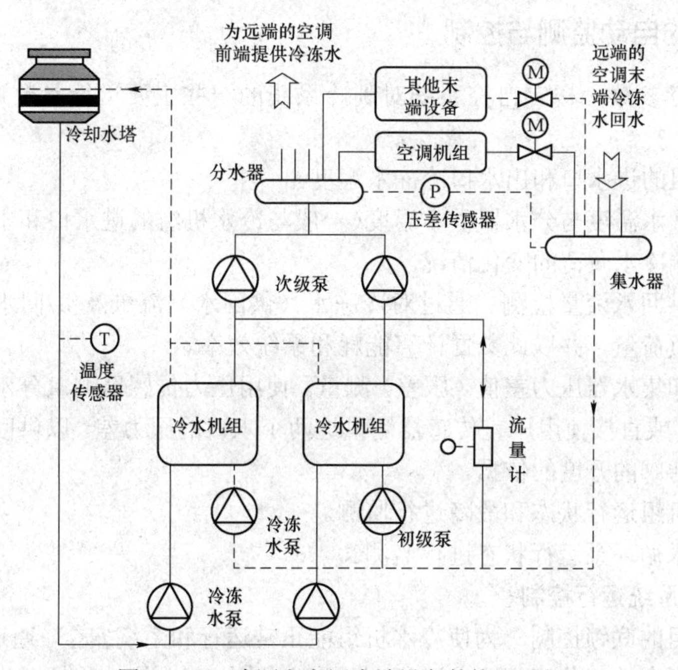


图 1.3－9 冷源和空调末端设备的协调运行

典型空调冷源系统中冷水机组的工作原理如图 1.3－10 所示。这里的空调末端设备可以是空调机组、新风机组、风机盘管和变风量空调机组。当从制冷站与远端空调末端设备距离较远时，冷冻水的输运管路阻尼大，在冷水机组的出水侧加装二级冷冻水泵来克服输运管路的阻尼。

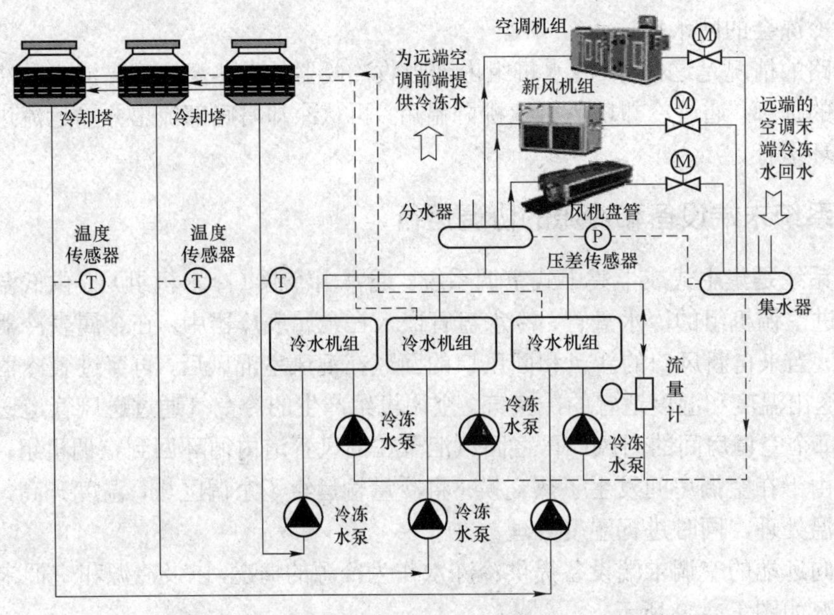


图 1.3－10　典型空调冷源系统中的冷水机组的工作原理

### 3.2.4　制冷站的自动监测与控制

制冷站的运行参数　楼宇自控系统对制冷系统的一些主要运行参数进行监控，这些参数有：

（1）冷水机组的进水口和出水口冷冻水温度。

（2）集水器回水温度与分水器供水温度（一般与冷水机组的进水口和出水口温度相同），这个温度反映末端冷水负荷的变化情况。

（3）冷冻水供回水流量检测。通过对冷冻水（供回水）流量及供/回水温度检测，可确定空调系统的冷负荷量，并以此数据计算能耗和系统效率。

（4）分水器和集水器压力差值（压差）测量。使用压力传感器测量分水器进水口和集水器出水口的压力，或直接使用压差传感器测量这两个水口的压力差。以供回水压差数据作为控制调节压差旁通阀的开度的依据。

（5）对冷水机组运行状态和故障进行监测。

（6）对冷冻水循环泵运行状态进行监测。

**1. 制冷站水系统运行控制**

（1）冷水机组的联锁控制　为使冷水机组能正常运行和系统安全，通过编制程序，严格按照各设备启停顺序的工艺流程要求运行。冷水机组的启动、停止与辅助设备的启停控制须满足工艺流程要求的逻辑联锁关系。

冷水机组的启动流程为：冷却塔风机启动→冷却水泵启动→冷冻水泵启动→冷水机组启动。

冷水机组的停机流程为：冷水机组停机→冷冻水泵停机→冷却水泵停机→冷却塔风机停机。

冷水机组的启动与停机流程正好相反。冷水机组具有自锁保护功能。冷水机组通过水流开关监测冷却水和冷冻水回路的水流状态，如果正常，则解除自锁，允许冷水机组正常启停。

（2）备用切换与均衡运行控制。制冷站水系统中的若干设备采用互为备用方式运行，如果正在工作的设备出现故障，首先将故障设备切离，再将备用设备接入运行。

为使设备和系统处于高效率的工作状态，并有较长的使用寿命，就要使设备做到均衡运行，即：互为备用的设备实际运行累积时间要保持基本均衡，每次启动系统时，应先启动累积运行小时数少的设备，并能为均衡运行进行自动切换，这就要求控制系统对互为备用的设备有累计运行时间统计、记录和存储的功能，并能进行均衡运行的自动调节。

（3）冷水机组恒流量与空调末端设备变流量运行的差压旁路调节控制。冷水机组设有自动保护装置，当流量过小时，自动停止运行，在冷水机组不适宜采用变流量方式，但对于二管制的空调系统，通过调节空调末端的两通调节阀，系统末端负荷侧的水流量产生变化，冷冻水供水、回水总管之间设置旁路，在末端流量发生变化时，调节旁通流量来抵消末端流对冷水机组侧冷冻水流量产生影响。设置由旁路电动两通阀及压差控制器组成的旁通支路。通过测量冷冻水供回水间的压力差来控制冷冻水供水、回水之间旁路电动二通阀的开度，使冷冻水供/回水之间的压力差保持常量，来达到冷水机组侧的恒流量方式，这种方式称为差压旁路控制。差压旁路调节是二管制空调水系统必须配备的环节。

（4）两级冷冰水泵协调控制。如果冷冻水回路是采用一级循环泵的系统，一般使用差压旁路调节控制方案来实现冷冻水回路冷水机组一侧的恒流量与空调末端一侧的变流量控制。当空调系统负荷很大、空调末端设备数量较多，且设备分布位置分散，冷冻水管路长、管路阻力大时，冷冻水回路就必须采用二级泵才能满足空调末端对冷冻水的压力要求。

采用两级冷冻水泵协调控制的原理图如图 1.3－11 所示。一级泵在冷冻站的回水一侧（集水器一侧），二级冷冻水泵在冷冻站的送水一侧（分水器一侧），为降低电耗，对于一、二级冷冻水泵群组也要进行协调控制。

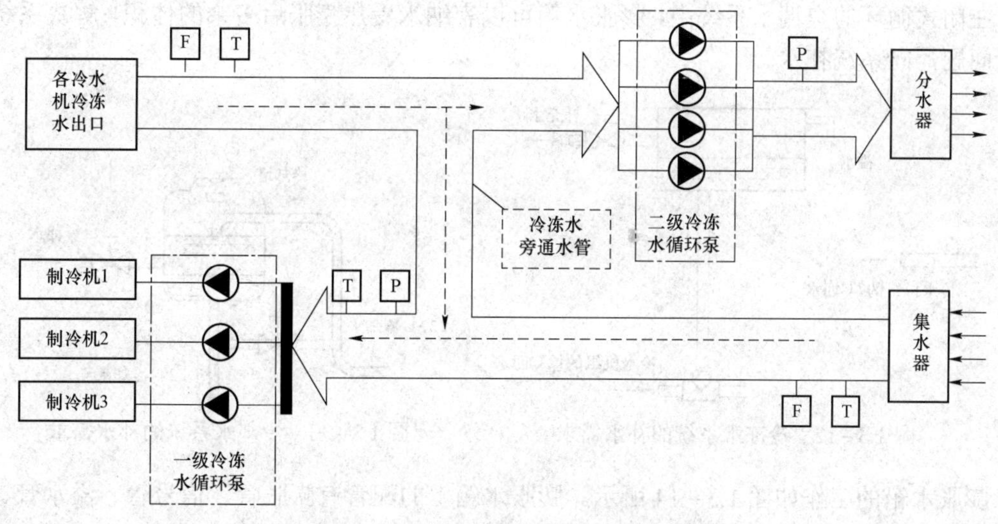


图 1.3－11　两级冷冻水泵协调控制的原理图

F—流量传感器；T—温度传感器；P—压力传感器

（5）冷水机组的群控节能。制冷系统由多台冷水机组及辅助设备组成，在设计制冷系统时，一般按最大负荷情况设计冷水机组的总冷量和冷水机组台数，但实际情况运行一般都与最大负荷情况有较大偏差，对应于不同的以及变化的负荷，通过冷水机组的群控实现节能运行。

1）冷冻水回水温度控制法。冷水机组输出冷冻水温度一般为 7℃，冷冻水在空调末端负载进行能量交换后，水温上升。回水温度基本反映了系统冷负荷的大小，根据回水温度控制调节冷水机组和冷冻水泵运行台数，实现节能运行。

2）冷量控制法。根据冷源系统总负荷量（冷冻回水温差×总流量）进行冷水机组运行台数控制，进行台数与负荷相匹配，实现冷水机组最优启停时间控制，根据送水/回水集水箱温度的变化，通过特定的算法计算系统热负荷的变化，并根据其变化调整冷热源运行台数，达到优化节能的目的。

使用一定的计量手段根据回水温度与流量求出空调系统的实际冷负荷，再选择匹配的制冷机台数和冷冻水泵运行台数投入运行实现冷水机组的群控和节能。

在根据实际的冷负荷对投入运行的冷水机组与冷冻水循环水泵的台数进行调节时，还要同时兼顾设备的均衡运行。

（6）膨胀水箱与水箱状态监控。膨胀水箱作为制冷系统中的辅助设备发挥着这样的作用：当冷冻水管路内的水随温度改变相应的体积也产生改变，膨胀水箱与冷冻水管路直接相连，当水体膨胀体积增大时，一部分水排入膨胀水箱；当水体积减小时，膨胀水箱中的水可对管路中的水进行补充。

补水箱用来存放经过除盐、除氧处理的冷冻用水，当冷冻水管路中的冷冻水需要补充时，补水泵将补水箱中的存储水泵入管路。补水箱中设置液位开关对其运行控制，当水位低于下限水位时进行补充，达到上限水位时停止补充防止渗流。

在冷水机组生产制备的冷冻水源源不断地输运到远端空调末端设备的过程中，出现泄露及损失，因此需要进行补水，冷冻水补水需求如图 1.3－12 所示；冷却水系统也存在这种补水需求，冷却水系统的补水需求如图 1.3－13 所示。

在闭式循环的空调水系统中，膨胀水箱可以容纳水受热膨胀后多余的体积，解决系统的定压问题，向系统补水。

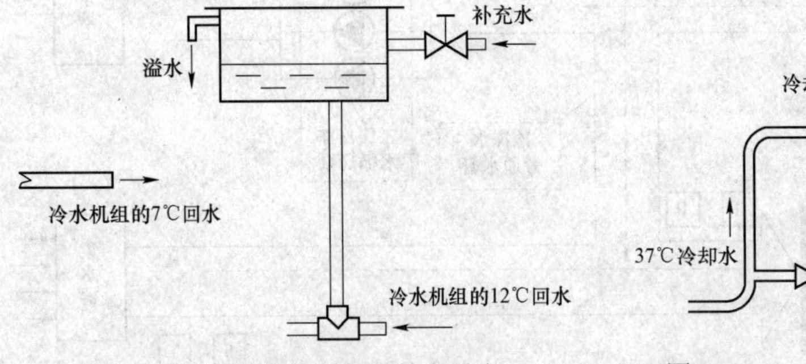


图 1.3－12　冷冻水系统的补水需求　　图 1.3－13　冷却水系统的补水需求

膨胀水箱的工作如图 1.3－14 所示。膨胀水箱上的配管有膨胀管、信号管、溢水管、排水管和循环管等。制冷装置（溴化锂吸收式冷温水机组）要求冷媒水必须是软化水时，应在膨胀水箱内设置高低水位传感器来控制软化水补水泵的启动或关停。一旦水位低于信号管，补水泵会自动向系统补水。这种方式要有一套软化水处理设备来自补水泵的补水管可以接到集水器上，也可接到冷媒水循环泵的吸入口前。

（7）冷却塔的节能运行控制内容。冷水机组的冷却用水由于带走了冷凝器的热量温度升高至设计温度37℃（从冷水机组出口），送出的高温回水（37℃）在送至冷却塔上部经过喷淋降温冷却，又重新循环送至冷水机组，这个过程循环往复进行。

来自冷却塔的冷却水进水，设计温度为 32℃，经冷却泵加压送入冷水机组，与冷凝器进行热交换。

为保证冷却水进水和冷却回水具有设计温度，就要通过装置对此进行控制。冷却水进水温度的高低基本反映了冷却塔的冷却效果，用冷却进水温度来控制冷却塔风机（风机工作台数控制或变速控制）以及控制冷却水泵的运行台数，使冷却塔节能运行。

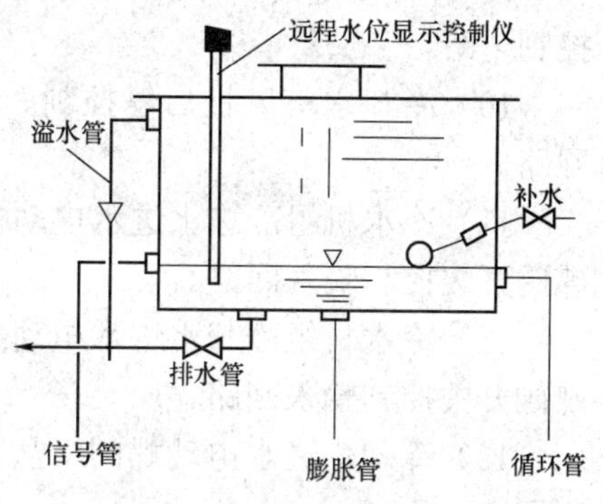


图 1.3－14　膨胀水箱的工作

利用冷却水进水温度控制冷却塔风机运行台数，这一控制过程和冷水机组的控制过程彼此独立。如果室外温度较低，从冷却塔流往冷水机组的冷却水经过管道自然冷却，即可满足水温要求，此时就无须启动冷却塔风机，也能达到节能效果。

**2. 制冷系统监测点**

（1）设备运行状态监控。设备运行状态监控主要包括以下一些内容：

1）冷水机组运行状态。运行状态信号取自于冷水机组控制器（柜）对应运行状态输出触点（或主接触器辅助触点）。

2）冷冻水泵启停状态。该运行状态信号取自冷冻水循环泵配电箱接触器辅助触点。

3）冷却水泵启停状态。此信号从冷却水循环泵配电箱接触器辅助触点取出。

4）冷却塔风机启停状态监控。监控信号从冷却塔风机启停状态监控配电箱接触器辅助触点取出。

5）水流开关状态监测。取自水流开关状态输出点。

（2）参数监控点和故障监控。这些参数可以是水位、流量、温度和压力等。

1）膨胀水箱高低水位监测。信号取自补水箱高低水位监测传感器输出，如使用液位开关、水位高限、低限、溢流位设置等。

2）冷却塔高低水位监测。信号取自冷却塔高低水位监测输出点，如使用液位开关、设置水位高/低限。

3）冷冻水供、回水温度检测。信号取自安装在冷冻水管路上的供、回水温度传感器输出。

4）冷冻水流量检测。信号从安装在冷冻水管路上的流量传感器输出，如使用电磁流量计。

5）冷冻水供、回水压力（或压差）检测。信号取自安装在冷冻水管路上供、回水压力传感器或压差传感器输出，如采用水管或液压传感器，并安装在集水器入口，分水器出口、冷冻水管道附近。

6）冷却水供、回水温度检测。检测信号从安装在冷冻水管路上的供、回水温度传感器的输出。

7）冷水机组启停控制。从 DDC 数字输出口（DO 口），到冷水机组控制器启停远程控制输入点。

8）冷冻水泵启停控制。从 DDC 的 DO 口输出到冷冻水配电箱接触器的控制回路。

9）冷却水泵的启停控制。从 DDC 的 DO 口（数字输出口）控制冷却水泵配电箱接触器控制电路。

10）冷却水塔风机启停控制。由 DDC 的 DO 口接入冷却水塔风机配电箱接触器控制回路。

11）冷水机组冷冻水进水电动蝶阀。从 DDC 的 DO 口输出到冷水机组冷冻水入口电动碟阀开关控制输入回路。

12）冷水机组冷却水进水电动蝶阀。从 DDC 的 DO 口输出到冷水机组冷却水入口电动碟阀开关控制输入回路。

13）冷却塔进水电动蝶阀。从 DDC 的 DO 口输出到冷却塔冷却水入口电动碟阀开关控制回路。

14）压差旁路两通阀调节控制。从 DDC 的 AO 口（模拟输出口）输出到压差旁路两通阀驱动器的控制回路。

在系统设计中还包含手动和自动控制的切换线路设计，设备故障维修/更换等退出自动控制状态的线路设计。

3. 制冷系统设备控制

通过对制冷系统中各相关设备运行状态参数检测传感器对相关物理量的检测，楼宇自控系统通过中央监控管理系统和控制现场设备 DDC，对制冷系统的运行进行全面的监控和管理。

在楼宇自控系统对制冷系统进行监控管理的软硬件系统设计时，要解决好以下几个问题：冷水机组与辅助设备的联锁控制；设备故障报警/手动/自动切换控制，均衡策略运行控制；冷水机组侧的恒流量与空调末端设备变流量运行的控制策略、规律与具体实现方式。

（1）冷水机组与辅助设备的自锁、互锁控制。制冷系统的启停顺序有严格的对应关系。

启动顺序：冷却塔风机→冷却水泵→冷冻水泵→冷水机组。

停机顺序：冷水机组→冷冻水泵→冷却水泵→冷却塔风机。

这种逻辑顺序关系借助于控制软件，并依靠电器开关触点自锁、互锁来实现。

（2）设备故障报警。如果设备运行或工作状态出现故障后，监控系统给出报警，并自动停止相关设备的运行，同时对报警信号进行处理与记录。

（3）备用设备的切换投入。在系统中的设备出现故障，除了报警外，控制系统将故障设备切离，同时将备用设备投入运行，使整个制冷系统正常运行。

（4）均衡运行的实现。为实现制冷系统中的均衡运行，可通过启停设备的给定策略实施启动来实现。选择启动设备的策略有：

1）累计运行时间最少的设备优先启动。

2）当前停止运行时间最长的设备优先启动。

3）轮流排队启动。

选择停止运行设备的监控策略有：

1）累计运行时间最长的设备优先停止运行。

2）当前运行时间最长的设备优先停止运行。

3）轮流排队停止运行。

在工程实际当中，可采用单一策略，也可采用多种策略的组合。

（5）制冷系统的节能运行。现代建筑中的空调系统耗在建筑能耗中占有相当高的比例，高达50%～60%，其中冷热源设备和水系统的能耗又在空调系统总能耗中占有80%～90%的比重，因此对于冷热源设备及水系统的节能运行控制，意义重大。制冷系统中的冷水机组、冷冻水泵、冷却水泵和冷却塔风机都是主要耗能设备，制冷系统的运行节能控制的内容主要是以上这些设备的单项节能及协调运行中的系统节能。

制冷系统的节能运行控制主要采用以下一些措施：

1）根据具体的热负荷变化规律制定科学合理的设备运行时间表。由于建筑物内企业的工作时间、不同季节时间段、气候的变化等多种因素，制冷系统的热负荷呈现规律性的变化，根据这些变化规律制定制冷设备运行时间表，能起到很好的节能效果。

2）制冷机组的节能群控。在有多台机型的制冷系统中，对机组进行策略合理的群控，使空调末端设备通过的冷冻水流量与实际的热负荷进行动态匹配，实现节能运行。

对于单台冷水机组，可以使用调节主机运行状态，调节冷水机组冷却水入口温度来调节冷冻水泵、冷却水泵的能耗。

如上所述，根据空调系统实际的冷负荷来调节制冷机组运行的台数，同时调整制冷机冷却水的温度，使制冷量与实际冷负荷匹配，实现空调系统的节能运行。

3）冷冻水循环泵的节能控制运行。如果空调冷冻水系统采用一级冷冻水泵和差压旁路调节控制构成冷冻水回路结构时，冷冻水泵为冷冻水提供压力来克服冷冻水传输管路中的阻力，并保证末端设备侧获得足够的压力；通过调节差压旁路的流量，保证末端及空调设备的正常工作。可根据实际空调系统的冷负荷，在满足工作压力、冷冻水流量的情况下调节冷冻水泵运行台数和差压旁路的设定值，使之节能运行。

在冷负荷大的空调系统中，末端空调设备分布范围广，水系统管路长，此时冷冻水系统采用二级冷冻水泵来为系统提供正常工作所需的冷冻水压力。对于这种系统的节能运行，是通过调节二级冷冻水压力和冷冻水泵运行台数来控制的。

4）冷却塔和冷却水泵的经济运行控制。冷水机组的冷却水进口处，由冷却塔循环输入的冷却水温度须满足特定要求。根据冷冻机对冷却水温的要求，通过对冷却塔运行台数的控制，来实现冷却塔出水温度与设定值的匹配。还可以使用调节电动机的转速来实现这种控制。当冷却塔出水温度高于设定值，可增开一台冷却塔或将冷却塔中风扇的驱动电动机转速提高；如果冷却塔出水温度低于设定值，则将一台冷却塔从运行中切离出来，同时对运行的冷却塔运行参数作适当调节。

在对冷却塔台数的调节控制中，一个重要的因素是室外环境温度。总的来讲，合理地调节投入运行的冷却塔台数、调节冷却塔中风机和冷却水泵的运行台数（或通过调速控制）并辅以转速调节，可较好地实现冷却塔、冷却水泵的节能运行。

**4. 制冷站经济运行中的协调控制**

制冷机组有较复杂的结构，一般配置有功能很强的监控系统。实现对机组的启停控制、运行参数监测、故障报警、按照一定的控制策略进行经济运行控制，制冷机组还配置较完善的安全保护设置。

新的制冷机组的控制监测系统一般设置了标准的通信接口，并且支持BACnet（Building Automation and Control Network：楼宇自控网标准通信协议）协议和Lontalk通信协议。从发展趋势上讲，通过统一的通信协议，使制冷机组通过标准通信接口与楼宇自控系统实现有效的数据通信并进而实现无缝互联，楼宇自控系统就可以对制冷机组进行高水平的运行状态控制、运行参数控制、经济运行控制及安全防护。BACnet、Lonworks 都是开放性很好的网络系统，而且二者与 Internet、以太网通过网关或中间件技术都能实现良好的互联。

许多中央空调制冷站都采用 DDC 控制器作为核心控制器对制冷站实施自动控制。通过 DDC 控制冷冻站的工作原理如图 1.3－15 所示，图中给出了传感器、执行器及电控箱和 DDC 的接线关系。

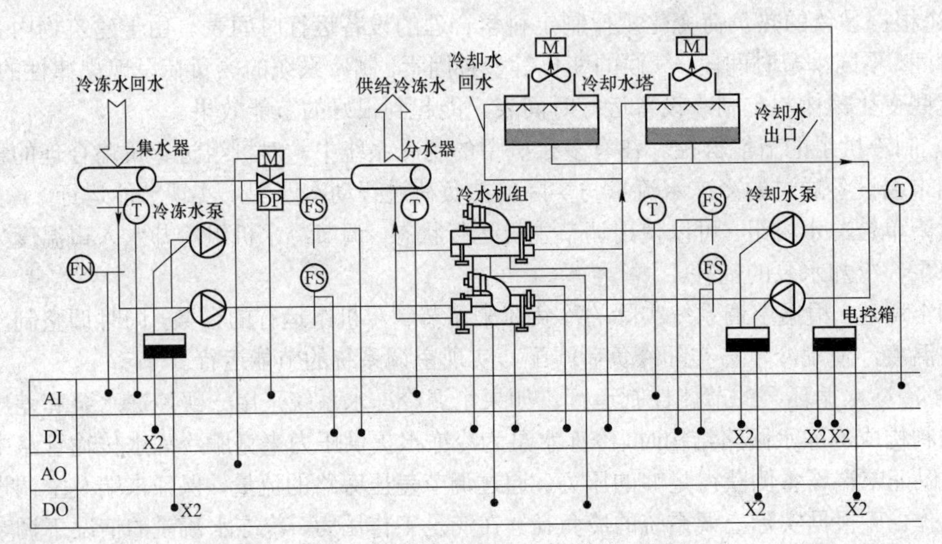


图 1.3－15　通过 DDC 控制冷冻站的工作原理

## 3.2.5　冷水机组控制系统设计要点

（1）负荷控制（温度设定、程序设定）：根据供回水温度与流量积算的热负荷计算以及机组当前的累计工作时间，对机组进行启动台数和顺序控制。

（2）差压控制：根据供、回水压差，比例调节旁通阀，保持供回水的压力平衡，并按拟定程序，发出启停机组信号。

（3）联锁和逻辑控制，对机组中所有子系统进行联锁和逻辑启停控制。

启动：冷冻水泵—冷却水泵—冷却塔—制冷机。

停机：制冷机—冷冻水泵—冷却水泵—冷却塔。

（4）监测：供、回水温度、水泵运行状态、制冷机运行状态。

（5）报警、记录：供、回水温度超限，油压、油温超限，水泵及机组故障。

（6）显示、打印：温度、流量、压力参数、设定值及测量状态。

（7）冷却塔系统控制设计要点：

1）温度控制（温度设定）：根据冷却塔出水温度，控制风机启、停。

2）水位控制：根据冷却塔水位，控制补水泵或补水电磁阀启、停。

3）监测：进、出水温度，水泵、风机运行状态。

4）报警、记录：温度超限、水泵故障、风机故障、水位低限。

5）显示、打印：温度参数、设定值及测量状态。

# 3.3 变风量空调系统及其控制

变风量空调系统（Variable Air Volume，VAV），是一种节能效果显著的空调系统。定风量系统的送风量是不变的，由房间最大热湿负荷确定送风量，但实际上房间热湿负荷不可能经常处于最大值状态，而是全年的大部分时间都低于最大值。变风量空调系统是通过送入各房间的风量来适应负荷变化的系统。当室内空调负荷改变或室内空气参数设定值变化时，空调系统自动调节进入房间内的风量，将被调节区域的温、湿度参数调整到设定值。送风量的自动调节可很好地降低风动机力消耗，从而降低空调系统运行能耗。

## 3.3.1 变风量空调系统的组成、运行和特点

### 1. VAV 系统的组成

VAV 系统由变风量末端装置、空气处理及输送设备、风管系统和自动控制系统四个部分组成。变风量末端装置也叫 VAV Box，VAV Box 根据空调区域的热负荷，通过调节风门开度来控制送风量。变风量空调机组则根据各 VAV Box 的需求，通过风机变频调速来控制总的送风量。

变风量空调机组和变风量末端的外观如图 1.3－16 所示。

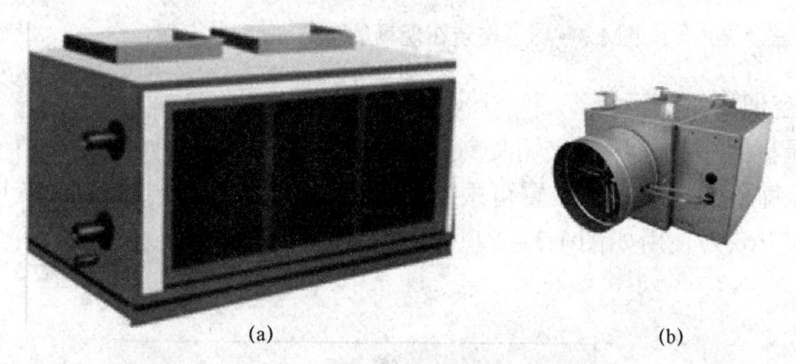

(a)　　(b)

图 1.3－16　变风量空调机组和变风量末端的外观

（a）某型号的变风量空调机组；（b）单风管变风量末端

简单的 VAV 变风量系统空调系统工作运行示意图如图 1.3－17 所示。在每个房间内至少

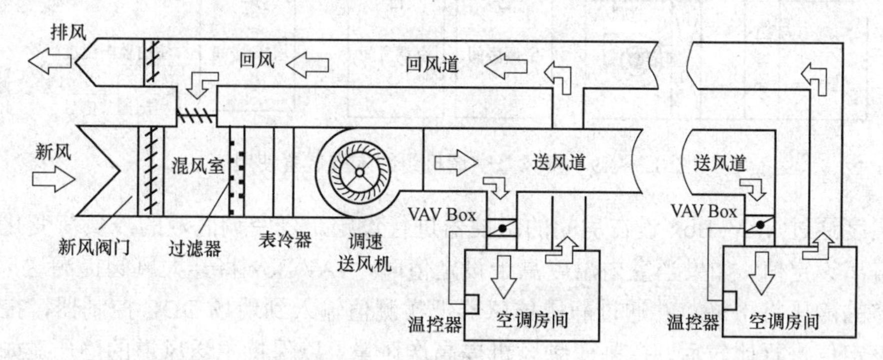


图 1.3－17　简单的 VAV 变风量系统空调系统工作运行示意图

安装一个 VAV 末端装置及附带的送风口，VAV Box 实际上是一个可以进行自动控制的风阀，可以根据室内的冷热负荷、湿负荷调节送入室内的风量，从而实现对各个房间温度的单独控制。系统主要包括送风道、回风道、空气处理设备、可调速的送风机、排风机（或回风机）和变风量 VAV 末端装置及送风口等。

安装在现场的 VAV 变风量末端如图 1.3－18 所示。

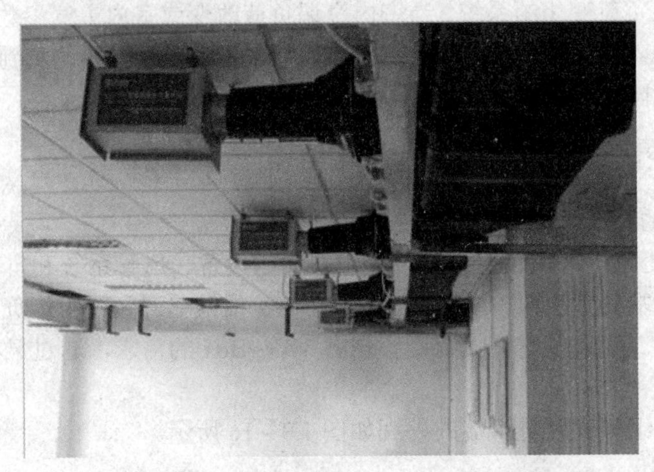

图 1.3－18　安装在现场的 VAV 变风量末端

2. 变风量空调机组的运行

变风量空调机组中的送风机采用变频调速方式，送入每个房间的风量由变风量末端装置 VAV Box 控制，每个变风量末端装置可根据房间的布局设置几个送风口。变风量空调机组的末端装置（VAV Box）使用如图 1.3－19 所示。

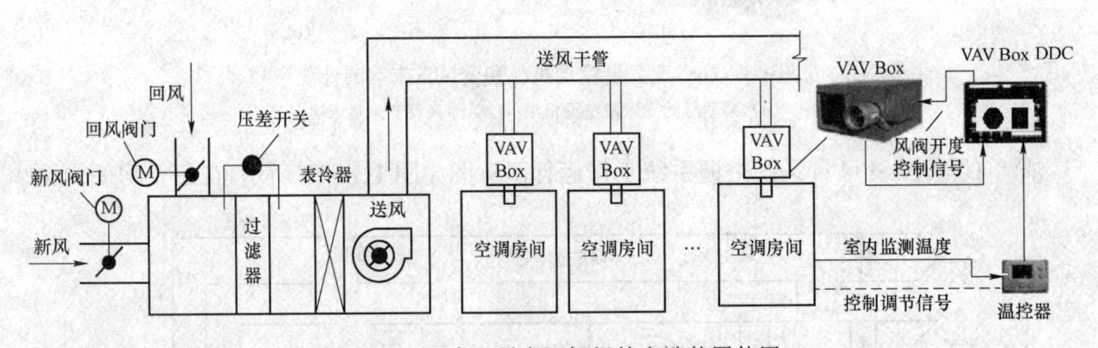


图 1.3－19　变风量空调机组的末端装置使用

室内温度通过 VAV Box 设在房间的温控器进行设定。当空调区域的冷负荷变化，导致室内温度偏离设定值，如果当室内温度高于设定值时，VAV Box 将开大风阀提高送风量，此时主送风道的静压将下降，并通过静压传感器把实测值输入到现场 DDC 控制器，控制器将实测值与设定值进行比较后，控制变频风机提高送风量，以保持主送风道的静压。如果室内温度低于设定值时，VAV Box 将减小送风量。

VAV Box 和变频送风机的控制过程中，控制对象为室内温度、主送风道静压，检测装置为静压传感器，调节装置是现场 DDC 控制器，执行器是变频风机。

由于变风量系统在调节风量的同时保持送风温度不变，因此在实际运行过程中必须根据空调负荷合理地确定送风温度。例如夏季，当送风温度定得过高，空调机组冷量不能平衡室内负荷时，空调机组可能大风量工频运转，此时起不到节能效果。空调机组的送风温度可以通过现场 DDC 控制器进行设定，并且通过控制空调机组回水电动阀，对送风温度进行有效的控制。

DDC 控制器通过监测新风与回风的焓值，确定新风与回风的混合比。在保持最小新风量的同时充分利用回风，通过减少冷冻水供给量来减少制冷机组能耗。

采用一次回风或多变量集中空调系统，每个房间设一个或多个变风量送风口，一个回风口。房间温度控制器控制末端装置送风量，根据各送风口的送风量调节风机转速，实现节能运行。

变风量空调系统的风管和末端装置的连接如图 1.3－20 所示。

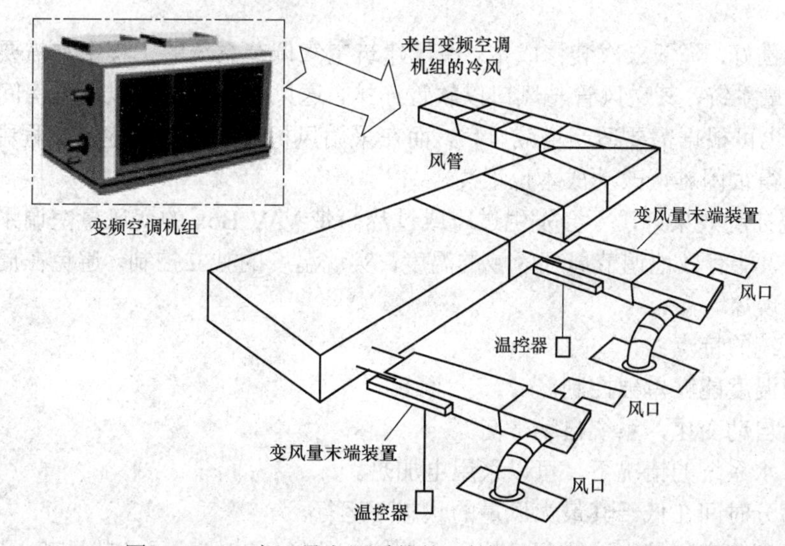


图 1.3－20　变风量空调系统的风管和末端装置的连接

### 3. 变风量空调系统的特点

据有关文献报道 VAV 系统与 CAV 系统相比，对不同的建筑物同时使用系数可取 0.8 左右的情况下，大约可以节能约 30%～70%。

VAV 系统的灵活性较好，易于改扩建，尤其适用于格局多变的建筑，如商务办公楼，当室内参数改变或重新布置隔断时，可能只需更换支管和末端装置，移动风口位置即能适应新的负荷情况。

由于系统造价较高，控制系统复杂，VAV 系统在我国的推广应用受到一定的限制。但随着建筑智能化技术和楼宇自控技术的不断发展，以及低温空调和冰蓄冷技术的推广应用，控制复杂和成本较高的这两个影响 VAV 系统发展的关键问题有望解决，因此，在我国推广应用 VAV 系统将形成一个普及层面较大的应用热点。

变风量系统，采用一次回风式变风量集中空调系统，每个房间设一个或多个变风量送风口，一个回风口。房间温度控制器控制末端装置送风量，自控系统根据各送风口的送风量，调节风机转速，实现节能运行。

变风量（VAV）系统以全空气空调方式运行，在空调房间内负荷及温湿度参数变化时，自动调节送风量，从而保证室内温度、湿度等参数达到设定要求。

由于空调系统在全年大部分时间里是在部分负荷下运行，而变风量（VAV）系统是通过改变送风量来调节空调房间温度，能够和部分负荷的工况自动配合，因此可以较大幅度地少送风风机的动力损耗。

与定风量空调系统相比，变风量空调系统的应用除了能够较大幅度地节能以外，还具有一些很有价值的优点。VAV 系统可以提高室内空气品质，在过渡季节可较多地采用新风减少冷水机组的能耗，而且通过较多地向空调房间输运新风，来提高室内的空气质量。

还可以避免风机盘管加新风系统的冷凝水渗顶问题。由于变风量（VAV）系统是全空气系统，冷水管路不经过吊顶空间，避免了风机盘管加新风系统中须费心解决的冷凝水滴漏和污染吊顶问题。

系统灵活性好，降低二次装修成本。现代建筑空气调节系统的工程中常需要进行二次装修，采用变风量系统，其送风管与风口以软管连接，送风口的位置可以根据房间分隔的变化而任意改变，也可根据需要适当增减风口，而在采用风机盘管系统的建筑工程中，任何小的局部改造都显得很困难，改动成本也很高。

VAV 系统控制效果好，不会发生过冷或过热。带 VAV Box 的变风量空调系统与一般定风量系统相比，能有效地调节局部区域的温度，实现温度的独立控制，避免在局部地区产生过冷或过热的现象。

变风量系统的特点；

（1）房间温度能够单独控制。

（2）风量自动变化，系统自动平衡。

（3）没有水系统的情况下，可以采用电加热。

（4）大部分时间在低于其最大风量的状态下运行。

（5）对于负荷变化较大，或同时使用系数较低的场所节能效果尤其显著。

（6）采用了全空气的空调方式。

（7）空气品质好：全空气系统送风能得到全面集中的处理（如过滤、加湿、杀菌、消声等）；且没有冷凝水污染，抑制细菌滋生。

（8）温度控制准确快速：VAV Box 采用 DDC 控制精度高。

（9）运行节能：风机耗电减少，冷机耗电减少，水泵耗电减少。

（10）没有水管使施工方便，运行安全且无冷凝水污染。

（11）与送风口采用软管连接，便于装修时重新分隔。

（12）可以和多种空调系统相结合（空调箱、屋顶机、冰蓄冷系统、水源热泵等）。

尽管 VAV 系统有很多优点，但也应客观地认识到系统存在着一些技术需要改进的方面，例如：

（1）缺少新风，室内人员感到憋闷。

（2）房间内正压，房门开启困难；负压过大导致室外空气大量进入。

（3）室内噪声较大。

（4）系统运行的稳定性不是很高。

（5）系统的初投资较大。

（6）对于室内湿负荷变化较大的场合，如果采用室温控制而又没有其他辅助方法，很难保证室内温湿度同时达到要求。

（7）VAV 系统比 CAV 系统多了一些末端装置和风量调节功能，使得从方案设计到设备选择、施工图设计及施工调试都是有了与 CAV 系统很大的不同。

总之，变风量空调系统所存在的问题及其原因是多方面的，有些问题可能需要一定的技术支持才能解决，有些问题可能通过空调设计人员的精心设计就可以避免。

### 3.3.2 变风量空调系统与定风量空调系统的不同

通常的空调机组指的是定风量空调机组或定风量空调系统（Constant Air Volume System，CAV 系统），变风量空调系统与定风量空调系统的不同主要有两点：

CAV 系统采用固定式的送风口，定风量空调系统的送风机不调速；VAV 系统采用变风量的送风口 VAV Box，变风量空调系统的送风机多以调速方式工作。

CAV 系统的送风口和 VAV 系统的送风口的不同，如图 1.3－21 所示。

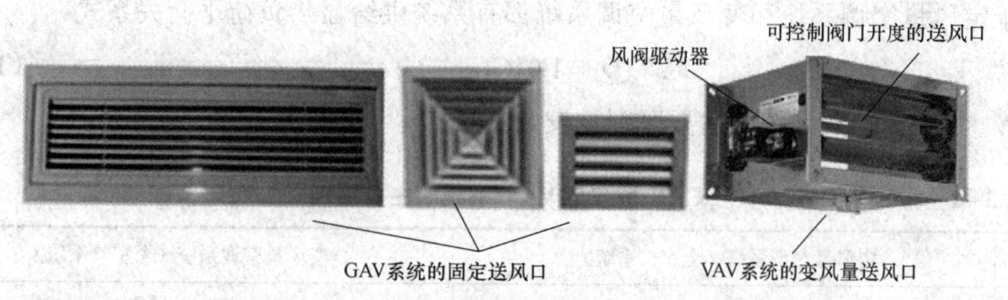


图 1.3－21　CAV 系统的送风口和 VAV 系统送风口的不同

采用了变风量送风口，向空调区域的供冷就可以方便地加以控制调节，当空调区域的温度较高时，VAV Box 的阀门开度加大，增大冷风的送风量，降低房间的温度；当空调区域的温度较低时，VAV Box 的阀门开度减小，减少送风量，提高房间的温度。VAV Box 供风的房间如果没有工作人员或某一时段无调节温度的要求，则可以将 VAV Box 的阀门全部关闭，不向空调房间输运冷风。

定风量空调系统由于采用固定式送风口，当送风口所在某房间负荷发生急剧的变动时，空调系统无法做出反应，送风量不会发生变化。

变风量空调系统的送风机以调速方式工作的情况下，送风机的电源来自于变频器。变频器向送风机输送一个 380V 的变频电源，调节送风机的转速，换言之，变风量空调系统采用了变频送风机电控箱，定风量空调系统采用的是普通电控箱，如图 1.3－22 所示。图 1.3－22 中还给出了一个实际的变风量空调机组的 DDC 控制箱的实物外观图。

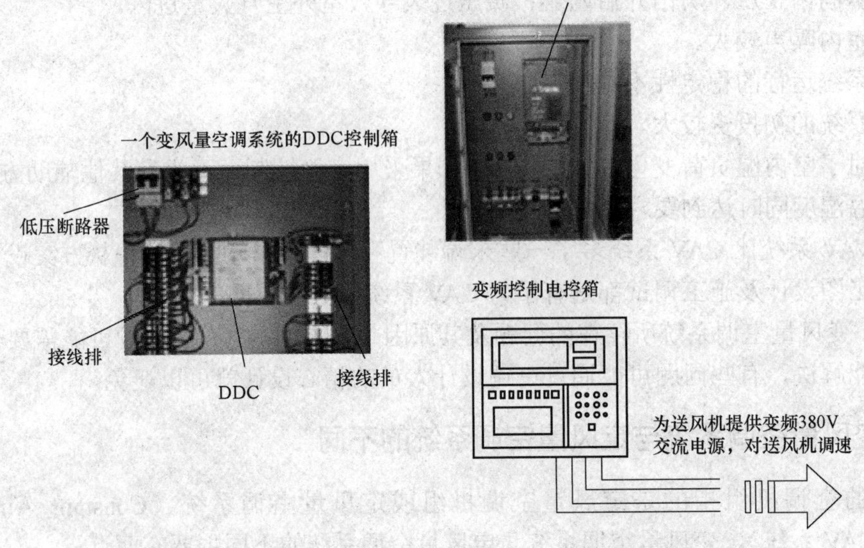


图 1.3-22　VAVA 系统送风机和 CAV 系统送风机采用不同的电源

如果设定：$Q_s$ 为空调系统总显热负荷（kW）；$q_{si}$ 为空调区域显热负荷（kW）；$G$ 为空调系统送风量（kg/s）；$g_{si}$ 为空调区域送风量（kg/s）；$t_N$ 为室内温度（℃）；$t_0$ 为送风温度（℃）；1.01 为干空气定压比热容［kJ/（kg·K）］。

对于定风量空调系统和变风量空调系统都有系统供给显热负荷平衡关系式

$$Q_s = 1.01G(t_N - t_0) \tag{1.3-1}$$

CAV 系统与 VAV 系统的主要区别见表 1.3-1。

**表 1.3-1　CAV 系统与 VAV 系统的主要区别**

| 比较要点 | 定风量空调系统（全空气系统） | 变风量空调系统（全空气系统） |
|---|---|---|
| 两种空调方式主要区别 | （1）定风量空调系统的区域显热负荷平衡关系式 $q_{si}=1.01g_i(t_{Ni}-t_0)$，即空调区域显热负荷和区域送风量成正比，和（室内温度—风温度）成正比<br>（2）系统总送风量不变，通过调节冷冻水流量改变送风温度 $t_0$ 与系统总显热负荷进行适应匹配<br>（3）各个不同的供冷或送风区域无法独立调节温度，室内温度随着空调区域显热负荷的变化而波动变化 | （1）变风量空调系统的区域显热负荷平衡关系式 $q_{si}=1.01g_i(t_{Ni}-t_0)$，即空调区域显热负荷和区域送风量成正比，和（室内温度—风温度）成正比<br>（2）系统总送风量随着空调区域内各不同空调房间的送风量不同而动态改变。通过调节区域送风量 $g_i$ 来适应各区域显热负荷 $q_{si}$ 的变化<br>（3）调节冷冻水流量来维持送风温度 $t_0$ 不变或通过调节冷冻水流量来调节送风温度 $t_0$ |
| 优点 | （1）空气过滤等级高，空气品质好<br>（2）通过控制较佳的回风、新风混风比来实现在满足室内卫生标准的前提下，尽可能多使用回风，实现节能<br>（3）去湿能力强，室内相对温度低<br>（4）初投资小<br>（5）使用较为广泛 | （1）空调区域中各个不同空调房间的温度可独立控制<br>（2）在正常应用的情况下，节能效果较好<br>（3）空气过滤等级高，空气品质好<br>（4）去湿能力强，室内相对温度低<br>（5）有很好的应用潜力 |
| 缺点 | （1）区域空气温度不可控<br>（2）部分负荷时，送风机采用定速运行总风量不变，无法实施送风机调速节能<br>（3）在空调区域的符合发生突然大幅度变化时，系统本身无法反应 | （1）在满负荷情况下，系统运行噪声较大<br>（2）初投资大<br>（3）系统设计、施工、调试、运行维护管理较为复杂，对工程师的素质要求较高 |

续表

| 比较要点 | 定风量空调系统（全空气系统） | 变风量空调系统（全空气系统） |
| --- | --- | --- |
| 适用范围 | （1）区域温度差异性控制要求不高的场所<br>（2）使用范围广泛 | （1）区域温度差异性控制要求高的场所<br>（2）空气品质要求高的场所<br>（3）对节能要求较高的场所<br>（4）适用范围较广 |

### 3.3.3 变风量末端装置

#### 1. 变风量末端装置的基本功能和分类

变风量末端装置（VAV Box）是变风量空调系统的关键设备之一，变风量空调系统通过末端装置调节空调区域的送风量，跟踪室内空调负荷的变化，使空调房间保持合适的温度和湿度。末端装置性能的好坏对整个变风量空调系统的运行情况和运行质量影响极大。

VAV Box应具备以下一些基本功能：

（1）通过自身的传感器检测空调房间的温度、湿度及风速或流量信号，送给一体化捆绑在VAV Box上的控制器，经处理后，控制调节VAV Box的阀门开度，即调节了空调房间内的送风量（冷风）实现室内温度调节的功能。

（2）使用VAV Box供风的空调房间如果在无须提供冷量供给的时候（如会议室的会议结束后），可以完全关闭末端装置的阀门，不再提供冷风。

（3）当室内负荷增大时，在不超过设计最大送风量的条件下通过同步增加送风量来平衡室内负荷的增加；当室内负荷减小时，在不小于最小设计送风量的条件下同步减小VAV Box的送风量，减小房间内的冷量供给。

变风量末端装置可以分为节流型、风机动力型、旁通型、诱导型等基本类型。在这些类型中，民用建筑中使用较多的是节流型和风机动力型。变风量箱有节流型、单风管型和双风管型。节流型变风量箱在实际工程中应用最多；单风管型变风量箱由一个节流阀加上对该阀的控制和调节装置及箱体组成；双风管型变风量箱则由两个节流型变风量箱组成。

按照空调房间的送风方式，VAV Box可分为单风道和双风道型、风机动力型、旁通型、诱导型和变风量风口类型。

在负荷变化时，空调房间的送风量也随之变化，系统中的风压同时会发生变化，按照补偿系统压力变化的方式，VAV Box可分为压力相关型和压力无关型。

按照是否具有在加热装置来划分，VAV Box可分为无再热型、热水再热型和电热再热型等。

虽然变风量末端装置有多种不同种类或形式，但实际工程中使用较多的是单风道型和风机动力型变风量末端装置。

#### 2. 单风道型变风量末端装置和双风道型变风量末端装置

单风道型VAV Box是最基本的变风量末端装置。它通过改变空气流通截面积达到调节送风量的目的，它是一种节流型变风量末端装置。其他类型如风机动力型、双风道型等都是在节流型的基础上变化、发展起来的。节流型变风量末端装置根据室温偏差，接受室温控制器的指令，调节送入房间的一次风送风量。当系统中其他末端装置在进行风量调节导致风管内静压变化时，它应具有稳定风量的功能。末端装置运行时产生的噪声不应对室内环境造成不利影响。

3. 节流型和单风道型变风量末端装置的结构与技术特性

（1）节流型变风量末端装置。节流型变风量末端装置主要由箱体、控制器、风速传感器、室温传感器、电动调节风阀等部件组成。

节流型 VAV Box 的风量调节原理较为简单，如图 1.3－23 所示。通过限流板来控制阀门开度，直接调节送风量。

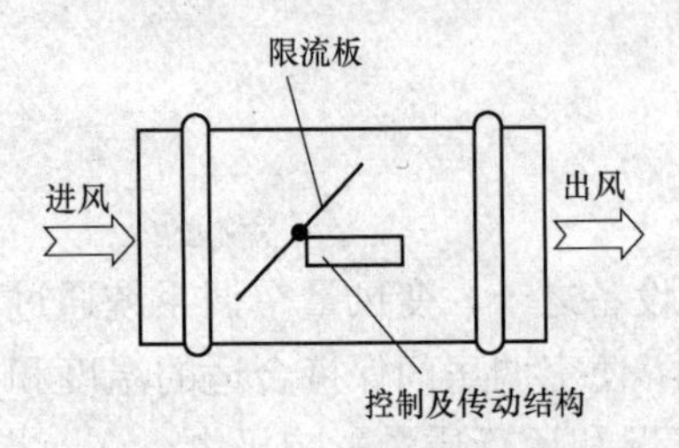

图 1.3－23　节流型 VAV Box 的风量调节原理

节流型 VAV Box 是最基本的变风量末端装置，它通过改变送风通道的截面积来调节送风量，其工作特点是：能根据室内冷、热负荷的变化自动调节送风量；同时具有定风量送风的功能，不会因系统中其他风口风量调节而导致的风道静压变化引起该装置送风量的再变化。对于节流型 VAV Box 要避免节流调节时产生噪声及扰乱正常的室内气流组织。

节流型 VAV Box 又分为以下基本类型：百叶型 VAV Box、文丘里型 VAV Box 和气囊型 VAV Box。百叶型 VAV Box 的调节原理是通过调节风阀的开度来调节风量。文丘里 VAV Box 的调节原理是，在一个文丘利式的简体内装有一个可以沿轴线方向移动的锥形体，通过锥形体的位移改变气流通过的截面积来调节风量。气囊型 VAV Box 的调节原理是通过静压调节气囊的膨胀程度达到调节风量的目的。

其他如风机动力型、双风道型、旁通型等都是在节流型的基础上变化发展起来的。

文丘里型 VAV Box 内部结构示意如图 1.3－24 所示。

在暑季的空调区域冷负荷发生变化时，文丘里型 VAV Box 装置内的锥形体由电动或气动执行机构通过锥形体中心的阀杆水平移动调节，改变文丘里式筒体中气体流通截面面积，来调节送风量的大小。锥形体中心的阀杆与弹簧组成的结构，可以完成定风量的功能。

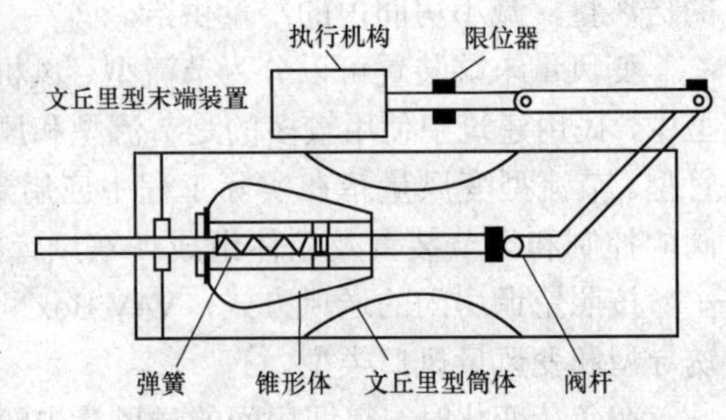

图 1.3－24　文丘里型 VAV Box 内部结构

空气阀变风量末端风量调节更接近线性，而线性调节性能通常也正是变风量系统所希望的。

（2）单风道型变风量末端装置的结构和技术特性。单风道 VAV Box 的外观图如图 1.3－25 所示。

单管型变风量末端装置的结构相对比较简单，结构示意如图 1.3－26 所示。单管型末端是压力无关型末端，内部不设动力装置无能耗。在入口管内装有测量流量和传递信号的压差流量传感器。末端空气调节阀的选择很多，可采用单叶式调节阀、对开多叶式调节阀或蝶阀等。为降低因节流产生的噪声，在箱体内衬吸声材料，末端在出口段设有多出口箱，与多个送风软管相连接，有些末端出口可达到 6～7 个。

单管型末端根据室温设定值与室温实测值的偏差计算设定风量值，再根据风量设定值与风量实测值的偏差来控制风阀开度，通过控制末端阀门的开度来调节空调房间的送风量，随着房间冷负荷的增加，阀门开大增加送风量，房间冷负荷减小时，阀门开小减小送风量。单

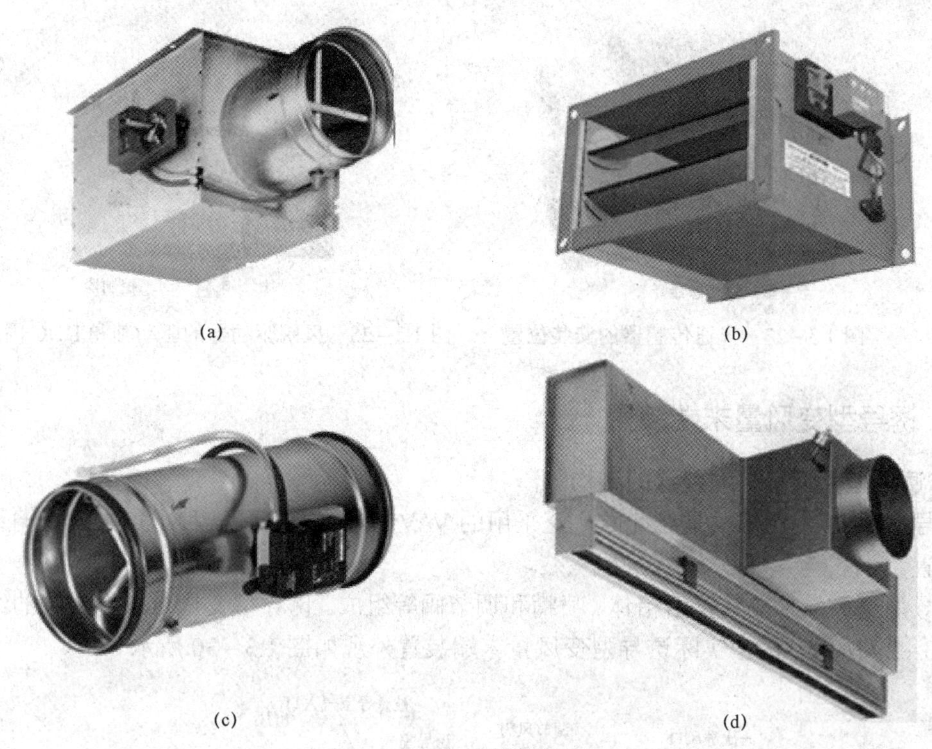

(a) (b)

(c) (d)

图 1.3－25　几种单风道 VAV Box 的外观图

（a）普通节流型 VAV Box；（b）百叶型普通节流 VAV Box

（c）文丘里型 VAV Box；（d）节流型末端装置

管型变风量末端适用在全年只有冷负荷需求的空调房间。单管型变风量末端是结构最简单无能耗的末端装置，而且它的价格较低，对于国内的大型建筑，单管型变风量空调系统是降低建筑能耗和成本的较好选择。

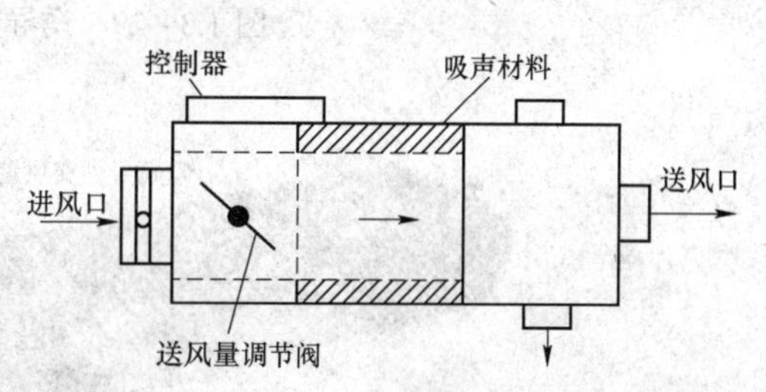


图 1.3－26　单管型变风量末端装置的结构简图

（3）单风道变风量末端风速传感器的安装位置。一种型号为 35E 的单风道变风量末端，如图 1.3－27 所示，该末端装置配备有一个标准单叶阀，所有进风口为圆形，所有的圆形进风口都有一个凸型密封圈来保证进风管的紧密连接，在出风口上配置了一个插接式连接器可快速安装。在图 1.3－28 中看到，该末端装置在进风口的中心位置有一个十字型风速传感器作为标配，用于测试平均起流量和（能根据压力信号得到）感应气流量。有些末端装置在一次风入口处设置均流板，使空气能比较均匀地流经风速传感器，保证装置的风量检测精度。风速传感器品种规格较多，常用的有皮托管式风速传感器、超声波涡旋式风速传感器、螺旋桨风速传感器和热线热膜式风速传感器等。

该末端装置开可以进一步选配多种功能配置，如电加热或热水加热器等，一般情况下，变风量末端装置 VAV Box 调节风量的风门驱动器的轴在 VAV Box 箱体侧壁外，电源电路、DDC 控制器和执行机构等设置在箱体外侧的控制箱内。现在很多 VAV Box 产品，将风阀驱动器的驱动轴和 DDC 固连在一起，如图 1.3－28 所示。

图 1.3－27　风速传感器的安装位置

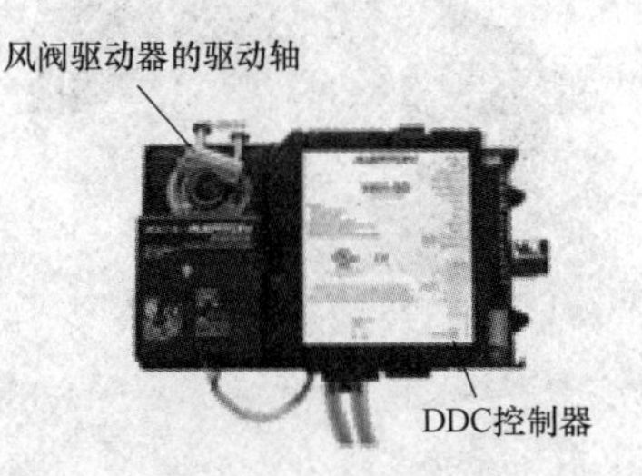


图 1.3－28　风阀驱动器的驱动轴和 DDC 固连

### 3.3.4　诱导型变风量末端装置

#### 1. 诱导型变风量末端装置的结构

诱导型 VAV 空调末端是在北欧广泛采用的 VAV 末端装置，是一种半集中式空调系统的末端装置。

诱导型变风量末端装置由箱体、喷嘴和调节阀等组成。诱导型变风量末端装置的结构图如图 1.3－29 所示。两个实际诱导型变风量末端装置外观如图 1.3－30 所示。

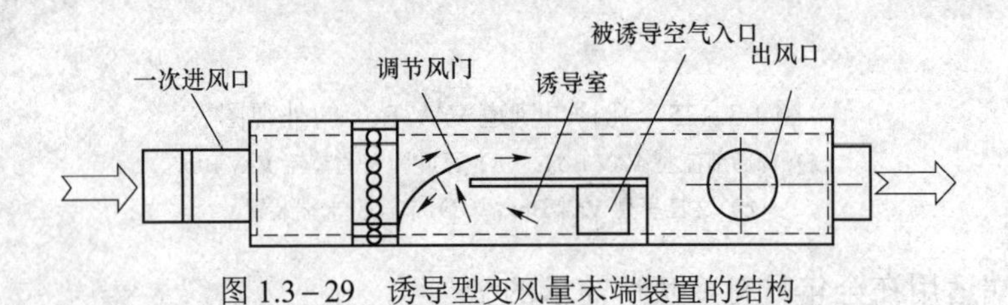


图 1.3－29　诱导型变风量末端装置的结构

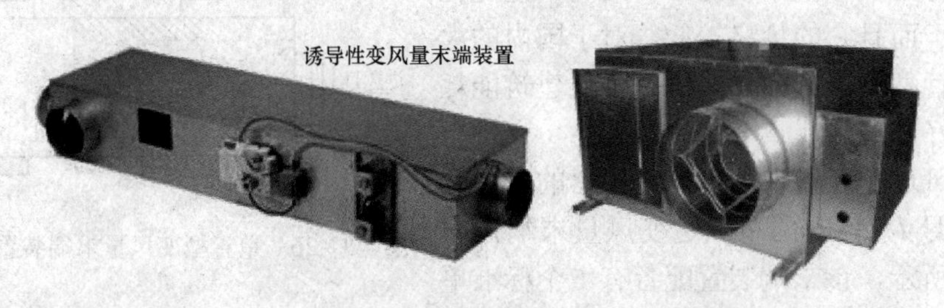


图 1.3－30　两个实际诱导型变风量末端装置外观

#### 2. 诱导型变风量系统的运行

诱导型变风量比常规单风道型变风量能够更好地保证了室内的气流组织，舒适性要高，还可以用于低温送风系统从而更加减小风系统设计容量；也可利用吊顶上灯光等的热量以延迟再热系统的启动，从而更加节能。图 1.3－31 为诱导型变风量空调系统示意图。

当冷量需求减少时，通过诱导式 VAV 末端供应到空气调节区域的总风量的减少量比一次风量的减少量要小。这就使得系统可以在低至 20%的一次风量的状况下运行，并且不会出现送出的冷风未充分完成热交换就从气流扩散器迅速下沉到地面。而常规的变风量系统的最小风量比通常限制在 50%。这意味着诱导式 VAV 系统可以设定在更低的最小风量值，使得即使在 20%～50%之间的制冷需求下仍能良好运作，这可以节约更多的能源。

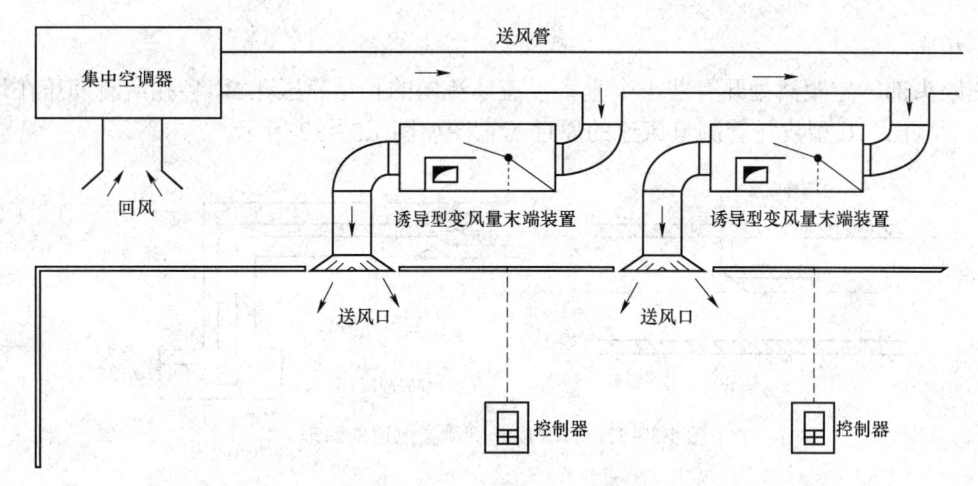


图 1.3－31　诱导型变风量空调系统

# 3.4　变风量末端装置中使用的皮托管式风速传感器、执行器和控制器

风速传感器是变风量末端装置中的关键部件，风速传感器的类型与性能直接影响系统风量的检测和控制质量。风速传感器一般由各末端装置生产厂家自行开发或委托控制设备商配套生产。风速传感器品种繁多，最常用的是皮托管式风速传感器、超声波涡旋式风速传感器、螺旋桨风速传感器和热线热膜式风速传感器等。

一般地讲，我国使用的欧美风格变风量末端装置均采用皮托管式风速传感器，而日系变风量末端装置则无一采用皮托管式风速传感器。

通过变风量末端装置中的风速传感器，可了解气流的流动规律，也可经过计算得到流过变风量末端装置的送风流量，实现对每个末端装置乃至整个空调系统的送风量进行有效控制。

由于篇幅限制，下面仅对皮托管式风速传感器做一个讲解。

## 3.4.1　皮托管式风速传感器

皮托管是通过测量气流总压和静压来确定气流速度、流量的一种管状装置。由法国 H.皮托发明而得名。用皮托管测速和确定流量，有可靠的理论根据，使用方便、准确，是一种应用非常广泛的测量方法。

标准的 L 型皮托管结构是一根弯成直角形的金属吸管，由感测头、外管、内管、管柱与全压引出导管和静压引出导管组成。如图 1.3－32 所示，L 型皮托管由两根不同直径不锈钢管子同心套接而成，内管通直端尾接头是全压管，外管通侧接头是静压管。L 型皮托管系数 0.99～1.01 之间。

L 型皮托管皮托管的工作原理：皮托管头部迎着气流方向开有一个小孔 A，小孔 A 的平面与流体的流动方向垂直。从小孔 A 顺着流体的流动方向，环绕管壁的外侧面又开了若干个小孔，小孔平面的法线方向与流体的流动方向垂直。头部的小孔 A 与一条管路连接，是全压管路，管壁外侧的多个小孔与一条管道相连，这条管道是静压管道，全压管道和静压管道互不相通。

在距头部一定距离处开有若干个垂直于流体流向的孔是静压孔B，各孔所测静压在均压室均压后输出。L型皮托管测量风速的原理示意图如图1.3－32所示。

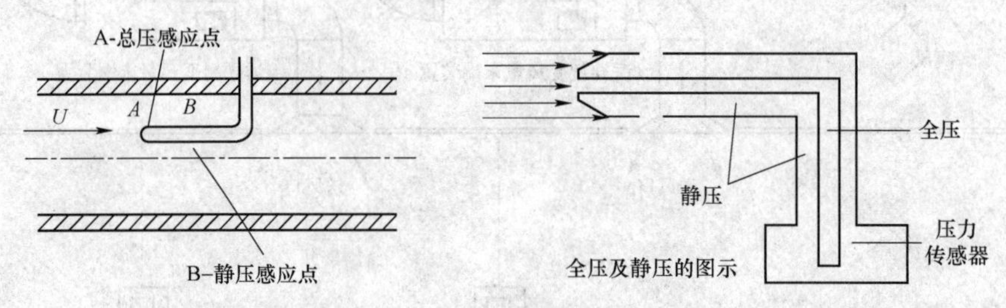


图1.3－32　L型皮托管测量风速的原理

进入皮托管头部小孔 A 的流体压力由两部分组成：一部分是流体本身的静压；另一部分是流体遭遇到障碍物后产生流体滞流由动能（动压）转换而来的压力，两部分压力之和就是全压，进入皮托管侧面小孔的压力是流体静压。通过检测元件可以分别测出流体的全压值 $p_1$ 和静压值 $p_2$，动压可由皮托管测出

$$p_{\mathrm{d}} = p_1 - p_2$$

应用流体力学中的伯努利方程，有计算测点处流体的速度公式

$$v = \xi\sqrt{2(p_1 - p_2)/\rho}$$

式中　$v$——检测点出的气流速度，m/s；

$p_1$——皮托管测得的全压值，Pa；

$p_2$——皮托管测得的静压值，Pa；

$\rho$——所测流体的密度，kg/m$^3$；

$\xi$——皮托管形状与结构修正系数。

皮托管形状与结构修正系数$\xi$的值由工程实验得到，不同形状的皮托管，$\xi$值不同，对于标准的皮托管，$\xi$值在1.02～1.04之间。

用皮托管测出的是某一点处的流速，但在检测点处所在的平面截面（与流速方向垂直）上各点的流速并不相同，因此在计算流速或流量时要做出修正。在变风量末端装置中，由于管道截面较大，测量某一点的流速不能反映该截面的平均流速。实际上，人们采用一种变形的皮托管即均速管来测量流经末端装置的风速，对被测截面上各测点的动压取平均值，求取平均流速。一般用于圆形管道，用一根细的管子插入变风量装置的入口，将被测截面分成若干区域，在每个区域中心位置的细管上开小孔作为测点，迎着气流方向，这些孔就是全压测孔，同时，在另一根相同截面的细管的背流方向开一个或多个静压测压孔。均速管测出的全压就是全压管道截面上气流全压的平均值，就能得到流体的平均流速，平均流速与截面积的乘机就是流过该截面的流体流量。

采用风量十字传感器的欧美流派的VAV末端装置如图1.3－33所示，感应检测输送气流的气压，进风接口直径从100～400mm可调。

由于皮托管检出的是压差信号，还要通过压差测管和监测装置连接起来最终得到风速的电信号，压差测管和监测装置的连接如图1.3－34所示。

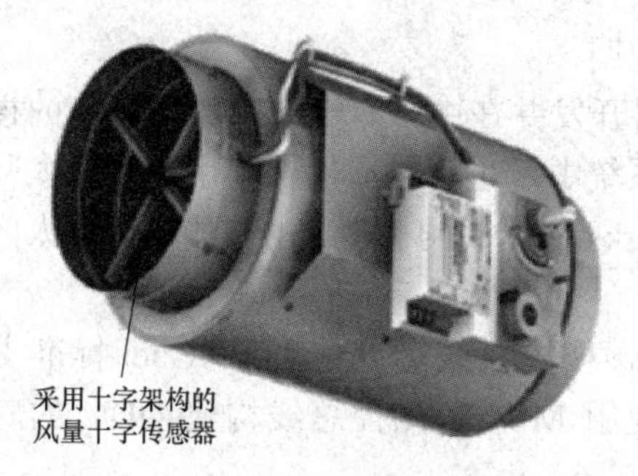


图 1.3－33　采用风量十字传感器 VAV 末端装置

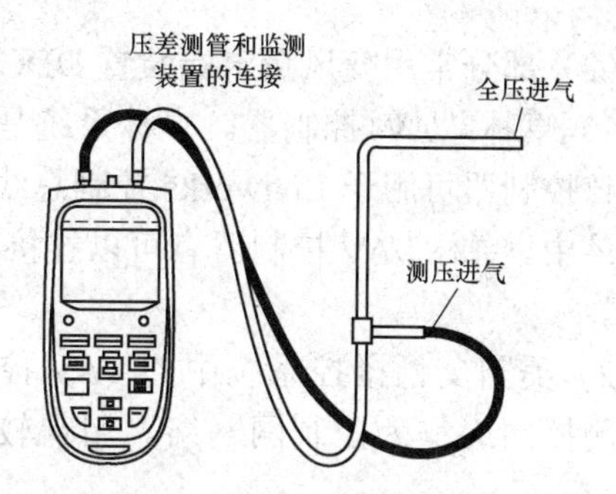


图 1.3－34　压差测管和监测装置的连接

### 3.4.2　变风量末端装置电动执行器与 DDC 控制器

变风量末端装置电动执行器与 DDC 控制器均设置在变风量末端装置的控制箱内。

1. 变风量末端装置电动执行器

执行器是变风量末端装置的一个重要组件。执行器在变风量空调系统中的作用是根据直接数字控制器（DDC）的控制指令，将电信号成比例地转换为风阀驱动轴的角位移或机械执行机构直线位移，驱动变风量装置的一次风风阀开度，调节空调房间的送风量，实现控制室温的目的。

电动执行器扭矩一般为 2.5N•m、6N•m、15N•m 与 30N•m 等几种，电动执行器的扭矩指标应和实际应用中的调节风阀相匹配。

2. 变风量末端装置的 DDC 控制器

（1）DDC 控制器。变风量末端装置上有一个核心部件，就是 VAV Box 的 DDC 控制器，即直接数字控制器。DDC 控制器预置了控制程序，当温度传感器、风速传感器的传感器采集到信号后，送给 DDC 的信号输入端，DDC 对信号进行处理，转换为控制执行器的信号指令，通过执行器实现特定的控制目的，如控制 VAV Box 的风阀开度，实际工程中，许多厂家将执行器与 DDC 控制器固连在一起，如图 1.3－35 所示。

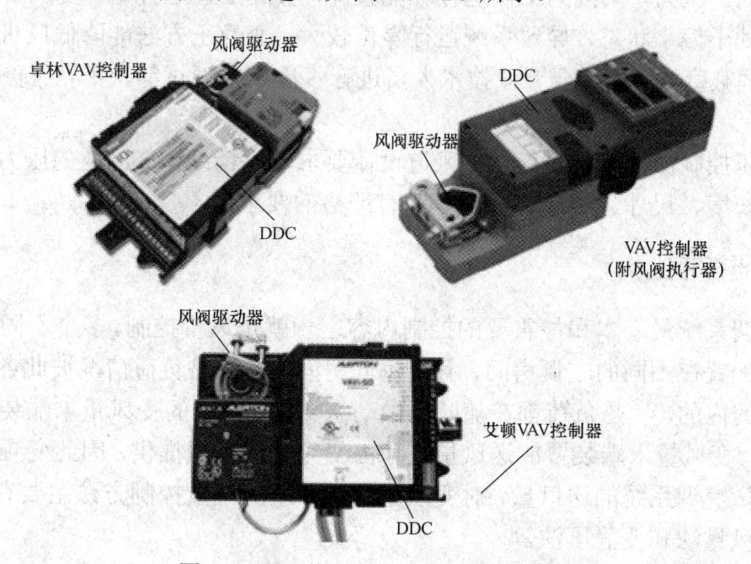


图 1.3－35　执行器与 DDC 控制器固连

（2）部分常用变风量末端装置 DDC 控制器说明：

1）卓林 VAV 控制器。卓林系统是英国公司开发并在中国有一定市场占有率的楼控产品，该控制器可用于 Lonworks 控制总线组成的系统中，也可以应用在使用通透以太网的楼控系统中。卓林 VAV 控制器有可以挂接在 Lonworks 网络中的类型，也有挂接在以太网中的类型。

2）美国艾顿楼控系统中的 VAV 控制器。艾顿楼控系统可以使用 BACnet 标准支持的 6 种测控网络作为控制网网络。用得较多的是使用 MS/TP 测控总线构建 DDC 的底层通信网络。

## 3.5 变风量空调系统的控制策略

典型的 VAV 变风量空调系统中，包括如下几个典型的子系统，其功能分别是房间温度控制、系统风量（静压）控制和组合式空调机组控制。

房间温度控制环节由室内温控器和变风量末端装置来实现，当室内实际温度与设定温度出现偏差时，温控器输出风量调节信号给末端装置，调节阀门开度，改变送风量，实现调节房间温度的目的。

由于末端风量的调节，送风管道内静压也处在实时变化中，通过变频调节送风风机的转速，维持风管内静压不变。采用该方法，控制简单可靠，而且因为末端没有风阀节流损失，该静压值通常低于采用风阀节流型末端的系统，使送风系统运行更节能。

变风量末端装置仅仅是变风量空调系统的一个组成部分，其控制策略必须和系统的整体控制策略相呼应。

变风量空调系统控制策略主要有定静压控制、变定静压控制、变静压控制法、总风量控制法、定送风温度控制和变送风温度控制等。

静压控制法分为定静压控制法和变静压控制法。定静压方法控制简单，但为保持空调送风管道中有较大的压力，风机的工作运行耗能较高，实际工程运行中，变风量末端装置的调节风阀阀位多处于偏小状态，导致系统运行噪声较大；变静压方法能降低风机能耗，但控制较为复杂，调试难度大，并需要专业技术人员进行多次换季调试等，变静压控制系统的故障率较高。

采用变静压控制法的空调系统，主风道设计要求较为精细，支风道的压力分配合理，管道系统各部分长度、尺寸、走向、分布等都有严格的要求。

### 3.5.1 定静压控制

变风量空调系统最基本和最重要的控制内容之一就是风量控制。多个不同的变风量末端装置的送风口配置在不同的空调房间，各个不同房间的冷、热负荷情况彼此各不相同，并且每一个空调房间内的冷、热负荷都在随时间做动态变化，不同的变风量末端装置的送风量彼此不相同，所有变风量末端装置的送风量之和由变频空调机组提供，因此变频空调机组的送风量就是变风量空调系统的送风量，对变风量空调系统的风量控制方法主要有定静压法、变定静压法、总风量法和变静压法等。

### 1. 定静压控制的基本思路

定静压控制的基本原理：保证系统风道内某一点静压一定的前提下，室内所需风量由变风量末端装置的风阀调节；系统送风量由风道内静压与该点所设定值的差值控制变频器工作调节风机转速确定，同时，可以改变送风温度来满足室内舒适性要求。

定静压控制的基本思路是在送风系统管网的适当位置设置静压传感器，测量该点的静压。送风机的风量控制以送风管的静压为目标值，变频空调机组的DDC控制器根据静压测定值与静压设定值比较并取差值，经过PID算法控制变频器的输出频率实现调节风机转速，维持送风管的静压恒定。在定静压控制中，静压传感器的安装位置即压力测点的位置决定系统的能耗和稳定性。测压点距风机出口越近，当负荷减小时，不利于风机的节能运行，同时由于此时末端装置在较大进出口的压差下工作 （即较小风阀开度下工作 ），会使系统的噪声增大；如果测压点靠近系统的末端，当系统负荷减小时，由于定压点前管路阻力随风量减小，风机实际工作静压小，故该方式有利于节约风机能耗。但这时如定压点前的末端装置仍在设计负荷工况下工作，由于其风机入口处静压低于设计值，有可能会造成这部分区域的送风量不足。根据国外文献记载，当系统静压设定值为总设计静压值的1/3、系统风量为设计风量的 50%时，风机运行功率仅为设计功率的 30%。对风机实施变频调速，风机的轴功率与风机转速的三次方成正比，当风机转速稍许下降，轴功率都将有较大幅度的下降，因此通过降低风机转速即降低变风量空调机组的送风量可以较大幅度地降低电耗。

### 2. 定静压控制方法中静压传感器位置设置

静压传感器放置在送风管下方约 2/3 处，如图 1.3－36 所示。

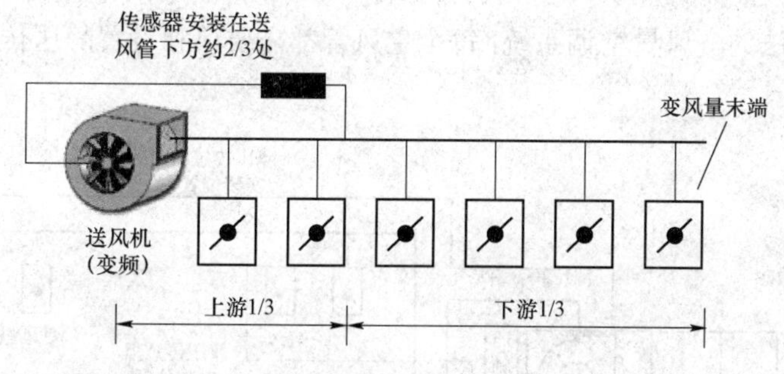


图 1.3－36 静压传感器放置在送风管下方约 2/3 处

静压传感器是静压控制中不能缺少的重要组件，静压传感器安装的位置对系统的正常运行或经济运行有着很大的影响。根据实践经验和理论计算，静压传感器适宜安装在离送风机1/3 处的主管道上。在保持该点静压值一定的前提下，对风机进行调速，从而改变变频空调箱的送风量。静压传感器安装的位置与安装普通压力传感器一样，不得安装在弯头、三通和变径处。

也可以用变风量空调系统送风管的几个点位来说明静压传感器的安装位置，如图 1.3－37 所示。静压传感器在送风管下方约 2/3 处相当于图中风管敷设路径上的 B 点，设于此点，主要是考虑保证变风量箱所要求的静压，因此可以不管从 A 点到 B 点之间的风管阻力。从变风量箱的控制要求来看，这点可按末端装置的要求直接设定，因此调试方便，但这一位置的静压变化比 A 点小，因此要求传感器精度较高。

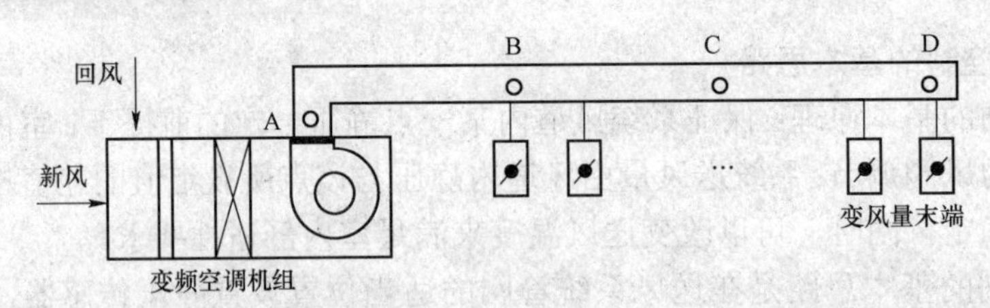


图 1.3－37　变风量空调系统送风管的几个点位

### 3. 定静压控制原理

在变风量空调系统中，从送风机到送风管最远处（安装最后一个变风量末端装置的位置）之间的距离等分为三段，靠近风机的第一个等分段点就是设置静压传感器的位置，是使用最多的一种方式。下面分析静压传感器安装在这个位置的情况下，定静压控制的过程。使用静压控制法的变风量空调系统如图 1.3－38 所示。静压传感器设置 2/3$L$ 位置处。

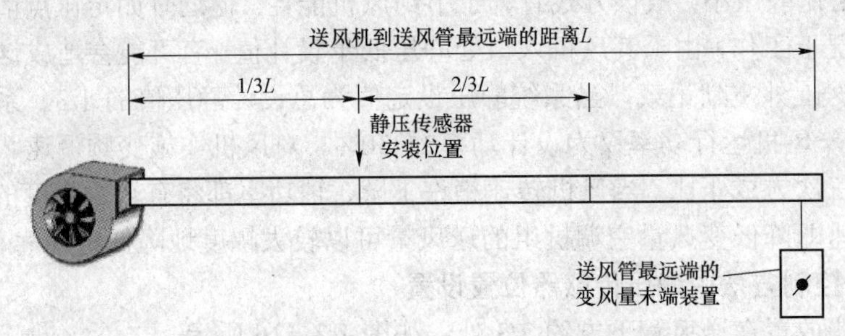


图 1.3－38　使用静压控制法的变风量空调系统

使用静压控制法的变风量空调系统，每个主风管都需要单独设置静压传感器，如图 1.3－39 所示。

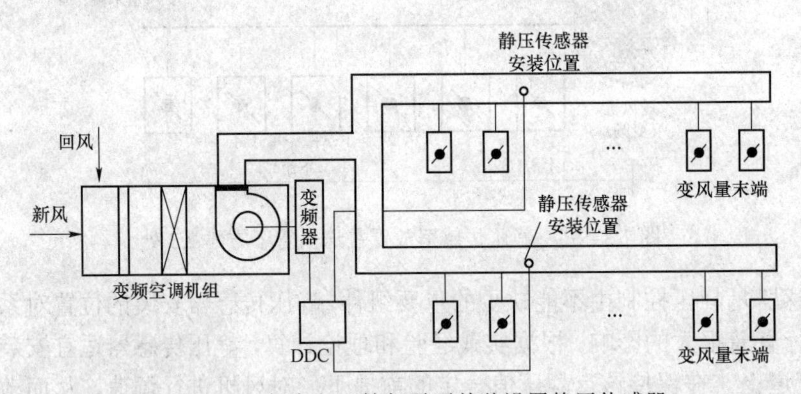


图 1.3－39　每个主风管都需要单独设置静压传感器

## 3.5.2　变定静压控制法

变定静压法的控制原理如图 1.3－40 所示。

在有建筑分区的情况下，所有的空调区域或无分区情况所有的空调房间内安装的变风量末端装置上的控制器通过通信网络将各个末端装置调节风阀的阀位信息传送给变频空调机组的 DDC 控制器，该 DDC 控制器按照特定的控制逻辑对系统风量进行控制。

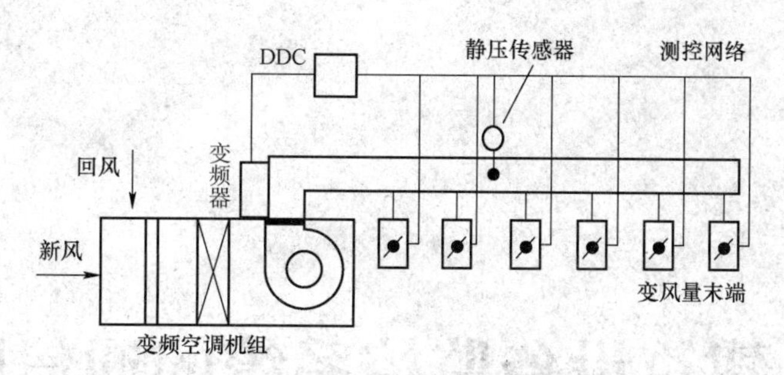


图 1.3－40 变定静压法的控制原理

在有分区或无分区的情况下，整个变风量空调系统的中央管理主机对各现场变风量末端装置的风阀阀位信息及数据进行处理，动态地调整设定的定静压值，从而动态地调整变频空调机组的送风量。

系统静压值尽可能设置得低些，直至某分区的末端装置调节风阀全开。

变定静压法控制中，也一样需要设置静压测定点，实际上这样设定的静压值相当于变化的静压值的一个初始状态取值。

变定静压控制法避免了定静压法控制中静压设定值固定不变难以跟踪系统静压需求的缺陷。但由于静压传感器的存在，也存在着同定静压控制法相同的问题。

# 第4章 建筑设备监控系统的通信网络架构

建筑设备监控系统的主要控制设备就是中央空调系统，当然也包括给排水系统、照明系统、通风和排风系统等，中央空调的控制系统一般是架构在一个通信网络上的。

## 4.1 建筑设备监控系统基于通信网络架构进行组织

### 4.1.1 空调机组的控制系统和建筑设备监控系统的通信网络架构

1. 空调机组的控制系统

机房中的每一台中央空调末端设备都必须有一套相应的控制系统，控制系统中有一个核心控制器（DDC 直接数字控制器），DDC 安置在 DDC 控制箱（现场分站）中，DDC 控制箱的外观及内部组件图如图 1.4－1 所示。

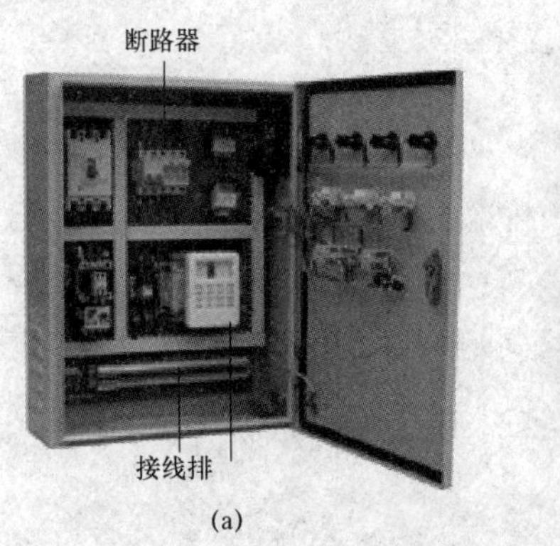


(a)

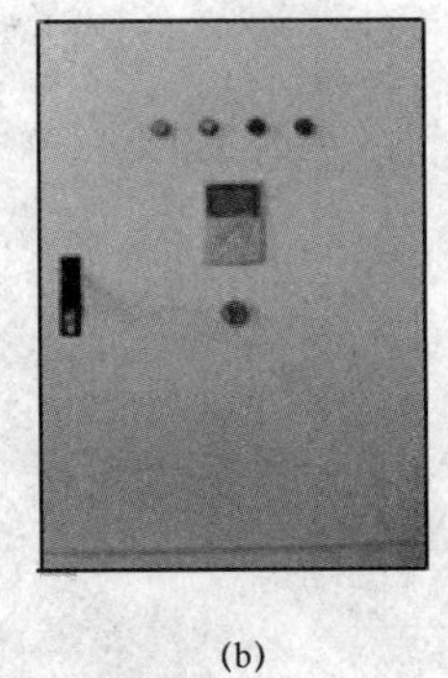

(b)

图 1.4－1 DDC 控制箱的外观及内部组件图

（a）DDC 内部组件；（b）DDC 控制箱外观

空调机组中的传感器、执行器通过和 DDC 控制器的连接组成一个完整的系统，通过存储在 DDC 中的控制程序实现对空调机组的运行控制。

一般情况下，DDC 控制箱就近安装在空调机组附近的位置，多数为壁挂箱式结构，也可以是置于控制柜内的方式，DDC 控制箱的壁挂箱式结构如图 1.4－2 所示。

图 1.4－2 DDC 控制箱的壁挂箱式结构

### 2. 建筑设备监控系统的通信网络架构

一台空调机组或一台中央空调末端设备需要有一套以 DDC 控制器为核心控制器的控制系统，那么现代建筑物中的中央空调系统包括的末端设备数量较多，也就是说，有很多台现场分站（DDC 控制箱），这样的许多台 DDC 不可能是各自都互相独立而彼此没有联系。要组成一个包括很多空调末端设备的控制系统，就必须有一个通信网络将许多控制器连接起来，实现彼此之间的通信，最重要的是：一个中央空调及控制系统必须有一台中央监控主机，这台中央监控主机要实现对所有空调末端设备的监测、控制与管理，中央监控主机还要和现场控制器之间有通信网络连接。因此对一个中央空调及控制系统来讲，控制系统必须架构在一个通信网络上。三台空调机组的三个 DDC 控制器接入一个通信网络的情况如图 1.4－3 所示。这里注意：接入 DDC 的通信网络就是测控网络，或称楼宇自控网络。

DDC 控制器接入的网络是控制网络，对整个中央空调系统进行监测、控制和管理的中央监控主机接入的网络是管理网络，因此中央空调控制系统的通信网络架构要包括管理网络和控制网络两个部分。一般地，中央空调控制系统的通信网络架构是不可缺少的一个组成部分，这个控制系统的基础就是这个通信网络架构。

## 4.1.2 建筑设备监控系统通信网络架构的组成规律

建筑设备监控系统的通信网络架构分为两大类，使用层级网络架构的系统和使用通透以太网架构的系统。

### 1. 使用层级网络架构的系统

中央空调控制系统的通信网络架构一般具有层级结构的特点，如图 1.4－4 所示。

从图中我们看到，中央空调控制系统通信网络架构由两层组成：管理网络和控制网络，管理网络和控制网络通过网络控制器进行互联。中央空调控制系统中一般要设置一台中央监控主机（也被称为中央管理主机、中央管理工作站等）。

中央空调控制系统不仅仅是对单台空气处理机组进行控制，一般情况下是对一个空气处理机组设备群进行控制，因此就必须基于一个通信网络架构去组织这个控制系统，而这个通

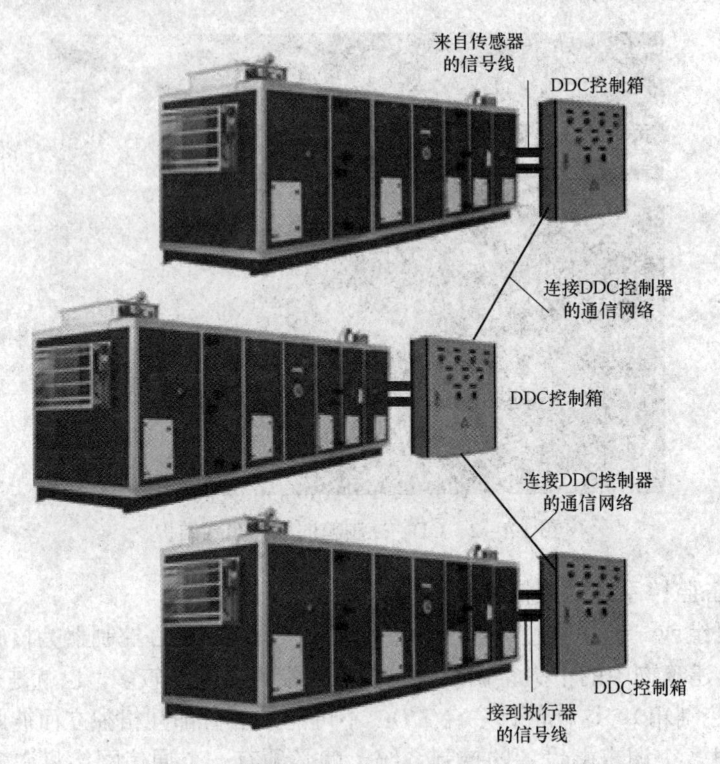


图 1.4-3　三台空调机组的三个 DDC 控制器接入同一个通信网络

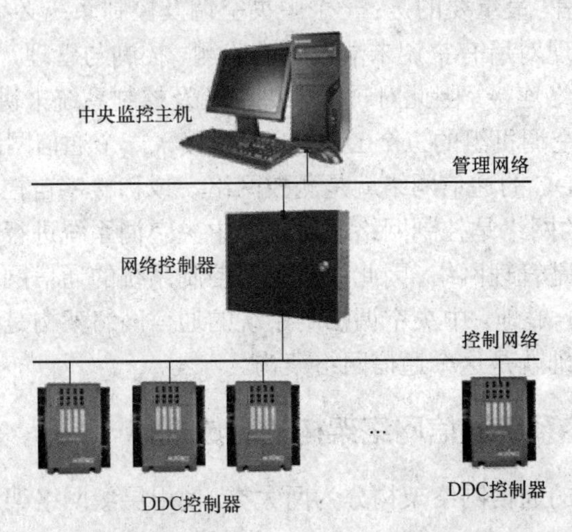


图 1.4-4　层级结构的中央空调控制系统通信网络架构

信网络架构包括管理网络和控制网络。

在分析中央空调控制系统的通信网络架构时，如何区别管理网络和控制网络很重要，中央监控主机一般挂接在管理网络上，而且管理网络一般情况下是以太网；挂接 DDC 控制器的网络是控制网络。

由于控制网络和管理网络采用完全不同的通信协议及标准，所以它们是异构网络，因此不能直接互联，需使用网络控制器实现二者的互联。网络控制器的实质是能够实现异构网络通信网络互联的网关。

2. 使用通透以太网结构的系统

层级结构的中央空调控制系统通信网络架构中，管理网络是以太网，如果控制网络也是以太网，则管理网络和控制网络之间可以通过正常的以太网通信接口直接连接，不再需要网络控制器对二者进行互联，如图 1.4－5 所示。图中多了一台服务器是表示：当中央空调及控制系统规模较大或监控点数较多的时候，需要有服务器来帮助中央监控主机对整个控制系统进行管理。

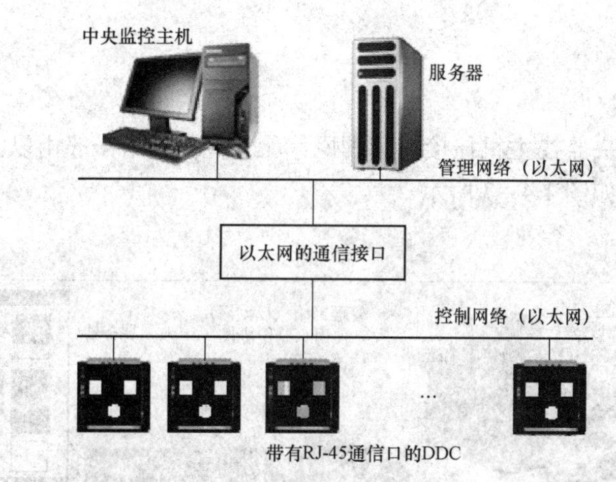


图 1.4－5　管理网络和控制网络都是以太网的情况

使用通透以太网的楼宇自控系统组成方式如图 1.4－6 所示。

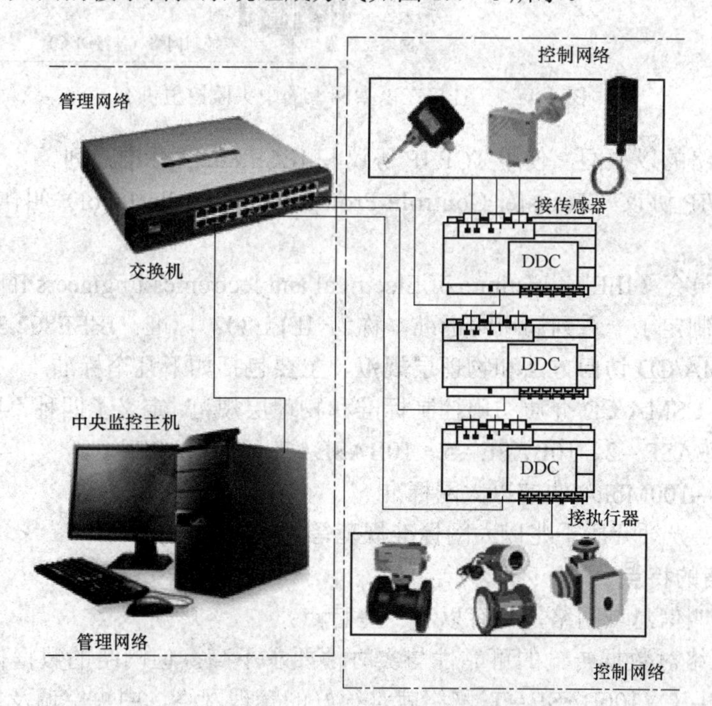


图 1.4－6　使用通透以太网的楼宇自控系统组成方式

从图 1.4－6 中看到，中央监控主机接入管理网络是以太网，DDC 控制器接入控制网络，在这里管理网络和控制网络使用的是同一个以太网。这就是一个使用通透以太网的楼宇自控系统，如果 DDC 控制器的输入道路接入空调系统的传感器，DDC 的输出通道接入空调系统的执行器，就成为一个使用通透以太网的中央空调监控系统。

# 4.2 管理网络和控制网络

## 4.2.1 管理网络

### 1. 管理网络的组成

楼宇自控系统的中央监控主机挂接在管理网络上，管理网络一般由以太网组成。中央监控主机挂接在以太网上如图 1.4－7 所示。

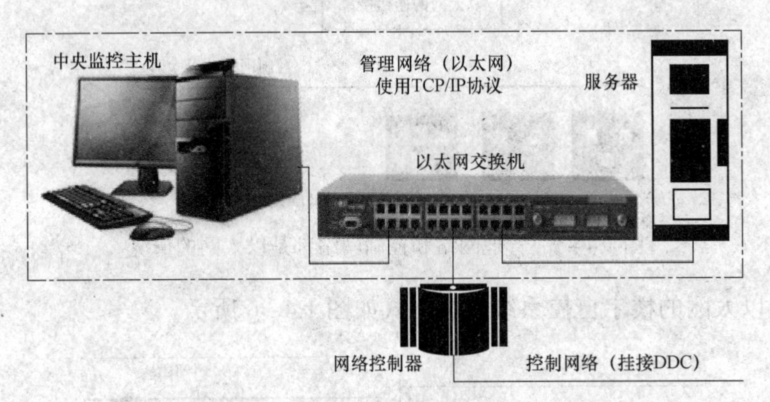


图 1.4－7 挂接在以太网上的中央监控主机

作为管理网络的以太网，使用 TCP/IP 协议和 IEEE.802.3 标准系列。

其中：TCP/IP 协议（Transfer Controln Protocol/Internet Protocol）叫作传输控制/网际协议。

IEEE802 委员会（IEEE－Institute of Electrical and lectronics Engineers INC，即电器和电子工程师协会）制定了一系列局域网标准，称为 IEEE802 标准。IEEE802.3 是一个系列：IEEE802.3－CSMA/CD 访问方法和物理层规范，主要包括如下几个标准：

IEEE802.3－CSMA/CD 介质访问控制标准和物理层规范：定义了四种不同介质 10Mbit/s 以太网规范：10BASE－2、10BASE－5、10BASE－T 和 10BASE－F。

IEEE802.3u－100Mbit/s 快速以太网标准。

IEEE802.3z－光纤介质千兆以太网标准规范等。

### 2. 管理网络的特点

管理网络也叫信息域网络，具有以下一些特点：

（1）管理网络对数据传输的可靠性与实时性要求不高，但网络的数据传输速率要高一些，如 10BASE－T、100BASE－T 网络就是很好的管理网络，中央空调及控制系统的通信网络架构中的管理网络多采用它们。这里的 BASE 表示基带传输；T 表示采用双绞线传输介质；10 或 100 分别表示 10Mbit/s 或 100Mbit/s 的传输速率。

（2）管理网可以工作在大数据量通信的状态，尽管对通信的实时性、可靠性要求不是很高。

（3）由于管理网多采用以太网，所以使用 TCP/IP 协议簇（含 100 多条子协议）。

（4）由于挂接 DDC 控制器的控制网络一般情况下与以太网是异构网，使用的通信协议不一样，因此要通过网络控制器（网关）来实现二者的互联。

### 4.2.2 控制网络

#### 1. 控制网络的特点

如前所述，挂接 DDC 的通信网络就是控制网络（测控网络），一般情况下，将不同的空调末端 DDC 控制器连接起来的网络就是控制网络，如图 1.4－8 所示。外观看起来，控制网络将许多空调末端的 DDC 控制箱连接起来，实际上是将 DDC 控制箱里的 DDC 控制器连接起来。

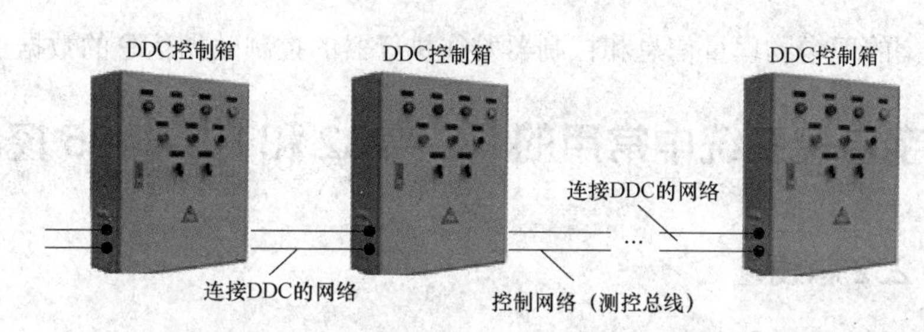


图 1.4－8　中央空调控制系统的控制网络

中央空调控制系统通信网络架构中的控制网络有以下几个特点：

（1）控制网络一定是实时性和可靠性很好的网络。

（2）控制网络中传输及处理的数据信息量一般都较小，因为在控制网络中传输的传感器或变送器采集的现场物理量信息，数据量都较小。

（3）由于在控制网络中传输的数据信息都是小数据量的测控指令，所以对控制网络的数据传输速率要求并不高，但实时性和可靠性的要求是较高的，否则控制网络无法准确无误地实现给定的控制逻辑。

（4）控制网络也叫控制域网络，即一个控制网络所控制的区域构成一个控制域。不同的控制网络构成不同的控制域，而且这些不同的控制域是彼此离散的。

（5）能够充当控制网络的通信网络种类较多，如传统的测控总线、部分现场总线、BACnet 标准支持的楼宇自控网络、工业以太网等。

#### 2. 传感器、执行器与控制器之间数据信息的流向

要注意的是：传感器与控制器之间连接的物理线缆不是控制网络；执行器与控制器之间连接的物理线缆也不是控制网络。

传感器与控制器连接的物理线缆中，数据信息的流向都是由传感器或变送器指向控制器的；与控制器相连的执行器在通信时，数据信息流向都是由控制器流向执行器的，即控制指令的数据信息流向是由控制器指向执行器的，如图 1.4－9 所示。

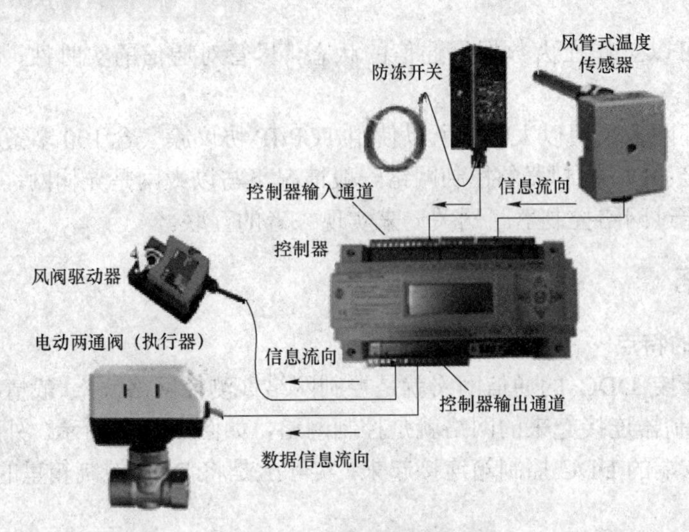


图 1.4－9　数据信息流向

传感器采集的现场物理量信息和控制器发往执行器的控制数据信息的数据量都较小。

## 4.3　楼宇自控系统中常用的 RS－232 和 RS－485 控制总线

### 4.3.1　RS－232 总线

#### 1. RS－232 总线部分特性

RS－232 总线是一种异步串行通信总线，总线标准是 EIA 正式公布的 RC－232C。

其部分特性如下：

（1）传输距离一般小于 15m，传输速率一般小于 20kbit/s。

（2）完整的 RS－232C 接口有 22 根线，采用标准的 25 芯 DB 插头座。

（3）RS－232C 采用负逻辑。

（4）用 RS－232C 总线连接系统。

近程通信：10 根线，或 6 根线，或 3 根线。

#### 2. RS－232C 常用连接形式

（1）5 根线连接方式。5 根线连接方式如图 1.4－10 所示。

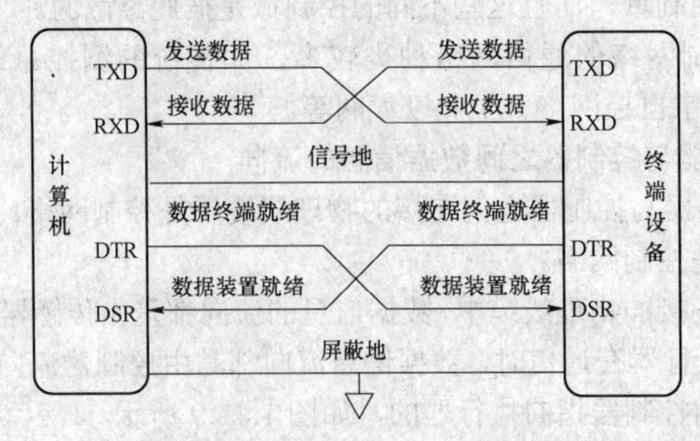


图 1.4－10　计算机与终端设备 RS－232C 的 5 根线连接

（2）三根线连接方式。三根线连接方式如图1.4－11所示。

RS－232C插头在数据通信设备（DCE）端，插座在数据终端设备（DTE）端。一些设备与PC连接的RS－232C接口，因为不使用对方的传送控制信号，只需三条接口线，即“发送数据”“接收数据”和“信号地”。所以采用DB－9的9芯插头座，传输线采用屏蔽双绞线。

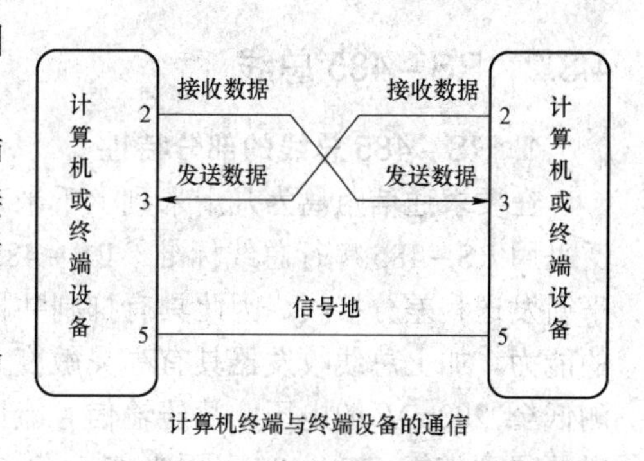

图1.4－11 三根线连接方式

9针串口接口如图1.4－12所示，其针脚定义见表1.4－1。

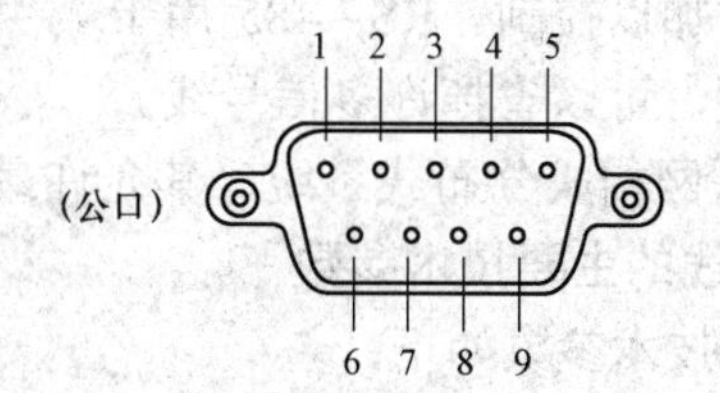


图1.4－12 9针串口接口

9针串行接口针脚定义见表1.4－1。

表1.4－1 9针串行接口针脚定义（公口）

| 针脚 | 信号来自 | 缩写 | 描述 |
|---|---|---|---|
| 1 | 调制解调器 | CD | 载波检测 |
| 2 | 调制解调器 | RXD | 接收数据 |
| 3 | PC | TXD | 发送数据 |
| 4 | PC | DTR | 数据终端准备好 |
| 5 | GND | GND | 信号地 |
| 6 | 调制解调器 | DSR | 通信设备准备好 |
| 7 | PC | RTS | 请求发送 |
| 8 | 调制解调器 | CTS | 允许发送 |
| 9 | 调制解调器 | RI | 响铃指示器 |

一般只用2号、3号和5号3根线，3根线的接线端子情况：

2 RxD Receive Data，Input

3 TxD Transmit Data，Output

5 GND Ground

DB－9的9芯插头座有公头和母头，针脚定义注意区别，如图1.4－13所示。

## 4.3.2 RS－485总线

### 1. RS－485总线的部分特性

在要求通信距离为几十米到上千米时，广泛采用RS－485串行总线标准。RS－485采用平衡发送和差分接收，因此具有抑制共模干扰的能力。加上总线收发器具有高灵敏度，能检测低至 200mV 的电压，故传输信号能在千米以外得到恢复。RS－485采用半双工工作方式，任何时候只能有一点处于发送状态，因此，发送电路须由使能信号加以控制。RS－485用于多点互联时非常方便，可以省掉许多信号线。应用RS－485可以联网构成分布式系统，其允许最多并联32台驱动器和32台接收器。

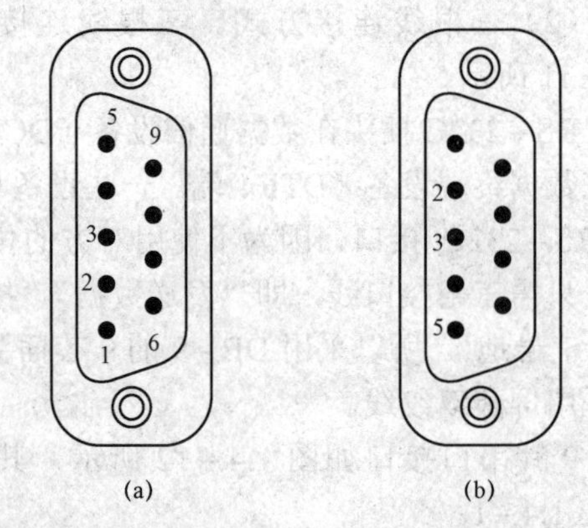


图1.4－13 DB－9的9芯插头插座之间的连线

（a）公头接线端子排序图；（b）母头接线端子排序图

### 2. RS－485总线的主要技术参数

RS－485的主要技术参数如下：

（1）RS－485的电气特性：逻辑“1”以两线间的电压差为+（2～6）V表示；逻辑“0”以两线间的电压差为-（2～6）V表示。

（2）RS－485的数据最高传输速率为10Mbit/s。

（3）RS－485接口是采用平衡驱动器和差分接收器的组合，抗共模干能力增强，即抗噪声干扰性好。

（4）RS－485接口的最大传输距离约为1219m，另外RS－232接口在总线上只允许连接1个收发器，即单站点能力。而RS－485接口在总线上是允许连接多达128个收发器，即具有多站点能力，这样用户可以利用单一的RS－485接口方便地建立起设备网络。

### 3. RS－485总线的连接和拓扑结构

RS－485接口组成的半双工网络，一般只需两根连线（AB线），RS－485接口均采用屏蔽双绞线传输。

RS－485总线网络拓扑和半双工总线结构如图1.4－14所示。

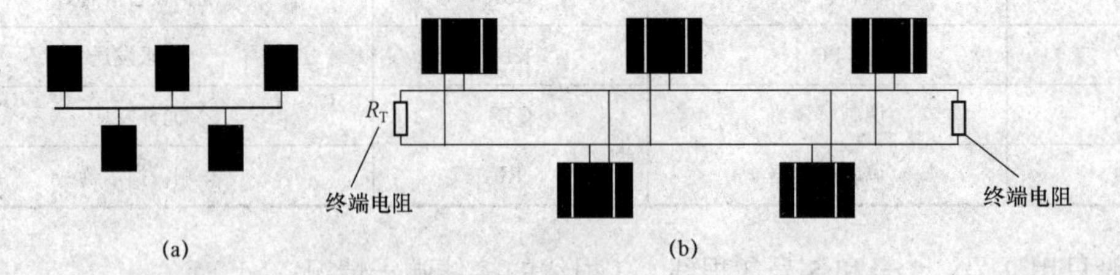


图1.4－14 RS－485总线网络拓扑和半双工总线结构

（a）RS－485总线结构；（b）半双工总线结构

### 4. RS－485总线的敷设方式

RS－485总线的标准敷设方式是采用总线型拓扑结构。这种结构中，一般只需两根连线（AB线），主控设备与多个从控使用手拉手菊花链方式连接。这种连接方式如图1.4－15所示，RS－485总线上挂接有A、B、C、D四个设备，将设备A的485+接口与设备B的485+接口通过屏蔽双绞线连接，再从设备B的485+上面再引一条双绞线缆接到设备C的485+接口，从设备C的485+接口与设备D的485+接口通过屏蔽双绞线连接，以此类推，总线上挂接的各个设备的485-的接线方式与485+接口类同。

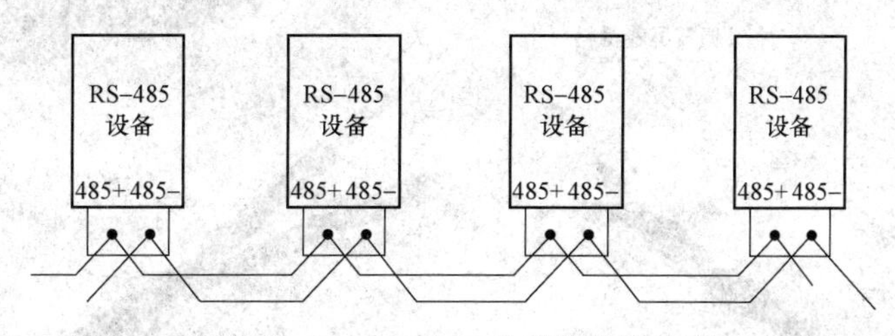


图1.4-15 RS-485总线的敷设方式

RS-485总线连接的各个设备是并联连接，如果出现一个或几个设备损坏的情况，一般不影响其他设备或整个RS-485总线的正常通信。

### 5. RS-485总线的终端电阻

RS-485总线在实际使用时，一般都要在总线的两端挂接终端电阻，也叫并联终端匹配电阻。并联终端匹配电阻分为单电阻和双电阻两种情况，RS-485终端匹配多采用双电阻并联。一般RS-485总线传输线的特征阻抗为120Ω，采用两个120Ω电阻作为RS-485总线的终端匹配电阻，具体连接方式是首尾各接一个，并联于485正负极上。RS-485总线接入并联终端电阻导致产生直流功耗，所以在距离较短（传输距离不超过300m），速率较低时无须在总线两端接入终端电阻。

终端电阻接入的情况如图1.4-16所示。

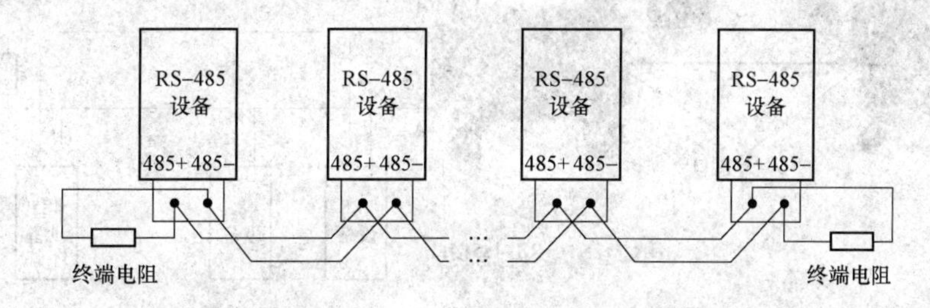


图1.4-16 RS-485总线接入终端电阻的情况

### 6. RS-485线缆

RS-485总线布线使用的线材必须要使用屏蔽双绞线，线径最好在0.75或者1.0线径的。用于RS-485总线的一种专用两芯、四芯RS-485屏蔽双绞线（屏蔽护套软电缆）、RS-485线缆的插拔端子外观如图1.4-17所示。

在RS-485总线线缆使用中，不宜采用网络线缆，网络线缆即网线具有八根线，而RS-485线只需要使用两根线或者四根线，其他线就浪费了，还有网线中铜线线径相对都比较细，并不能完全满足RS-485总线通信需求，故建议不要使用网线代替RS-485线缆使用。

## 4.3.3 不同通信接口转换模块

可以使用通信接口转换模块实现不同通信接口之间的转换对接。一个使用RS-232/RS-485转换模块实现了PC与RS-485设备通信示意如图1.4-18所示。PC上一

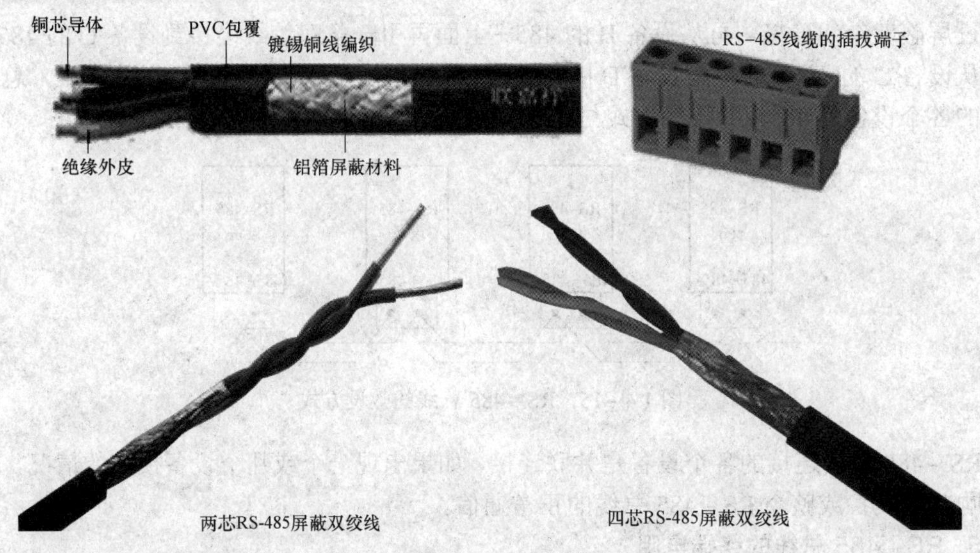


图 1.4－17　RS－485 屏蔽双绞线

般有 RS－232 口，但没有 RS－485 通信口，因此，PC 与 RS－485 设备无法直接实现通信，使用 RS－232/RS－485 转换模块就实现了两者的通信。

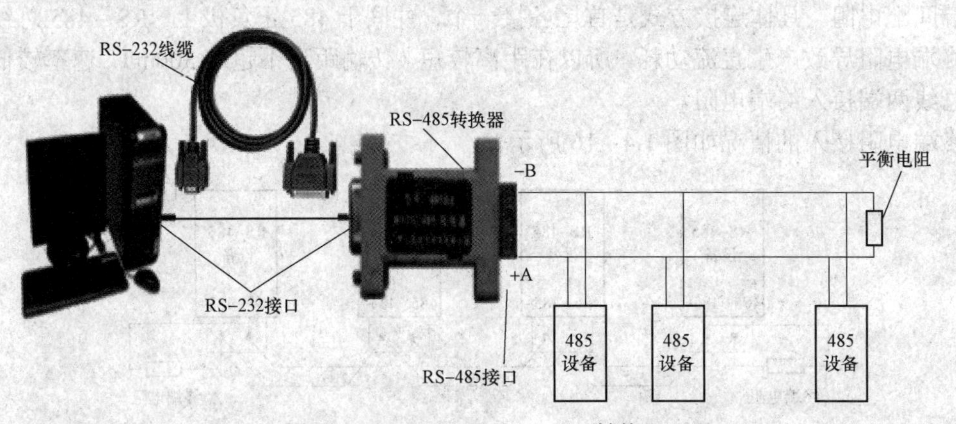


图 1.4－18　RS－232/RS－485 转换器

## 4.4　使用 RS－485 总线的 APOGEE 楼宇自控系统

实际工程中大量使用的楼控系统中，有一部分品牌产品使用了以太网＋RS－485 总线组态的通信网络架构。下面介绍使用 RS－485 总线作为控制网络或称测控网络的西门子 APOGEE 楼控系统。

西门子 S600 楼宇自动化系统是西门子公司于 20 世纪 90 年代推出的楼宇自控系统。该系统是以 Insight 图形工作站为核心，与设置在各监控现场的各类 DDC 子站组成的大型集散型楼宇自动化控制系统。S600 系统采用于多层网络结构，这种集散型分级网络结构可以灵活地进行系统扩展，为用户提供了灵活的最佳控制选择。市场上使用较多的 Insight 监控软件的版本为 3.6，运行在 Windows 2000/XP 平台上。

### 4.4.1 APOGEE 楼控系统架构

APOGEE 楼控系统包括：

（1）管理平台——Insight（基于 Windows NT/2000/XP）。

（2）DDC 控制器——MBC/MEC/TEC 等。

（3）传感器——温度/湿度/压力/流量/$CO_2$ 含量等。

（4）执行器——阀体/阀门驱动器/风门驱动器。

APOGEE 楼控系统的结构如图 1.4－19 所示。

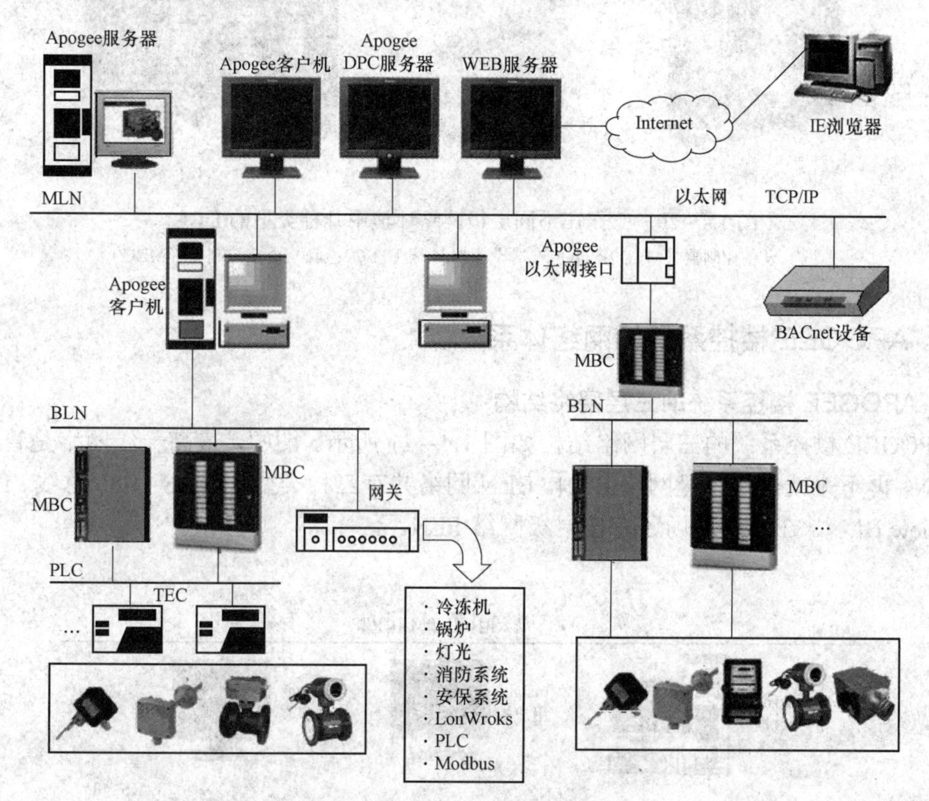


图 1.4－19　APOGEE 楼控系统的结构

### 4.4.2 系统中的 DDC

#### 1. BLN 楼宇级网络的常用 DDC

BLN 楼宇级网络是控制网络的第一层，这一层上挂接的 DDC 有：

（1）楼宇控制器 MBC（Modular Building Controller）。

（2）设备控制器 MEC（Modular Equipment Controller）。

（3）楼宇控制器 MBC 上的点终端模块 PTM（Point Termination Modules for MBC）。

#### 2. FLN 楼层级网络上的常用 DDC

FLN 楼层级网络是控制网络的第二层，该层上挂接的 DDC 有：

（1）点扩展模块 PXM（Point eXpansion Modules）；

（2）终端设备控制器 TEC（Terminal Equipment Controller）。

3. TEC 末端设备控制器

TEC 末端设备控制器是楼层级网络上挂接的 DDC，适用于 FCU（风机盘管）控制、VAV Box（变风量空调机组末端）和热泵控制等。

工作在不同层级网络环境中几种类型的 DDC 如图 1.4－20 所示。

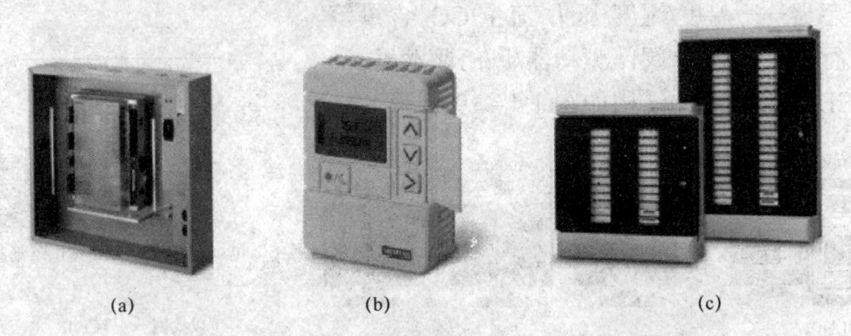


图 1.4－20　工作在不同层级网络环境中几种类型的 DDC

（a）设备控制器（MEC）；（b）末端设备控制器（TEC）；（c）楼宇控制器（MBC）

## 4.4.3　APOGEE 楼控系统的网络体系

### 1. APOGEE 楼控系统的三层网络结构

APOGEE 楼控系统的三层网络结构如图 1.4－21 所示。图中，最高一级网络是管理级网络 MLN，再下来就是楼宇级网络 BLN，BLN 网络共有三种类型，即 RS－485 总线、Ethernet 和 Remote BLN。在设备现场还有楼层级网络 FLN。

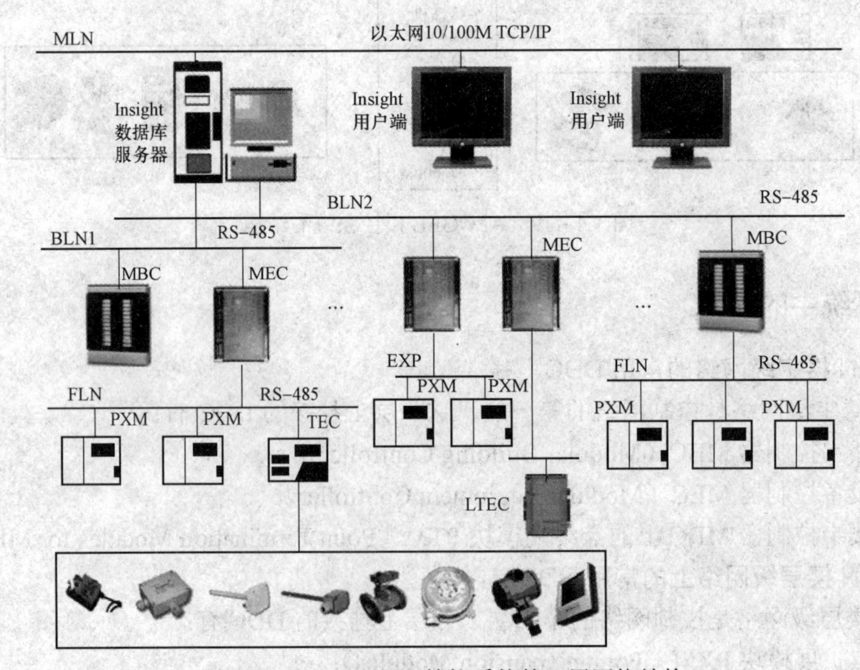


图 1.4－21　APOGEE 楼控系统的三层网络结构

（1）楼宇级网络（Building Level Network，BLN）。APOGEE 楼控系统可用以下三种类型的控制总线作楼宇级网络 BLN：RS－485 串行总线、以太网和 Remote 网络。楼宇级网络 BLN 上的设备类型包括：Insight 工作站；模块化楼宇控制器 MBC；模块化设备控制器 MEC；远程楼宇控制器 RBC；楼层网络控制器 FLNC。

（2）楼宇级网络 BLN 为 RS－485 总线的情况。在楼宇级网络 BLN 为 RS－485 总线的情况，BLN 网络与 Insight 管理平台的连接方式如图 1.4－22 所示。

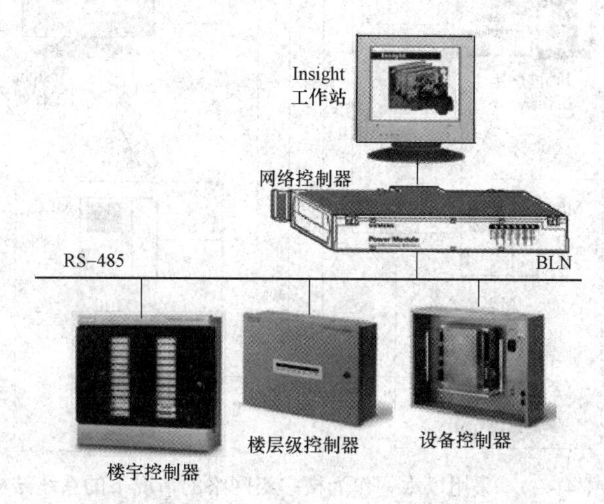


图 1.4－22 BLN 网络与 Insight 管理平台的连接方式

使用 RS－485 总线作楼宇级网络连接时，最快通信速度为 115.2kbit/s，最远传输距离 1200m。每个 Insight 工作站最多连接 4 条 RS－485 BLN 网络，每条 RS－485 BLN 网络通过干线连接器（TI－II）与 Insight 工作站的计算机串口连接。

（3）远程连接时的情况。Remote BLN 是指远程连接，可以通过以太网转换器（AEM200）连接 Insight 工作站，每个 AEM200 都有独立的 IP 地址，基于 TCP/IP 协议工作，并可以使用楼宇内的综合布线系统。拓扑情况如图 1.4－23 所示。

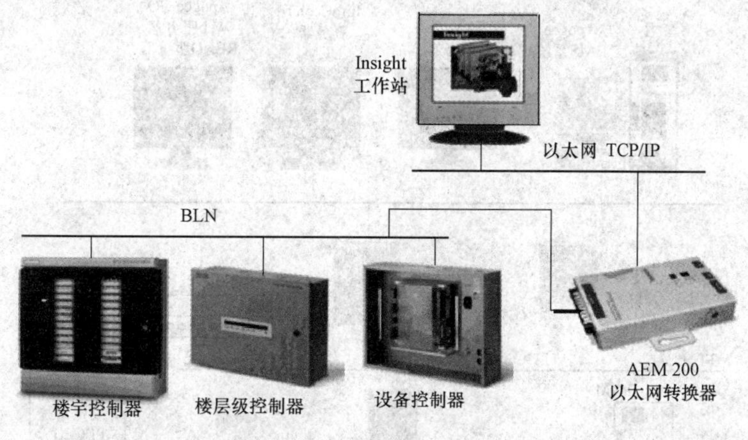


图 1.4－23 远程连接时的情况

（4）采用以太网作为楼宇级网络的情况。在采用以太网作为楼宇级网络的情况下，系统的结构如图1.4－24所示。系统中的楼宇控制器MBC和设备控制器MEC都带有以太网的RJ－45接口，并直接接入交换机中，也就是说，这些带以太网口的控制器自身已经接入了以太网与Insight工作站。

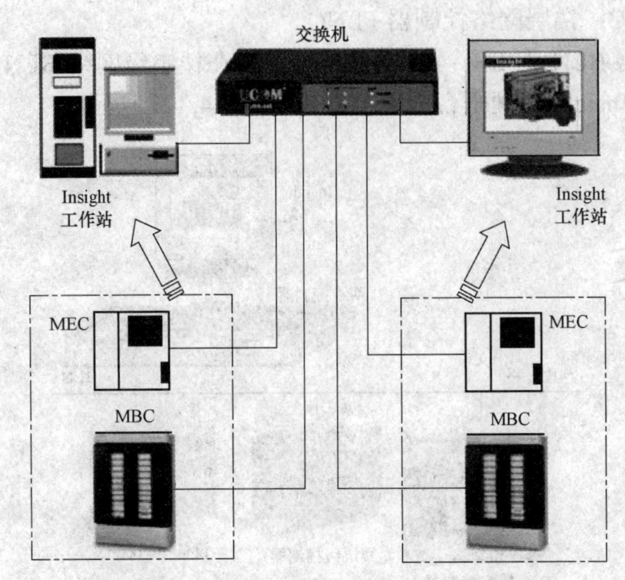


图1.4－24　采用以太网作为楼宇级网络的情况下的系统结构

楼层级网络FLN上挂接的MBC或MEC－1xxxF或FLNC控制器同时支持3条FLN网络，最大数据传输速率38.4kbit/s，通信覆盖范围最大1200m。每条FLN上最多可连接末端设备控制器TEC、点扩展模块、多功能电力变送器和SED2系列变频器等。

### 2. 一种新型结构网络

S600楼控系统中一种新型结构网络如图1.4－25所示。系统中的设备控制器MEC和楼

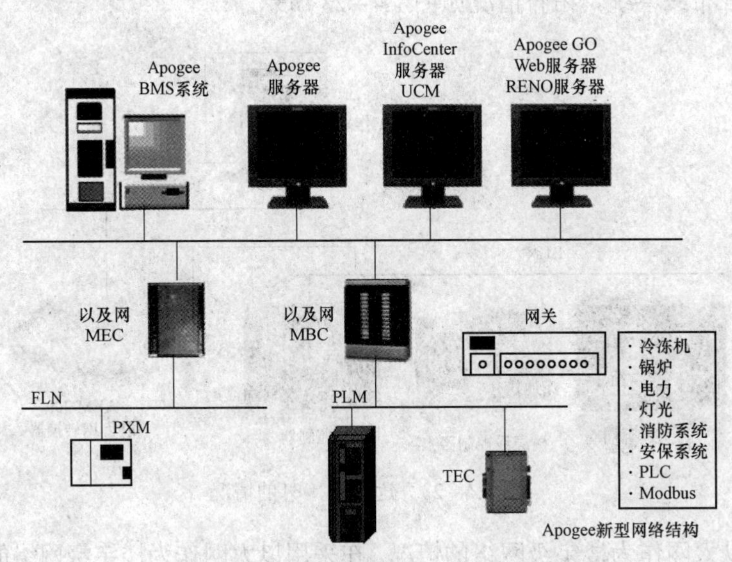


图1.4－25　一种新型结构网络

宇控制器 MBC 是直接挂接在以太网上的 DDC，这样一来网络的结构就较大程度地简化了，该网络的楼宇级网络直接和管理级的以太网合二为一了。

## 4.5 楼宇自控系统中底层控制网络的选择及 BACnet 标准支持的楼宇自控网络

### 4.5.1 楼宇自控系统中底层控制网络的选择

#### 1. 底层控制网络的选择

底层控制网络的种类：

（1）传统的测控网络，如 RS－485 总线。

（2）部分现场总线。作为工控领域中控制网络的现场总线可以作为楼宇自控系统的底层控制网络。

（3）工业以太网和实时以太网。

（4）BACnet 标准支持的五种楼宇自控网络中的部分网络。

（5）新出现的一些测控网络等。

#### 2. 底层控制网络选择原则

（1）可靠性高。

（2）满足具体应用场所获得通信速率和通信距离要求。

（3）满足先进性、实用性与经济性相结合的原则。

（4）抗干扰能力强。

#### 3. 楼宇自控系统中常用控制网络

楼宇自控系统中常用到的控制网络主要有：Lonworks 网络；BACnet 网络；CAN 总线；Modbus 总线；Profibus 总线；DeviceNet 总线；EIB 总线；工业以太网；BACnet 标准支持的几种控制网络。

除了 BACnet 标准中支持 LonWorks 网络、工业以太网以外，还支持 PTP 点对点构建的网络、BACnet/IP 网络、ARCNET 网络，还有一种在 BACnet 系统中应用较为广泛的 MS/TP 控制总线。以上几种 BACnet 标准支持的网络中，实际上使用较多的是：MS/TP 控制总线、LonWorks 网络和以太网（含工业以太网、实时以太网）。

RS－232、RS－485 控制总线。在楼控系统中，传统的通信总线用的很多，如串行通信总线 RS－232C（RS－232A，RS－232B）和 RS－485 总线等。

### 4.5.2 BACnet 标准及支持的楼宇自控网络

#### 1. BACnet 标准

中央空调及控制系统隶属于在楼宇自控领域，在楼宇自控领域中，有一个标准占有极重要的地位并为业界广为接受：一个是于 1995 年 6 月由美国采暖、制冷和空调工程师协会（American Society of Heating Refrigerrating and Air－Condition Engineers，ASHRAE）制定的 BACnet（Building Automation and Control Network）标准，标准编号为 ANSI/ASHRAE Standard

135－1995，于当年被批准为美国国家标准并得到欧盟标准委员会的承认，成为欧盟标准草案。BACnet 协议是专门为楼宇自动化和控制网络而设计的通信协议。

一般楼宇自控设备（含中央空调控制设备）从功能上讲分为两部分：一部分专门处理设备的控制功能；另一部分专门处理设备的数据通信功能。而 BACnet 就是要建立一种统一的数据通信标准，使得设备可以实现互通信并在互通信的基础上实现互操作。BACnet 协议只是规定了设备之间通信的规则，并不涉及实现细节。

2. BACnet 支持的控制网络

楼控系统控制网络的种类林林总总，楼控系统的结构种类也较多，这就导致了楼控系统的开放性差这样一种格局。为了大幅度提高楼宇自控系统的开放性，美国暖通空调工程师协会于 1995 年推出了 BACnet（楼宇自动控制网络）数据通信协议。BACnet 协议的推出、应用和推广确实大幅度地提高了楼控系统的开放性与控制性能。

在设计基于 BACnet 协议的楼控系统时，选择合适的控制网络是系统设计的基础。BACnet 标准定义了六种楼宇自控网络，即 BACnet 协议支持六种控制网络：以太网（Ethernet，数据传输速率 100Mbit/s）、ARCNET（数据传输速率为 2.5Mbit/s）、MS/TP 子网（主－从/令牌数据链路协议 MASTER/SLAVE /TOKEN PASSING，传输速率 76.8kbit/s）、PTP 点对点通信网络、LonWorks 网络和 BACnet/IP 网络。

BACnet 支持的其中 5 种控制网络，即 Ethernet、ARCNET 网络 （2.5Mbit/s）、MS/TP 控制总线（76.8kbit/s）、PTP 点对点通信网络和 LonWorks 网络。除了使用的通信标准不同外，这几种楼宇自控网络的传输速率和系统组成成本也有较大的差异，如图 1.4－26 所示。

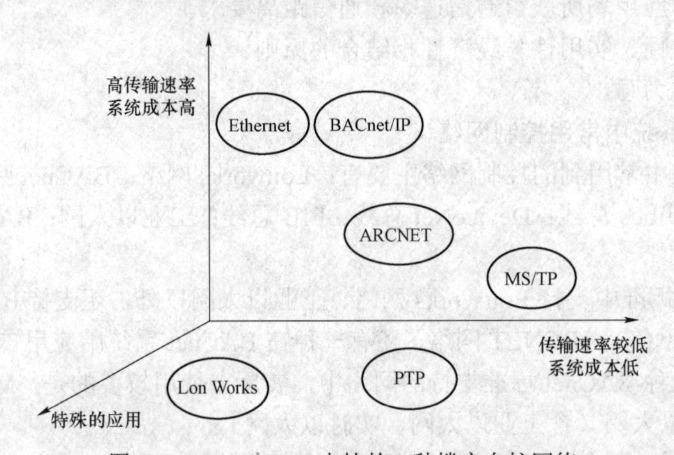


图 1.4－26　BACnet 支持的 5 种楼宇自控网络

BACnet 支持以太网作为控制网络。楼控系统的管理层是以太网，如果控制网络也是以太网，就是使用通透以太网结构的楼控系统，因此使用通透以太网结构的楼控系统严格地讲也是基于 BACnet 标准的楼控系统。

3. BACnet 的标准对象

BACnet 采用面向对象技术，提供一种表示楼宇自控设备的标准。在 BACnet 体系中，网络设备通过读取、修改封装在应用层 APDU 中的对象数据结构，实现互操作。BACnet 目前定义了 23 个对象，如图 1.4－27 所示，每个对象都必须有三个属性，即对象标志符（Object__Identifier）、对象名称（Object__Name）和对象类型（Object__Type）。其中，对象标志符用来唯一标识对象；BACnet 设备可以通过广播自身包含的某个对象的对象名称，与包含相关对象的设备建立联系。BACnet 协议要求每个设备都要包含“设备对象”，通过对其属性的读取可以让网络获得设备的全部信息。

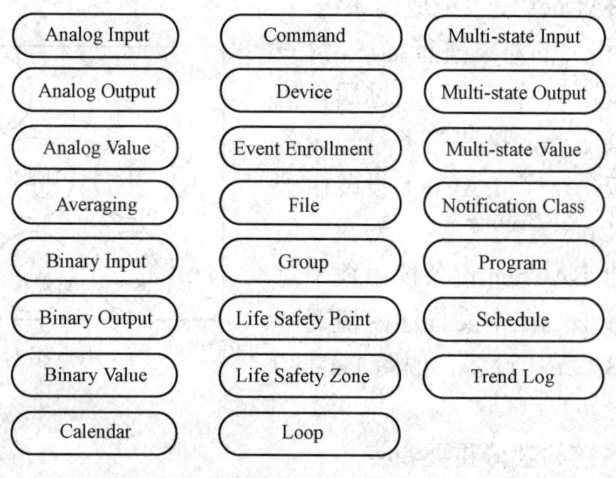


图 1.4－27　BACnet 标准中的 23 个对象

### 4. 定义 BACnet 对象的目的

由于在全球范围内由不同厂家开发的楼宇自控系统多种多样，面对多种多样的楼宇自控设备，用统一的方法去表示和标识，通过楼宇自控网络成为能够互相识别和访问的实体，只有实现了在楼宇自控网络中能够互相准确辨识和访问，才能实现互通信，才能够在互通信的基础上实现互操作。因此进行 BACnet 对象的定义，解决楼宇自控设备的互相识别、访问是实现楼宇自控设备互操作的关键。

定义了 BACnet 标准对象以后，就可以用 BACnet 标准对象的组合来实际模拟代替和表示楼宇自控设备，或描述楼宇自控系统。

由于定义了标准 BACnet 对象，就可以进一步地用标准 BACnet 对象进行组合来实现对具体的楼宇自控设备的代替、描述和表示。例如，一个压差开关就可以由一个 DEV（设备）对象和一个 DI 对象组合而成；一个智能温度传感器就可以简单地用一个 DEV 对象和一个 AI 对象组合进行表示，用标准 BACnet 对象组合模拟描述如图 1.4－28 所示。

设定某一楼宇自控设备有 3 个数字量输入和 2 个模拟量输入，2 个模拟控制输出和 1 个闭环控制逻辑，如果不考虑其他的楼宇自控系统功能（如自动报警、联动关系、日程计划等功能），可用图 1.4－29 所示的 8 个标准 BACnet 对象实例组合进行表示。

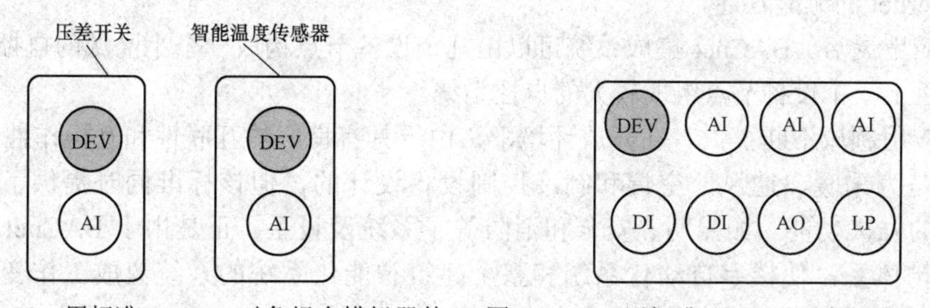


图 1.4－28　用标准 BACnet 对象组合模拟器件　　图 1.4－29　用标准 BACnet 对象组合一个设备

BACnet 标准在利用标准对象组合模拟楼宇自控设备的方式，不必考虑使用 BACnet 标准对象的顺序，但规定一个 BACnet 自控网络节点有且仅有一个 DEV 对象实例。在 BACnet 标准中，按规则采用 BACnet 对象表示的设备叫作 BACnet 设备，BACnet 楼宇网络自控系统就是由若干个这样的 BACnet 设备组成的系统。

BACnet 设备使用相关的对象进行描述。每一对象都有一组属性。设备的特征可以通过属性值表现出来。对象还提供服务，这些服务是与设备通信有关的命令和响应。一个 BACnet 设备由一组对象表示，尽管 BACnet 定义了 23 个对象，但一般情况下一个具体的 BACnet 设备仅由数个对象进行描述就已经足够了，在中文描述的情况下用一组对象表示一个 BACnet 设备，如图 1.4－30 所示。

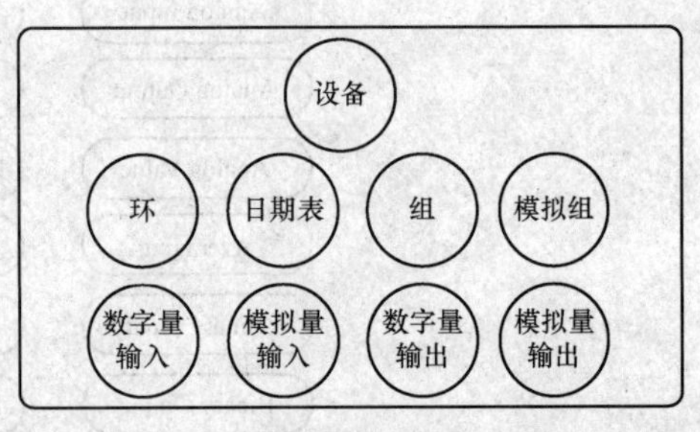

图 1.4－30　用一组对象表示一个 BACnet 设备

5. BACnet 应用系统的部分重要特点

BACnet 协议是应用于分布控制面向对象开放型的网络通信协议。楼宇自控系统的开放性是业界进行开发、设计、工程施工到验收，从发标、中标到评估都应体现并贯彻其中的一项内容。BACnet 协议提供了一个开放性的体系。在该体系内，任何计算机化的设备，都可以彼此进行数据通信。除了计算机可直接地应用于 BACnet 网络中以外，通用的直接数字控制器和专用的或个别设备的控制器，也可以应用于 BACnet 网络中。

BACnet 目前已成为国际上智能建筑的主流通信协议，它使不同厂商生产的设备与系统在互连和互操作的基础上实现无缝集成成为可能。

BACnet 协议是一种开放的非专有协议。BACnet 标准以其先进的技术，较严密的体系和良好的开放性得到了迅速的推广和应用。在开放的 BACnet 平台或环境中，不同厂商的设备可以方便地进入其中。

BACnet 应用系统的部分重要特点:

（1）专门用于楼宇自控网络。BACnet 标准定义了许多楼宇自控系统所特有的特性和功能。

（2）完全的开放性。BACnet 标准的开放性不仅体现在对外部系统的开放接入，而且具有良好的可扩充性，不断注入新技术，使楼宇自控系统的发展不受限制。

（3）互连特性和扩充性好。BACnet 标准可向其他通信网络扩展，如 BACnet/IP 标准可实现与 Internet 的无缝互连。

（4）应用灵活。BACnet 集成系统可以由几个设备节点构成一个小区域的自控系统，也可以由成百上千个设备节点组成较大的自控系统。

（5）应用领域不断扩大。在开放环境下，由于具有良好的互联性和互操作性。BACnet 标准最初是为采暖、通风、空调和制冷控制设备设计的，但该标准同时提供了集成其他楼宇设备的强大功能，如照明、安全和消防等子系统及设备。正是由于 BACnet 标准的开放性的架构体系，使楼宇自动化系统和整个建筑智能化系统的系统集成工作变得更易于实现了。

（6）所有的网络设备都是对等的，但允许某些设备具有更大的权限和责任。

（7）网络中的每一个设备均被模型化为一个“对象”，每个对象可用一组属性来加以描述和标识。

（8）通信是通过读写特定对象的属性和相互接收执行其他协议的服务实现的，标准定义了一组服务，并提供了在必要时创建附加服务的实现机制。

（9）由于 BACnet 标准采用了 ISO 的分层通信结构，所以可以在不同的支持网络中进行访问和通过不同的物理介质去交换数据。即 BACnet 网络可以用多种不同的方案灵活地实现，以满足不同的网络支持环境，满足不同的速度和吞吐率的要求。

# 4.6 使用层级结构通信网络举例

## 4.6.1 BACtalk 楼控系统架构

BACtalk 楼控系统也是一个采用两个层级的楼控系统，系统架构如图 1.4－31 所示。

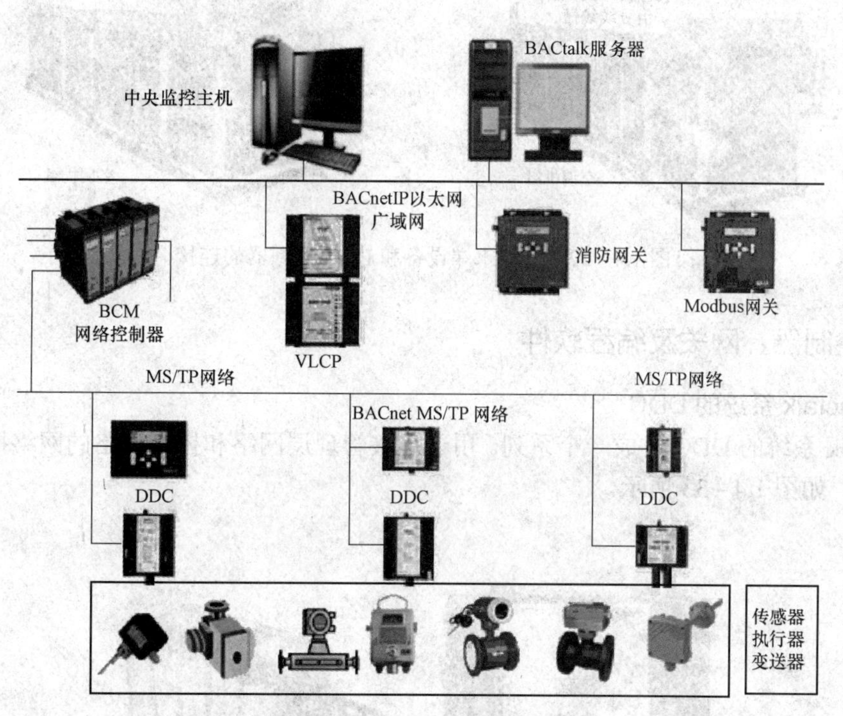


图 1.4－31 Bactalk 楼控系统架构

图 1.4－31 中的 BCM 模块是网络控制器（全局控制器），作用是实现将 MS/TP 网络和以太网实现互联；消防网关是将火灾报警联动控制系统的信息集成到楼控系统中的装置。系统中的 DDC 控制器直接和分布在现场的传感器、执行器和变送器相连。

在实际工程中，一般一台 DDC 控制器控制一台空调机组或新风机组，一台空调机组上的传感器连接到 DDC 的输入端，执行器及控制回路连接到同一台 DDC 的输出端，其连接情况如图 1.4－32 所示。

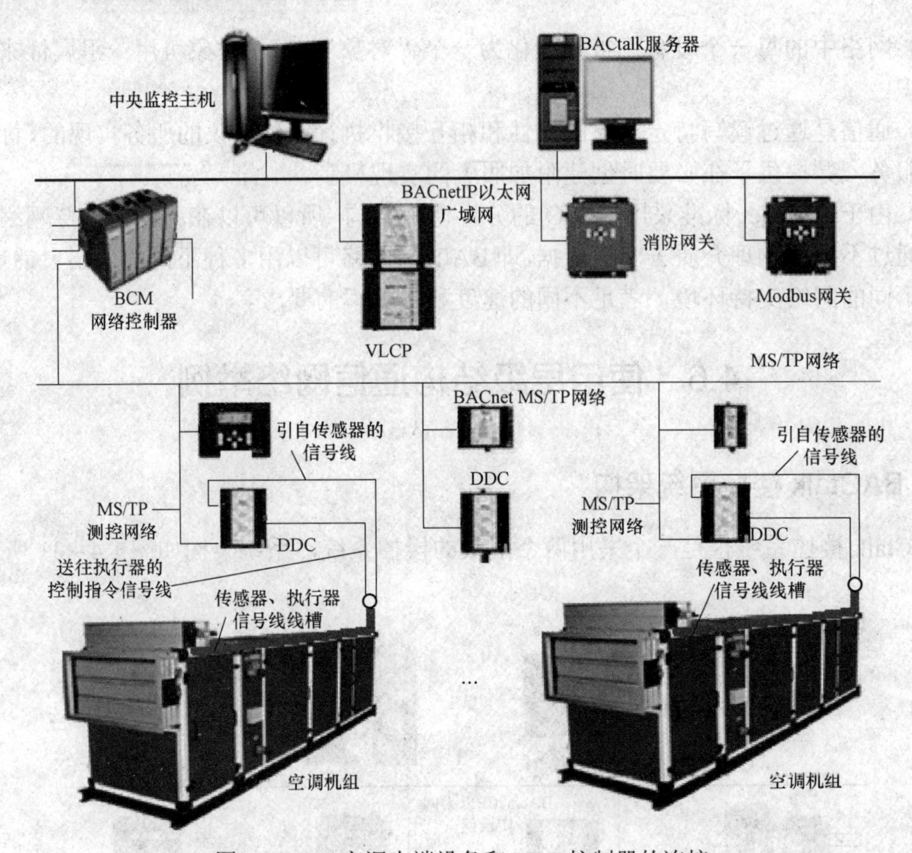


图 1.4－32　空调末端设备和 DDC 控制器的连接

## 4.6.2　控制器、网关及编程软件

### 1. Bactalk 系统的 DDC

Bactalk 系统的 DDC 自成一个系列。用于连接管理层网络和控制网络的网络控制器（全局控制器）如图 1.4－33 所示。

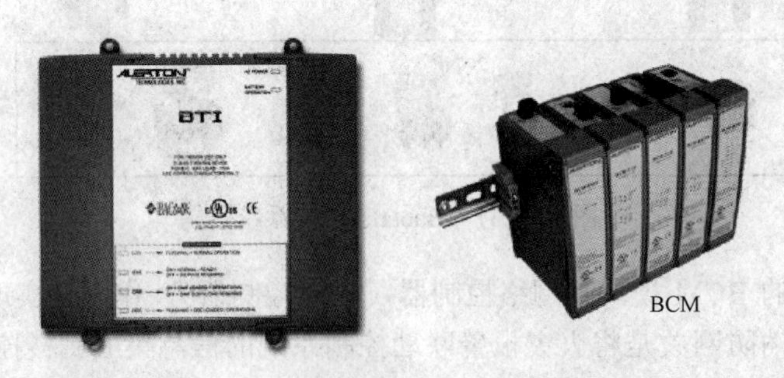


图 1.4－33　网络控制器（全局控制器）

这里的 BTI 网络控制器和 BCM 网络控制器的区别主要是：每台 BCM 全局控制器最大支持 7 条 MS/TP 测控总线；每台 BTI 全局控制器最大支持 4 条 MS/TP 测控总线。

几款不同的 DDC 如图 1.4－34 所示。MS/TP 网络中继器如图 1.4－35 所示。

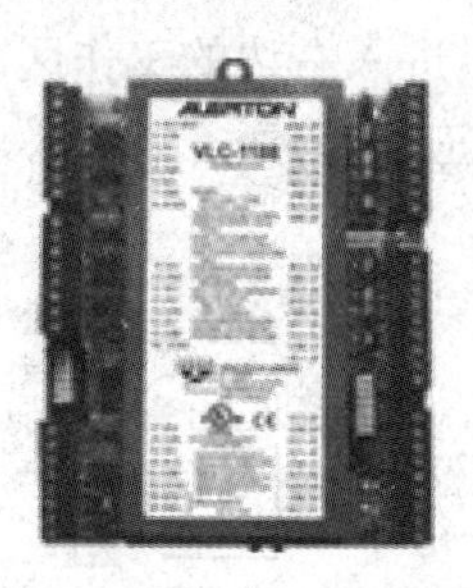

图 1.4－34　几款不同的 DDC

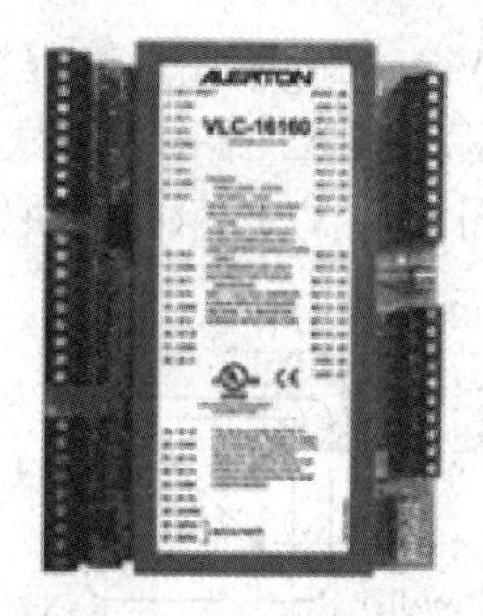

图 1.4－35　MS/TP 网络中继器

## 2. VLC 系列 DDC 的控制程序编程软件

BACtalk 系统配置了一种有着较强功能和使用简便的编程工具－VisualLogic。使用 VisualLogic 来编制 DDC 的控制程序。

VisualLogic 包括了一整套功能齐全的功能模块和模型数据库。整个编程软件共有 48 个功能模块，每个功能模块都用一个 3D 立体图标表示，通过有机的连接，可以提供一个非常清晰的控制流程，实现所需要的任何控制序列，并且可以立刻变成存盘资料，方便日后查询。因此，技术人员可在短时间内掌握整个控制原理和编制程序的方法。VisualLogic 图形编程界面如图 1.4－36 所示。

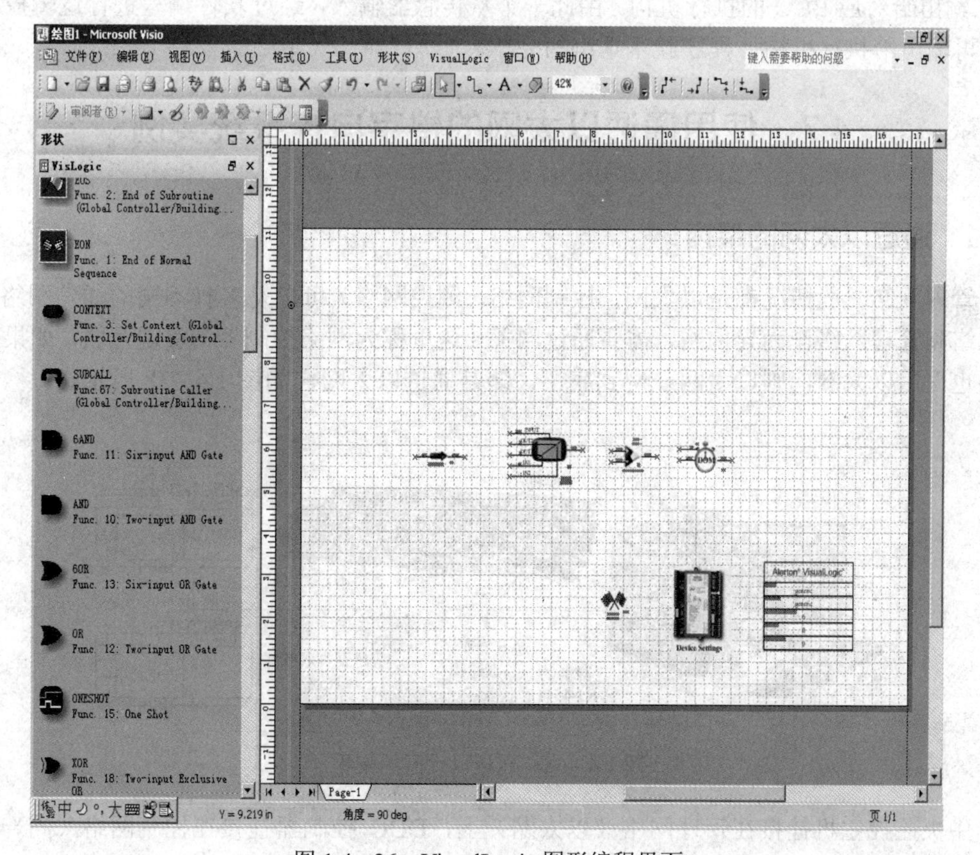


图 1.4－36　VisualLogic 图形编程界面

在 VisualLogic 图形编程界面中，窗口左侧有序地排列了许多控制程序的组成单元功能模块，呈现一个三维图标方式，调用时只需将功能模块图标拖曳进入右边的工作区即可。

如图 1.4－37 所示的模块组合对应于一个具体的操作序列及应用程序。

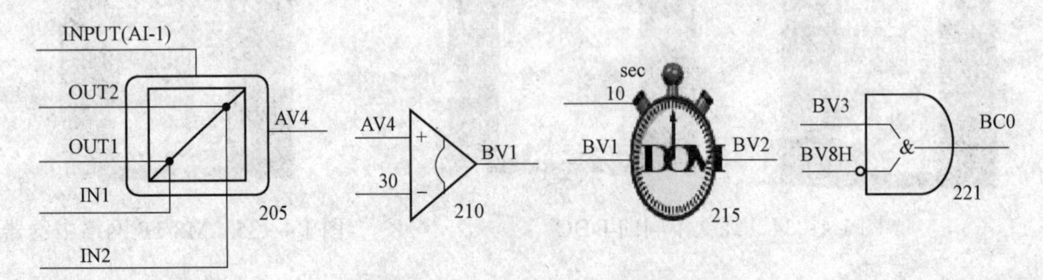


图 1.4－37　模块组合程序范例

图 1.4－37 中共有 4 个功能模块，在 VisualLogic 环境中，不需用线段连接这些功能模块，程序执行的顺序是直接按照每个模块右下角的编号，从小到大依次执行，从中可以看出四个模块的编号依次为 205、210、215、221、205 模块为线性比例模块，它将输入信号 AI－1 经过线性变换直接输出中间变量 AV－4，接着 210 模块实现比较的功能，当变量 AV－4 大于 30，BV－1 输出为 ON；否则为 OF。然后 215 模块实现延时开动作的功能，经过延时 10s，BV－3 动作，最终 221 模块实现与的功能，BV－3 与 BV－8－N 同时为 ON，BO－0 输出为 ON，输出给对应 BCO 的执行机构。由此一个从传感器输入，经过软件编程进行逻辑控制变换，再输出给执行机构，程序就基本编写完毕。

# 4.7　使用通透以太网的楼宇自控系统实例

## 4.7.1　通透以太网的架构

管理网络一般情况都是以太网，控制网络（测控网络）可以是多种不同的通信网络，控制网络和管理网络作为异构网，需要通过网关（这里称为网络控制器）实现互联，如果控制网络也采用以太网，则以太网一网到底了，即是通透以太网，如图 1.4－38 所示。

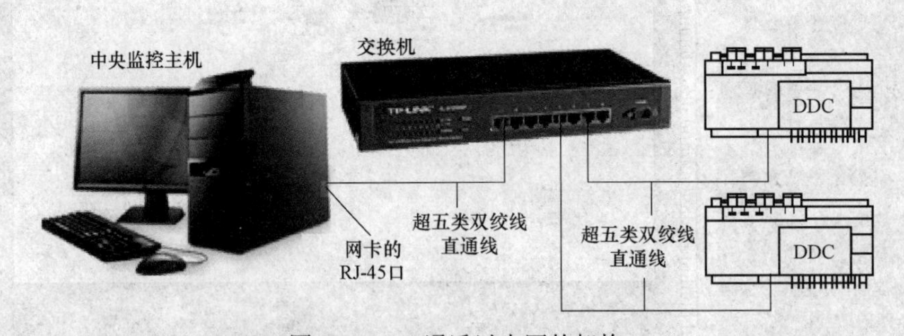


图 1.4－38　通透以太网的架构

中央监控主机挂接在管理网络（以太网）上，DDC 控制器挂接在控制网络（同一个以太网）上，就是说从管理网络到控制网络都是同一个以太网，以太网一网到底，这就是使用通透以太网的架构。这里还要说明的是：

（1）DDC 上的 RJ－45 口通过超五类双绞线和交换机上的 RJ－45 口相连接。

（2）中央监控主机和服务器上网卡的 RJ－45 口通过超五类双绞线和交换机上的 RJ－45 口相连接。

（3）由于使用了超五类双绞线，交换机是 100Mbit/s 的交换机，因此组成了一个 100Mbit/s 的以太网，把它叫作 100Bace－T 网络。

（4）所用双绞线是直通线，即 BB 线。

对绞线中 8 根线颜色标识如图 1.4－39 所示。由于是 BB 线，即双绞线的端部线序排列均按 T568B 标准，如图 1.4－40 所示。T568B 双绞线排列线序（从左向右）：白橙/橙、白绿/蓝、白蓝/绿、白棕/棕。

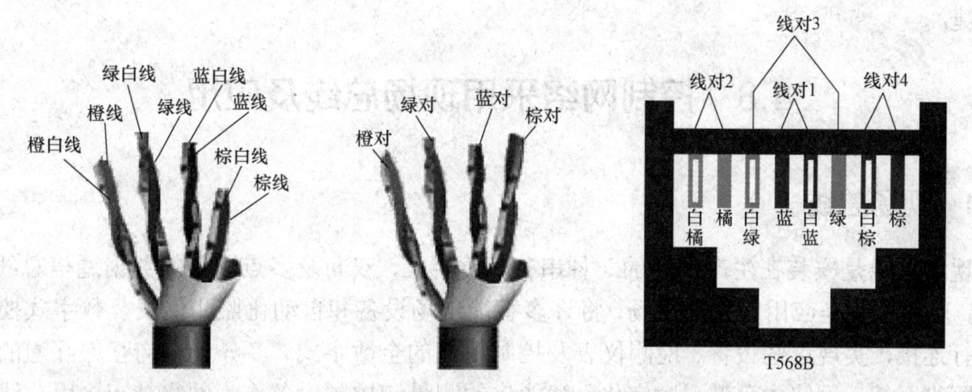


图 1.4－39　对绞线中 8 根线颜色标识　　图 1.4－40　T568B 标准 8 针引线排序

## 4.7.2　使用通透以太网的卓灵楼控系统

### 1. 系统结构

卓灵楼控系统是英国卓灵（TREND）公司开发与推出的一种使用通透以太网的楼控系统，其系统架构如图 1.4－41 所示。

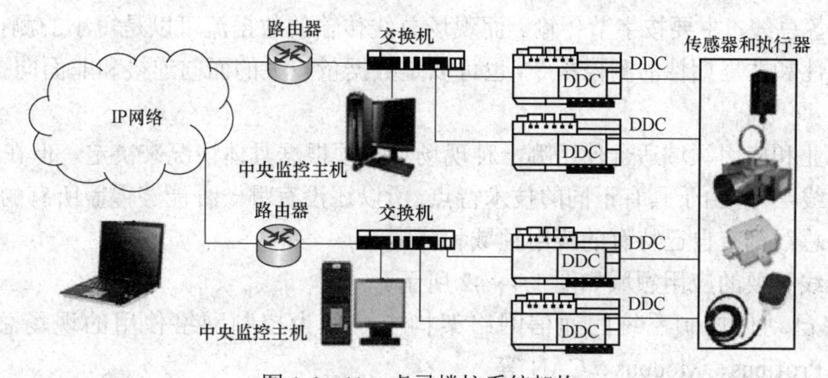


图 1.4－41　卓灵楼控系统架构

系统中，中央管理工作站接入一个以太网内，即管理网络是以太网，DDC 也同样接入该以太网，也就是说管理网和控制网是同一个以太网。系统 A 中所有的 DDC 均接入一个星形拓扑的以太网；系统 B 中一部分 DDC 接在星形拓扑的以太网中，另外一部分 DDC（IQ2 控制器）接入一个环形拓扑的以太网中；系统 C 的情况和系统 A 一样。在楼控系统有远程监控的要求时，通过路由器实现和公网的互联，进一步实现远程监控。

2. 通信协议和网络体系

整个系统都工作在 TCP/IP 通信协议环境下，管理网络是以太网，连接 DDC 的控制网络也是以太网。星形拓扑下的以太网遵从 IEEE 802.3 网络协议，环形拓扑下的以太网遵从 IEEE 802.5 网络协议。

通信网络基于 TCP/IP 协议并以综合布线为基础，网络扩展容易，而控制器与控制器之间是对等网络（Peer－to－Peer）结构，控制器之间没有级别之分，资料存取及互相控制直观快捷。

## 4.8 控制网络采用现场总线及应用

### 4.8.1 现场总线

现场总线是安装在生产现场的一种串行、数字式、双向及多点通信的数据通信总线。或者说，现场总线是应用在生产现场，将许多智能现场设备和自动化监测仪表及数字式控制系统进行连接，实现这些设备、检测仪表及控制系统的全数字式、多分支结构互连互通的数据通信网络系统，网络中分散、数字化、智能化的测量和控制设备作为网络节点，用总线相连接，实现相互交换信息，共同完成自动控制功能。

### 4.8.2 现场总线在楼宇自控系统中的应用

工控领域总共约有 40 多种现场总线，如 Interbus、Devicenet、Arcnet、CAN、Modbus、P－Net、EIB 等，分布应用在工业的各个不同行业和应用领域，其中一部分现场总线在楼宇自控技术领域中也有广泛和深入的应用。

现场总线和传感器总线、设备总线在传输的数据量方面有很大差别，传感器总线，属于位传输；设备总线，主要按字节传输。而现场总线传输的数据流可以是短小的测控指令，也可以是周期性和非周期性的测控指令，也可以是数据量较大的面向连接和非面向连接的数据文件。

不同行业和应用领域适合使用哪一种现场总线须根据具体情况来决定。但在 40 多种现有的现场总线当中，由于具有不同的技术特点，所以还没有哪一种能够覆盖所有的应用领域，每一种现场总线都有自己特有的应用领域和范围。

现场总线主要的应用领域如图 1.4－42 所示。

在楼宇自动化控制系统的通信网络架构中，作为控制网络使用的现场总线技术有 Lonworks、Profibus、Modbus、CAN 等。

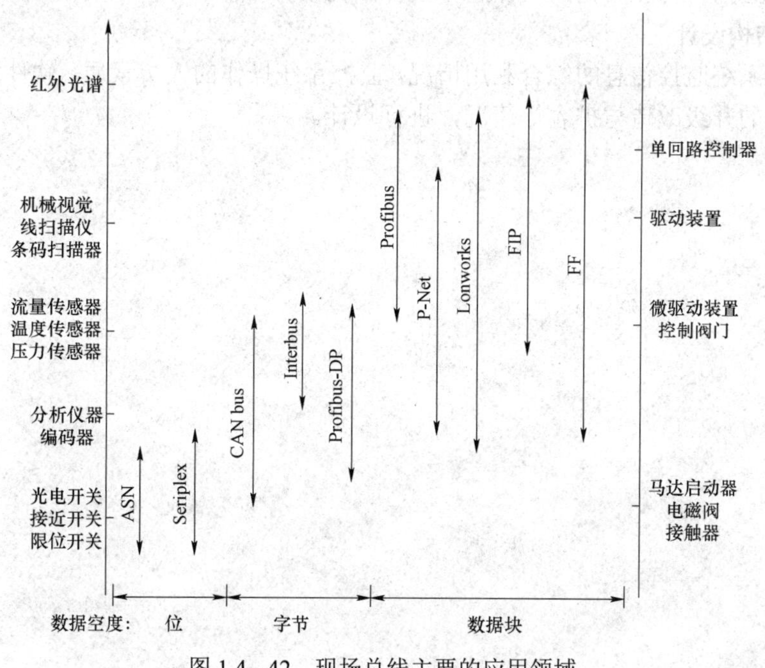


图 1.4－42 现场总线主要的应用领域

## 4.9 楼宇自控系统架构设计需考虑的问题

### 1. 通信网络架构设计

选择当前和今后数年或若干年内通用性好、扩展性好、产品选型范围较广的控制网络。全双工交换式以太网、实时以太网、采用 BACnet 协议架构的控制总线、Lonworks 控制总线、工作可靠性高的 CAN 总线都是较好的控制网络，管理层网络则采用通行的以太网。

### 2. 集成结构设计

主要考虑系统集成对象在系统集成中要实现的功能、系统通信流量大小、支持的协议类型等内容，结合厂家产品的性价比情况，进行集成结构设计。如优先选用开放性好、协议支持类型多、联动控制效果好、对集成信息交互能力较强，通过专用网关在管理层网络进行集成的控制层集成方案。

### 3. 拓扑结构设计

主要考虑系统对以前系统的兼容性，以及今后的扩展性，综合考虑网络结构和集成方案等内容，对拓扑结构进行设计。

### 4. 数据结构设计

主要考虑系统实时数据库的规模和综合利用的要求，进行数据结构设计。

### 5. 硬件结构设计

主要考虑系统监控信息点的分布情况、监控信息的处理精度要求、联动控制时监控信息之间关联度大小、投资成本概算等情况，结合厂家产品的技术指标与性价比，综合前面对网络结构、集成结构与拓扑结构的设计进行硬件结构设计。

**6. 软件结构设计**

主要考虑系统监控信息的综合利用情况，监控系统操作的人员素质，软件掌握的难易程度，系统以后的升级改造与扩容等情况，进行设计。

# 第5章
# 建筑智能化系统的系统集成

## 5.1 建筑智能化系统集成概述

### 5.1.1 系统集成的概念

建筑智能化系统的系统集成（Systems Integration，SI）是将建筑智能化系统中的不同智能子系统采用标准化的方法进行整合，实现监测控制及管理的同一平台化，实现信息综合，资源共享，实现效率较高的协同运作。建筑弱电系统涉及的不同子系统超过三十个，将其中部分子系统纳入到集成系统中来，是实现系统集成的关键。建筑智能化系统的系统集成和建筑弱电系统的系统集成基本是同义的。

不同的智能化子系统各自独立，没有一个统一的监控体系和管理平台，不同的软硬件结合、不同子系统之间的协同运行和综合管理就很困难。于是，具有统一软件平台的集成化管理系统应运而生。

系统集成的概念最初来自计算机网络技术的应用中，网络中需要连接的计算机设备多种多样，无论是硬件结构、通信接口，还是操作系统、应用软件，彼此各不相同，不同的硬件设备、不同的操作系统、不同的系统软件和不同的应用软件体系彼此通信及协同运行有很大的难度。集成的目标是追求由多种异构软硬件系统构成的大系统能够很好地进行协同运行。

系统集成的目的是对建筑物内的各智能化系统及相关子系统进行综合管理，实现诸子系统的信息共享，使整个建筑成为一个有一定智能性的高效运行体。系统集成管理环节具有开放性、可靠性、容错性和可维护性等特点。

系统集成从设计方面看就是实现最优的综合统筹设计，这种设计不仅仅是简单地为用户提供许多设备、设施并将它们结合起来，而是从整个建筑的结构、系统、服务和管理等智能建筑本质的四个方面综合进行设计。系统集成的设计和工程实施能够直接地创造和体现一种附加值。这种附加值的大小取决于系统集成设计与施工水平的高低。

系统集成是对软、硬件及多元化信息整合的过程，其设计包括设备的优选，系统软件的集成设计，应用软件的集成设计、管理、组织环节的配合集成等诸方面的内容。

完整的系统集成工程应满足以下一些要求：

（1）综合运用各智能化子系统的功能，满足用户提出的功能要求。

（2）对软件、硬件和多元化的信息流动，实行统一控制和管理。

（3）为智能楼宇的管理人员提供友好统一的用户界面，使各种控制、管理操作便捷方便。

系统集成的水平在一定程度上体现了智能楼宇的智能化水平。系统集成在本质上就是进行功能集成、技术集成、子系统集成、物理系统集成和应用功能的集成。

在传统建筑中，设备、消防、安防系统与通信、办公自动化系统都是以各自独立的子系统出现，系统之间无法沟通，无法协调工作，系统集成可以将分离的设备和独立的子系统、不同的功能和数据信息集成到相互关联、统一协调的系统中，使资源达到充分共享，实现高效、集中和便利的管理。通过系统集成，整个离散子系统有机地组成了一个高效运行的“大系统”，如图 1.5－1 所示。

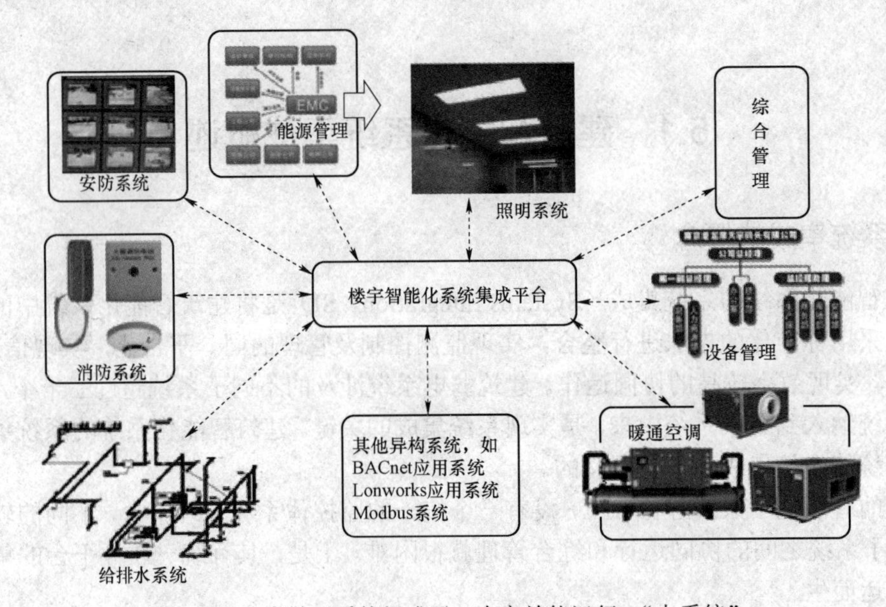


图 1.5－1　离散子系统组成了一个高效能运行　“大系统”

系统集成使诸子系统组成高效能“大系统”，可以直接带来可见的效果：

◆　节约运行维护管理人员：20%～30%。

◆　节省运行维护管理费用：10%～30%。

◆　提高工作效率：20%～30%。

◆　节约运行维护、管理人员的培训费用：20%～30%。

## 5.1.2　建筑智能化系统中需要进行集成的子系统

如前所述，建筑智能化系统中包括的子系统有：建筑设备监控系统（楼宇自控系统）；公共广播系统包括背景音乐、业务广播和紧急广播；视频监控系统；防盗报警系统；周界防范系统；出入口监控系统（门禁）；楼宇对讲系统；电子巡更系统；电话通信系统；全球卫星定位系统；火灾自动报警及联动控制；有线电视和卫星接收系统；视频会议系统；综合布线系统；防雷接地系统；网络通信系统；一卡通系统；停车场系统；图像信息管理系统；多媒体教学系统；LED 大屏幕显示系统；UPS 系统；数据中心（机房）；室内无线分布系统；舞台机械灯光系统；办公自动化系统。

子系统较多，但不是说在系统集成中将所有子系统都要纳入到集成体系中，仅仅是将一部分子系统进行系统集成。建筑智能化系统中讲到的系统集成主要指的是建筑设备监控系统的系统集成，在集成体系中将安防系统和消防系统的监控、供配电系统的监测、柴油发电机组供电系统的监测、电梯系统的监测通过标准的通信接口及集成平台软件纳入统一平台进行集中的监控管理。楼宇自控系统的系统集成包括制冷站运行管理的监控，空调机组、新风机组、风机盘管和变风量空调机组等中央空调末端设备的运行管理及监控，楼宇内热源供给系统的运行管理与监控，楼宇内通风和排风系统监控，给排水系统运行管理与监控，照明系统的监控（包括智能照明监控系统），楼宇供冷、供热的能耗计量管理等，以及包括以上指出的消防系统、安防系统的监测信息。系统集成模块框图如图 1.5－2 所示。

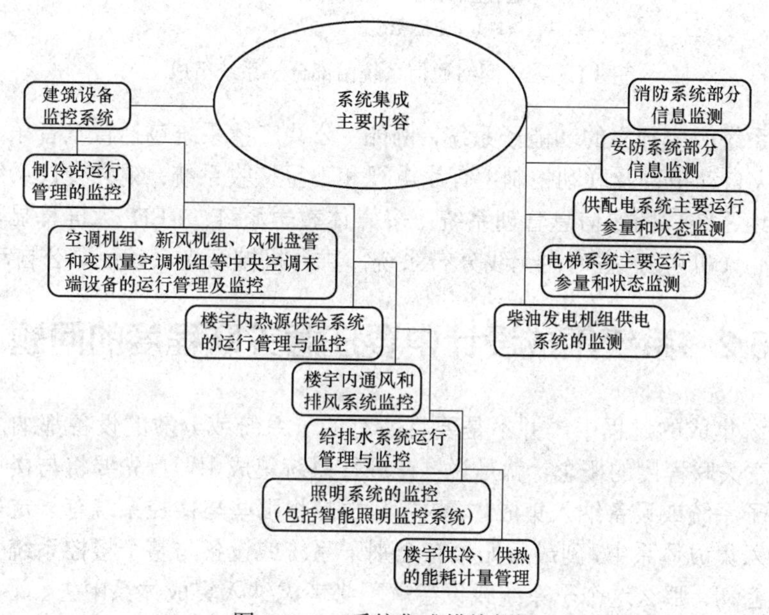


图 1.5－2　系统集成模块框图

在建筑智能化子系统中，上述的部分子系统进入集成体系，其他的部分子系统被分成不同的功能群，不进入上述的系统集成。安防系统功能群如图 1.5－3 所示。

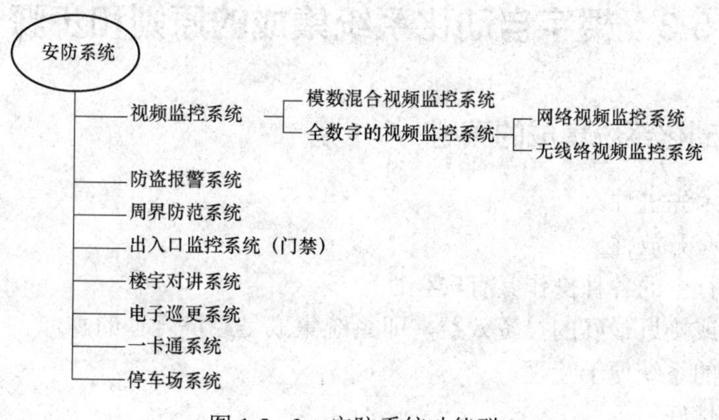


图 1.5－3　安防系统功能群

网络通信系统由部分子系统组成如图 1.5－4 所示。

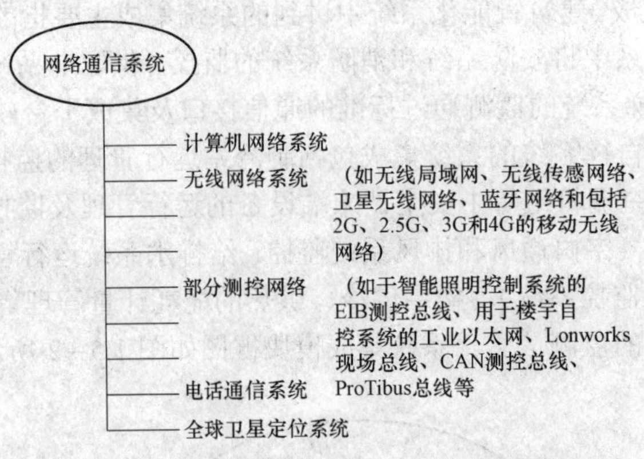


图 1.5－4　网络通信系统由部分子系统组成

其他的子系统构成独立的功能子系统，例如：公共广播系统包括背景音乐、业务广播和紧急广播；火灾自动报警及联动控制；有线电视和卫星接收系统；视频会议系统；综合布线系统；防雷接地系统；图像信息管理系统；多媒体教学系统；LED 大屏幕显示系统；UPS 系统；数据中心（机房）；室内内无线分布系统；舞台机械灯光系统；办公自动化系统。

## 5.2　系统集成设计中要注意关联程度的问题

在进行系统集成的过程中，并不是要将所有的子系统或分散的设备都纳入到集成系统中，要特别注意关联程度的概念，就是说：在进行系统集成中，首先要将与楼控系统整体关联程度最高的子系统或设备纳入集成体系中，其次是将那些与楼控系统有一定关联程度的子系统或设备纳入集成体系中，到最后如果有个别子系统或设备与整个楼控系统关联程度不高或者说关系不密切，那么这个子系统或设备就不必考虑纳入集成体系中去。举例说，有一个无线消防报警系统，完全可以独立地应用在任何场所，与楼控系统整体的关联程度不高，因此该设备就不进入集成体系中。关联程度的概念很有效，它可以指导制定优化的系统集成方案，可以使系统集成变得更简单。

## 5.3　楼宇自动化系统集成的原则和步骤

### 5.3.1　楼宇自动化系统集成的原则

（1）保持技术先进性。

（2）系统具有开放性。

（3）系统运行中的各种操作具有安全性。

（4）有最好或接近最好的投资效益，即系统集成是经济合理的。

（5）集成后的系统便于管理。

（6）可扩充性好。

### 5.3.2 楼宇自动化系统集成的步骤

（1）系统集成分析。内容包括用户需求分析及方案前调研、初步方案设计、方案可行性论证。

（2）楼宇自动化系统集成设计。内容有总体设计、详细设计、实施规划。

（3）楼宇自动化系统集成实施。内容含软件配套设置、购置设备、安装调试（含软、硬件和设备调试）。

（4）系统集成评价。内容有试运行管理、系统调整和系统验收。

（5）集成系统运行管理及维护。

## 5.4 系统网络结构和系统集成的水平层次

### 5.4.1 系统网络结构与系统集成

每一种楼宇自控系统都基于一个通信网络架构，系统集成的内容与通信网络架构的关系非常密切，比如，如果使用通透以太网架构，通信协议、系统软件、应用软件和集成体系都和以太网紧密关联；如果采用层级结构的通信网络架构，则系统集成的内容又大不相同。

楼宇自控系统的网络结构分为主干网络和较低层的测控网络。主干网络是楼宇通信主干通道，覆盖整个楼宇，是各子系统信息、数据的流入流出通道。主干网一般要求具有大容量、高速率的特点，并要求通用化和标准化。

### 5.4.2 系统集成的水平层次

在实际工程中，由于投资和技术原因，智能楼宇系统集成的水平层次不同，有以下几种情况：

（1）由于资金和技术要求水平不高，无系统集成，各子系统分立运行，各子系统通过局域网构成基本网络环境。

（2）以某一个子系统为中心，将其他子系统的集成信息汇入该子系统进行综合处置和管理。

（3）由系统集成商以专用的客户机/服务器系统开发集成系统。

## 5.5 IBMS 系统集成

### 5.5.1 IBMS 系统集成概念

系统集成有多种技术模式，由于篇幅有限，这里仅介绍 IBMS 系统集成。

IBMS 系统集成是应用最为广泛的一种集成方式。IBMS（Intelligent Building Management System）的意义是智能楼宇管理系统。

IBMS 是在 BA 系统基础上通过与通信网络架构的结合来实现功能较为全面的楼宇集成管理系统。

IBMS 实际上是对楼宇自控系统、智能化子系统进行综合监测控制和管理的平台软件，为了更好地理解 IBMS 系统集成，可以说：楼宇自控系统中央监控主机上实现 BA 系统综合监测、控制和管理的软件是一个具有监、控、管功能的平台软件；而 IBMS 集成系统则是一个将建筑设备管理系统 BMS 和其他弱电子系统，如安防系统、火灾报警联动控制系统等实现综合监测、控制、管理并实现诸子系统高效协调、联动的平台软件。

IBMS 系统集成的组成如图 1.5－5 所示。

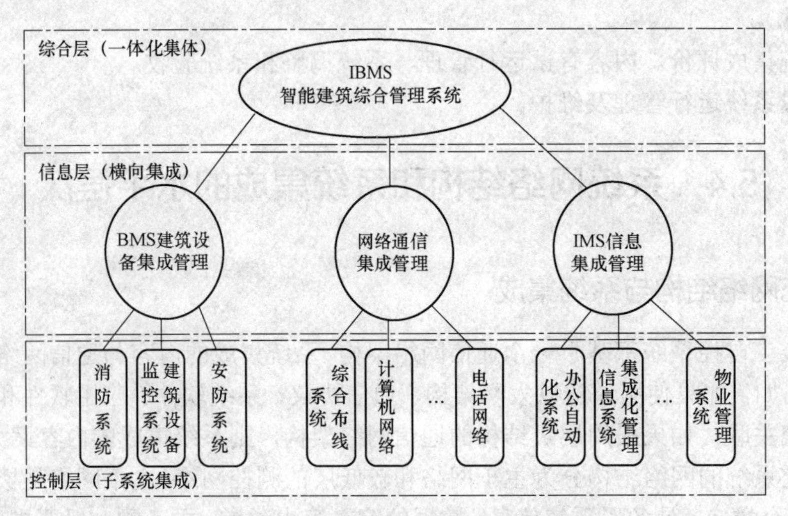


图 1.5－5　IBMS 系统集成的组成

从图 1.5－5 中看出，IBMS 系统集成是按照分层结构组织起来的。IBMS 把各种子系统集成为一个“有机”的统一系统，其接口标准化，完成各子系统的信息交换和通信协议转换，实现五个方面的功能集成：所有子系统信息的集成和综合管理，对所有子系统的集中监视和控制，全局事件的管理，流程自动化管理，最终实现集中监测控制与综合管理的功能。

## 5.5.2　IBMS 主要功能

IBMS 最主要的功能或管理任务有：

（1）集中的管理：全面掌握建筑内设备的实时状态、报警和故障。

（2）数据的共享：由于建筑内的各类系统是独立运行的，通过 IBMS 集成系统联通不同通信协议的智能化设备，实现不同系统之间的信息共享和协同工作。例如，消防报警时，通过联动功能实现视频现场的自动显示，动力设备的断电检测，门禁的开启控制等。

（3）提供更多增值的服务：

1）能耗分析：通过采集设备的运行状态，累计各类设备的用电情况，超过计划用量时实时报警；统计分析各类设备的运行工况和用能情况。

2）设备维护：通过统计设备的累计运行工况，及时提醒对各类设备进行维护，避免设备的故障。

## 5.5.3　IBMS 的功能设置和控制管理

IBMS 系统集成实质上就是一个具有很强综合功能的平台软件，并包括特定的一组标准通信接口、数据库等。部分较大的楼控系统生产厂商自行编制 IBMS 系统集成软件，直接连同成套设备提供给用户，也可以单独提供 IBMS 系统集成软件。也可以由系统集成商开发，但这种情况很少。

IBMS 系统集成设计与它的实现功能要求有关，IBMS 集成系统主要实现智能建筑的两个共享和四项管理的功能。

（1）信息资源和数据的共享。

（2）设备资源共享。

（3）集中监视、联动和控制的管理。

（4）通过信息的采集、处理、查询和建库的管理，实现 IBMS 的信息共享。

（5）全局事件的决策管理。

（6）系统的运行、维护、管理和流程自动化管理。

IBMS 由于按照集中管理分散控制的基本思想来构造，IBMS 系统集成平台软件运行在中央管理控制室的中央监控主机或服务器上，通过 IBMS 系统进行管理控制。

### 5.5.4 某标志性建筑的智能化系统集成工程

#### 1. 工程概述

中华世纪坛是北京的标志性建筑之一，属于国家一级风险文化博物馆型单位，其建筑设施中藏有较大量的体现中国古文化及文化发展的精美展品，对弱电系统进行集成时要充分考虑满足展品安全并满足展品现场艺术效果好的要求，同时要保证整个建筑设施高效运行。整个弱电系统包含了以下一些子系统：楼宇监控和大厦管理、门禁磁卡、停车场管理、消防报警、安防监控、闭路电视监控防盗报警、保安巡更、灯光控制、背景音乐与紧急广播、程控交换机和微蜂窝等系统，综合布线系统作为建筑内诸子系统运行的一个基础性通信网络。由北京玛斯特自控工程有限公司实施该建筑的整个弱电系统配置及集成工程，从设计到工程实施一揽子完成。

工程中，在一级以太网上连接了多达 64 台中央工作站和 200 多台网络控制器，每台网络控制器可连接多达 254 台 DDC 现场控制器。网络系统采用客户机/服务器运行模式、分布式服务器结构。系统集成都以楼宇自控系统为中心，系统本身包括空调、热交换、冷冻机、给排水、送排风、变风量空调系统、变配电和照明系统的监控，还进行了系统功能扩充，将保安巡更系统、门禁磁卡系统、演播大厅监控系统纳入系统中；同时还将火灾自动报警、闭路电视监控、模拟显示和办公自动化系统纳入集成中。

#### 2. 系统集成完成后的功能

（1）运行情况通过灵活的文本、图形表格方式实时显示，对楼宇设备进行集中控制和管理。

（2）集中监视功能：对于机电设备运行状态进行监视及故障报警。

（3）集中控制管理功能：对于空调、热交换、冷冻、给排水、送排风、变配电和照明进行监控，实现优化控制、日程表管理、能源管理，可进行直接参数设定。

（4）消防报警系统通过 RS－232、RS－485 通信口向楼宇自控系统传递信息。内容有系统全机运行状态、故障报警、火灾报警探测器工作状态、探测器地址信息、相关联动设备的状态等。发生火情时，在集成工作站自动显示响应的报警信息，包括火警位置及相关联动设备的状态。这里的相关联动还应包括：联动打开报警区灯光，闭路电视监控系统切换报警画面到主监视器，所在分区的其他画面同时切换到辅监视器，并同时启动录像机录像。

（5）集成中的安防系统。在集成自控系统上完成对安防系统的监控和管理。发生事件时发出定时报警信号，工作站上显示警报发生点信息，同时系统 联动灯控系统，使报警区联动灯打开灯光。系统联动电视监控系统切换报警画面到主监视器，所在分区的其他画面切换到附监视器，同时启动录像机。

**3. 子系统的功能共享**

通过系统集成，在一定程度上还实现了子系统间的功能共享，使系统功能得到充分发挥。集成系统的功能共享不同于系统资源共享，是非常有意义的事情。

所有的子系统都在统一的管理环境下，操作人员对整个建筑全面管理，系统整体性能全面提高。工程实施中，感受到系统集成的实施有一定的难度，各专业厂家的系统设备技术含量参差不齐，系统的开发程度不一，这些因素都给系统集成带来了一定的困难。

进行系统集成时，由于系统内子系统异构的情况，也给集成系统集成的设计和施工带来较多的问题，子系统异构的主要情况有：硬件平台的异构；操作系统的异构，系统内不同的主机装有不同的操作系统；数据库管理系统的异构；开发工具的异构。不同应用系统的开发工具或软件语言不同，如应用程序可以使用 C 语言、C++、VC++、VB、Delphi、Java 等不同的编程软件开发。因此在系统集成中要处理好这些子系统异构的问题。

联动关系也是制定集成决策中的重要内容。联动关系举例如下：发生火灾报警时，空调送风设备强行关闭；发生火灾报警时，工作电梯和生活电梯迅速迫降至一层平层，联动模块将火警附近区域摄像画面切到安防监控系统的主监视屏；发生非法侵入时，视频监控系统的监控主画面切换到发生警情的区域。这些都是常见的一些联动规则，也是常用的集成决策中的一部分。

**4. 系统集成方案**

利用先进的楼宇管理系统实现对消防、CCTV、安防、门禁、停车场、电梯控制和灯光管制等子系统的实时数据集成，并完成各子系统之间的联动控制，使管理人员通过楼宇管理系统的工作站就可以得到全部弱电系统的实时数据。在管理层级，使用 SQL Server 数据库，使用了微软公司的 OLE（对象链接嵌入）、ODBC（开放数据库互联）等技术，具有 Web Server 功能，可方便地与 IE 浏览器、Excell、OA 系统、物业管理系统进行数据交换，实现管理数据的系统集成。

# 第2篇
# 消　防　工　程

# 第1章 消防系统及工程基础知识

对于现代建筑来讲，消防报警及联动控制系统是一个必不可少的系统，同时也是建筑智能化系统的一个重要子系统，该系统也被称为消防自动化系统或火灾自动报警系统。消防自动化技术的主要内容有火灾参数的检测技术，火灾信息处理与自动报警技术，消防防火联动与协调控制技术，消防系统的计算机管理技术以及火灾监控系统的设计、构成、管理和使用等。

## 1.1 火灾的发展和蔓延

建筑火灾一般是最初发生在建筑内某个房间或某个小范围区域，随着火情的生长而蔓延到相邻房间或区域，火情严重的情况下蔓延到整个楼层和最后蔓延到整个楼宇或建筑物。

### 1.1.1 火灾发展过程

火灾发生到熄灭，经历火灾初起阶段、阴燃阶段和火焰燃烧阶段三个阶段，描述火灾发生过程的如图 2.1－1 所示。室内火灾的发展过程可以用室内烟气浓度和温度随时间的变化来描述。

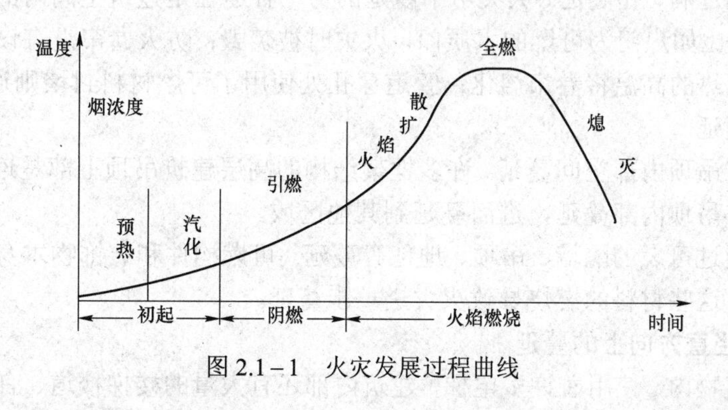


图 2.1－1 火灾发展过程曲线

#### 1. 初起阶段

第一阶段是火灾初起阶段，这时的燃烧是局部的，室内平均温度不高，采取措施中断燃烧过程，所需耗费的人力及物力资源较少，而且实现灭火最容易。因此发现火情，把火情及时控制和扑灭在初起阶段。

**2. 阴燃阶段**

火灾初起阶段后期，室内温度开始升高，室内烟气浓度开始增加，但该阶段的火情明火还没有明显升起，即阴燃阶段。

**3. 火焰燃烧阶段**

在阴燃阶段后期，火灾房间温度达到一定值时，房间内所有可燃物表面部分都参与燃烧过程，火情区域温度升高迅速并急剧上升，很快就达到火情全燃阶段，房间内所有可燃物都在猛烈燃烧。

火情进入全燃阶段后，火焰、高温烟气从房间的开口部位大量喷出，使火灾蔓延到建筑物的其他部分，造成火情区域的急剧扩大，造成更加严重的火情后果。

但火情达到全燃阶段后，火势走弱，室内温度和室内烟气浓度开始降低，直到把房间内的全部可燃烧物烧尽，室内外温度趋于一致，火焰熄灭和火情结束。

要充分根据发生火情的具体情况选择火灾探测器的类型，适宜地配置类型恰当的火灾探测器，发挥火灾报警及控制系统的作用，能够较早地探测发现火情的发生，并及时采取相对应的灭火举措，火情探测发现得越早越好，越能减小发生火情导致的物质财产的损失和减轻人员伤亡的程度。

### 1.1.2 室内建筑火灾的蔓延

火灾蔓延是通过热的传播进行的。火情从正在燃烧的房间或区域向其他房间及区域扩大和转移，火灾蔓延主要是靠可燃构件的直接燃烧、热的传导、热辐射和热的对流进行的。

一般情况下，火灾烟气及浓烟的流向，就是火势蔓延的路径。火势蔓延导致更大面积的区域及更多建筑空间遭受火焰烧灼，火势蔓延会形成非常严重的后果。

**1. 火情在水平方向的蔓延**

对于主体为耐火结构的建筑来说，若建筑物内没有设置水平防火分区，即没有防火墙及相应的防火门形成控制火灾的区域空间，火势将在水平方向迅速蔓延。

（1）火情通过洞、孔蔓延。火灾水平蔓延的另一种途径是建筑空间内的一些孔、洞口分隔处理不完善，比如户门为可燃的木质门，火灾时被焚毁；防火卷帘没有设置水幕保护，当火情很猛形成炽热的高温将卷帘熔化；管道穿孔处使用了可燃材料封堵则遇火烧毁等情况，都会导致火灾蔓延。

（2）火情在吊顶内部空间蔓延。许多框架结构的高层建筑吊顶上部是连通的空间，发生火灾时会首先在吊顶内部蔓延，进而蔓延到其他区域。

（3）火灾通过可燃的隔墙、吊顶、地毯等蔓延。可燃构件和装饰物本身就是燃烧物，因此在火灾发生时这些材料的燃烧导致火灾进一步蔓延。

**2. 火灾在竖直方向上的蔓延**

在现代建筑物内，使用着许多电梯、建筑内部还有大量的楼梯楼道、有强电竖井和弱电竖井等，一旦发生火灾，就可以沿着这些竖直方向的孔道、竖井蔓延到建筑物的任意一层。

（1）火灾通过楼梯间蔓延。高层建筑的楼梯间，若在设计阶段未按防火、防烟要求设计，则在火灾时犹如烟囱一般，烟火很快会由此向上蔓延。有些高层建筑虽设有封闭楼梯间，但起封闭作用的门未采用防火门，发生火灾后，不能有效地阻止烟火进入楼梯间，以致形成火灾蔓延通道，甚至造成重大人员伤亡。

（2）火灾通过电梯竖井蔓延。电梯竖井是火势蔓延的最佳通道，也是建筑空间内火灾蔓延的主要途径。

（3）火灾通过其他竖井通道的蔓延。建筑中的通风竖井、管道井、电缆井、垃圾井也是高层建筑火灾蔓延的主要途径。

3. 火灾通过中央空调系统的风道和管道蔓延

高层建筑中央空调系统中的空调机组通过送风管道向各个服务区域供送冷风，通过回风管道将发生热交换后的回风空气流返回到空调机组，还有向空调机组供送新风的新风管路都是火灾蔓延的重要通道，如图 2.1－2 所示。通风管道使火灾蔓延一般有两种方式：第一种方式为通风管道本身起火并向连通的水平和竖向空间（房间、吊顶内部、机房等）蔓延；第二种方式为通风管道吸进火灾房间的烟气，并在远离火场的其他空间再喷冒出来。后一种方式更加危险。因此，在通风管道穿越防火分区之处，一定要设置具有自动关闭功能的防火阀门。

空调机组的送风口连着送风管道

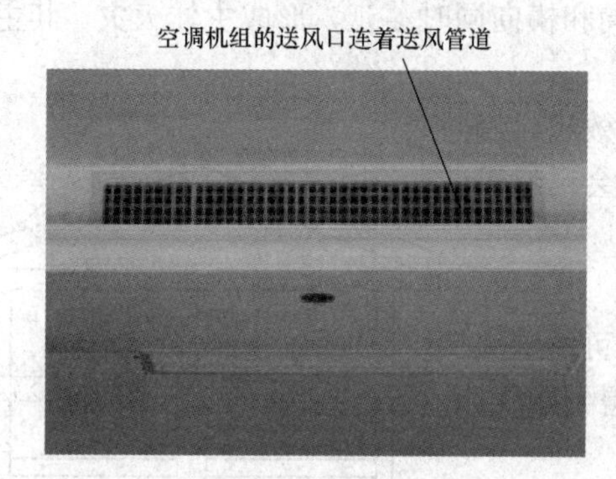

空调系统的送风管道、回风管道、新风管道都可以成为火灾蔓延的通道

图 2.1－2　火情通过空调系统的风道和管道蔓延

4. 火灾通过窗口蔓延

建筑空间中的火灾会沿窗槛墙及上层窗口向上窜越，焚毁竖向相邻房间的窗户，引燃房间内的可燃物，使火灾向上层空间蔓延。

很多情况下，发生火情后，已经装设的防火卷帘门和防火门，因卷帘箱的开口、导轨以及卷帘下部受热烘烤而变形，不能落下，造成火势水平蔓延。

对于不同的建筑，清晰地知晓发生火情时，火情蔓延的途径，并根据具体情况在建筑物中进行防火分区的设置，进行防火隔断、防火分隔物的设置，是有效防止火情蔓延的有力举措。

## 1.2　高层建筑的火灾防范及火灾特点

### 1.2.1　高层建筑的火灾防范

由于城市现代化程度的迅速提高，高层建筑也越来越多。高层建筑具有建筑面积大、用电设备多、供电要求高和人员集中等特点，这就对高层建筑的防火提出了很高的要求。

我国将高层建筑分为一类和二类两大类，这种分类的目的是为了针对不同类别的建筑物在耐火等级、防火间距、防火分区、安全疏散、消防给水、防排烟等方面分别提出不同的要求，以达到既保障各类高层建筑的消防安全，又能节约投资的目的。

高层建筑火灾发生有着显著的规律和特点。高层建筑高度高，规模大，生活设施齐全，可燃物多，发生火灾时，火势蔓延快，扑救、疏散困难，往往造成巨大损失。

高层建筑的消防安全，主要靠完善防火设计和自身消防设施，提高自防自救能力。有关单位对高层建筑的建设和经营，必须严格执行国家消防法规，保证消防资金投入，配备性能可靠的消防器材设施，及时消除火险隐患，确保安全。多用户高层，其公用消防设施的维修管理和电器安装等，统一由该建筑的业主负责。

## 1.2.2 高层建筑的火灾特点

高层建筑的火灾呈现一些特点：

### 1. 蔓延速度快

在高层建筑中，火势蔓延速度快，并且在纵向和横向同时蔓延，形成主体火灾。其主要原因是烟囱效应。烟囱效应如图 2.1－3 所示。

高层建筑一旦发生火灾，最显著的就是烟囱效应。着火后，电梯井和管道井就像一个个大烟囱，烟雾会迅速沿着这些井道向上蔓延，燃烧迅速。

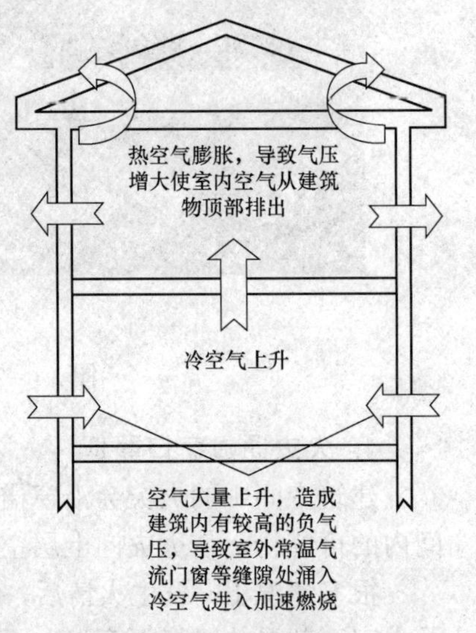


图 2.1－3　烟囱效应

### 2. 通风空调管道可能起促成火灾横向蔓延

高层建筑在发生火灾时，通风空调管道极有可能给火灾扩大蔓延埋下隐患，这点在许多建筑火灾中已得到印证。

### 3. 风力的影响

室外风力、室外风向、风速对高层建筑火灾蔓延有显著影响。高层建筑密闭性强，温度和压力不易外泄，已成为促成烟火横向的重要因素。

### 4. 扑救难度大

火情监测难。由于浓烟高温，消防人员不易接近起火部位，准确查明起火点。烟气的流动和火势的蔓延，容易使消防人员造成误判，贻误战机。

### 5. 疏散营救难

高层建筑楼房高、层次多、垂直距离大。着火后，被困人员多，疏散距离长。而楼梯、消防电梯等有限的疏散通道又是消防灭火进出的通道。救人与灭火容易互相干扰。特别是在有烟、断电情况下疏散，容易造成惊慌、混乱、争抢、挤踏、消极等待等情况，必须进行引导和帮助。

### 6. 组织指挥难

高层建筑的立体火灾要救人救火同时进行。

### 7. 对建筑自身消防设施的依赖性强

高层建筑，特别是超高层建筑的灭火救人，已经超出了常规消防设备和消防人员常规消防灭火能力的范围。消防车向高层供水，试验数据最高为 80 余米。这些能力的发挥，还要受到当时诸多因素的制约，如消防员体力和行动速度的局限，水带和水泵的制约。所以，扑救高层建筑火灾，必须以高层建筑自身消防设施为主。

# 1.3 建筑的分类与分级

## 1.3.1 建筑的分类

按照不同标准建筑物有不同的分类方式，按使用性质分类如图2.1－4所示。

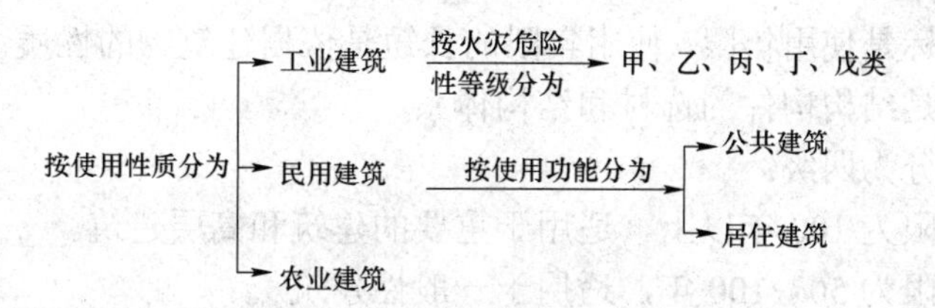


图2.1－4　建筑按使用性质的分类

按照建筑高度划分如图2.1－5所示。

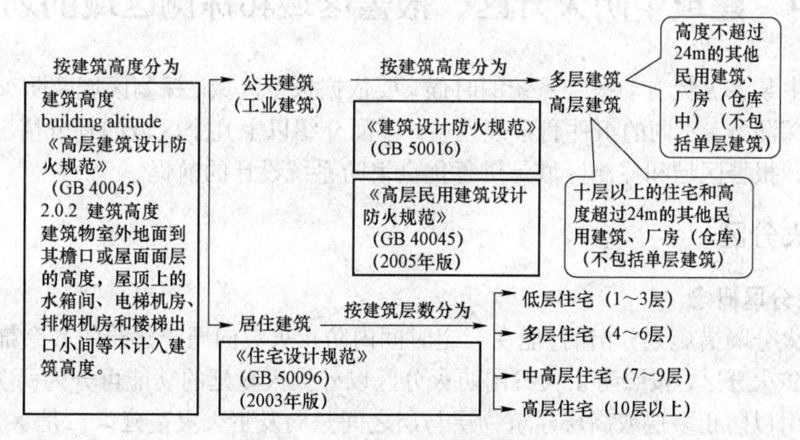


图2.1－5　建筑按建筑高度的分类

《高层建筑设计防火规范》(GB 40045）中将高层建筑分为一类高层建筑和二类高层建筑。

民用建筑的设计使用年限分为四类，如图2.1－6所示。

| 类别 | 设计使用年限/年 | 示例 |
|---|---|---|
| 1 | 5 | 临时建筑 |
| 2 | 25 | 易于替换结构构建的建筑 |
| 3 | 50 | 普通建筑和构筑物 |
| 4 | 100 | 纪念性建筑和特别重要的建筑 |

图2.1－6　民用建筑按使用年限分类

### 1.3.2 民用建筑的等级划分

火灾自动报警系统用来防范和保护不同建筑在发生火情时，蒙受最小的物资、材料和财产损失及最大限度地保护建筑空间内人员的安全，根据被保护建筑的使用性质、发生火情的危害性、人员疏散难易程度和火灾扑救难度，将被保护对象分为特级、一级和二级建筑物。

根据《民用建筑设计通则》（GB 50352），民用建筑可以按照“耐久性能”和“耐火性能”分级，这里仅给出耐久等级。

建筑物的耐久性等级主要根据建筑物的重要性和规模大小划分，并以此作为基建投资和建筑设计的重要依据。

耐久等级的指标是使用年限，使用年限的长短是依据建筑物的性质决定的。影响建筑寿命长短的主要因素是结构构件的选材和结构体系。

耐久等级一般分为四级：

一级：耐久年限为100年以上，适用于重要的建筑和高层建筑。

二级：耐久年限为50～100年，适用于一般性建筑。

三级：耐久年限为25～50年，适用于次要建筑。

四级：耐久年限为15年以下，适用于临时性建筑。

## 1.4 建筑中防火分区、报警区域和探测区域的划分

在建筑中装备火灾自动报警系统的时候，要依据报警区域、探测区域及防火分区的划分来设置火灾探测器、不同的组件和系统设备。下面介绍以上几个区域的划分情况，准确地划分防火分区、报警区域和探测区域是进行优良消防系统设计的前提。

### 1.4.1 防火分区

**1. 防火分区概念**

采用防火分隔措施划分出的、能在一定时间内防止火灾向同一建筑的其余部分蔓延的局部区域称为防火分区。按照防止火灾向防火分区以外扩大蔓延的功能可分为两类：一是竖向防火分区，用以防止多层或高层建筑物层与层之间竖向发生火灾蔓延；二是水平防火分区，用以防止火灾在水平方向扩大蔓延。

竖向防火分区：是指用耐火性能较好的楼板及窗间墙（含窗下墙），在建筑物的垂直方向对每个楼层进行的防火分隔。

水平防火分区：是指用防火墙或防火门、防火卷帘门等防火分隔物将各楼层在水平方向分隔出的防火区域。它可以阻止火灾在楼层的水平方向蔓延。防火分区应用防火墙分隔，如果确有困难时，可采用防火卷帘加冷却水幕或闭式喷水系统，或采用防火分隔水幕分隔。

防火分区中常用的防火门和卷帘门如图2.1－7所示。

**2. 民用建筑防火分区划分**

（1）民用建筑的耐火等级、层数、建筑长度和面积关系。对于民用建筑来讲，其耐火等级、楼层层数、建筑长度和面积应满足表2.1－1中限定的关系。

(a)

(b)

图 2.1－7 防火分区中常用的防火门和卷帘门
（a）防火分区中的防火门；（b）防火分区中的卷帘区

表 2.1－1 民用建筑耐火等级、楼层、建筑长度和面积的限定关系

| 防火等级 | 允许层数 | 防火分区 | | 备注 |
|---|---|---|---|---|
| | | 最大允许长度/m | 每层最大允许建筑面积/m² | |
| 一、二级 | 按相关规定处理 | 150 | 2500 | （1）体育馆、剧院的长度和面积可以放宽<br>（2）托儿所、幼儿园的儿童用房不应设 4 层或 4 层以上 |
| 三级 | 5 层 | 100 | 1200 | （1）托儿所、幼儿园的儿童用房不应设 3 层或 3 层以上<br>（2）电影院、剧院、礼堂、食堂不应超过两层<br>（3）医院、疗养院不应超过 3 层 |
| 四级 | 2 层 | 60 | 600 | 学校、食堂、菜市场、托儿所、幼儿园、医院不应超过 1 层 |

（2）如果建筑物内设有上下层相连通的走马廊或自动扶梯等开口部位，应将上下连通的空间及楼层作为一个防火分区。这里的走马廊是指，位于靠四周外墙的廊道，形容可骑马畅行的廊道。

（3）建筑物的地下室、半地下室应采用防火墙分隔成面积不超过 500m² 的防火分区。

### 3. 高层民用建筑防火分区的划分

在高层民用建筑防火分区的设计标准中规定：高层建筑内应采用防火墙等划分防火分区，每个防火分区允许最大建筑面积，不应超过表 2.1－2 的规定。

表 2.1－2 最大建筑面积

| 建筑类别 | 单个防火分区建筑面积/m² |
|---|---|
| 一类建筑 | 1000 |
| 二类建筑 | 1500 |
| 地下室 | 500 |

（1）营业厅和展览厅的防火分区设置。高层建筑内的商业营业厅、展览厅中，设置火灾自动报警系统和自动灭火系统且采用不燃烧或难燃烧材料装修时，地上部分防火分区的允许最大建筑面积为 4000m²，地下部分防火分区的允许最大面积为 2000m²。

（2）高层建筑中裙房的防火分区设置。与高层建筑相连的建筑高度不超过 24m 的附层建筑一般成为裙房。对于裙房的防火分区设置标准是：当高层建筑与其裙房之间设有防火墙等防火分隔设施时，其裙房的防火分区允许最大建筑面积应不大于 2500m$^2$，当设有自动喷水灭火系统时，防火分区允许最大建筑面积可增加 1 倍。

（3）上下层相连通的走廊、楼梯、自动扶梯等区域分防火分区设置。高层建筑内设有上下层相连通的走廊、敞开楼梯、自动扶梯、传送带等开口部位时，应按上下连通层作为一个防火分区，其允许最大建筑面积之和满足一下规定：

一类建筑中，允许最大建筑面积之和为 1000m$^2$。

二类建筑中，允许最大建筑面积之和为 1500m$^2$

地下室中，允许最大建筑面积之和为 500m$^2$。

当上下开口部位设有耐火极限大于 3.00h 的防火卷帘或水幕等分隔设施时，其面积可不叠加计算。

（4）高层建筑中庭区域防火分区的设置。中庭通常是指建筑内部的庭院空间，其最大的特点是形成具有位于建筑内部的“室外空间”，是建筑设计中营造一种与外部空间既隔离又融合的特有形式，中庭的应用可解决观景与自然光线的限制、方向感差等问题，为高层建筑引进了一个可以融入绿色植物及类同室外景观的一个较大的空间。

高层建筑中庭防火分区面积应按上、下层连通的面积叠加计算，当超过一个防火分区面积时，应符合下列规定：

（1）房间与中庭回廊相通的门、窗，应设自行关闭的乙级防火门、窗。

（2）与中庭相通的过厅、通道等，应设乙级防火门或耐火极限大于 3.00h 的防火卷帘分隔。

（3）中庭每层回廊应设有自动喷水灭火系统。

（4）中庭每层回廊应设火灾自动报警系统。

**4. 建筑空间内防烟分区的划分**

建筑物内发生火灾时，如果能够将火情区域的高温烟气控制在一定的区域内，并迅速排出室外，能够有效地减少人员伤亡、财产损失并防止火灾蔓延扩大。对于大空间建筑，如商业楼、展览楼及综合楼，特别是高层建筑，其使用功能复杂，可燃物数量大、种类多，一旦起火，温度高，烟气扩散迅速。对于地下建筑，由于其安全疏散、通风排烟、火灾扑救等较地上建筑困难，火灾时，热量不易排出，易导致火势扩大，损失增大。因此，对于这些建筑物，除应采用不燃烧材料装修及设置火灾自动报警系统或自动灭火系统外，设置防火防烟分区是有效的方法。

防烟分区是指采用挡烟垂壁、隔墙或从顶棚下突出并不小于 500mm 的梁来划分区域的防烟空间。

设置防烟分区时，如果面积过大，会使烟气波及面积扩大，增加受灾面，不利安全疏散和扑救；如果面积过小，则会提高工程造价，不利工程设计。防烟分区的设置一般应遵循以下原则：

（1）设置排烟设施的走廊、净高不超过 6m 的房间，应采用挡烟垂壁、隔墙或从顶棚下凸出不小于 0.5m 的梁划分防烟分区。人防工程中或垂壁至室内地面的高度应不小于 1.8m。

（2）每个防烟分区的建筑面积不宜超过 500m$^2$，且防烟分区应不跨越防火分区。人防工程中，每个防烟分区的面积应不大于 400m²，但当顶棚（或顶板）高度在 6m 以上时，可不受此限制。

（3）有特殊用途的场所（如防烟楼梯间、避难层（间）、地下室、消防电梯等）应单独划分防烟分区。

（4）防烟分区一般不跨越楼层，但如果一层面积过小，允许一个以上楼层为一个防烟分区，但不宜超过 3 层。

（5）不设排烟设施的房间（包括地下室）和走廊，不划分防烟分区。

（6）走廊和房间（包括地下室）按规定都设排烟设施时，可根据具体情况分设或合设排烟设施，并按分设或合设情况划分防烟分区。

（7）人防工程中，丙、丁、戊类物品库宜采用密闭防烟措施。

（8）防烟分区根据建筑物种类及要求的不同，可按用途、面积、楼层来划分。

## 1.4.2 报警区域和探测区域

### 1. 报警区域划分

报警区域是按防火分区或楼层划分出来的区域。一个报警区域由一个防火分区或同楼层的几个相邻防火分区组成。

### 2. 探测区域划分

探测区域就是将报警区域按照探测火灾部位划分的单元，是火灾探测器部位编号的基本单位，一般一个探测区域对应系统中一个独立的部位编号。探测区域的划分应符合下列要求：

（1）探测区域应按独立房（套）间划分。一个探测区域的面积不宜超过 500m²，从主要入口能看清区域内部的各个部分，对于面积不超过 1000m² 的房间，也可划分为一个探测区域。

（2）作为线型火灾探测器的红外光束型感烟火灾探测器探测区域长度不宜超过 100m，缆式感温火灾探测器的探测区域长度不宜超过 200m。

作为点型火灾探测器的空气管差温火灾探测器的探测区域长度宜在 20～100m 之间。

（3）符合下列条件之一的二级保护对象也可将几个房间划为一个探测区域。

1）相邻房间不超过 5 间，总面积不超过 400m²，并在门口设有灯光显示装置。

2）相邻房间不超过 10 间，总面积不超过 1000m²，在每个房间门口均能看清其内部，并在门口设置灯光显示装置

（4）下列场所应分别单独划分探测区域：

1）敞开或封闭楼梯间。这里的楼梯间指的是，容纳楼梯的结构，即包围楼梯的建筑部件（如墙或栏杆）。它楼梯间是一个相对独立的建筑部分，如图 2.1－8 所示。

2）防烟楼梯间前室、消防电梯前室、消防电梯与防烟楼梯间合用的前室。

3）走道、坡道、管道井、电缆隧道。

4）建筑物闷顶、夹层。

图 2.1－8 楼梯间

## 1.5　消防系统的组成

消防系统主要有两个部分组成，即火灾自动报警系统和消防联动系统。消防联动系统又可以再分为灭火自动控制系统和避难诱导系统组成。

火灾自动报警系统由探测器、感温探测器、感烟探测器、火焰探测器和手动报警装置（手动报警按钮）、火灾显示盘、声光讯响器、区域报警控制器、集中报警控制器和控制中心组成。

消防系统由以下部分或全部控制装置组成：火灾报警控制器；室内消火栓灭火系统及控制装置；自动喷水灭火系统及控制装置：卤代烷、二氧化碳等气体灭火系统及控制装置；常开防火门、防火卷帘门等防火区域分割设备及控制装置；防烟、排烟及空调通风系统设备及控制装置；电梯回降控制装置；火灾应急照明与疏散指示标志；火灾事故广播系统及其设备的控制装置；消防通信设备。

火灾自动报警及消防联动控制系统在发生火灾的两个阶段发挥着重要作用：

第一阶段（报警阶段）：火灾初期，往往伴随着烟雾、高温等现象，通过安装在现场的火灾探测器、手动报警按钮，以自动或人为方式向监控中心传递火警信息，达到及早发现火情、通报火灾的目的。

第二阶段（灭火阶段）：通过控制器及现场接口模块，控制建筑物内的公共设备（如广播、电梯）和专用灭火设备（如排烟机、消防泵），有效实施救人、灭火，达到减少损失的目的。

消防系统的现场设备种类繁多，分属于灭火系统的不同子系统：第一类子系统包括可以用来灭火的各种介质，如液体、气体、干粉及喷洒装置；第二类子系统是灭火辅助系统，是用于限制火势、防止灾害扩大的各种设备；第三类子系统是信号指示系统，用于报警并通过灯光与声响来指挥现场人员的各种设备。对应于这些现场消防设备必须要配置相应的联动控制装置，如室内消火栓灭火系统，自动喷水灭火系统，卤代烷、二氧化碳等气体灭火系统，电动防火门、防火卷帘等防火区域分割设备，通风、空调、防烟、排烟设备及电动防火阀、电梯的控制装置，断电、火灾事故广播系统及其设备，消防通信系统，火警电铃、火警灯等现场声光报警、事故照明等的控制装置。

在实际的消防工程中，消防联动系统可由上述一部分设备来组织，但系统较大和较为复杂时，消防联动系统的组成也变得复杂了。

简言之，建筑物内的消防系统主要功能：自动监测火灾探测区域内发生火情时产生的烟雾或热气，将火情信号传送给控制装置实现自动灭火，同时发出声、光报警信息，联动控制同步进行，如对电梯的联动控制、对中央空调系统末端设备的新风阀门的联动控制等，实现监测、报警和灭火的自动化。

消防系统中的许多现场火灾探测器分布在建筑空间内的各个不同位置，需要使用区域型火灾报警控制器，区域型火灾报警控制器直接连接火灾探测器，处理各种报警信息，同时还与集中型火灾报警相连接，向其传递火警信息，一个消防控制系统一般情况下还要有一台消防监控主机，消防系统的组成情况如图 2.1－9 所示。

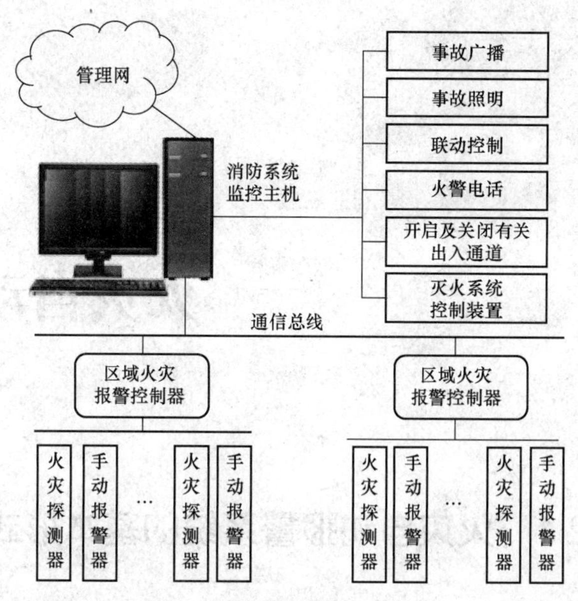


图 2.1－9　消防系统的组成

# 第2章 火灾自动报警系统

## 2.1 火灾自动报警系统的基本形式

建筑的结构、功能、用途彼此间各不相同，为适应不同的应用环境，火灾自动报警系统的结构形式也有着多样性，但从标准化的角度来讲，要求系统结构形式应当尽量简化和统一。实际工程中的火灾自动报警系统基本形式有区域报警系统、集中报警系统和控制中心报警系统三种。

具体选用哪种形式的火灾自动报警系统，原则上要根据保护对象的保护等级来确定。

区域报警系统宜用于二级保护对象；集中报警系统宜用于一级、二级保护对象；控制中心报警系统宜用于特级、一级保护对象。在实际工程设计中，对于一个具体的工程对象配置火灾自动报警系统，是采用区域报警系统，还是采用集中报警系统，或者是采用控制中心报警系统，还要根据保护对象的具体情况，如工程建设的规模、使用性质、报警区域的划分以及消防管理的组织体制等因素合理确定。

### 2.1.1 火灾报警控制器的结构和功能

火灾自动报警系统中的核心设备是火灾报警控制器。

**1. 火灾报警控制器的结构**

按照不同设计使用要求，可以将火灾报警控制器分为如前所述的区域、集中和控制中心（通用）控制器。按结构特点分为壁挂式、台式和柜式；按技术性能要求分为普通式和微机型，而二者又可分为多线式和总线式控制器等。

**2. 火灾报警控制器的功能**

火灾报警控制器是组成火灾自动报警系统的最重要设备，其主要功能如图 2.2－1 所示。

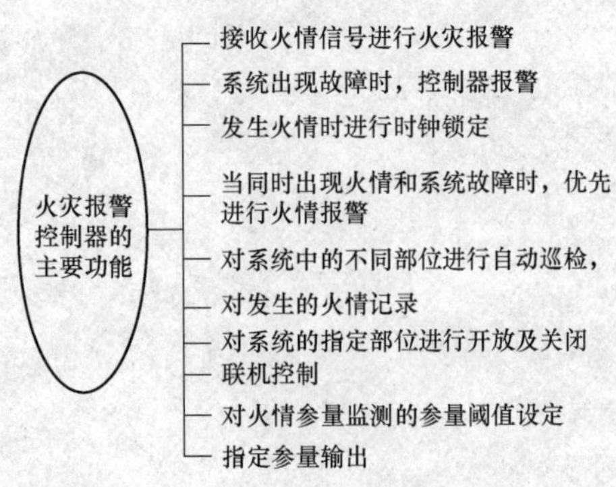


图 2.2－1　火灾报警控制器的主要功能

### 2.1.2 区域报警系统

**1. 区域火灾报警控制器**

区域火灾报警控制器是负责对一个报警区域进

行火灾监测的装置。一个探测区域可有一个或几个探测器进行火灾监测，同一个探测区域的若干个探测器是互相并联的，共同占用一个部位编号。区域火灾报警控制器，直接连接火灾探测器，处理各种报警信息，在结构上有壁挂式结构和柜式结构。

区域火灾报警控制器的组成有输入回路、光报警单元、声报警单元、自动监控单元、手动检查试验单元和稳压电源及备用电源等，区域火灾报警控制器的组成及外观如图 2.2－2 所示。

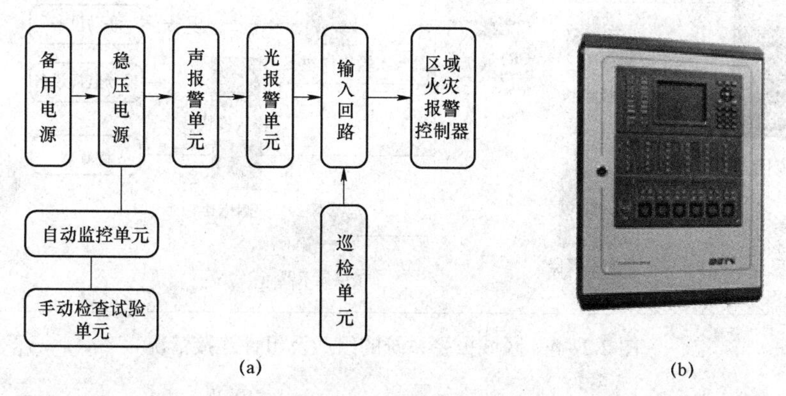


图 2.2－2 区域火灾报警控制器的组成及外观

（a）区域火灾报警控制器结构及组成；（b）某款产品外观图

区域火灾报警控制器的主要功能：火灾报警；故障报警；自检功能；火警记忆功能；输出控制功能；主备电源自动转换功能；火警优先功能；手动检查功能。

## 2. 区域报警系统的结构

区域报警系统主要用来对二级保护对象的火情监测和保护。区域报警系统是最简单的一类火灾报警系统，其监控区域限于一个较小的区域。区域报警系统由区域火灾报警控制器和各类火灾探测器组成，其构成如图 2.2－3 所示。

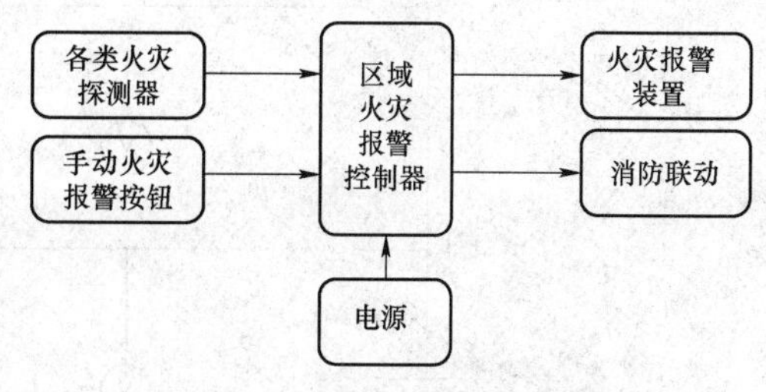


图 2.2－3 区域报警系统的结构

区域报警系统的组成及组件连接情况如图 2.2－4 所示。从图中看到一个区域控制器可以挂接多条总线，感烟探测器、感温探测器、输入输出模块及楼层显示盘等部件都可以挂接在同一条总线上，有利于施工安装，并节省布线。

## 3. 区域报警系统的设计要求

区域报警系统保护对象规模较小，对联动控制功能要求简单，或不配置联动控制功能。区域报警系统的设计，应满足下列要求：

（1）一个报警区域宜设置一台区域火灾报警控制器（火灾报警控制器），系统中区域火灾报警控制器不应超过两台，以方便用户管理。

（2）区域火灾报警控制器应设置在有人值班的房间或场所。当系统中设有两台区域火灾报警控制器且分设在两个不同的房间及位置时，应以其中的一个房间或处所为主值班室，同时将另一台区域火灾报警控制器的信号送到主值班室。

（3）也可以根据用户要求设置简单的消防联动控制环节。

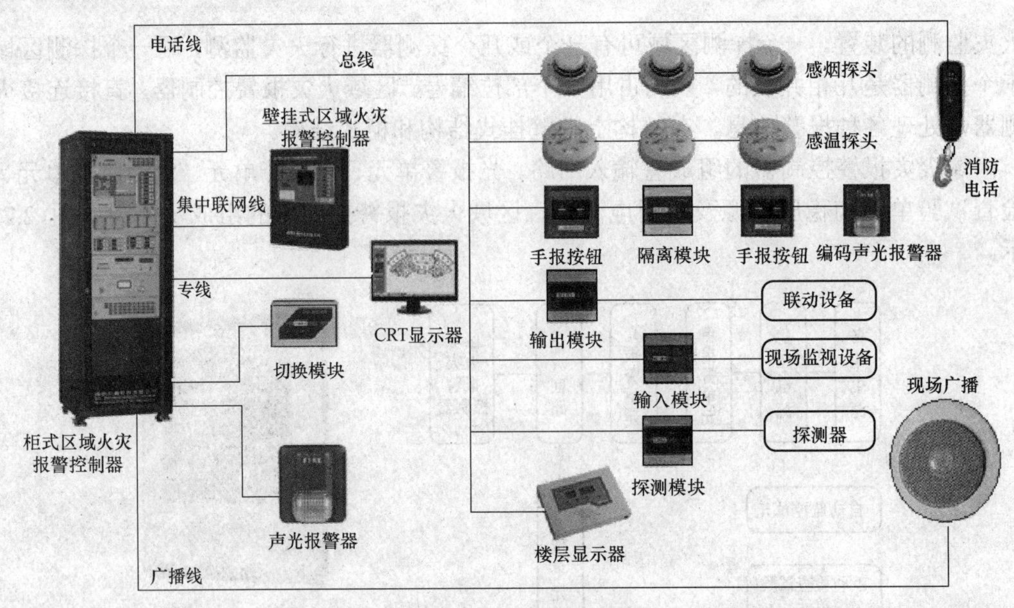


图 2.2－4　区域报警系统的组成及组件连接情况

（4）当用一台区域火灾报警控制器监测多个楼层的火情时，应在明显位置设置识别着火楼层的灯光显示装置，以便发生火情时，及时正确引导消防人员组织疏散、扑救活动。

（5）区域火灾报警控制器可以壁挂安装在墙上，其底边距地高度宜为 1.3～1.5m。

简易型的区域报警系统如图 2.2－5 所示。区域报警系统适用于小型、不做防火分区控制的火灾自动报警系统。

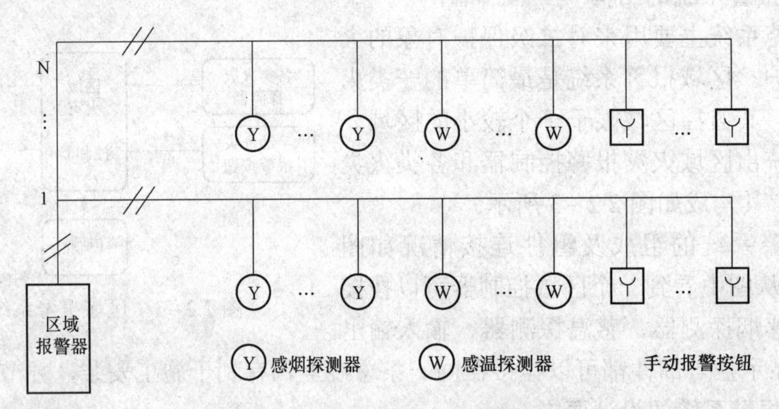


图 2.2－5　简易型的区域报警系统

## 2.1.3　集中报警系统

### 1. 集中火灾报警控制器

集中火灾报警控制器是指具有接收各区域型报警控制器传递信息的火灾报警控制器。集中火灾报警控制器能接收区域火灾报警控制器或火灾探测器发出的信息，并能控制区域火灾报警控制器的工作。集中火灾报警控制器一般容量较大，可独立构成大型火灾自动报警系统，集中火灾报警控制器一般安装在消防防控制室内。

集中火灾报警控制器的组成包括输入回路、光报警单元、声报警单元、自动监控单元、手动检查试验单元和稳压电源、备用电源等。

集中火灾报警控制器的控制电路的输入单元部分、显示单元部分的构成和要求与区域火灾报警控制器有所不同，但基本组成部分与区域火灾报警控制器差异不大。

**2. 集中报警系统的组成和结构**

集中报警系统是一种较复杂的报警系统，其保护对象一般规模较大，联动控制功能要求较复杂。集中报警系统一般由两个及两个以上的区域报警系统组织。集中报警系统由集中火灾报警控制器、区域火灾报警控制器和各类火灾探测器组成，集中报警系统是能较为复杂的火灾报警及联动控制系统，其系统结构如图 2.2－6 所示。

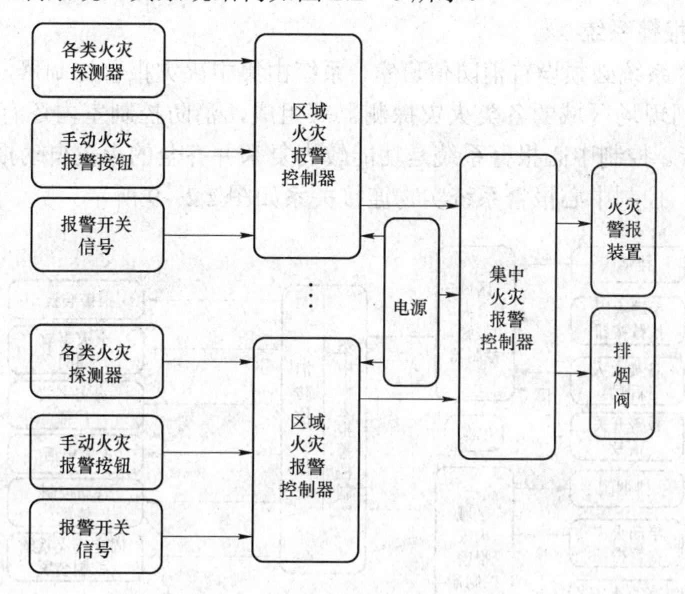


图 2.2－6　集中报警系统的结构

集中报警系统的结构与实物的连接关系如图 2.2－7 所示。

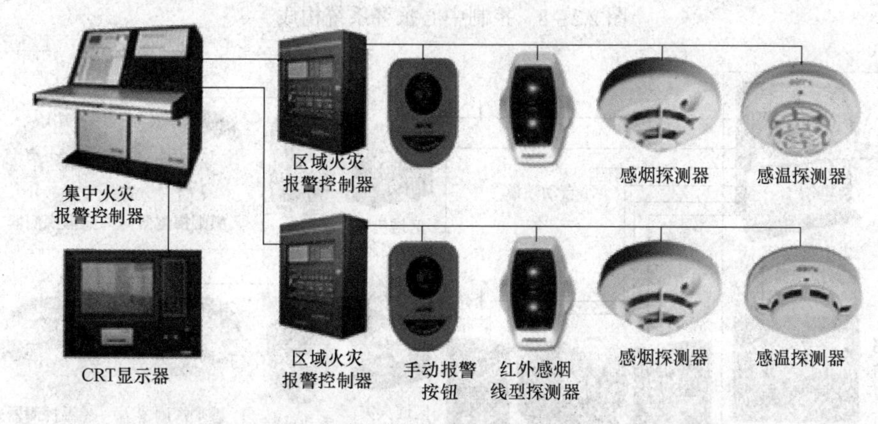


图 2.2－7　集中报警系统的结构与实物连接关系

**3. 集中报警系统的设计要求**

集中报警系统的设计，应满足下列要求：

（1）系统中应设置一台集中火灾报警控制器和两台及以上区域火灾报警控制器，或设置一台火灾报警控制器（集中火灾报警控制器）和两台及以上区域显示器。

（2）系统中应设置消防联动控制环节及设备。

（3）集中火灾报警控制器（火灾报警控制器），应能显示火灾报警部位信号和控制信号，以及进行联动控制。

（4）集中火灾报警控制器（火灾报警控制器）消防联动控制设备在消防控制室内的布置要满足规范要求。

## 2.1.4 控制中心报警系统和设计要求

### 1. 控制中心报警系统

控制中心报警系统必须设置消防值班室，系统由集中火灾报警控制器、区域火灾报警控制器和分布在不同现场区域的各类火灾探测器等组成，消防控制室内还有消防联动控制设备、区域显示器等。控制中心报警系统是功能较为复杂并齐全的火灾自动报警系统，其构成如图 2.2－8 所示。控制中心报警系统实物连接关系如图 2.2－9 所示。

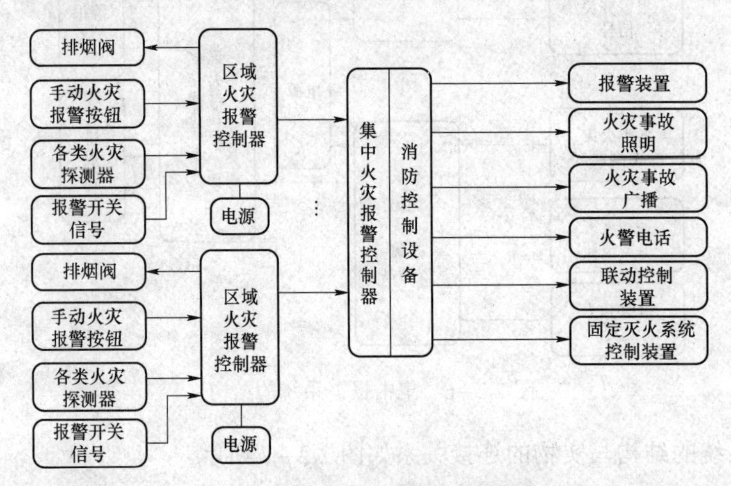


图 2.2－8　控制中心报警系统构成

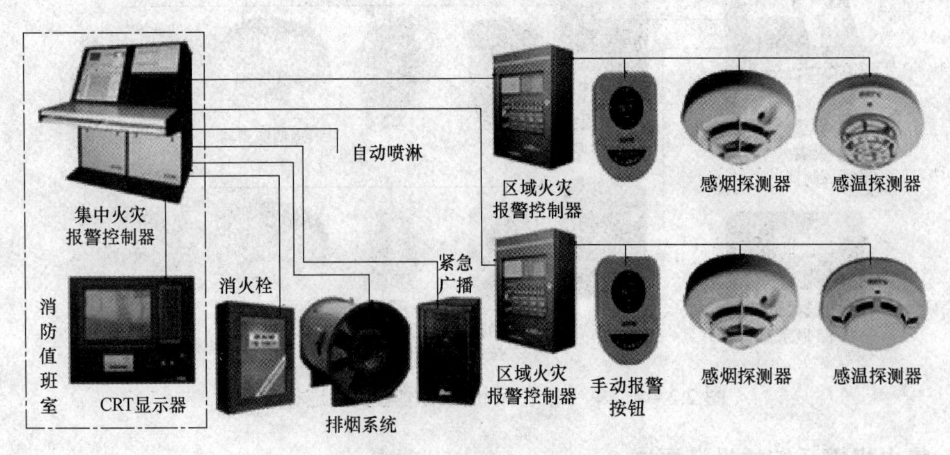


图 2.2－9　控制中心报警系统实物连接关系

### 2. 控制中心报警系统的设计要求

控制中心报警系统是一种保护对象规模较大，联动控制功能要求较为完善和复杂的系统。控制中心报警系统的设计，应符合下列要求：

（1）系统中至少应设置一台集中火灾报警控制器、一台专用消防联动控制设备和两台及以上区域火灾报警控制器，或至少设置一台火灾报警控制器、一台消防联动控制设备和两台及以上区域显示器（灯光显示装置）。

（2）系统应能集中显示火灾报警部位信号和联动控制状态信号。

（3）系统中设置的集中火灾报警控制器（火灾报警控制器）和消防联动控制设备在消防控制室内的布置要满足规范要求。

### 3. 火灾报警控制器的功能

集中火灾报警控制器和区域火灾报警控制器的关系是主控制器和分控制器的关系。但不管是哪一类火灾报警控制器，都应该具备以下主要功能：

（1）当火灾探测器有火情信号输出时，控制器在确认后发出报警讯响；当火灾探测器出现故障或与控制器之间的连线断开或短路时，控制器黄色故障灯闪亮。

（2）灯光报警、联动显示。

（3）报警记录。

（4）自动巡检（报警控制器不间断地对每个火灾探测器进行巡回检查）。

（5）自检。

（6）报警信息显示。

（7）火灾探测器隔离。

（8）系统配置与现场编程（通过键盘操作完成消防联动的逻辑功能编程）。

（9）提供标准通信接口，与PC连接具有对系统内消防设备的控制功能。

## 2.2 消防系统中的总线制和探测器的地址编码

所谓总线制，就是从报警控制器引出两条传输线当作总线，所有的探测器都挂接到该总线上，多线制就是从报警控制器引出多条线路，一般都是一个探测器需引出2条传输线。当系统中的探测点数量较多时，多采用总线和多线结合的方式。

消防报警系统由报警和联动两部分组成，消防报警部分由总线控制，联动部分可以采用总线控制也可以采用多线控制。

不同的消防设备生产厂商总线挂接探测器点数不同，回路容量也不同。

多线制是针对总线制来说的，我们国家消防规范有规定，对于一些重要的设备（如消火栓泵、喷淋泵、排烟机等）必须用多线制进行控制，也就是每台设备必须有单独的控制线与消防主机相连接，这样即使某个设备的线路出现了故障或被火烧断，也不会影响其他设备的使用。

总线制布线方式的优点：布线简单，施工方便，工程造价低。缺点：一旦某处线路有问题可能会影响一段线路（也可能整个回路）上的设备不能正常工作。

多线制优点：一处线路有问题不会影响其他设备的正常工作。缺点：布线复杂，工程造价高。

在总线制中，一个回路中可以既有探测器、手动报警按钮，又有控制消防联动设施动作与接受动作回授信号的控制模块回路。也就是设备是并联在一根总线上的。采用总线制布线方式比较简单。一般情况下，如果消防联动设施数量比较多且集中，采用总线制比较经济合理。

在多线制中，对消防联动设施的控制是一对一、点对点的控制回路。多线控制是由主机控制室用于手动控制的。

## 2.2.1 火灾探测器的线制及探测器和手动报警按钮的接线举例

火灾探测器的线制是指探测器与控制器之间电源线、信号线、控制线等线缆的接线规则。按照线制来划分火灾报警及控制系统，可以分为多线制和总线制系统。较老型号的系统一般是多线制系统，较新的火灾报警及控制系统一般都采用总线制系统。总线制又分为有极性总线和无极性总线。此处不再介绍多线制系统，主要介绍总线制系统。第三代火灾报警及控制系统指的就是总线制系统。

采用地址编码技术，使用总线制构建系统，系统的布线大为简化，能够大量节省通信和引入电源的线缆。除此而外，采用总线制的系统在设计、施工和维护方面相对传统的多线制系统都有极大的优势。

采用总线制的火灾自动报警控制器，带有数个回路，每个回路可以带若干个探测器或模块。回路上接隔离器，每个元件都有隔离器进行分离。

总线制按连接线缆数量的不同又分为四总线制和两总线制。

### 1. 四总线制

使用四总线制连接探测器和区域控制器的关系如图 2.2－10 所示。

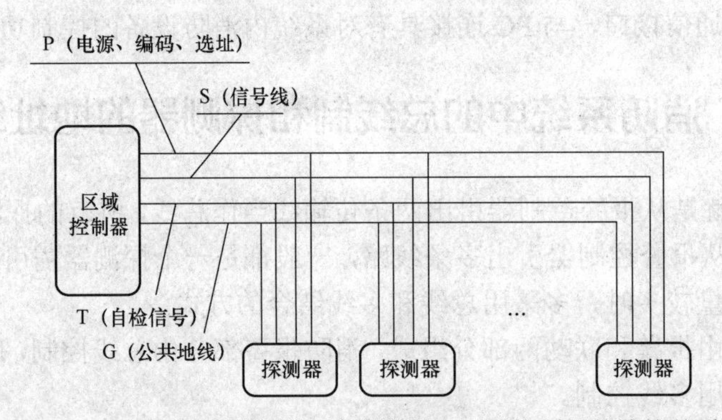


图 2.2－10　使用四总线制连接探测器和区域控制器的连接关系

四总线指：

P 线（红色）：具备多功能，提供电源及编码、选址信号。

T 线（蓝色或黄色巡检线）：巡检线，通过自检信号监测探测器的传输线通信是否正常，有无故障。

S 线（绿色）：信号线，将探测器监测到的信号通过该线缆传送给区域控制器。

G 线（黑色）：公共地线。

4 条总线用于不同的颜色，其中 P 为红色电源线，S 为绿色信号线，T 为蓝色或黄色巡检线，G 为黑色地线。

从区域控制器接出一条提供 DC 24V 的电源线，用总线方式为各个探测器提供电源，所以连接火灾探测报警器与区域控制器的线缆实际上有 5 条。

2. 二总线制

火灾报警及控制系统大量应用的情况是采用二总线制。二总线制中的两根线分别是 P 线和 G 线。P 线的作用是供电、选址、自检和拾取探测器的信号，P 线的颜色是红色；G 线是公共地线，颜色是黑色。

二总线制分为有极性二总线和无极性二总线。无极性二总线在接线时是不分正负极性的。二总线制的树状拓扑（接线），如图 2.2－11 所示。树状拓扑（接线）的二总线系统中，如果出现总线意外断线故障，则断点外侧所接入的探测器就不能正常工作了，如图 2.2－12 所示。

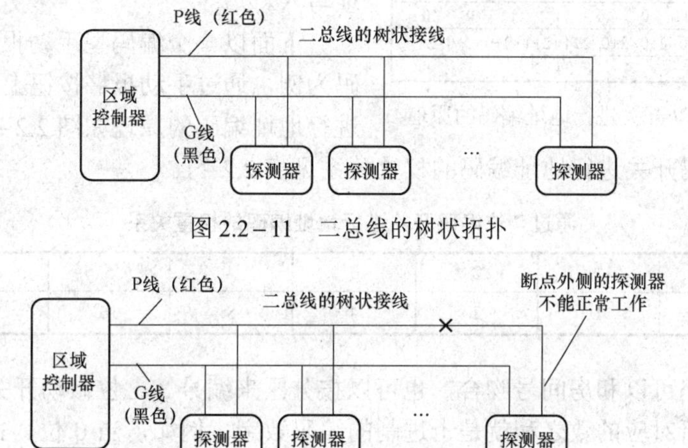


图 2.2－11 二总线的树状拓扑



图 2.2－12 断点外侧所接入的探测器就不能正常工作情况

二总线制的环状拓扑（接线）的结构如图 2.2－13 所示。

在环状拓扑（接线）的结构中，如果出现总线断线，则断点内侧（靠近区域控制器一侧）和断点外侧的探测器的工作都不会受到影响。在环状拓扑（接线）的情况下，控制器用到四个接点，而探测器还是两个接点。

二总线制组织的系统中各组件的连接接线简单，施工效率高，节约大量线缆，一幢建筑物中某一个楼层的火灾探测器在二总线制系统中连接的平面图如图 2.2－14 所示。

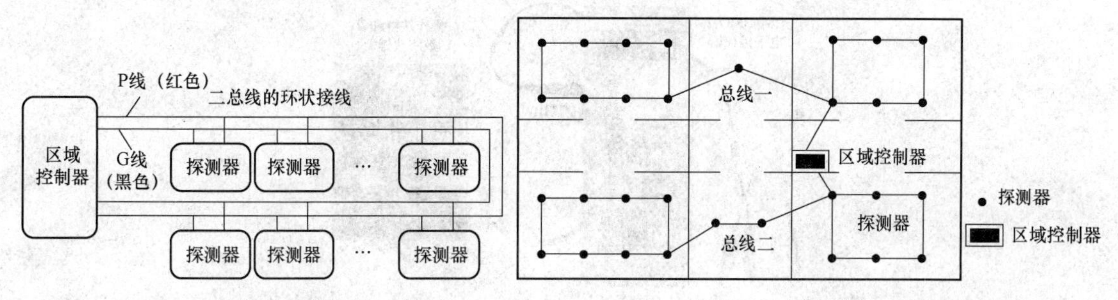


图 2.2－13 二总线的环状拓扑（接线）

图 2.2－14 某一个楼层火灾探测器二总线制连接的平面图

## 2.2.2 探测器的地址编码

### 1. 地址编码及手动编码

火灾报警及控制系统中的探测器分布在建筑中的不同位置及区域，一旦发生火情，火灾报警控制器及监控人员需要知道火情发生的准确位置，因此火灾探测器、手动报警按钮等都需要进行地址编码。另外在搭建火灾报警及控制系统时，一般需要对报警点进行回路划分，按照就近原则，将若干个点划分在一个回路里面，然后将每个探测设备的地址按照 1－156 进行编码。用手持编程器，把地址位置在手持编程器内设好，然后装上探测器写地址，完成地址写入。

| 按钮编码 | 7位微动开关位置 | | | | | | |
|---|---|---|---|---|---|---|---|
| $n$次幂数 | | | | | | | |
| 拨码 ON=1 ↑ ↓ 状态 OFF=0 |  | | | | | | |
| $2^n$ | 0 | 1 | 2 | 3 | 4 | 5 | 6 |
| 真值表 | 0 | 0 | 0 | 1 | 1 | 0 | 0 |
| 二～十加权运算 | 0×2+0×2+0×2+1×2+1×2+0×2+0×2 | | | | | | |
| 十进制地址码 | 24 | | | | | | |

图 2.2－15 7 位微动开关进行地址编码的原理

下面以一个编码型手动报警按钮的地址编码为例，通过手动报警按钮上的 7 位微动开关进行地址编码的原理如图 2.2－15 所示。

通过 7 位编码开关进行地址编码的权重关系见表 2.2－1。

**表 2.2－1　通过 7 位编码开关进行地址编码的权重关系**

| 编码开关位数 $n$ | 1 | 2 | 3 | 4 | 5 | 6 | 7 |
|---|---|---|---|---|---|---|---|
| 对应数 $2^{n-1}$ | 1 | 2 | 4 | 8 | 16 | 32 | 64 |

探测器的编码可以和房间号吻合，也可以按分区来编号。七位微动开关中处于 on（接通）位置的开关所对应的数之和就是十进制的编码数字。例如，当 0 位、1 位、2 位、5 位和 6 位处于 off，第 3 位、4 位处于 on 时，对应的二进制编码的按权展开式为

$$0\times2^0+0\times2^1+0\times2^2+1\times2^3+1\times2^4+0\times2^5+0\times2^6$$

对应的十进制数是 24，探测器可编码范围为 1～127。

### 2. 电子编码器编码

传统的探测器编码需要人工通过机械式拨码设置才能完成，编码效率低，技术要求高，容易出现错码，并且为了方便编码，探测器底部需留出编码口，这样容易造成探测器对粉尘、潮气的密封不良，使探测器的整体性能变差。电子编码器利用键盘操作，输入十进制数，简单易学。可以用电子编码器，读写探测器的地址。电子编码器的外观如图 2.2－16 所示。

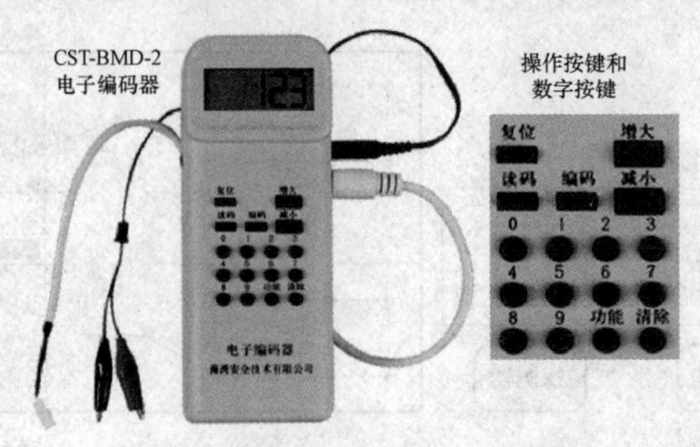


图 2.2－16 电子编码器的外观图

# 2.3 火灾自动报警系统中的部分重要设备

## 2.3.1 输入/输出模块

### 1. 输入模块

输入模块也叫监视模块，其功能是：接收现场装置的报警信号，实现信号向火灾报警控制器的传送。某公司生产的一款编码输入模块如图2.2－17所示。

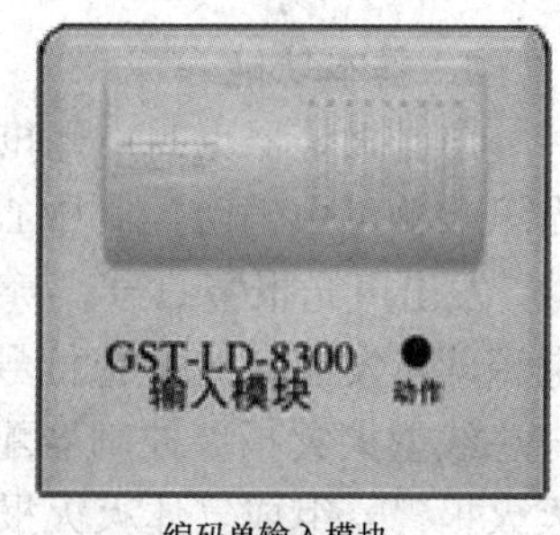


编码单输入模块

图2.2－17 一款编码输入模块

此模块用于现场各种一次动作并有动作信号输出的被动型设备，如排烟阀、送风阀、防火阀等接入到控制总线上。

本模块采用电子编码器进行编码，模块内有一对常开、常闭触点。模块具有直流24V电压输出，用于与继电器触点接成有源输出，满足现场的不同需求。另外模块还设有开关信号输入端，用来和现场设备的开关触点连接，以便对现场设备是否动作进行确认。应当注意的是，不应将模块触点直接接入交流控制回路，以防强交流干扰信号损坏模块或控制设备。

主要技术指标

（1）工作电压：

总线电压：总线24V。

电源电压：DC 24V。

（2）线制：与控制器采用无极性信号二总线连接，与DC 24V电源采用无极性电源二总线连接。

（3）无源输出触点容量：DC 24V/5A。

（4）有源输出容量：DC 24V/1A。

### 2. 输入/输出模块

介绍一种型号为GST－LD－8301型输入/输出模块，如图2.2－18所示。该输入/输出模块的主要功能是用于现场各种一次动作并有动作信号输出的被动型设备，如排烟阀、送风阀、防火阀等接入到控制总线上。

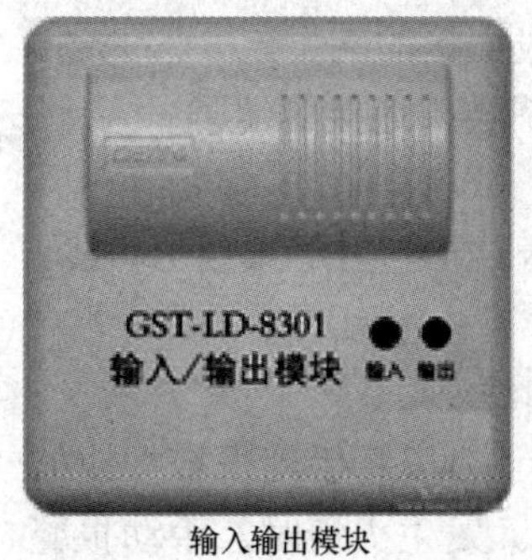


输入输出模块

图2.2－18 输入/输出模块

该模块采用电子编码器进行编码，模块内有一对常开、常闭触点。模块具有直流24V电压输出，用于与继电器触点接成有源输出，以满足现场的不同需求。另外模块还设有开关信号输入端，用来和现场设备的开关触点相连接，以便对现场设备是否动作进行确认。应当注意的是，不应将模块触点直接接入交流控制回路，以防强交流干扰信号损坏模块或控制设备。主要技术指标如下：

（1）工作电压：

总线电压：总线24V。

电源电压：DC 24V。

（2）线制：与控制器采用无极性信号二总线连接，与DC 24V

电源采用无极性电源二总线连接。

（3）无源输出触点容量：DC 24V/2A，正常时触点阻值为100kΩ，启动时闭合，适用于12～48V直流或交流。

（4）输出控制方式：脉冲、电平（继电器常开触点输出或有源输出，脉冲启动时继电器吸合时间为10s）。

## 2.3.2 声光报警器

### 1. 基本功能

声光报警器也叫声光讯响器，其作用是：当现场发生火灾并被确认后，安装在现场的声光讯响器可由消防控制中心的火灾报警控制器启动，发出声光报警信号。声光报警器连接DC 24V电源即可发出声光报警信号，可以通过输出模块与总线型火灾报警控制器配套使用，也可与气体灭火报警器组成气体灭火报警系统。

### 2. SG－991K火灾声光报警器的外观及接线

SG－991K 火灾声光报警器的外观及接线端子如图2.2－19所示。

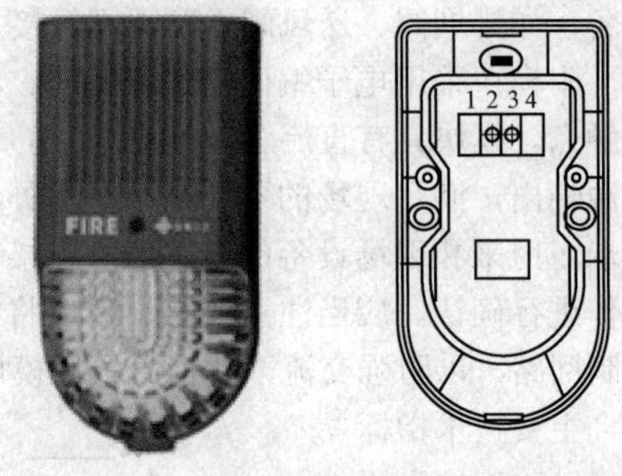


图2.2－19　火灾声光报警器的外观及接线端子

### 3. 声光报警器的分类

声光报警器分为非编码型与编码型两种。编码型可直接接入报警控制器的信号二总线，要配置DC 24V外部电源，声光报警器的地址由手持式电子编码器设定。非编码型可直接由有源24V常开触头进行控制，如用手动报警按钮的输出触头控制等。

### 4. HX100B型声光报警器的接线端子

HX100B型声光警报器的接线端子如图2.2－20所示。

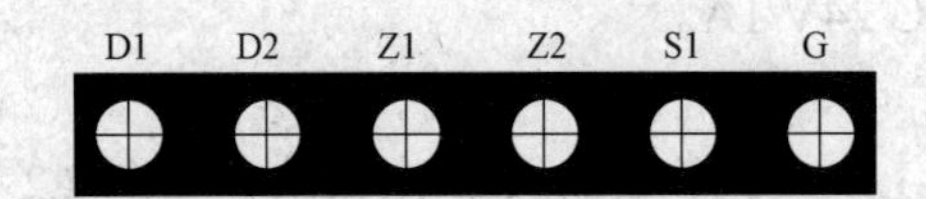


图2.2－20　HX100B型声光警报器的接线端子

接线端子说明：

Z1、Z2：HX100B型声光报警器与火灾报警控制器信号二总线连接的端子。

D1、D2：是声光报警器与DC 24V电源线或DC 24V常开控制触头连接的端子。

S1、G：是外控输入端子。

连接线缆：信号二总线Z1、Z2采用RVS阻燃型双绞线；电源线D1、D2采用BV线；S1、G采用RV线，如图2.2－21所示。

编码型火灾声光报警器接入报警总线和DC 24V电源线，共四线。

编码型火灾声光报警器如果要直接受控于手动报警按下按钮操作时，将手动报警按钮的无源常开触头和声光报警器的D1、D2端子连接如图2.2－22所示。发生火情时，手动报警按钮可直接启动声光报警器。

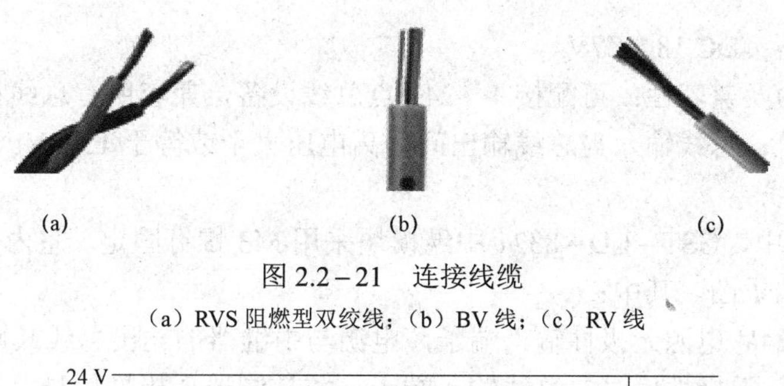


图 2.2－21　连接线缆

（a）RVS 阻燃型双绞线；（b）BV 线；（c）RV 线

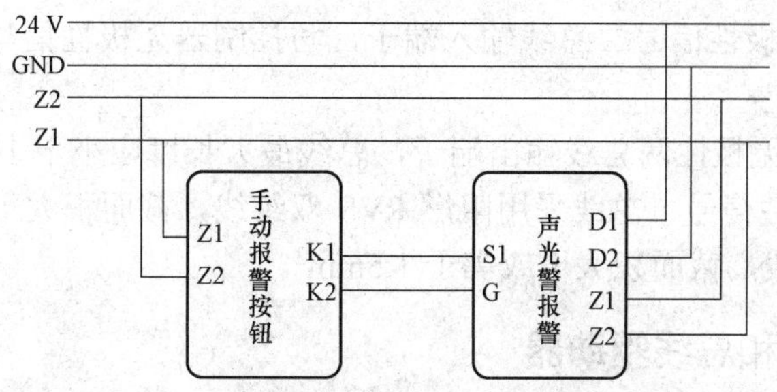


图 2.2－22　声光警报器和手动报警按钮的连接

## 2.3.3　总线中继器及其应用

### 1. 总线中继器的功能

以 GST－LD－8321 中继模块介绍总线中继器的功能、接线及其应用，中线中继模块如图 2.2－23 所示。

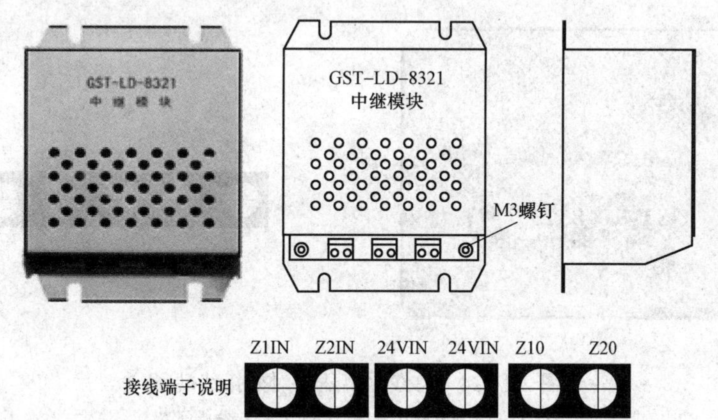


图 2.2－23　总线中继模块

总线中继器的功能有两点：作为总线信号输入与总线输出间进行电气隔离，完成探测器总线的信号隔离传输，可增强整个系统的抗干扰能力；扩展探测器总线通信距离的功能。GST－LD－8321 中继模块主要用于总线处在有比较强的电磁干扰的区域及总线长度超过 1000m 需要延长总线通信距离的场合，该装置采用 DC 24V 供电。

### 2. 技术指标

（1）总线输入距离：≤1000m。

（2）总线输出距离：≤1000m。

（3）电源电压：DC 18～27V。

（4）带载能力及兼容性：可配接 1～242 点总线设备，兼容所有总线设备。

（5）隔离电压：总线输入与总线输出间隔离电压大于或等于 1500V。

3. 安装与布线

在图 2.2－23 中，GST－LD－8321 中继模块采用 M3 螺钉固定，室内安装，图中给出了模块的对外接线端子图。其中：

24VIN：DC 24V 电源无极性输入端子，电源与中继器的输出总线共地。

Z1IN、Z2IN：无极性信号二总线输入端子，与控制器无极性信号二总线输出连接，距离应小于 1000m。

Z10、Z20：隔离无极性两总线输出端子，总线最大长度应小于 1000m。

布线要求：无极性信号二总线采用阻燃 RVS 双绞线，截面积大于或等于 $1.0mm^2$；24V 电源线采用阻燃 BV 线，截面积大于或等于 $1.5mm^2$。

## 2.3.4 总线隔离器和总线驱动器

1. 总线隔离器

在总线制火灾自动报警系统中，往往会出现某一局部总线出现故障（例如短路）造成整个报警系统无法正常工作的情况。隔离器的作用是，当总线发生故障时，将发生故障的总线部分与整个系统隔离开来，以保证系统的其他部分能够正常工作，同时便于确定出发生故障的总线部位。当故障部分的总线修复后，隔离器可自行恢复工作，将被隔离出去的部分重新接入系统。总线隔离器又称短路隔离器，其实物与对外接线端子如图 2.2－24 所示。

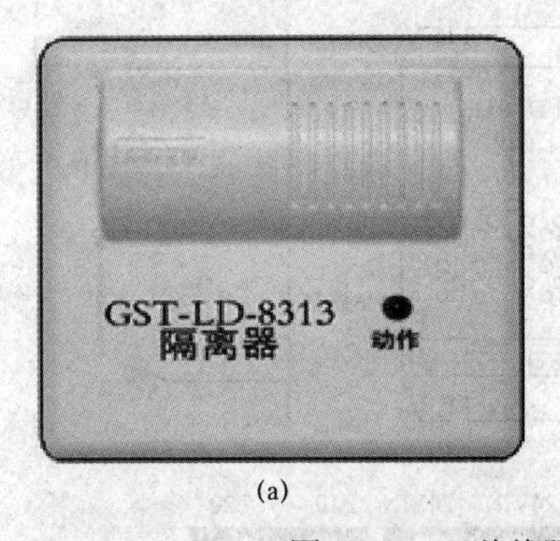


(a)

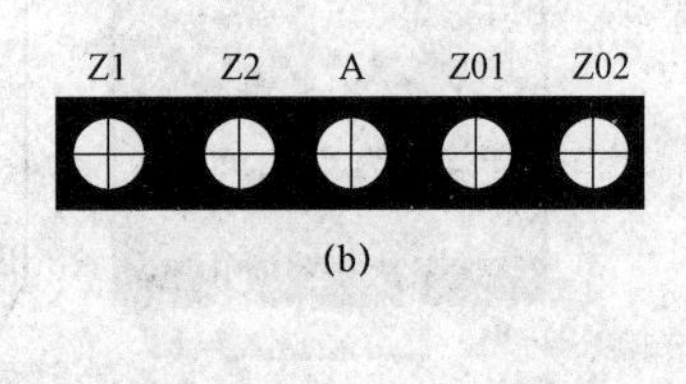


(b)

图 2.2－24 总线隔离器与对外接线端子

（a）总线隔离器实物图；（b）对外接线端子图

2. 总线隔离器布线

在图 2.2－24 所示中，总线隔离器对外接线端子定义如下：

Z1、Z2：无极性信号二总线输入端子。

Z01、Z02：无极性信号二总线输出端子。

A：动作电流选择端子。

该总线隔离器最多可接入 50 个编码设备；动作电流选择端子 A 与 Z01 短接时，隔离器最多可接入 100 个编码设备。

布线要求：直接与信号二总线连接，无需其他布线，可选用截面积大于或等于 $1.0mm^2$

的 RVS 双绞线。

### 3. GST－LD－8313 主要技术指标

（1）工作电压：总线 24V。

（2）动作电流：≤100mA。

（3）动作确认灯：黄色。

### 4. 总线隔离器的应用实例

总线隔离器对不同的各分支回路能够实现短路保护，如图 2.2－25 所示。

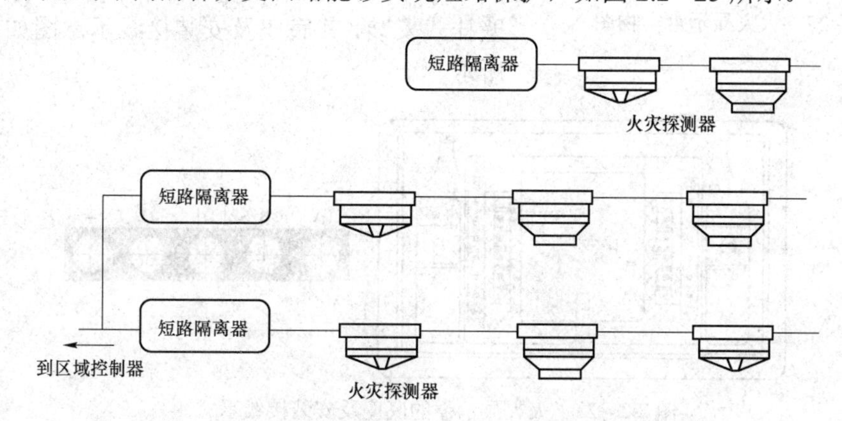


图 2.2－25　总线隔离器对不同分支回路的短路保护

总线隔离器的应用如图 2.2－26 所示。

### 5. 总线驱动器

总线驱动器的主要功能是增强总线的驱动能力或称为带载能力。在一台区域火灾报警控制器监控部件数量较大时，所监控设备电流超过一个较大值时，要增加总线驱动器增强驱动能力。如果总线传输距离太长、挂接的探测器及其他功能设备组件数量较多时，使用总线驱动器增强带载能力。

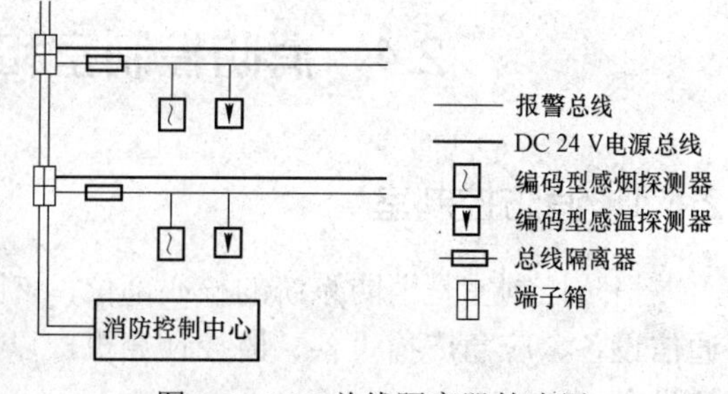


图 2.2－26　总线隔离器的应用

总线驱动器的使用要根据不同厂家产品的相关产品说明书进行。

## 2.3.5　火灾显示盘

### 1. 火灾显示盘的功能及部分技术参数

火灾显示盘是一种可以安装在楼层或独立防火区内的数字式火灾报警显示装置。它通过总线与火灾报警控制器相连，处理并显示控制器传送过来的数据。当建筑物内出现火情时，消防控制中心的火灾报警控制器产生报警，同时把报警信号传输到火情区域的火灾显示盘上，火灾显示盘将火情区域的报警探测器编号及相关信息显示在数字显示屏上，同时发出声光报警信号，以通知失火区域的人员。当用一台报警控制器同时监控数个楼层或防火分区时，可在每个楼层或防火分区设置火灾显示盘以取代区域报警控制器。火灾显示盘实物如图 2.2－27 所示。

图 2.2－27　火灾显示盘实物图

该款火灾显示盘部分主要技术指标：

显示容量：多达 50 个报警信息。

线制：与火灾报警控制器间采用有极性二总线连接，另需两根 DC 24V 电源供电线（不分极性）。

电源：采用 DC 24V 电源集中供电。

2. 安装与布线

ZF－101 火灾显示盘配合专用安装底座，采用壁挂式安装，其底座及安装接线示意图如图 2.2－28 所示。

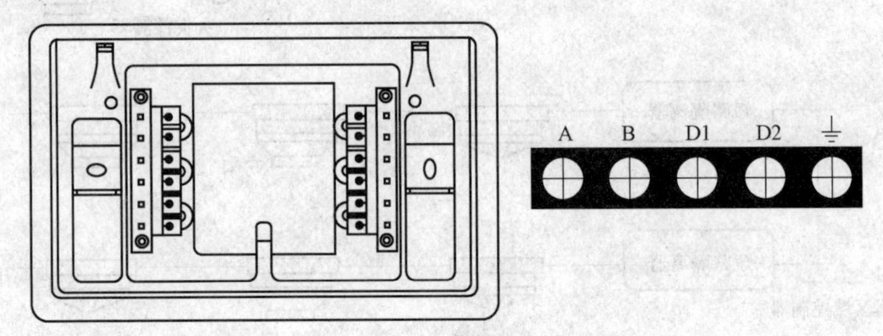


图 2.2－28　火灾显示盘的底座及安装接线示意图

A、B—连接火灾报警控制器的通信总线端子；D1、D2—DC24V 电源线端子，不分极性；⏚—接地线端子

# 2.4　消防控制室和火灾报警联动控制器

## 2.4.1　消防控制室

消防控制室是消防系统的核心部位，该区域安装集中报警控制器、联动控制设备、消防通信设备、应急广播设备、监控计算机，以及消防监控设备用的交、直流电源和 UPS 电源等设备。

火灾自动报警系统和消防联动控制系统的控制室可与其他智能化系统合用控制室，如中控室，但消防控制系统的设备宜单独设置，保持相对独立。

消防控制室作为消防控制中心是整个消防报警及联动控制系统的中枢，主要配置管理控制主机、带 CRT 中文显示功能的火灾报警联动控制器、消防电话主机系统以及消防广播控制系统等，该系统负责整个系统信息的通信、显示、管理和控制，并按预先设定的联动功能软件自动/手动输出控制信号启动相关的联动设备完成防火和灭火功能，并保证建筑内的人员安全疏散和财产免受损失。其主要信息如火灾报警、故障以及设备状态等分别以不同的颜色和符号在消防中心管理主机上以文字和图形方式显示。

## 2.4.2　消防控制室的火灾报警联动控制器

配备在消防控制中心的火灾报警联动控制器可以全面监视整个建筑的火灾报警信息、火势蔓延状况、消防联动设备的工作状态，实现在火灾发生时对整个火灾现场的总体监控。消防控制中心的火灾报警联动控制器的主要特点：

（1）功能强、可靠性高。该控制器采用双总线控制方式，当任何一条总线发生故障时，另一总线仍能继续正常工作，对总线连接的各种设备，控制器都设有不掉电备份，保证在系统中注册的设备全部受到监控。

（2）灵活的模块化结构和多种功能配置选择。

（3）配备智能化手动消防启动盘，较好解决了报警联动一体化系统的工程布线、设备配置、安装调试等方面存在的固有问题。

（4）具备全面自检功能的多线制控制模块。

消防控制中心配置的管理微机负责对建筑物内消防系统的日常运行进行全面的监视和管理，通过微机的显示屏幕动态显示建筑物分楼区和分楼层的火灾实况，并及时发出警报与处置指示，使现场人员做到安全避难。

## 2.5 火灾自动报警系统中的各类火灾探测器

### 2.5.1 火灾探测器的分类和型号

消防系统中有很多火灾报警探测器分布在建筑物的不同区域，进行火情监测。火灾探测器种类很多，通常可以按照其结构形式、被探测参量以及使用环境进行分类，其中以被探测参量分类最为多见，也是工程设计中较多采用的分类方法。

**1. 按结构形式分类**

（1）点型火灾探测器，这类探测器主要用于对“点区域”的监控。

（2）线型火灾探测器，常安装于一些特定环境区域，如电缆隧道这样的窄长区域。

**2. 按探测器的参量分类**

按探测器的参量分类可分为感烟、感温、感光（火焰）、气体以及复合探测器等几大类。

（1）感烟火灾探测器，感烟探测器又分为离子型、光电型、激光型、电容型和红外光束型等数种形式。

（2）感温火灾探测器，它是一种动作于引燃阶段后期的“早中期发现”的探测器。根据监测温度参数的不同，感温火灾探测器有定温、差温和差定温三种类别。

感温火灾探测器又可以分为许多类型，此处不再赘述。

（3）感光火灾探测器，也叫火焰探测器或光辐射探测器，主要分为红外光火焰探测器和紫外光火焰探测器两类。

（4）复合式火灾探测器，如感烟感温式、感光感温式和感光感烟式等。

（5）气体火灾探测器，这种探测器对可燃性气体浓度进行检测，对周围环境气体进行空气采样，对比测定，而发出火灾警报信号。

**3. 按使用环境分类**

按使用环境分类可分为普通型、防爆型、船用型以及耐酸碱型等。

（1）普通型。用于环境温度在（－10～50）℃，相对湿度在85%以下的场合。

（2）防爆型。适用于易燃易爆场合。对其外壳和内部电路均有严格防爆、隔爆要求。

（3）船用型。其特点是适用于耐温耐湿，即环境温度高于50℃，湿度大于85%的场合。

（4）耐酸耐碱型。用于周围环境存在较多酸、碱腐蚀性气体的场所，如民用建筑中的感温探测器利用半导体元件对温度的敏感性来探测火情。

4. 定温、差温和差定温式感温探测器

（1）定温式感温探测器。发生火情和火灾引起的温度上升超过某个定值时，定温式探测器能够在规定时间内进行报警。定温式探测器分为线型和点型两种结构。线型是当温度达到一定值时，可熔绝缘物熔化而使导线接通从而产生报警信号。点型是利用双金属片、易熔金属、热电偶、热敏半导体电阻等元件在温度达到一定值时产生报警信号。

（2）差温式探测器。差温式探测器能在环境温度变化达到规定的升温速率以上时，接通开关发出报警信号。

（3）差、定温式探测器。这种感温探测器是将定温式探测器和差温式探测器两种探测器集成在一起。

火灾报警探测器还可以根据操作后是否可以复位分为可复位和不可复位探测器；还可以根据维修保养时是否可以拆卸维修分为可拆式和不可拆式探测器。

火灾报警探测器的外观如图 2.2－29 所示。

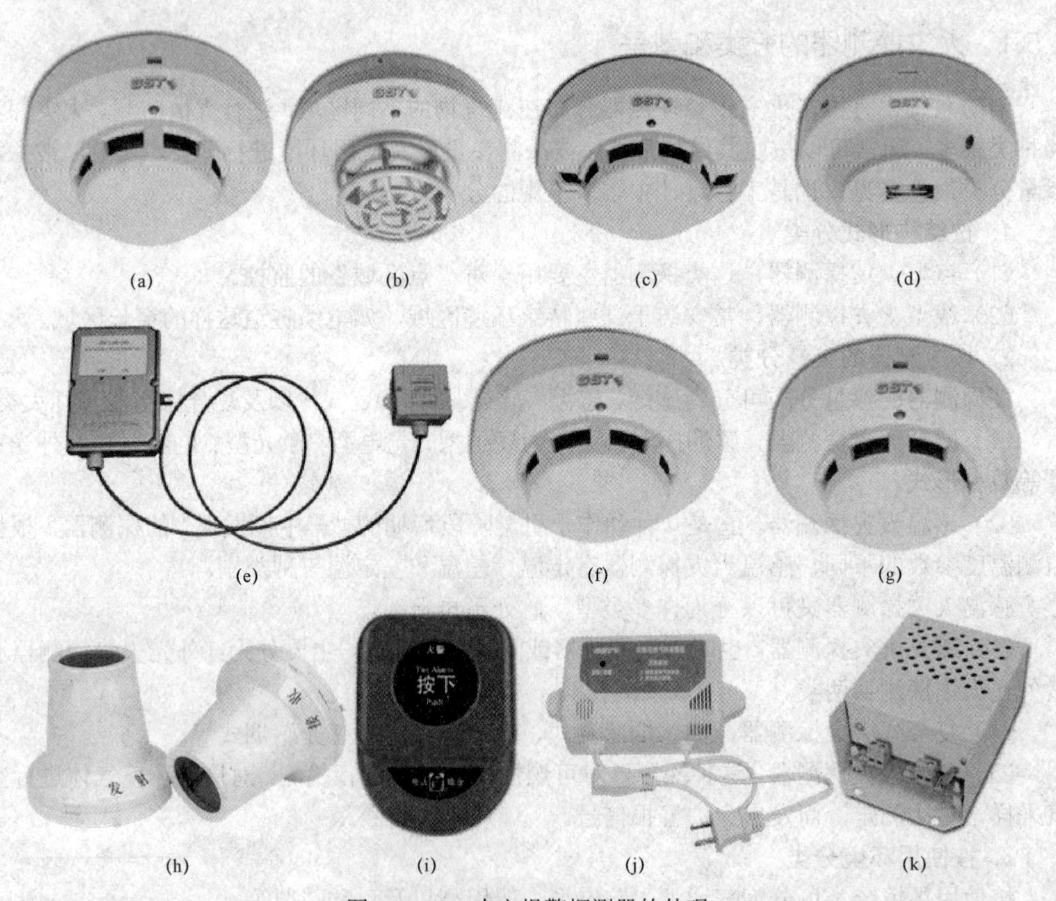


图 2.2－29　火灾报警探测器的外观

（a）智能光电感烟探测器；（b）智能电子差定温感温探测器；（c）烟温复合探测器；（d）智能紫外火焰探测器；（e）智能缆式线型感温探测器；（f）非编码光电感烟探测器；（g）非编码烟温复合探测器；（h）红外光束感烟探测器；（i）智能编码手动报警按钮（带消防电话插座）；（j）可燃气体探测器；（k）总线中继器

5. 智能型火灾探测器

为了防止误报，智能型火灾探测器预设了针对常规及个别区域和用途的火情判定计算规则，探测器本身带有微处理信息功能，可以处理由环境所收到的信息，并针对这些信息进行计算处理，统计评估。结合火势很弱—弱—适中—强—很强的不同程度，再根据预设的有关规则，把这些不同程度的信息转化为适当的报警动作指标，如“烟不多，但温度快速上升——发出警报”，又如烟不多，且温度没有上升——发出预警报等。

智能型火灾探测器能自动检测和跟踪由灰尘积累而引起的工作状态的漂移，当这种漂移超出给定范围时，自动发出故障信号，同时这种探测器跟踪环境的变化，自动调节探测器的工作参数，因此可大大降低由灰尘积累和环境变化所造成的误报和漏报。

智能型火灾探测器都有一些共同的特点，比如为了防止误报，预设了一些针对常规及个别区域和用途的火情判定计算规则，探测器本身带有微处理信息功能，可以处理由环境所收到的信息，并针对这些信息进行计算处理、统计评估；能自动检测和跟踪由灰尘积累而引起的工作状态的漂移，当这种漂移超出给定范围时，自动发出清洗信号，同时这种探测器跟踪环境的变化，自动调节探测器的工作参数，因此可大大降低由灰尘积累和环境变化所造成的误报和漏报；同时还具备自动存储最近时期的火警记录的功能。随着科技水平的不断提高，智能型探测器得到了非常广泛的应用。

6. 火灾探测器的型号

火灾报警产品种类繁多，其命名依据是国家标准，使用特定的字母及数字序列来表示型号，不同的字符和数字标识不同的信息。

火灾探测器的型号字符和数字序列意义说明如图2.2-30所示。

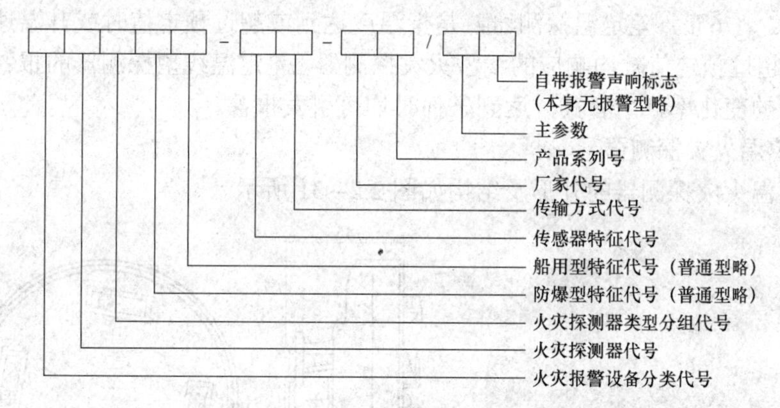


图2.2-30 火灾探测器的型号字符和数字序列意义

（1）J（警）：消防产品分类代号。

（2）T（探）：火灾探测器代号。

（3）火灾探测器分类代号，各类火灾探测器的分类标识信息如下：

G（光）——感光火灾探测器。

Q（气）——可燃性气体探测器。

F（复）——复合式火灾探测器。

Y（烟）——感烟火灾探测器。

W（温）——感温火灾探测器。

（4）应用范围特征代号，表示方法如下：

B（爆）——防爆型。

C（船）——船用型。

非防爆型或非船用型可以省略，无须注明。

（5）传感器特征表示法：

LZ（离子）——离子。

GD（光、电）——光电。

MD（膜、定）——膜盒定温。

复合式探测器表示方法如下：

GW（光温）——感光感温。

GY（光烟）——感光感烟。

YW（烟温）——感烟感温。

YW-HS（烟温—红束）——红外光束感烟感温。

（6）主参数：表示灵敏度等级（1、2、3 级），对感温感烟探测器标注（定温、差定温用灵敏度等级表示）。

## 2.5.2 感温火灾探测器

### 1. 感温火灾探测器分类

感温火灾探测器分为点型和线型。线型探测器多指缆式线型探测器。感温火灾探测器有定温、差温以及差定温之分。定温探测器依据灵敏度分为 3 个报警级别，分别对应报警温度为 60℃、68℃、76℃。差定温探测器：是指温度达到或超过预定值时或升温速率（温度增加的变化率）超过预定值时均响应的线型火灾探测器。差定温线型探测器的报警值是预设的温度值和温度的变化率，两者其一达到条件时均可引发报警。

### 2. 点型感温火灾探测器

智能型感温火灾探测器的外形及结构如图 2.2－31 所示。

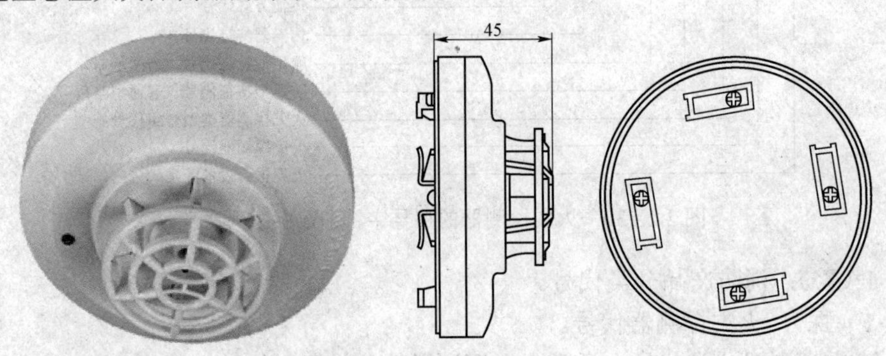


图 2.2－31 智能型感温火灾探测器的外形及结构

（1）该感温探测器的主要技术参数及特点：

1）采用无极性信号二总线技术。

2）采用带 A/D 转换的单片机，实时采样处理数据，并能保存若干个历史数据，曲线显示跟踪现场情况。

3）可编码的感温探测器，地址编码由电子编码器直接写入。

4）工作电压：总线24V。

5）报警确认灯：红色，巡检时闪烁，报警时常亮。

6）使用环境：温度：－10℃～＋50℃；相对湿度≤95%，不结露。

7）保护面积：当空间高度小于8m时，一个探测器的保护面积，对一般保护现场而言为20～3m²。具体设计参数应以《火灾自动报警系统设计规范》（GB 50116）为准。

（2）说明。所谓的智能型探测器，一般是指探测器内嵌入了微处理器或智能芯片；可编码是指可以为该探测器设定一个确定的标识码，来标识探测器与安装房间及区域位置的关系，比如27号房间设置的探测器编码为27号，就表示了探测器与安装房间和位置的关系。

### 3. 智能型点型感温火灾探测器的安装接线

智能型点型感温火灾探测器的外观结构如图2.2－32所示。

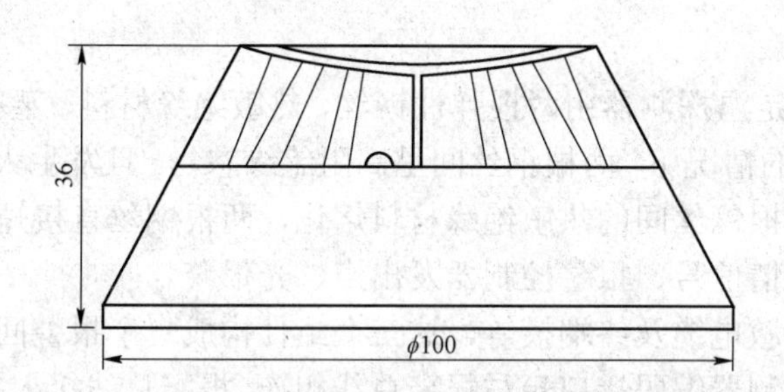

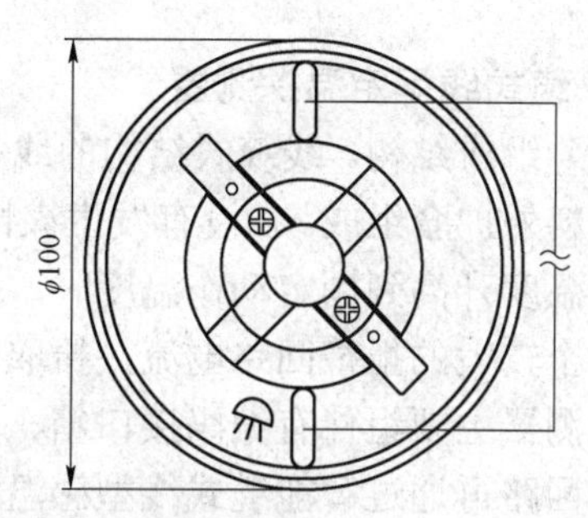


图2.2－32　智能型点型感温火灾探测器的外观结构

（1）功能特点：

1）由于是智能型探测器，探测器内包含微处理器，能够对采集到的数据进行存储、分析和判断，具有自诊断功能。

2）输出温度升降曲线，可以通过控制器查看现场的温度升幅曲线。

3）稳定性高，抗灰尘附着、抗电磁干扰、耐腐蚀、抗环境温度影响能力强。

（2）主要技术指标：

工作电压：DC 19～28V；控制器提供。

工作温度：－10℃～＋50℃。

监视电流：≤0.3mA（24V）。

报警电流：≤3mA（24V）。

确认灯：监视状态瞬时闪亮，报警常亮（红色）。

编址方式：使用专用电子编码器。

保护面积：60～80m²。

线制：二总线，无极性。

最远传输距离：1500m。

（3）安装接线。先将探测器底座JBF－FD，用2只M4的螺钉紧固在预埋盒上，注意底座上的门向指示应朝向房门入口或视野所及之处。

采用 $2\times1.0\sim1.5\text{mm}^2$ 导线，将回路两总线 L1、L2 分别接在端子 1 和端子 3 上，接线不分极性，接线情况如图 2.2－33 所示。

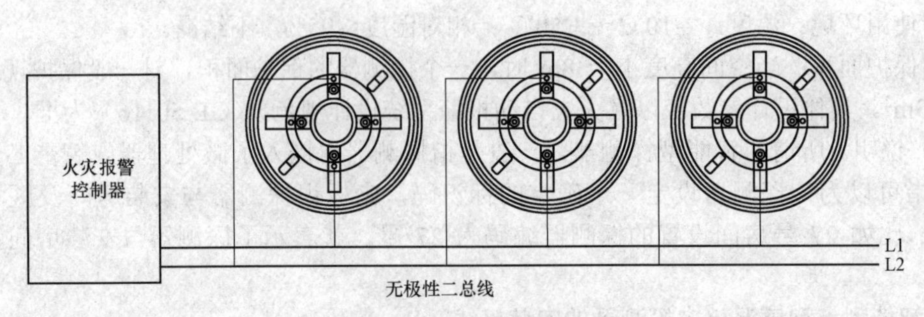


图 2.2－33　接线情况

用编码器对探测器写入部位号（1－200），将探测器嵌入底座，然后按顺时针方向拧紧即可。

4. 缆式线型定温探测器

（1）组成结构。线缆式结构的线型定温探测器由两根弹性钢丝、热敏绝缘材料、塑料色带及塑料外护套组成。在没有发生火情的情况下，两根钢丝间呈高阻绝缘态，一旦发生火情，当环境温度升高到额定动作温度时，两根钢丝间的热敏绝缘材料熔化，两根钢丝直接短路，形成一个较大的报警回路电流，拾取火情信号，报警控制器发出声、光报警。

探测器主要组件有编码接口箱、热敏电缆及终端模等，这三个组件构成一个报警回路，此报警回路再通过智能缆式线型感温探测器编码接口箱与报警总线相连，报警总线接入报警主机，其系统构成如图 2.2－34 所示。

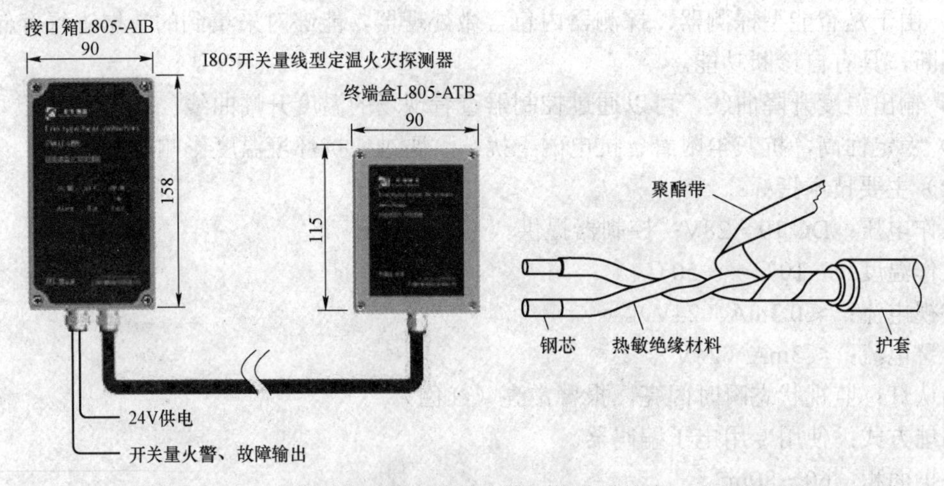


图 2.2－34　由编码接口箱、热敏电缆及终端模构成一个报警回路

（2）接线。缆式线型感温探测器编码接口箱通过感温电缆和终端盒相连，编码接口箱接入无极性总线的两个端子，如图 2.2－35 所示。

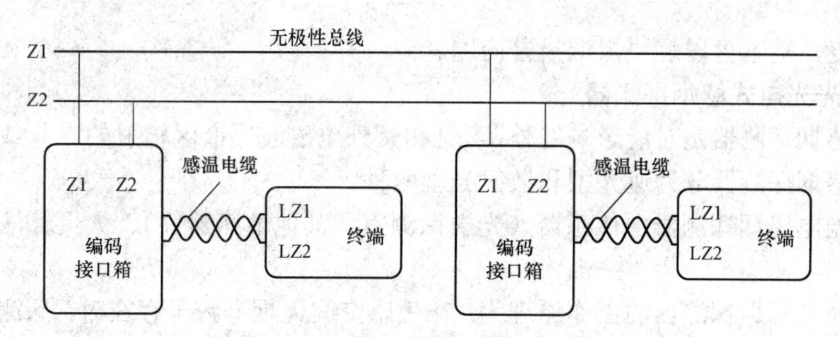


图 2.2－35 缆式线型感温探测器接线

（3）缆式线型感温探测器的使用环境及场所。缆式线型感温探测器的使用环境及场所如下：

1）数据中心、计算机房的闷顶内、地板下及需要进行火情监控的重要且较隐蔽区域等。

2）各种传送带输运装置、生产流水线和滑道的易燃部位等。

3）电缆桥架、电缆夹层、电缆隧道和电缆竖井等。

4）其他环境恶劣不适合点型探测器安装的危险场所。

（4）探测器的动作温度及热敏电缆长度的选择。探测器动作温度：可在“缆式线形定温探测器的动作温度”中选择；热敏电缆长度可按表达式：“热敏电缆的长度＝托架长×倍率系数”来确定，托架宽与倍率系数的关系可查表。

### 5. 感温探测器的应用场所

（1）相对湿度经常大于 95%。

（2）无烟火灾。

（3）有大量粉尘。

（4）在正常情况下有烟和蒸汽滞留。

（5）厨房、锅炉房、发电机房、烘干车间等。

（6）吸烟室等。

（7）其他不宜安装感烟探测器的厅堂和公共场所。

### 6. 适宜选择缆式线型定温探测器的场所

（1）电缆隧道、电缆竖井、电缆夹层及电缆桥架等。

（2）配电装置、开关设备及变压器等。

（3）各种传送带输送装置。

（4）控制室、计算机室的吊顶内、地板下及重要设施隐蔽处等。

（5）其他环境恶劣不适合点型探测器安装的危险场所。

## 2.5.3 感烟火灾探测器

点感烟型火灾探测器分为离子型和光电型。离子型分为单源型和双源型。光电型分为减光型和放射型。线型探测器分为激光型和红外光型。

离子型灵敏度高，对黑烟敏感，对早期火警反应快。但是放射性元素在生产、制造、运输以及弃置等方面对环境造成污染，将逐步被淘汰。

光电感烟探测器利用红外散射原理研制，无污染、易维护，经过改进的迷宫腔结构具备较高的灵敏度，基本可以解决黑烟报警问题。

1. 散射光光电式感烟探测器

光电式感烟探测器是对能影响红外、可见和紫外电磁波频谱区辐射的吸收或散射的探测器。光电式感烟探测器分为遮光型和散射光型两种。

散射光光电感烟探测器由传感器（光学探测室和其他敏感器件）、火灾算法及处理电路构成。

散射光光电感烟探测器的工作原理为：在敏感空间无烟雾粒子存在时，探测器外壳之外的环境光线被迷宫阻挡，基本上不能进入敏感空间，红外光敏二极管只能接收到红外光束经多次反射在敏感空间形成的背景光；当雾颗粒进入由迷宫所包围的敏感空间时，烟雾颗粒吸收入射光并以同样的波长向周围发射线，部分散射光线被红外光敏二极管接收，形成光电流。

2. 光电感烟火灾探测器

通过介绍 JTY－GD－G3 光电感烟火灾探测器产品来熟悉此类感烟探测器的结构和安装。JTY－GD－G3 光电感烟火灾探测器外观如图 2.2－36 所示。

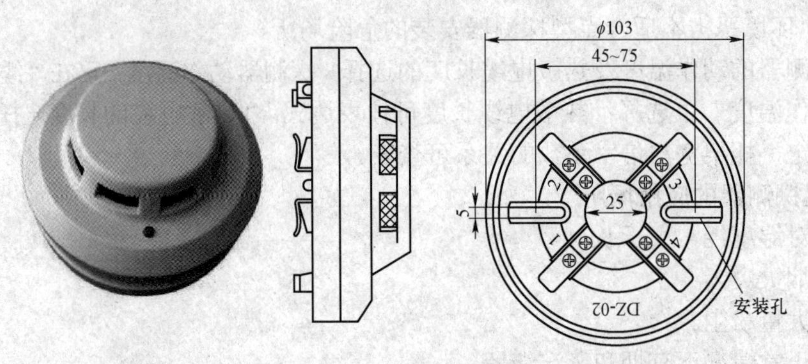


图 2.2－36　JTY－GD－G3 光电感烟火灾探测器外观

（1）工作原理。探测器采用红外线散射原理探测火灾，在无烟状态下，只接收很弱的红外光，当有烟尘进入时，由于散射作用，使接收光信号增强；当烟尘达到一定浓度时，可输出报警信号。为减少干扰及降低功耗，发射电路采用脉冲方式工作，可提高发射管使用寿命。

（2）JTY－GD－G3 光电感烟火灾探测器的结构特点和技术特性。

该探测器是点型光电感烟火灾探测器，采用红外散射原理研制，其结构特点有：

1）地址编码可由电子编码器事先写入，也可由控制器直接更改。

2）内嵌单片机实时采样处理数据，并能保存 14 个历史数据，曲线显示跟踪现场情况。

3）具有温度、湿度漂移补偿，灰尘积累程度及故障探测功能。

4）线制采用无极性二总线。

技术特性如下：

1）工作电压：信号总线电压，24V。

2）工作电流：监视电流≤0.6mA，报警电流≤1.8mA。

3）指示灯：报警确认灯为红色，巡检时闪烁，报警时常亮。

4）编码方式：电子编码（编码范围为 1～242）。

5）保护面积：当空间高度为 6～12m 时，一个探测器的保护面积，对一般保护场所而言为 80m²；当空间高度为 6m 以下时，保护面积为 60m²。具体参数应以《火灾自动报警系统设计规范》（GB 50116）为准。

（3）接线。底座上有 4 个导体片，上面有接线端子。预埋管内的探测器总线分别接在任意对角的两个接线端子上（不分极性），另一对导体片用来辅助固定探测器。

待底座安装牢固后，将探测器底部对正底座顺时针旋转，即可将探测器安装在底座上。

布线要求：探测器二总线宜选用截面积大于或等于 1.0mm² 的阻燃 RVS 双绞线，穿金属管或阻燃管敷设。

### 3. 线型光束感烟火灾探测器

该探测器可与火灾报警控制器连接。探测器必须与反射器配套使用，但需要根据二者间安装距离的不同决定使用一块或四块反射器。

探测器内置单片机，具备强大的分析判断能力，通过在探测器内部固化的运算程序，可自动完成系统的调试、火警的判断和故障的判断。探测器全面兼容数字化总线技术，具有信息上传速度快，信息内容丰富的优点。

（1）探测器的结构及工作原理。某型号的线型光束感烟火灾探测器如图 2.2－37 所示。该探测器是非编码型反射式线型红外光束感烟探测器。该探测器必须与反射器配套使用，但需要根据二者间安装距离的不同决定使用一块或四块反射器。

探测器与反射器相向位置设置，探测器包含发射和接收两部分，发射部分发射出一定强度的红外光束，经反射器上的多个直角棱镜反射后，由探测器的接收部分对返回的红外光束进行同步采集放大，并通过内置单片机对采集的信号进行分析判断。当探测器处于正常监视状态时，接收部分接收到的红外光强度稳定在一定范围内；当烟雾进入探测区内时，由于烟雾对光线的散射作用，使接收部分接收到的红外光的强度降低。当烟雾达到一定浓度，接收部分接收到的红外光的强度低于预定的阈值时，探测器报火警，点亮红色火警指示灯，并将火警信息传给予之连接的控制器。将探测器与反射器相对安装在保护空间的两端且在同一水平直线上，其工作原理如图 2.2－38 所示。

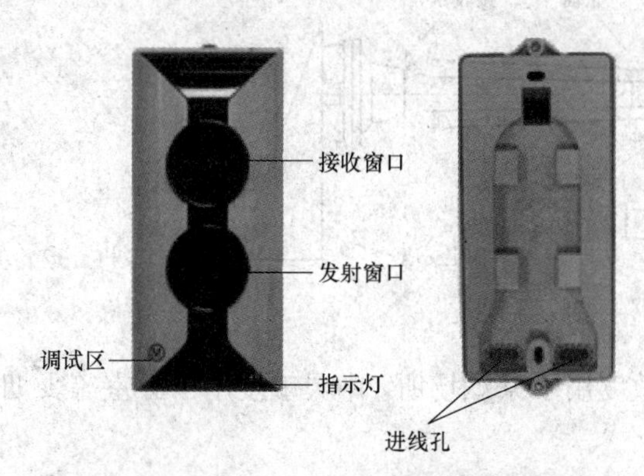


图 2.2－37 某型号的线型光束感烟火灾探测器

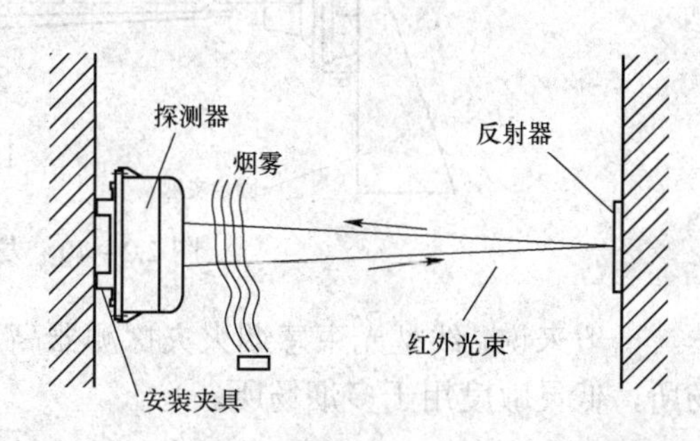


图 2.2－38 线型光束感烟火灾探测器工作原理

（2）特点：

1）探测器将发射部分、接收部分合二为一，安装简单、方便，光路准直性好。

2）内置微处理器，进行智能化火警及故障判断。

3）具有自动校准功能，确保可以由单人在短时间内完成调试，操作简单、方便。

4）具有自诊断功能，可以监测探测器的内部故障。

5）探测器兼容技术先进的数字化总线协议，操控性能强。

6）电子编码，地址码可现场设定。

7）可现场设置三个级别的灵敏度。

（3）技术特性：

1）工作电压：电源电压DC15～28V；总线电压15～28V。

2）调节角度：$-6°\sim+6°$。

3）光路定向相依性角度：±0.5°。

4）灵敏度等级：有三级。

5）保护面积：探测器最大保护面积为$14\times100m^2=1400m^2$，最大宽度为14m。

6）光路长度：8～100m。

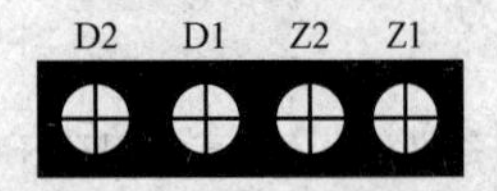

图2.2－39　探测器接线端子

（4）安装接线。探测器需要与直流24V电源线（无极性）及火灾报警控制器信号总线（无极性）连接，直流24V电源线接探测器的接线端子D1、D2端子上，总线接探测器的接线端子Z1、Z2上，反射器不需接线。探测器接线端子示意图如图2.2－39所示。

如果线型光束感烟火灾探测器不是采用上述的发射器－反射器结构，而是采用发射器－接收器结构，如图2.2－40所示。在正常情况下，红外光束探测器的发射器发送脉冲红外光束，它经过保护空间不受阻挡地射到接收器的光敏元件上。当发生火灾时，保护空间的烟气阻挡红外光束传输，使到达接收器的红外光束衰减，接收器接收的红外光束辐射通量减弱，当辐射通量减弱到预定的感烟动作阈值（响应阈值）时，如果保持衰减一个设定时间，探测器立即动作，发出火灾报警信号。安装时，要注意发射器和接收器的发射波束和接收器窗口沿光轴方向。

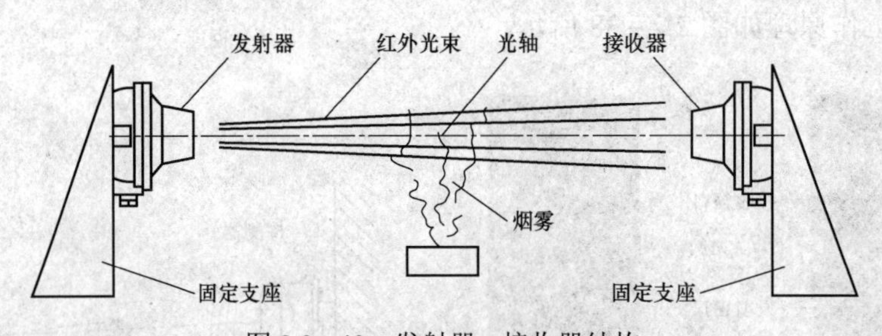

图2.2－40　发射器－接收器结构

一般来说，线型光束感烟火灾探测器高灵敏度用于禁烟场所，中灵敏度用于卧室等少烟场所，低灵敏度用于多烟场所。

## 2.5.4　感光（火焰）火灾探测器

### 1. 点型紫外线光电感光型火灾探测器

（1）点型火焰探测器。点型火焰探测器是一种对火焰中特定波段中的电磁辐射敏感（红外、可见和紫外谱带）的火灾探测器，又称为感光探测器。因为电磁辐射的传播速度极快，因此，这种探测器对快速发生的火灾（如易燃、可燃性液体火灾）或爆炸能够及时响应，是对这类火灾早期通报火警的理想探测器。响应波长低于 400nm 辐射能通量的探测器称紫外火焰探测器，响应波长高于 700nm 辐射能通量的探测器称红外火焰探测器。

（2）点型紫外线光电感光型火灾探测器。图 2.2－41 给出了一个点型紫外线光电感光型火灾探测器和气核心传感器件紫外光敏管的外观，它通过探测物质燃烧所产生的紫外线来探测火灾，适用于火灾发生时易产生明火的场所，对发生火灾时有强烈的火焰辐射以及需要对火焰做出快速反应的场所均可选用此类型的探测器。当传感数据与火情数据相符并确认无误，探测器发出火灾报警信号，并将该信号输入到火灾监控系统，启动灭火程序。

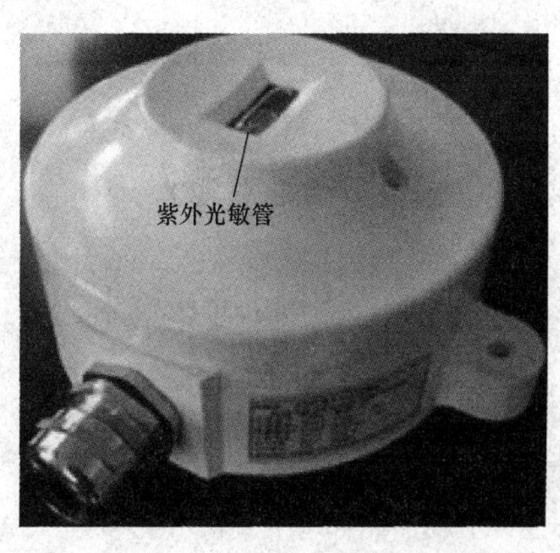


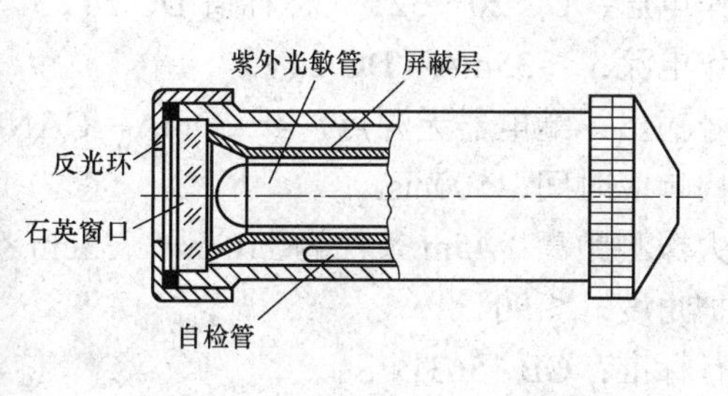


图 2.2－41　点型紫外光电感光型探测器

当紫外光敏管接收到 185～245nm 的紫外线时，产生电离作用而放电，使其内阻变小，导电电流增加，电子开关导通，光敏管工作电压降低。当电压降低到熄灭电压时，光敏管停止放电，导电电流减小，电子开关断开，此时电源电压通过 RC 电路充电，又使光敏管的工作电压重新升高到导通电压，重复上述过程，产生了一串脉冲，脉冲频率与紫外线强度成正比与电路参数有关。

（3）主要技术特性。探测器的主要技术特性如下：

探测距离：≤17m。

响应时间：≤30s。

光谱灵敏度：紫外光为 185～260nm。

工作电压：DC 24V（12～28V DC）。

工作电流：在生产中小于 2mA。

报警状态：12mA。

**2. 红外火焰探测器**

隔爆型双波段智能红外火焰探测器如图 2.2－42 所示，该探测器具有火焰探测功能，适用于大空间和其他特殊空间场所。它采用两个波长不同的光学红外传感器来识别火焰情况：一个传感器作为火焰探测；另外一个传感器作为背景红外辐射的探测。其设计思想就是最大限度地降低误报率和提高探测灵敏度。报警灵敏度可现

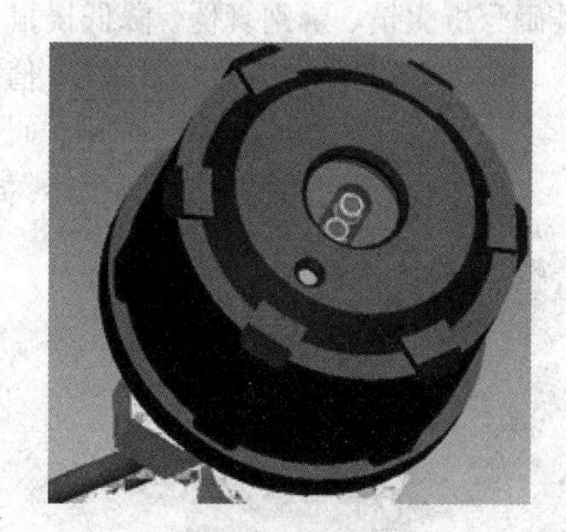

图 2.2－42　隔爆型双波段智能红外火焰探测器

场编程灵活设定，以满足不同场所需要。双波段火灾探测器采用非接触式探测，通过可选的CAN 总线、RS－485 总线或无源开关点，可以方便地与任意厂家的火灾报警系统连接。

该探测器是一种对烃类物质和含碳化合物燃烧时的红外辐射有高度敏感的火灾探测器。适用于无烟液体和气体火灾、产生烟的明火以及产生爆燃的场所。例如，油田、液压站、油库等油类场所，可燃液体储罐区等化工场所，如大型仓库、飞机库、车库、地下隧道、地铁站道、发电厂、变电站等地下空间和大空间场所。探测器能够对日光、闪电、电焊、人工光源、环境（人等）、热辐射、电磁干扰、机械振动等干扰有很好的抗扰能力。

**3. 部分主要技术参数**

工作电压：DC 20～32V（标称值 DC 24V）。

工作电流：≤35mA（DC 24V）。

信号输出：继电器无源点，4～20mA，CAN 总线（或 RS－485 总线）。

最快响应时间：500ms。

最大探测距离：45m 条件为 110cm$^2$（33cm×33cm），高为 5 ㎝的正庚烷火。

保护角度：≤90°。

执行标准：GB 15631。

## 2.5.5 复合探测器

**1. 复合探测器**

火灾发生时一般会产生 2 种或 2 种以上的伴生物理量，如烟气、温度急剧变化会产生火焰及某些特征性气体等，如果火灾探测器具有对两种或两种以上的火情参量进行监测的能力，称为复合探测器。根据探测火灾特性可以分为感烟感温型、感温感光型、感烟感光型和红外光束感烟型等。

复合探测器不但能使性能更加可靠，而且扩大了探测器的应用范围，能够应用于一些特殊的场所。

**2. 点型复合感烟感温火灾探测器**

点型复合感烟感温火灾探测器的外观结构如图 2.2－43 所示。

该探测器是利用光电传感器及温度传感器技术，内置单片机，具有现场参数采集的能力，能准确分析火情、辨别真伪，降低误报率，并可根据应用场合的不同修改探测器的灵敏度阈值。每个探测器占用一个地址点，采用电子编码方式编码，操作方便。

图 2.2－43　点型复合感烟感温火灾探测器的外观结构

**3. 探测器技术特点和技术指标**

（1）技术特点：

1）采用无极性二总线体制。

2）采用电子编码方式编码，占用一个地址点。

3）内置单片机，工作可靠，误报率低。

4）抗干扰能力强。

5）采用光电传感器和温度传感器双传感技术。

6）可根据现场情况调整探测器的烟、温灵敏度阈值。

7）模拟量复合探测器，该产品具有定温特性，无差温特性。

（2）主要技术指标：

1）报警温度：54～70℃。

2）典型应用温度：25℃。

3）最高应用温度：50℃。

4）指示灯：红色指示灯巡检时闪亮，报警时常亮。

5）工作电压：DC 14～24V。

## 2.6 手动报警按钮及设置

手动报警按钮是手动触发的报警装置。

### 1. 手动报警按钮的分类

编码型手动报警按钮和编码型火灾探测器一样，直接接入报警二总线，占用一个编码地址。编码手动报警按钮分成两种：一种为不带电话插孔；另一种为带电话插孔，其编码方式和编码火灾探测器的编码方式一样，采用微动开关编码（二进制）和电子编码器编码（十进制）。

带电话插孔的手动报警按钮外形和不带电话插孔的手动报警按钮如图2.2－44所示。

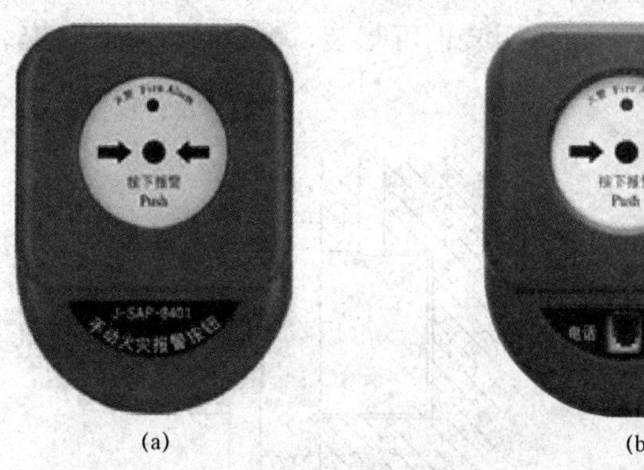


(a) (b)

图2.2－44 带电话插孔和不带电话插孔的手报按钮

（a）手动火灾报警按钮（不带消防电话插孔）；（b）手动火灾报警按钮（带消防电话插孔）

### 2. 工作原理

手动报警按钮安装在公共场所，当人工确认火灾发生时，按下按钮上的有机玻璃片，可向控制器发出火灾报警信号，控制器接收到报警信号后，显示出报警按钮的编号及所在位置，并发出报警音响。手动报警按钮和前面介绍的各类编码探测器一样，可直接接到控制器总线上。

### 3. SAP－8401型不带电话插孔手动报警按钮的特点及接线

（1）特点。SAP－8401型不带电话插孔手动报警按钮具有以下特点：

1）采用无极性信号二总线，其地址编码可由手持电子编码器在1～242范围任意设定。

2）采用插拔式结构设计，安装简单方便；按钮上的有机玻璃片在按下后可使用专用工具复位。

3）按下手动报警按钮的有机玻璃片，可由按钮提供额定 DC 60V/100mA 无源输出触头信号可直接控制其他外部设备。

（2）设计要求。每个防火分区应至少设置一个手动火灾报警按钮。从一个防火分区内任何位置到最邻近的一个手动火灾报警按钮的距离应不大于 30m。手动报警按钮设置在公共场所的出、入口处，如走廊、楼梯口及人员密集的场所。

当将手动报警按钮安装在墙上时，其底边距地高度宜为 1.3～1.5m，且应有明显标志，安装时应牢固，不倾斜，外接导线应留不小于 15cm 的余量。

（3）接线。不带电话插孔的手动报警按钮接线端子如图 2.2－45 所示。带插孔的手动报警按钮接线端子如图 2.2－46 所示。

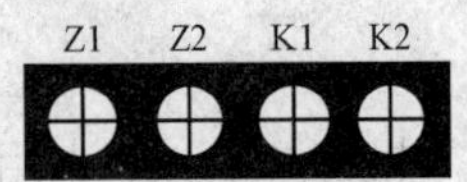


图 2.2－45　手动报警按钮（不带插孔）接线端子

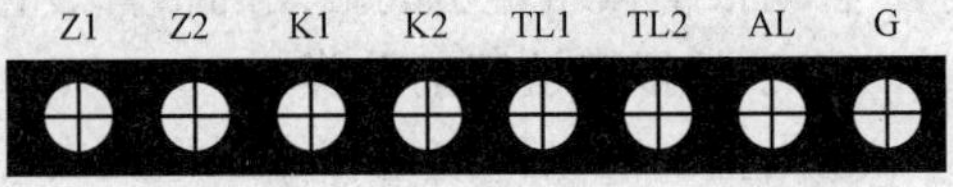

Z1　Z2　K1　K2　TL1　TL2　AL　G

图 2.2－46　手动报警按钮（带插孔）接线端子

节点端子和配线说明：

线制：与控制器无极性信号二总线连接，Z1、Z2 为无极性信号二总线端子。

K1、K2 为无源常开输出端子。

接入 Z1、Z2 端子的线缆采用 RVS 双绞线，导线截面大于或等于 $1.0mm^2$。

（4）安装。手动火灾报警按钮可明装也可暗装，明装时可将底盒安装在预埋盒上，明装示意图如图 2.2－47 所示。

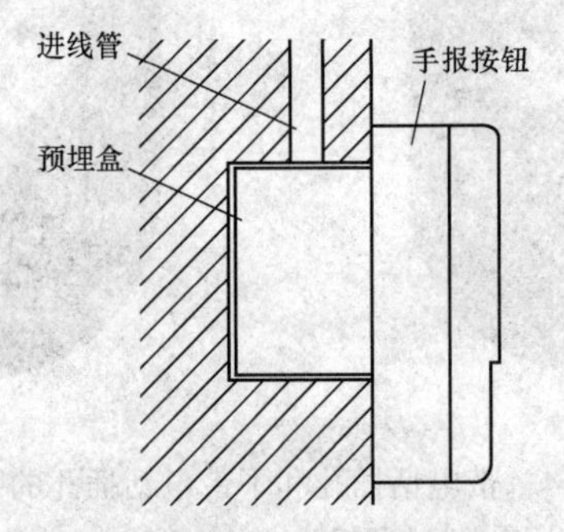


图 2.2－47　手动火灾报警按钮的明装

### 4. SAP－8402 型带电话插孔手动报警按钮的接线

SAP－8402 型带电话手动火灾报警按钮（带消防电话插孔）的使用：当人工确认发生火灾后，按下报警按钮上的有机玻璃片，即可向控制器发出报警信号，控制器接收到报警信号后，将显示出报警按钮的编码信息并发出报警声响，将消防电话分机插入电话插座即可与电话主机通信。

按下报警按钮有机玻璃片，可由报警按钮提供独立输出触点，可直接控制其他外部设备。

启动方式：人工按下有机玻璃片，复位方式，用吸盘手动复位。

线制：与控制器采用无极性信号二总线连接，与总线制编码电话插孔采用四线制连接，与多线制电话主机采用电话二总线连接。

改型手报按钮的节点端子说明：

Z1、Z2为与控制器信号二总线连接的端子。

K1、K2为DC 24V进线端子及控制线输出端子，用于提供直流24V开关信号。

TL1、TL2为与总线制编码电话插孔或多线制电话主机连接的音频接线端子。

AL、G为与总线制编码电话插孔连接的报警请求线端子。

布线时，信号Z1、Z2采用RVS双绞线，截面积大于1.0mm$^2$；消防电话线TL1、TL2采用RVVP屏蔽线，截面积大于或等于1.0mm$^2$；报警请求线AL、G采用BV线，截面积大于或等于1.0mm$^2$。

## 2.7 火灾报警控制器和火灾探测器的线制

### 2.7.1 区域与集中火灾报警器

#### 1. 区域与集中火灾报警器的不同

区域型火灾报警控制器：用来直接连接火灾探测器，处理各种报警信息，同时还与集中型火灾报警器相连接，向其传递火警信息；区域火灾报警控制器一般安装在所保护区域现场。区域火灾报警控制器和火灾探测器等组成功能较为简单的区域火灾自动报警系统。

区域报警控制器是负责对一个报警区域进行火灾监测的自动工作装置。一个报警区域包括很多个探测区域（探测部位）。一个探测区域可有一个或几个探测器进行火灾监测，同一个探测区域的若干个探测器是互相并联的，共同占用一个部位编号，同一个探测区域允许并联的探测器数量视产品型号不同而有所不同。

集中型火灾报警控制器：具有接收各区域报警控制器传递信息的火灾报警控制器。集中型火灾报警控制器一般容量较大，可独立构成大型火灾自动报警系统，也可与区域型火灾报警控制器构成分散或大型火灾报警系统。集中型火灾报警控制器一般安装在消防防控制室。由集中火灾报警控制器、区域火灾报警控制器和火灾探测器等组成功能较复杂的集中火灾自动报警系统。

集中报警控制器，由若干台区域报警控制器通过联网的形式，然后由集中报警控制器进行管理，首先巡回检测集中报警控制器管理区内各个部位探测器的工作状态，发现火灾信号或故障信号，及时发出声光警报信号。如果是火灾信号，在声光报警的同时，有些区域报警控制器还有联动继电器触点动作，启动某些消防设备的功能。

区域报警控制器与集中控制器的区别就在于控制管理的范围不同，其他功能都基本相同。

#### 2. 区域与集中火灾报警控制器间的接线

区域火灾报警控制器间的外部接线如图2.2－48所示。在这里注意：不同型号的火灾报警控制器外部接线工作主要依据该控制器的使用说明书进行，但这里的讲述对于深入了解和掌握火灾报警控制器的系统接线及系统组织有一定的指导意义。

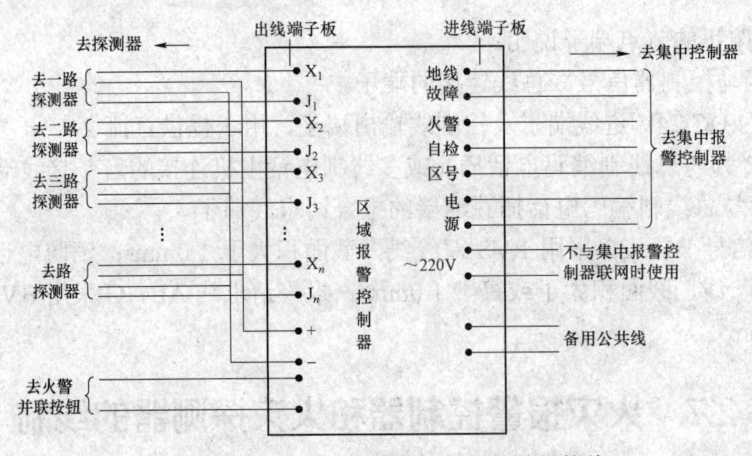


图 2.2－48　区域火灾报警控制器的外部接线

这里的自检是指：对运行记录的检查，隔离信息的检查，联动功能的检查和声光电源的检查等。

一个集中火灾报警控制器与若干个区域火灾报警控制器进行连接组成集中火灾自动报警控制系统的接线情况如图 2.2－49 所示。

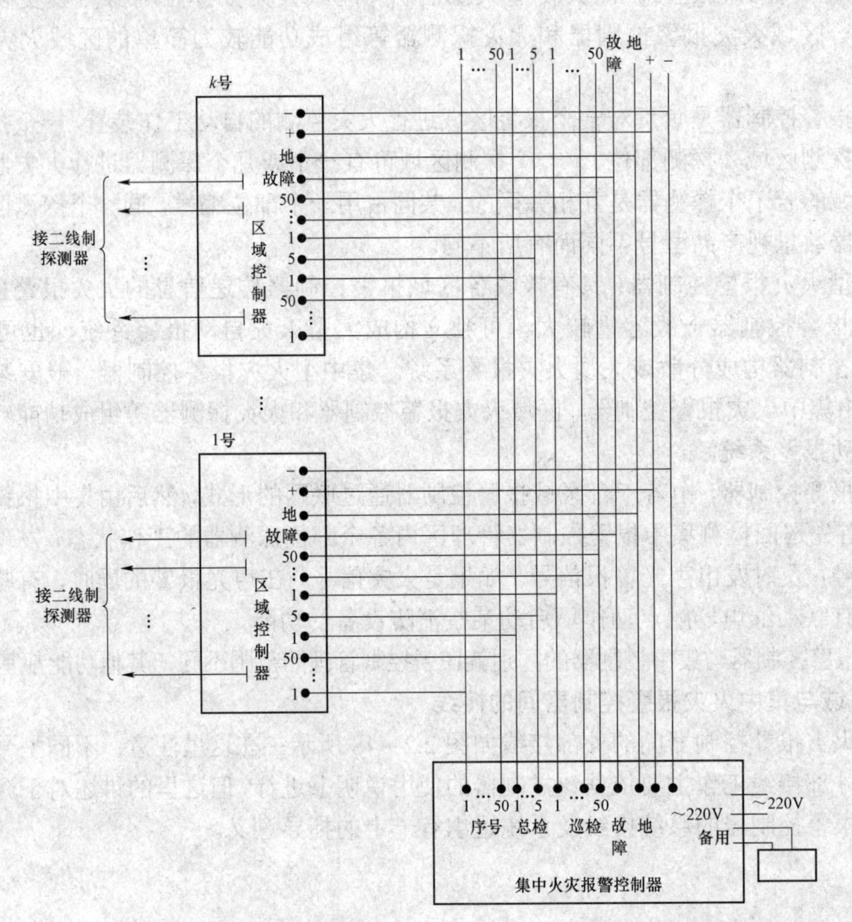


图 2.2－49　集中火灾报警控制器与区域火灾报警控制器的连接接线

## 2.7.2 火灾报警控制器的线制

### 1. 两线制方式

说到火灾报警控制器线制的情况时，要注意不同厂家产品的差异性较大，但有一定的规律性。

（1）对于两线制火灾报警探测器情况下，区域火灾报警控制器的输入线数为（$N+1$）根，$N$ 为报警部位数，这里就是报警点数，一个报警点设置一个探测器。这种情况下，区域控制器和探测器的接线如图 2.2－50 所示。

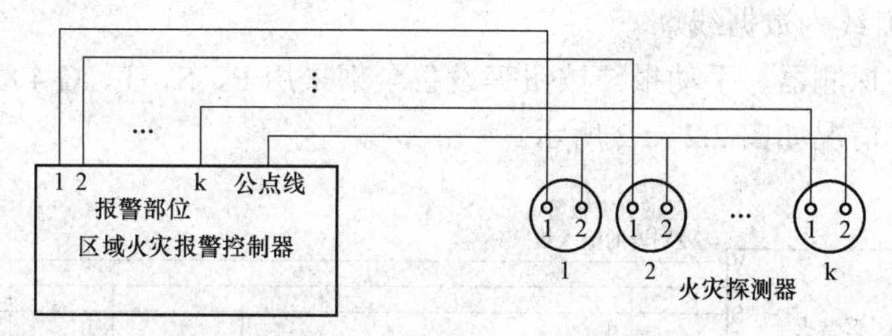


图 2.2－50 区域控制器和探测器的接线

在图 2.2－50 中，区域火灾报警控制器的输入线总数是（$k+1$）根，其中有 $k$ 个报警点（报警部位），一条为公点线。

集中火灾报警控制器和区域火灾报警控制器之间的接线如图 2.2－51 所示。

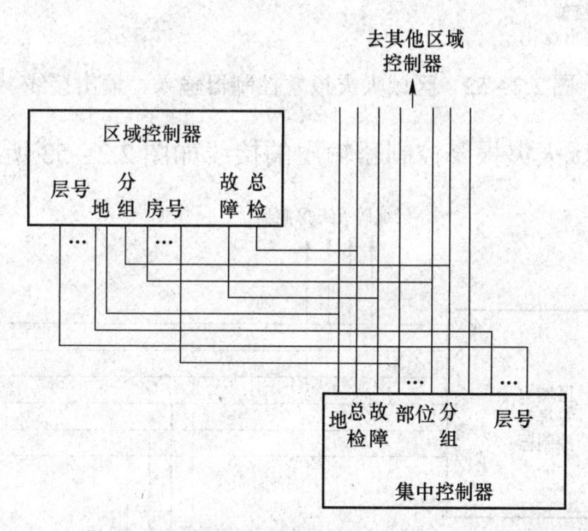


图 2.2－51 集中火灾报警控制器和区域火灾报警控制器的接线

上述这种两线制的线制适合于小型系统，但现在已经很少应用了。

（2）区域火灾报警控制器的输出线。区域火灾报警控制器的输出线数量为：$(10+N/10+4)$。其中：$N$ 为区域火灾报警控制器所监视的部位数目，即探测区域数目；10 为部位显示器的个数；$N/10$ 为巡检分组的线数；4 为其中有地线 1 根，作为层数标识的层号线 1 根，故障线 1 根，总检线 1 根。

（3）集中火灾报警控制器的输入线。集中火灾报警控制器输入线总数为：$(10+N/10+S+3)$。其中：$S$ 为集中火灾报警控制器所控制区域报警器的台数；3 为其中有故障线 1 根，总检线

1 根，地线 1 根。

### 2. 采用四全总线接线

如果火灾自动报警系统采用四全总线接线方式，非常适合大监控点数的系统，接线简单，施工方便。

（1）区域火灾报警控制器输入线是 5 根（P、S、T、G、V 线）：P 线为电源线；S 线为信号线；T 线为巡检控制线；G 线为回路地线；V 线为 DC 24V 线。

（2）区域火灾报警控制器输出线与集中火灾报警控制器的输入线数量相同，有 6 根线（$P_0$、$S_0$、$T_0$、$G_0$、$C_0$、$D_0$ 线）：$P_0$ 线、$S_0$ 线、$T_0$ 线、$G_0$ 线与 P、S、T、G 线的意义相同；$C_0$ 线为同步线；$D_0$ 线为数据线。

系统中使用的探测器、手动报警按钮等设备全部采用 P、S、T、G 4 线接入到区域火灾报警控制器，接线情况如图 2.2－52 所示。

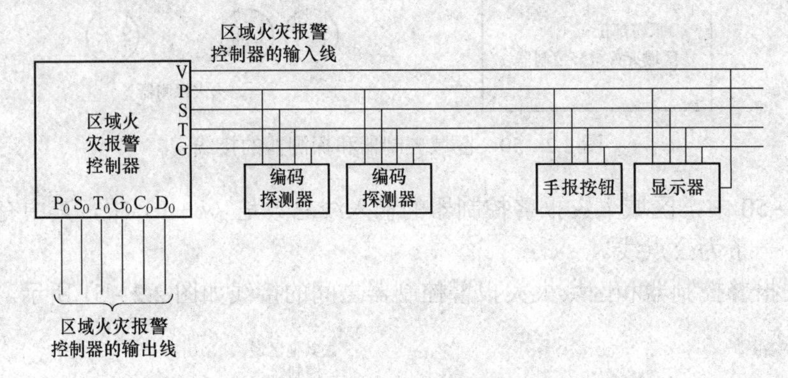


图 2.2－52　区域火灾报警控制器输入、输出接线

某消防工程中的区域火灾报警控制器输出的接线如图 2.2－53 所示。

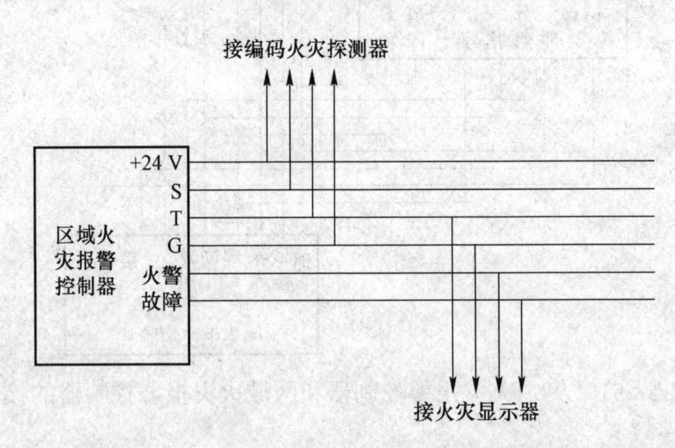


图 2.2－53　区域火灾报警控制器输出线的接线

### 3. 二总线火灾自动报警系统接线

二总线制和四总线制相比，用线量更少，但技术的复杂性和难度增大了。二总线中的 G 线为公共地线，P 线则是一根多功能线，既能够完成供电，又能够作为选址、自检、巡检获取数据信息线。用二总线制组建火灾自动报警系统是现在消防工程中的应用的主流。采用二总线制的区域火灾报警控制器和火灾探测器、手动报警按钮和消火栓报警按钮的接线如图 2.2－54 所示。

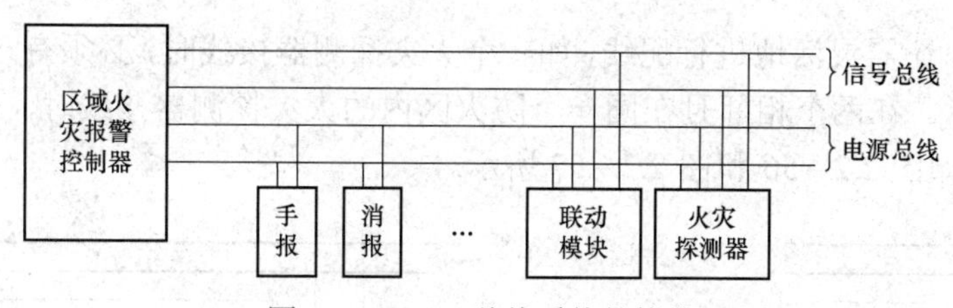


图 2.2－54　二总线系统的接线

## 2.7.3　火灾探测器的线制

如前所述，总线制火灾自动报警系统在火灾自动报警系统工程中处于主流应用中，总线制又有有极性和无极性之分。许多不同厂家生产的不同型号的探测器其线制彼此各不相同。

**1. 多线制中的两线制**

多线制系统中的两线制是指仅使用两线作为总线，两线中：一条是公用地线，常用字符 G 标识；另一条则承担供电、巡检、电源供电故障检测、火灾报警探测器故障、断线故障报警、接触不良、数据传输和自检的功能，是一条多功能线，常用 P 字符标识。

多线制中的两线制系统中，如果将 10 个探测器编为一组，选用一根正电源线供电，用 $n$ 表示占用部位号（装置火灾报警器的个数）线数即探测器信号线的线数，一条回路上接入 $n$ 个探测器，则火灾探测器与区域报警器的最少接线线数是：$N=(n+n/10)$。

也可以采用（$n+1$）线实现火灾探测器的接线，其中 $n$ 为火灾探测器数目（或者说是房号数或探测部位数）。举例说，如果一个小型自动火灾报警控制系统中，使用了探测器总数是 60 个，即 $n=60$，在加上一条公共电源线，则这个小型系统中共用了 61 线外接。如果将 10 个探测器编为一组，共同使用一条公共电源线，则这 $n=60$ 台火灾探测器外接的线数为 $(60+60/10)=66$ 根。

**2. 四线制探测器的接线**

（1）每一回路上挂接的火灾探测器至区域报警器的导线根数 $N$ 为

$$N=2n+2 \tag{2.2-1}$$

式中　$n$——回路中探测器的个数；

　　　2——两根公用电源线。

在由区域报警控制器向火灾探测器的方向上，在布线回路上每经过一只探测器，则导线减少两根。

（2）为控制及维修方便，将每 10 只探测器分为一组单独供电，则式（2.2－1）变为

$$N=2n+(n/10)+1 \tag{2.2-2}$$

（3）区域报警器输出导线根数

$$N_Q=n+(n/10)+3 \tag{2.2-3}$$

式中　$n$——与探测器对应的房号线（火警线）根数；

$(n/10)$——总检线根数；

　　　3——巡检线、故障线、地线各一根。

这里还是要说明：选用产品不尽相同，对应配线方式也不相同，工程设计或施工中要根据其火灾报警控制器、火灾探测器及不同模块的使用说明书进行具体布线。

工程布线中，还需灵活地进行配线，如一个火灾探测器接线时，必须有一根报警信号线，如图 2.2－55 所示。在两个相邻且在同一个防火区内的火灾探测器接线时，使用一或两根报警信号线的情况如图 2.2－56 和图 2.2－57 所示。

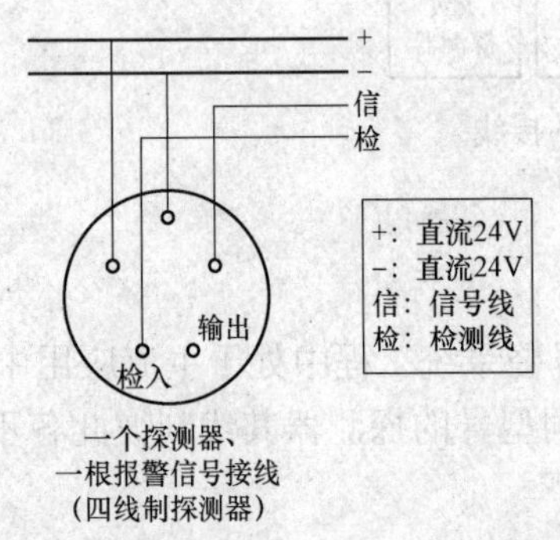


图 2.2－55　一个探测器一根报警信号线的接线

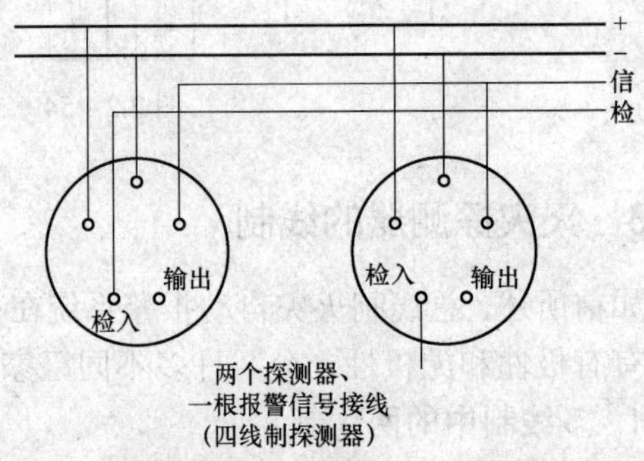


图 2.2－56　两个探测器一根报警信号线的接线

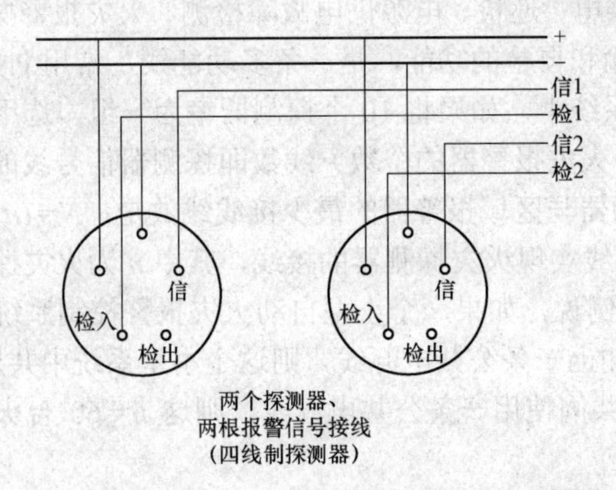


图 2.2－57　两个探测器两根报警信号线的接线

## 2.8　火灾探测器及其手动报警按钮的设置

### 2.8.1　点型火灾探测器的设置和选择

#### 1. 点型火灾探测器的设置和布局

火灾探测器的特性参数一般指保护面积、保护半径和安装间距等。需监测建筑空间的特性参数指建筑的保护等级、房间面积、高度、屋顶坡度、建筑物是否有隔梁等。这里讲的“梁”是指由支座支承，承受的外力以横向力和剪力为主，以弯曲为主要变形的构件称为梁。

点型火灾探测器几个特性参数如下：

保护面积：一只火灾探测器能有效探测的地面面积。

保护半径：一只火灾探测器能有效探测的单向最大水平距离。

安装间距：是指两个相邻火灾探测器中心之间的水平距离。

（1）探测区域内每个房间至少设置一个火灾探测器。

（2）感烟、感温探测器的保护面积和保护半径按表 2.2－2 确定。

表 2.2－2　　　　感烟、感温探测器的保护面积和保护半径

| 火灾探测器的种类 | 地面面积 $S$/m² | 房间高度 $h$/m | 屋顶坡度口 $\theta$ | | | | | |
|---|---|---|---|---|---|---|---|---|
| | | | $\theta\leqslant15°$ | | $15°<\theta\leqslant30°$ | | $\theta>30°$ | |
| | | | $A$/m² | $R$/m | $A$/m² | $R$/m | $A$/m² | $R$/m |
| 感烟探测器 | $S\leqslant80$ | $h\leqslant12$ | 80 | 6.7 | 80 | 7.2 | 80 | 8.0 |
| | $S>80$ | $6<h\leqslant12$ | 80 | 6.7 | 100 | 8.0 | 120 | 9.9 |
| | | $h\leqslant6$ | 60 | 5.8 | 80 | 7.2 | 100 | 9.0 |
| 感温探测器 | $S\leqslant30$ | $h\leqslant8$ | 30 | 4.4 | 30 | 4.9 | 30 | 5.5 |
| | $S>30$ | $h\leqslant8$ | 20 | 3.6 | 30 | 4.9 | 40 | 6.3 |

（3）感烟探测器、感温探测器的安装距离，应根据探测器的保护面积 $A$ 和保护半径 $R$ 确定，不要超过图 2.2－58 探测器安装间距极限曲线图中的曲线 $D_1$～$D_{11}$ 所规定的范围。

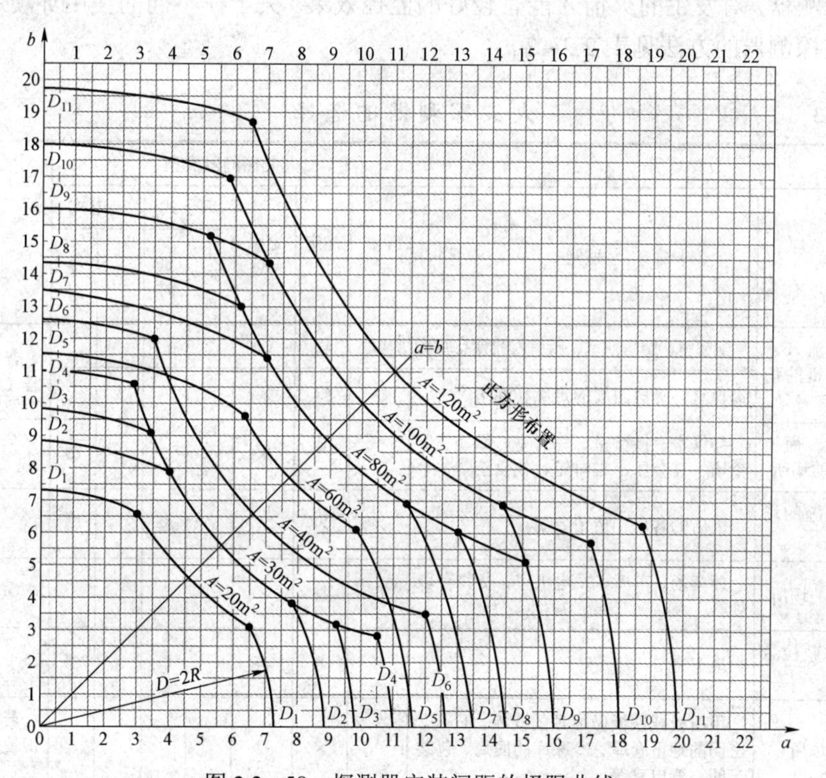


图 2.2－58　探测器安装间距的极限曲线

（4）一个探测区域的面积为 $S$（m²），每个探测器所保护的面积为 $A$（m²），则该探测区需设置的探测器数量 $N$ 为

$$N\geqslant\frac{S}{KA}$$

式中：$K$ 为修正系数，特级保护对象 $K=0.7$～$0.8$；一级保护对象 $K=0.8$～$0.9$；二级保护对象 $K=0.9$～$1.0$。当然，此处 $N$ 的取值只能是整数。

在有梁的顶棚上设置感烟探测器、感温探测器的情况，此处不再赘述，可参考相关的资料。

（5）在宽度小于 3m 的内走道顶棚上设置探测器时，宜居中布置。感温探测器的安装间距不应超过 10m；感烟探测器的安装间距不应超过 15m。探测器至端墙的距离，不应大于探测器安装间距的一半。

（6）探测器至墙壁、梁边的水平距离，不应小于 0.5m。

（7）探测器周围 0.5m 内，不应有遮挡物。

（8）探测器至空调送风口边的水平距离不应小于 1.5m，并宜接近回风口安装，探测器至多孔送风顶棚孔口的水平距离不应小于 0.5m。

（9）探测器宜水平安装。当倾斜安装时，倾斜角不应大于 45°。

**2. 火灾探测器的选择**

在不同的建筑空间内，不同的场所装备自动火灾报警系统时，在具体的监控地点，要选择合适的探测器，对发生的火情才能有较好的监控效果。关于在不同的使用环境中选用不同类型的火灾探测器的方法见表 2.2－3。

**表 2.2－3　　火灾探测器的选择**

| 设置场所 | | 火灾探测器类型 | | | | | | | 备注 |
|---|---|---|---|---|---|---|---|---|---|
| | | | | | 离子式 | | 光电式 | | |
| 使用环境 | 举例 | 差温式 | 差定温式 | 定温式 | 非延时 | 延时 | 非延时 | 延时 | |
| 烹调烟可能流入，而换气性能不良的场所 | 配餐室、厨房前室、厨房内的食品库等 | ◎ | ◎ | ○ | | | | | 若使用定温探测器（I 级灵敏度） |
| | 食堂、厨房四周的走廊和通道等 | ◎ | ◎ | × | | | | | |
| 有烟雾滞留，而换气性能又不好的场所 | 会议室、接待室、休息室、娱乐室、会场、宴会厅、咖啡馆、饮食店等 | △ | △ | × | | | | ◎ | |
| 用做就寝设施的场所 | 饭店的客房、值班室等 | × | × | × | | ◎ | | ◎ | |
| 有废气滞留的场所 | 停车场、车库、发电机室、货物存取处等 | ◎ | ◎ | × | | | | | |
| 除烟以外的微粒悬浮的场所 | 地下室等 | × | × | × | | ◎ | | ◎ | |
| 容易结露的场所 | 用石板或铁板做屋顶的仓库、厂房、密闭的地下仓库、冷冻库的四周、包装车间、变电室等 | △ | × | ◎ | | | | | 若使用定温探测槽使用防水型 |
| 容易受到风影响的场所 | 大厅、展览厅 | ○ | × | × | | | | ◎ | |
| 烟须经过长距离传播才能到达探测器的场所 | 走廊、通道、楼梯、倾斜路、电梯井等 | × | × | × | | | ◎ | | |
| 探测器容易受到腐蚀的场所 | 温泉地区以及靠近海岸的旅馆、饭店的走廊等 | × | × | ○ | | | ◎ | | 若使用定温探测糟使用防腐型 |
| | 污水泵房等 | × | × | ◎ | | | | | |

续表

| 设置场所 | | 火灾探测器类型 | | | | | | | 备注 |
|---|---|---|---|---|---|---|---|---|---|
| | | | | | 离子式 | | 光电式 | | |
| 使用环境 | 举例 | 差温式 | 差定温式 | 定温式 | 非延时 | 延时 | 非延时 | 延时 | |
| 可能有大量虫子的场所 | 某些动物饲养室等 | ◎ | ○ | ○ | | | | | 探测器要有防虫罩 |
| 有可能发生阴燃火灾的场所 | 通信机房、电话机房、电子计算机房、机械控制室、电缆井、密闭仓库等 | × | × | × | | | ◎ | ○ | |
| 太空间、高天棚，烟和热容易扩散的场所 | 体教馆、飞机库、高天棚的厂房和仓库等 | △ | × | × | | | | | |
| 粉尘、细粉末大量滞留的场所 | 喷漆室、纺织加工车间：木材加工车间、石料加工车间、仓库、垃圾处理间等 | × | × | ○ | × | × | × | × | 定温探测器要使用Ⅰ级灵敏度探测器 |
| 大量产生水蒸气的场所 | 开水间、消毒室、浴池的更衣室等 | × | × | ○ | × | × | × | × | 定温探测器要使用防水型 |
| 有可能产生腐蚀性气体的场所 | 电镀车间、蓄电池室、污水处理场等 | × | × | ○ | × | × | × | × | 定温探测器要使用防腐型 |
| 正常时有烟滞留的场所 | 厨房、烹调室、焊接车间等 | × | × | ○ | × | × | × | × | 厨房等高湿度场所要使用防水型探测器 |
| 显著高温的场所 | 干燥室、杀菌室、锅炉房、铸造厂、电影放映室、电视演播室等 | × | × | ○ | × | × | × | × | |
| 不能有效进行维修管理的场所 | 人不易到达或不便工作的车间。电车车库等有危险的场合 | ○ | × | × | × | × | × | × | |

注：◎表示最适于使用；○表示适于实用；△表示根据安装场所等情形，限于能够有效地探测火灾发生的场所使用；×表示不适于使用。

## 2.8.2 线型火灾探测器和手动报警按钮的设置

### 1. 线型火灾探测器的设置

线型火灾探测器能够对狭长条形区域火情进行监测，红外光束感烟探测器和缆式线型火灾探测器均属于线型火灾探测器。线型火灾探测器设置应符合下列规定。

（1）红外光束感烟探测器的光束轴线距顶棚的垂直距离宜为 0.3～0.1m，距地高度不宜超过 20m。

（2）相邻两组红外光束感烟探测器的水平距离不应大于 14m。探测器距侧墙水平距离不应大于 7m 且不应小于 0.5m。受红外光束有效传输距离的限制，探测器的发射器和接收器之间的距离不宜超过 100m。

（3）缆式线型定温探测器在电缆桥架或支架上设置时，宜采用接触式布置；在各种传动带传输装置上设置时，宜设置在装置的过热点附近。

### 2. 手动火灾报警按钮的设置

防火分区中设置手动火灾报警按钮应符合下列要求：

（1）每个防火分区，至少应设置一只手动火灾报警按钮。从一个防火分区内的任何位置到最邻近的一个手动火灾报警按钮的步行距离，不应大于 30m。手动火灾报警按钮宜设置在公共活动场所的出入口处。

（2）手动火灾报警按钮可兼容消火栓启泵按钮的功能。

（3）手动火灾报警按钮应设置在明显且便于操作的部位。当安装在墙上时，其底边距地高度宜为 1.3～1.5m，且应有明显的标志。

# 2.9 火灾自动报警系统的设计

## 2.9.1 系统设计

**1. 确定系统的种类和要点**

火灾自动报警系统的设计要根据被保护对象的保护等级确定。区域报警系统宜用于那些属于二级保护对象的建筑物；集中报警系统宜用于属于一级、二级保护对象的建筑物；控制中心报警系统宜用于属于特级、一级保护对象的建筑物。在具体工程设计中，对某一特定保护对象，究竟应该采用以上三种系统中的哪一种，要根据保护对象的具体情况，如工程建设的规模、使用性质、报警区域的划分以及消防管理的组织体制等因素合理确定。

（1）区域报警系统的设计要求。区域报警系统较为简单，其保护对象一般是规模较小，对联动控制功能要求简单，或没有联动控制功能的场所。系统设计要点有：

1）一个报警区域宜设置一台区域火灾报警控制器（下面简称为区域控制器），系统中区域控制器不应超过两台，以方便用户管理。

2）区域控制器应设置在有人员值班的房间或场所。如果系统中设置两台区域控制器而且不在同一个房间时，选择一台区域控制器所在房间作为值班室，同时将另一台区域控制器的信号传送到值班室。

3）按照用户要求和被保护对象的基本功能属性可设置较为简单的消防联动控制设备。

4）区域控制器多采用壁挂式结构，其底边距地高度宜为 1.3～1.5m。

5）区域控制器的容量应大于所监控设备的总容量。

6）区域报警控制系统还可作为集中报警系统和控制中心系统中的子系统。

7）如果用一台区域控制器监控多个楼层时，应在每个楼层的楼梯口或消防电梯前室等明显部位，设置识别着火楼层的灯光显示装置。

（2）集中报警系统的设计要求。集中报警系统较为复杂，保护对象一般规模较大，联动控制功能要求高。系统设计要点有：

1）系统中应设置一台集中火灾报警控制器和两台及以上区域控制器，或设置一台火灾报警控制器和两台及以上区域显示器（灯光显示装置）。

2）系统中应设置消防联动控制设备。

3）集中火灾报警控制器（下面简称为集中控制器），应能显示火灾报警部位信号和控制信号，应能够进行联动控制。

4）集中控制器或火灾报警控制器，应设置在有专人值班的消防控制室或值班室内。

（3）控制中心报警系统的设计要求。控制中心报警系统是一种复杂的报警系统，其保护对象一般规模大，联动控制功能要求复杂。系统设计要点有：

1）系统中至少应设置一台集中火灾报警控制器（下面简称集中控制器）、一台专用消防联动控制设备和两台及以上区域警控制器，或至少设置一台火灾报警控制器、一台消防联动控制设备和两台及以上区域显示器（灯光显示装置）。

2）系统应能集中显示火灾报警部位信号和联动控制状态信号。

3）发生火情灾后区域控制器报到火情信息汇集到集中控制器，集中控制器发出声、光报警信号同时向联动部分发出指令。每个楼层现场的探测器、手动报警按钮的报警信号送到同层区域控制器，同层的防排烟阀门、防火卷帘等设备由区域控制器进行联动控制。联动的回馈信号送给区域控制器后，再经通信信道送到集中控制器。水流指示器信号、分区断电、事故广播、电梯返底指令的发送控制由控制中心直接进行。

4）对已经发生的火情信息能够进行完整的记录、显示和打印。

5）操作设备集中安装在一个控制台上。控制台上除 CRT 显示器外，还有立面模拟盘和防火分区指示盘。

火灾自动报警系统设计应将系统功能与被保护对象的特点紧密结合。不同的被保护对象，其使用性质、重要程度、火灾危险性、建筑结构形式、耐火等级、分布状况、环境条件，以及管理形式等各不相同。为建筑物设计配置火灾自动报警系统时，首先应认真分析其特点，然后根据相关的国家标准与规范，提出具体切实可行的设计方案。

火灾自动报警系统设计的基本要求是：安全适用、技术先进、经济合理。在设计火灾自动报警系统时，主要依据是现行的有关强制性国家标准、规范的规定，不能与之相抵触。

**2. 消防联动控制设计要求**

消防联动设备是火灾自动报警系统的重要控制对象。消防联动控制设计要点有：

（1）消防联动设备的编码控制模块和火灾探测器的控制信号和火警信号在同一总线回路上传输时，其传输总线应按消防控制线路要求敷设，而不应按报警信号传输线路要求敷设。

（2）消防水泵、防烟、排烟风机的控制若采用总线编码控制模块时，要在消防控制室设置手动直接控制装置。由于这些联动控制对象的动作的可靠性意义重大，所以不应单一采用火灾报警系统传输总线上的编码模块控制其动作，而要配置手动直接启动装置，保证联动控制的高可靠性。

（3）设置在消防控制室以外的消防联动控制设备的动作状态信号，均应在消防控制室显示，以便实行系统的集中控制管理。

### 2.9.2 火灾报警控制器容量的选择

一台火灾报警控制器外接有若干总线回路，所有总线回路所连接的火灾探测器及控制模块（或信号模块）的地址编码数量之和应小于火灾报警控制器的容量，适当地留有地址编余量对系统的日后增容、改造是非常有必要的。

这里讲到的火灾报警控制器额定容量，是指其可以接收和显示的探测部位地址编码总数。除了总容量要有冗余外，火灾报警控制器每一总线回路所连接的火灾探测器和控制模块或信号模块的编码总数的额定值，应大于该总线回路中实际需要的地址编码总数。容量冗余，应根据保护对象的具体情况，如工程规模、重要程度等要合理掌握，一般可控制在 15%～20%。

### 2.9.3 火灾应急广播和火灾警报装置

GB 50116《火灾自动报警系统设计规范》规定：火灾自动报警系统应设置火灾警报装置。每个防火分区至少应设一个火灾警报装置，其位置宜设在各楼层走道靠近楼梯出口处。警报装置宜采用手动或自动控制方式。

（1）火灾应急广播的设置。《火灾自动报警系统设计规范》中规定：控制中心报警系统应设置火灾应急广播，集中报警系统宜设置火灾应急广播。

火灾应急广播的设置应符合下列要求：

1）火灾应急广播扬声器的设置应符合下列要求：

① 民用建筑内扬声器应设置在走道和大厅等公共场所，每个扬声器的额定功率不应小于 3W，其数量应能保证从一个防火区内的任何部位到最近一个扬声器的步行距离不大于 25m。走道内最后一个扬声器距走道末端的距离不应大于 12.5m。

② 在环境噪声大于 60dB 的场所设置扬声器，在其播放范围内最远点的播放声压级应高于背景噪声 15dB。

③ 客房设置专用扬声器时，其功率不宜小于 1.0W。

2）火灾应急广播与公共广播合一时，应符合下列要求：

① 火灾时应能在消防控制室将火灾疏散层的扬声器和公共广播扩音机强制转入火灾应急广播状态。

② 消防控制室应能监控用于火灾应急广播时的扩音机的工作状态，并应具有遥控开启扩音机和采用传声器播音的功能。

③ 应设置火灾应急广播备用扩音机，其容量不应小于火灾时需同时广播的范围内火灾应急广播扬声器最大容量总和的 1.5 倍。

（2）火灾警报装置。火灾警报装置的设置应符合下列要求：

1）未设置火灾应急广播的火灾自动报警系统，应设置火灾警报装置。

2）每个防火分区至少应安装一个火灾警报装置。其安装位置宜设在各楼层走道靠近楼梯出口处。警报装置宜采用手动或自动控制方式。

3）在环境噪声大于 60dB 的场所设置火灾警报装置时，其声警报器的声压级应高于背景噪声 15dB。

### 2.9.4 消防专用电话

消防专用电话是消防工程中重要组成部分。为保证火灾自动报警系统快速反应和可靠报警，同时保证发生火情时消防通信指挥系统的可靠、灵活及畅通，需设置消防专用电话。消防专用电话的设计要点：

（1）消防专用电话是独立的消防专用通信装置，不能利用一般电话线路代替。

（2）消防控制室应设置消防专用电话总机。消防专用电话总机与电话分机之间的呼叫方式应当是直通的，没有中间交换或转接环节。

（3）电话分机设置应做到：

1）对于消防水泵房、备用发电机房、配变电室、主要通风、空调机房、排烟机房、消防电梯机房及其他与消防联动控制有关的场所、值班室等要设置消防专用电话分机。

2）在设置手报按钮、消火栓按钮的场所宜设置电话插孔。

3）特级保护对象的各避难层应每隔20m设置消防专用电话分机或塞孔。

4）消防控制室、消防值班室或企业消防站等处应设置可直接报警的外线电话。

### 2.9.5 火灾自动报警系统接地

火灾自动报警系统是建筑弱电系统中的一个子系统，对弱电系统来讲，接地是否良好，对系统工作影响很大。这里所说的接地，是指工作接地，即为保证系统中“零”电位点稳定可靠而采取的接地。工作接地示意图如图2.2－59所示。图中，N线是中性线，PE线是保护线。

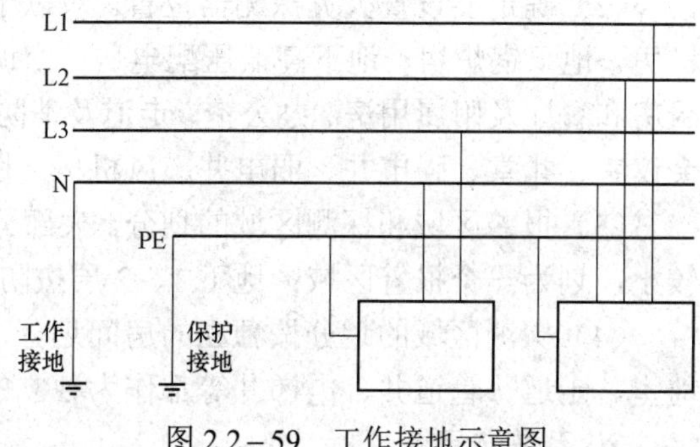


图2.2－59 工作接地示意图

火灾自动报警系统接地应满足：

（1）接地电阻值视情专用接地还是共用接地的情况取值：

1）采用专用接地装置时，接地电阻值不应大于4Ω。

2）采用共用接地装置时，接地电阻值不应大于1Ω。

说明：将各部分防雷装置、建筑物金属构件、低压配电PE保护线、设备保护地、屏蔽体接地、防静电接地及接地装置等连接在一起的接地系统称为共用接地。

（2）火灾自动报警系统应设专用接地干线，并应在消防控制室设置专用接地板。专用接地干线应从消防控制室专用接地板引至接地体。

（3）专用接地干线应采用铜芯绝缘导线，其芯线截面积不应小于 $25mm^2$。专用接地干线宜穿硬质塑料管埋设至接地体。

（4）消防控制室接地板引至各消防电子设备的专用接地线应选用铜芯塑料绝缘导线，其芯线截面积不应小于 $45mm^2$。

（5）消防电子设备凡采用交流供电时，设备金属外壳和金属支架等应作保护接地，接地线应与电气保护接地干线（PE线）相连接。

消防电子设备多采用交流供电，设备金属外壳和金属支架等应作保护接地，接地线应与电器保护接地干线（PE线）相连接。

## 2.10 火灾报警控制系统的设计及工程实用

### 2.10.1 工程概况

某办公大楼地上27层，地下2层，其中1楼设一个大厅，4楼有一个人员容量较大的大空间的会议室和设备机房。这里所谓的大空间是指：空间高度大于5m，体积大于1万 $m^3$ 的建筑称为大空间建筑。该老楼的各层还依次设置了以下一些功能区域：行政办公区域、图书馆、文体活动中心、电梯机房和消防水箱间；地下空间设置了汽车停车库、锅炉房、配电室和消防水泵房等。

### 2.10.2 确定保护等级及选用火灾自动报警系统类型

**1. 确定保护等级及火灾探测器的设置部位**

（1）由于是重要的办公大楼，建筑高度超过50m，发生火情时疏散和扑救难度大，确定为一级保护对象。

（2）确定要设置火灾探测器位置。对以下部位设置火灾探测器：地下停车库、地下设备机房、地下锅炉房、地下高低压配电房、空调机房、走道、电梯前室、大厅的门厅、食堂的厨房和餐厅及附属用房、办公室、走道及消防电梯前室、楼梯、防烟楼梯、防火卷帘的周围、会议室、礼堂、强电井、弱电井、风机房；图书阅览室、书库、电梯机房等。

（3）报警区域和探测区域的划分。大部分报警区域按楼层划分。由于最顶两层有效空间较小，划为一个报警区域；地下1、2层按防火分区划分。

（4）探测区域的划分按独立的房间划分，另外防烟楼梯间、防烟楼梯与消防电梯的合用前室、走道、管道井、电梯井等都作为独立的探测区域。

**2. 系统选用**

根据以上的分析及分区情况，火灾自动报警系统选用控制中心火灾自动报警系统。选用某品牌的成套设备和系统。整个系统包括：1台报警控制主机作为控制中心火灾报警控制器；10台I/O工作子站、2台联动控制子站、1台电源子站，若干门消防对讲电话主机、消防广播录放盘、功放盘、分配盘及CRT显示器。

**3. 消防联动控制的设计**

消防联动控制系统包括自动喷水灭火系统、室内消火栓系统、防排烟系统、防火卷帘控制系统、气体灭火系统、火灾应急广播系统、消防通信系统、电梯联动控制系统和非消防电源切断系统。

（1）自动喷水灭火系统。楼宇内安装3套湿式自动喷水灭火系统，3套湿式报警阀及配套的水流指示器、压力开关、水泵、喷淋泵和数千只喷淋头。

使用的功能模块有：

1）水流指示器及压力开关的动作信号通过信号输入模块接入报警回路，在报警控制器上显示。

2）水泵的控制及各种状态的显示通过多线控制模块接入位于消防控制室的联动子站。

3）喷淋泵的工作状态反映在联动子站上，火灾状态下系统可根据设定的软件自动或人工手动启、停喷淋泵。

（2）室内消火栓系统。楼宇内安装100余套室内消火栓、2套试验消火栓、2台消火栓泵。消火栓箱内设有消火栓报警按钮，此按钮的动作信号在报警控制器（控制中心火灾报警控制器）上显示。

使用的功能模块有：

1）水泵的控制及各种状态的显示通过多线控制模块接入位于消防控制室的联动子站。

2）平时消防泵的工作状态反映在联动子站上，火灾状态下系统可根据设定的软件自动或人工手动启、停消防泵。

（3）防排烟系统。楼宇内设有各类排烟风口约100套，各类排烟防火阀数10套，排烟风机近20台。

报警系统也可根据排烟防火阀的动作信号自动关闭排烟风机。

使用的功能模块有：排烟风口的控制及动作信号的返回及排烟防火阀动作的返回信号通过总线控制模块来实现，该模块接在回路总线上进入集中火灾报警控制器。

（4）正压送风防烟系统。楼宇内设有若干正压送风口，配备正压送风机。

（5）防火卷帘控制系统。在楼宇的不同防火分区之间部分区位设置了若干防火卷帘门。卷帘门的释放和归底信号通过总线控制模块来实现。卷帘门的释放可根据其周围火灾探测器的报警信号自动完成，也可由消防值班人员在控制室人工手动或现场手动完成。

（6）气体灭火系统。由于楼宇内有燃油锅炉房，因此设置了一套有管网单元独立卤代烷全淹没灭火系统，受控于一台区域火灾报警控制器，该控制器设在消防控制室内。

（7）火灾应急广播系统和消防通信系统。整个火灾自动报警控制系统配置了火灾应急广播系统和消防通信系统。

（8）电梯控制系统。全部客梯在火灾状态下可自动或人工手动，通过总线控制模块联动控制电梯迫降到底层平层并打开电梯轿厢门，归底信号也通过该模块返回到火灾报警控制器。

（9）非消防电源切断系统。火灾状态下，控制中心火灾报警控制器可自动或手动启动总线控制模块，由它来使非消防电源配电盘的分励脱扣器动作，从而切断电源。分励脱扣器的动作信号通过线控制模块返回到报警控制器。

（10）系统接地。整个火灾自动报警系统采用专用接地装置。

### 4. 消防控制室

消防控制室设在大楼的1层，设置有独立式空调系统进行空气调节。作为控制中心的火灾报警控制器与联动控制子站、电源子站、消防监控主机、消防电话系统、火灾应急广播系统的设备组装在一起，选用琴台式机壳。卤代烷灭火系统的壁挂式区域火灾报警控制器安装在琴台式设备的附近位置。

### 5. 火灾探测器及手动报警按钮的选择、设置

根据建筑空间内不同区域的功能，在大楼内共设置了1000余只模拟量光电感烟探测器、仅200只差定温感温探测器、近百只带电话插孔的手动报警按钮、近200只具有启泵功能的消火栓报警按钮、若干只接收水流指示器信号的输入模块和用于接收压力开关报警信号的输入模块。

### 6. 系统供电

系统供电的主电采用消防电源供电，备电采用设备生产厂家配套的专用蓄电池，并设有一台电源子站，用于控制主、备电源的转换和备用电源的充、放电以及电源故障的监测等。

# 第3章
# 消防灭火系统与防火卷帘门

冷却法灭火系统最常用的灭火剂是水。水具有很高的汽化潜热和热容量，冷却性能好，常用于扑灭建筑物中的火灾。水冷却法灭火系统主要有两种形式，即消火栓给水系统和自动喷水灭火系统。消火栓给水系统以建筑物外墙为界，又分为室内消火栓给水系统和室外消火栓给水系统。其中室内消火栓系统是建筑内最主要和普遍应用的水灭火设施。

## 3.1　消火栓给水系统及其组成

### 3.1.1　室外消火栓给水系统及其组成

在建筑物外墙中心线以外的消火栓给水系统就是室外消火栓给水系统，其组成如图2.3-1所示。

室外消火栓给水系统担负着城市、集镇、居住地或工矿企业等室外部分的消防给水任务。

室外消火栓给水系统主要功能是在建筑物外部进行灭火并能够向室内消防给水系统供给消防用水，主要由消防水源、消防水泵、室外消防给水管网和室外消火栓等组成。

消防水源主要指：城市的市政供水管网供水和消防水池储存消防用水；消防水泵能够对消防水源用水加压，使其满足灭火时对水压和水量的要求；室外消防给水管网担负着输送消防用水的任务，如市政管网；室外消火栓则是供灭火设备从消防管网上取水的设施。

消火栓给水系统的给水方式如图2.3-2所示。

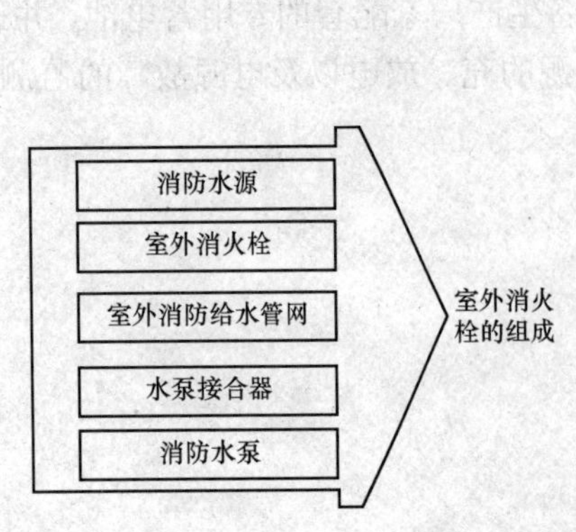


图2.3-1　室外消火栓给水系统的组成

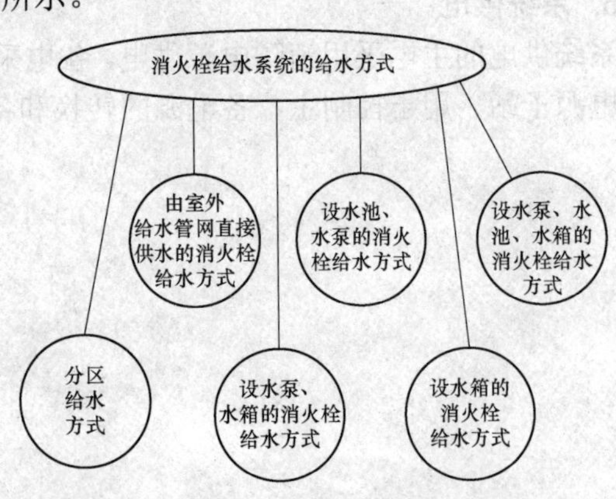


图2.3-2　消火栓给水系统的给水方式

### 3.1.2 室内消火栓给水系统及其组成

**1. 室内消火栓系统的设置原则**

（1）应设置室内消火栓给水系统的建筑物：

1）24m 以下的厂房、仓库、科研楼。

2）超过 800 个座位的剧院、电影院、俱乐部，超过 1200 个座位的礼堂、体育馆。

3）建筑体积大于 5000m$^3$ 的各种公共场所，如车站、机场、商店、医院等。

4）7 层以上的住宅，底层设有商店的单元式住宅。

5）超过 5 层或者体积超过 10 000m$^3$ 建筑物。

6）国家文物保护单位的砖木或木结构建筑。

（2）可不设室内消火栓给水系统的建筑物：

1）耐火等级为一、二级且可燃物较少的丁、戊类厂房和库房（高层工业建筑除外）；耐火等级为三、四级且建筑体积不超过 3000m$^3$ 的丁类厂房和建筑体积不超过 5000m$^3$ 的戊类厂房。

2）室内没有生产、生活给水管道，室外消防车用水取自储水池且建筑体积不超过 5000m$^3$ 的建筑物。

**2. 室内消火栓给水系统的组成**

室内消火栓给水系统的组成如图 2.3－3 所示。

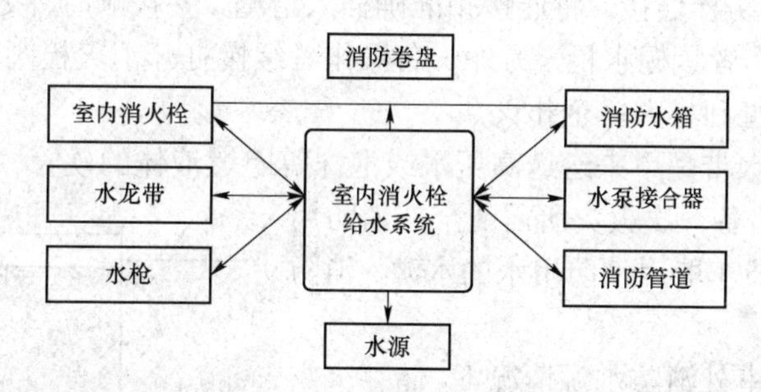


图 2.3－3 室内消火栓给水系统的组成

室内消火栓给水系统中的各个组件的功能说明如下：

（1）消火栓箱：安装在消防给水管道上，由水枪、水带和消火栓组成，如图 2.3－4 所示。

图 2.3－4 消火栓箱中的组件

（2）室内消火栓的功能：室内管网向火情现场供水，带有阀门的接口，通常安装在消火栓箱内，与消防水带和水枪等器材配套使用。室内消火栓构造上分为单出口和双出口结构，如图 2.3－5 所示。

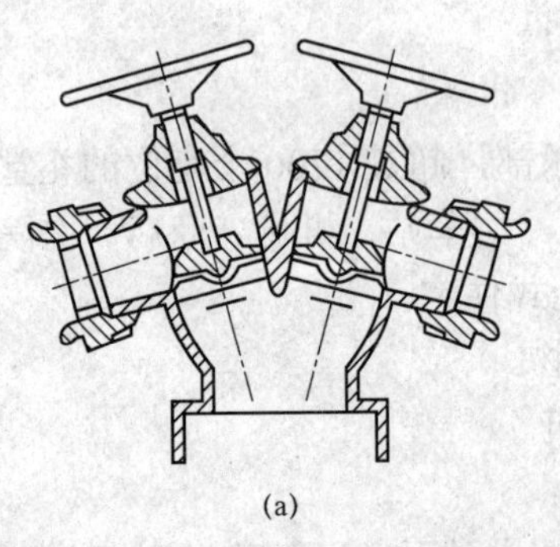

(a)

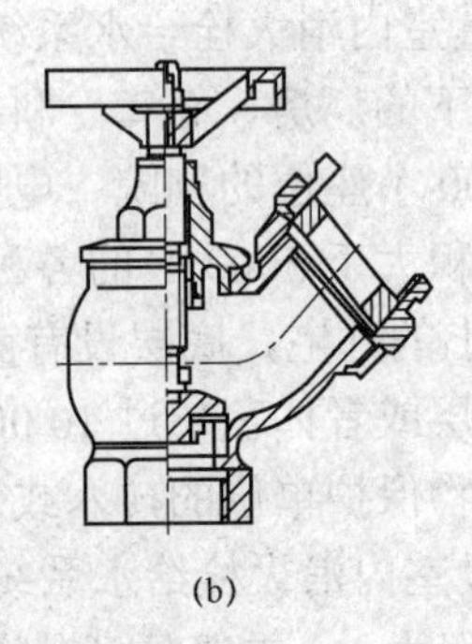

(b)

图 2.3－5　单出口和双出口结构的消火栓

（a）双阀双出口型消火栓；（b）单阀单出口型消火栓

（3）水枪：是灭火的射水工具，用其与水带连接会喷射密集充实的水流，具有射程远、水量大等优点。

水枪的使用：① 拉开防火栓门，取出水带和水枪；② 向火场方向铺设水带，注意避免扭折；③ 将水带与消防栓连接，将连接扣准确插入滑槽，并按顺时针方向拧紧；④ 连接完毕后，至少有 2 名操作者紧握水枪，另外一名操作者缓慢打开消火栓阀门至最大，对准火源根部喷射进行灭火，直到将火完全扑灭。

（4）水带：消防水带是用来运送高压水或泡沫等阻燃液体的软管。

（5）消防水池：储备一次火灾所需的全部消防用水的设施，也可供消防车取用消防用水的水源。消防水池如图 2.3－6 所示。

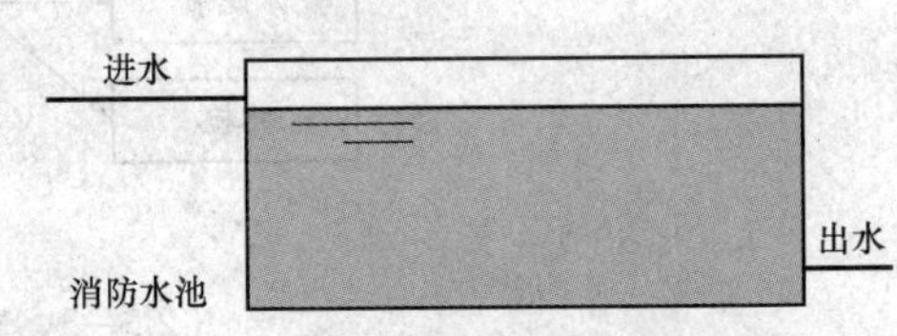


图 2.3－6　消防水池

消防水池用于无室外消防水源情况下，储存火灾持续时间内的室内消防用水量。可设置于室外地下或地面上，也可设置在室内地下室，或与室内游泳池、水景水池兼用。

消防水池应设有水位控制阀的进水管和溢水管、通气管、泄水管、出水管和水位指示器等附属装置。在一定条件下也可以将消防水池于生活或生产储水池合用，也可以单独设置。

（6）消防水箱：供给建筑灭火初期火灾的消防用水量，并保证相应的水压要求。消防水箱的外观如图 2.3－7 所示。

消防水箱设置要求：

1）为确保自动供水的可靠性，应采用重力自流供水方式。

2）消防水箱宜与生活高位水箱合用，要保持箱内储水经常流动，防止水质变坏。

3）消防水箱的安装高度应满足室内位置最远的消火栓所需要的水压要求，且应储存室内 10min 的消防用水水量。

图 2.3－7　消防水箱的外观

（7）消防水泵接合器。消防水泵接合器是连接消防车向室内消防给水系统加压供水的装置，一端由消防给水管网水平干管引出，另一端设于消防车易于接近的地方。

消防水泵接合器分为地上式、地下式和墙壁式，地上式、地下式如图 2.3－8 所示。

(a)　　(b)

图 2.3－8　地上式、地下式消防水泵接合器

（a）地下式消防水泵接合器；（b）地上式消防水泵接合器

消防水泵接合器的作用：

1）在消防水池水量不足情况下，作为消防车与室内喷淋系统或消火栓系统连接的接口。

2）当发生火灾时，消防车的水泵可迅速方便地通过该接合器的接口与建筑物内的消防设备相连接，并送水加压，从而使室内的消防设备得到充足的压力水源，用以扑灭不同楼层的火灾，有效地解决了建筑物发生火灾后，消防车灭火困难或因室内的消防设备因得不到充足的压力水源无法灭火的情况。

3）在消火栓泵出现故障不能工作运行的情况，进行替代提供灭火动力。

4）在楼层过高水压不够的情况下，通过室外消防车供水泵提供更大的送水扬程。

5）和室外消火栓配合使用。

**3. 室内消火栓给水系统的使用方法**

当建筑物某层发生火情时，首先打开消火栓箱箱门，取下挂架上的水带和弹簧卡子上的水枪，将水带接口连接在消火栓接口上，开启消火栓，即可灭火。同时按下消防手动报警按钮，启动消防水泵和进行火情报警。消火栓箱上的红色指示灯亮向消防控制中心和消防水泵房发出声、光报警信号，以便及时报告险情并组织灭火。

**4. 室内消火栓给水系统中各组件的配合运行**

室内消火栓给水系统中运行情况如图 2.3－9 所示。

某区域发生火情，灭火人员直接使用配置在该区域的消火栓灭火系统，消火栓水泵控制过程是：打开消火栓箱，按下消火栓手动报警按钮，信号经类比探测器底座输入到主控屏并显示，主控屏经确认后依程序，经特定输出口控制消火栓泵启动。泵的运转信号显示在控制台上。消火栓泵也可在中央控制台上直接手动控制。

**5. 消防卷盘**

消防卷盘也叫消防软管卷盘，是由阀门、输入管路、软管和喷枪等组成的，并能在迅速展开软管的过程中喷射灭火剂的灭火器具。

高级旅馆、重要的办公楼、一类建筑的商业楼、展览楼、综合楼等和建筑高度超过100m的其他高层建筑，应设消防卷盘，其用水量可不计入消防用水总量。消防卷盘的间距应保证有一股水流能到达室内地面任何部位，消防卷盘的安装高度应便于取用，动作灵活无卡阻。消防卷盘的外观如图2.3－10所示。

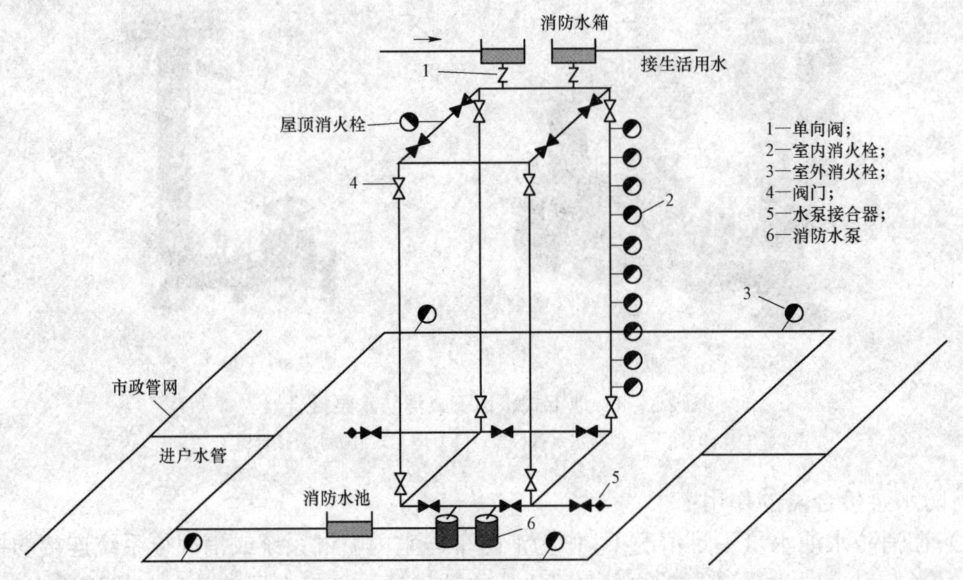


图2.3－9　室内消火栓给水系统的运行情况

### 6. 室内消火栓系统的几种类型

室内消火栓给水系统的管网分为低层建筑室内消火栓给水系统管网和高层建筑室内消火栓给水系统管网。

（1）低层建筑室内消火栓给水系统的三种类型。低层建筑室内消火栓给水系统有无加压水泵和水箱的室内消火栓给水系统、设有消防水箱的室内消火栓给水系统和设有消防水泵和水箱的室内消火栓给水系统。

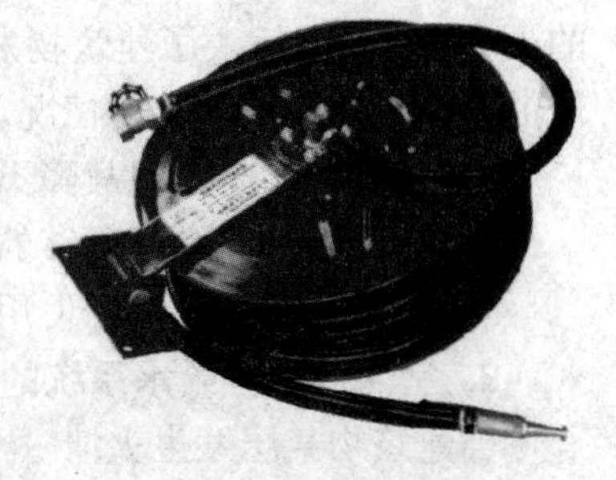

图2.3－10　消防卷盘的外观

无加压水泵和水箱的室内消火栓给水系统如图2.3－11所示。

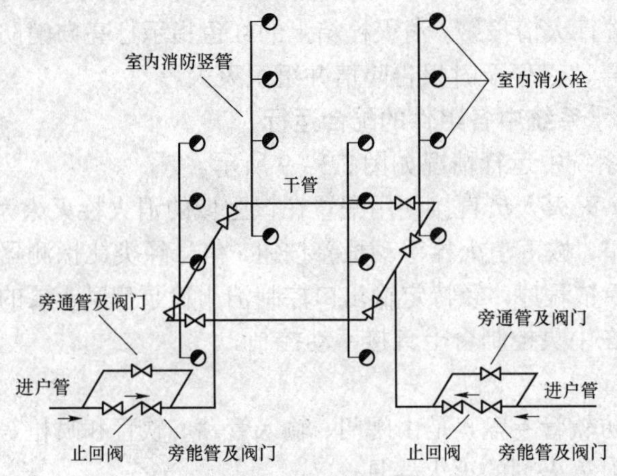


图2.3－11　无加压水泵和水箱的室内消火栓给水系统

这种给水系统管网适用于建筑物高度不高，室外给水管网的压力和流量完全能够满足设计水压和水量要求的建筑环境中。

无加压水泵和水箱的室内消火栓给水系统采用由室外供水管网直接供水的消防给水方式，如图2.3－12所示。

设有消防水箱的室内消火栓给水系统如图2.3－13所示。

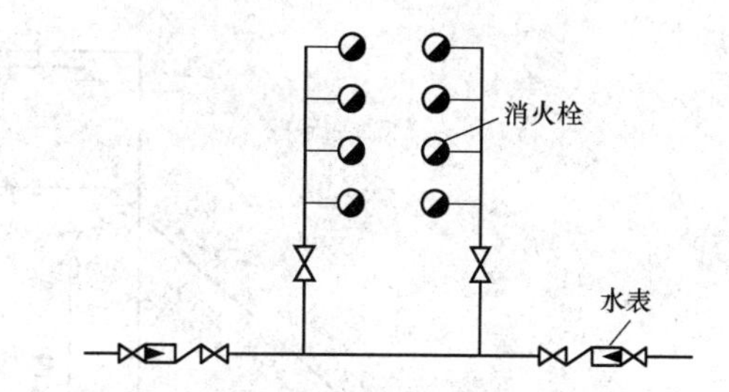

图2.3－12　由室外供水管网直接供水的消防给水方式

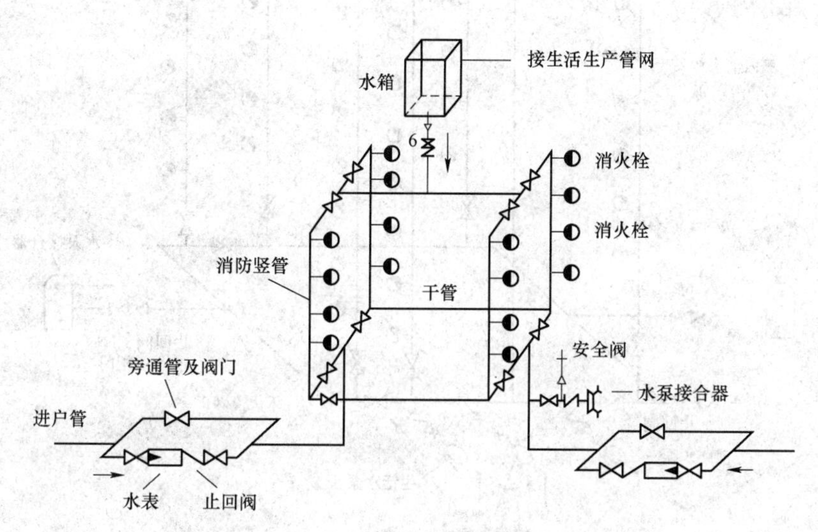

图2.3－13　设有消防水箱的室内消火栓给水系统

此种给水系统用于水压变化较大的城市或住宅区，当生活及生产用水量达到最大时，室外管网无法保证室内管网最不利点消火栓的压力和流量，而在生活和生产用水量较小的时间段内，室内管网压力又较大，常设有水箱进行生活、生产用水量的调节。为保证扑救初期火灾所需水压，水箱高度应满足室内管网最不利点消火栓对水压和水量的要求。

如果给水系统中既有消防水泵又有消防水箱，这样的消火栓给水系统就是有消防水泵和水箱的室内消火栓给水系统。

（2）高层建筑室内消火栓给水系统。建筑高度大于24m的建筑空间内，要配备高层建筑室内消火栓给水系统。受消防车水泵泵压和消防水带的强度限制，一般情况下不能直接利用消防车从室外水源将水泵到建筑高层灭火，因此高层建筑室内消火栓给水系统是扑灭高层建筑火灾的主要灭火设备。

高层建筑室内消火栓给水系统有可不分区供水方式和可分区供水方式。

1）高层建筑室内消火栓不分区给水系统。建筑高度大于24m但不超过50m的高层建筑室内的消火栓给水系统，如果室内消火栓承受静水水压不超过8MPa时，可以配用不分区给水系统。当火情持续期间，消防车通过室外消火栓和建筑物水泵接合器，向室内消火栓给水管网供水。高层建筑室内消火栓不分区给水系统如图2.3－14所示。

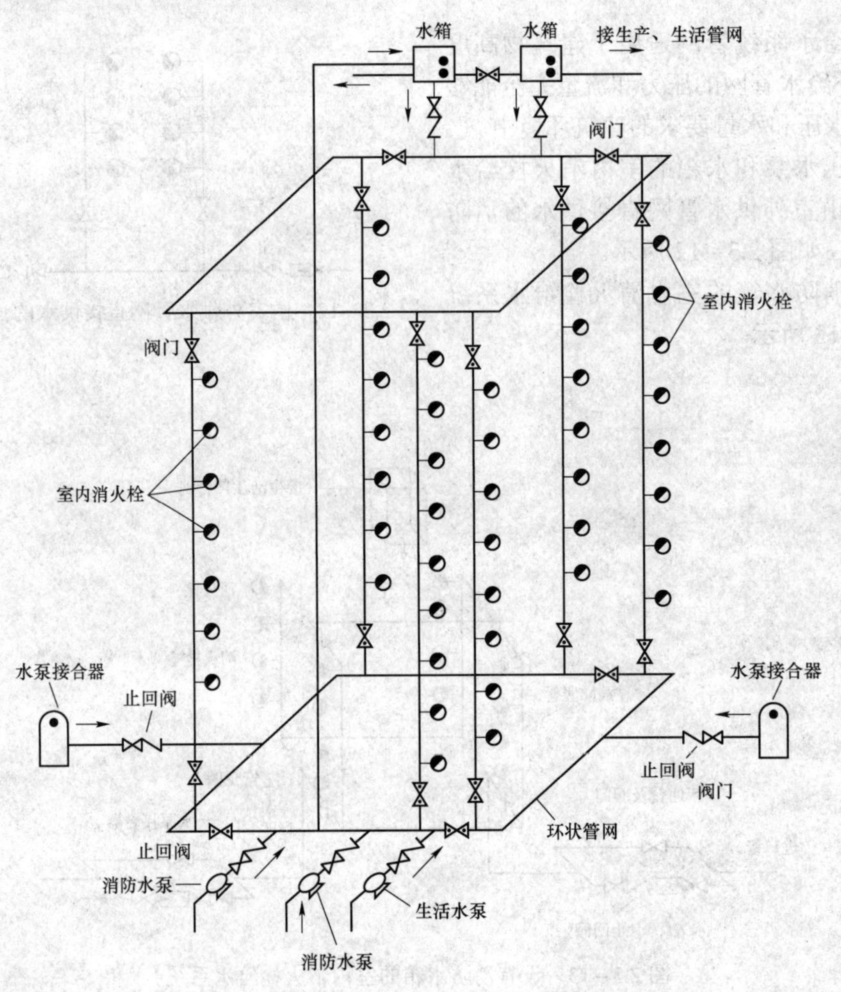


图 2.3－14　高层建筑室内消火栓不分区给水系统

2）高层建筑室内消火栓分区给水系统。高度大于 50m 的高层建筑，使用消防车无力扑救这样高度建筑内的火灾，高层建筑内的室内消火栓给水系统是扑救火灾的主要设施，而且应该采用分区给水，这种给水方式可以防止低层建筑的供水管网由于水压过高而容易损坏的缺点。

分区给水方式的设置特点：室外给水管网向低区和高位水箱供水并使水箱内贮存 10min 消防用水量。

高区火情初起时，由水箱向高区消火栓给水系统供水。

当水泵系统启动后，由水泵向高区消火栓给水系统供水灭火。

低区灭火的情况：供水量、水压由外网保证。

分区给水方式的使用条件：① 外网仅能满足低区建筑消火栓给水系统的水量、水压要求，不满足高区灭火的水量、水压要求。② 当地有关部门不允许消防水泵直接从外网抽水。③ 高层建筑由于楼层高，消防管道上部和下部的压差很大，当消火栓处最大压力超过 0.8MPa 时，必须分区供水。

消火栓处栓口的静水压力超过 1.0MPa 的室内消火栓给水系统，为便于对火灾区域的消防灭火扑救和保证消防供给用水，应采用分区给水系统。分区给水系统有并联分区给水系统和串联分区给水系统的不同。

并联分区消防给水系统，如图 2.3－15 所示。

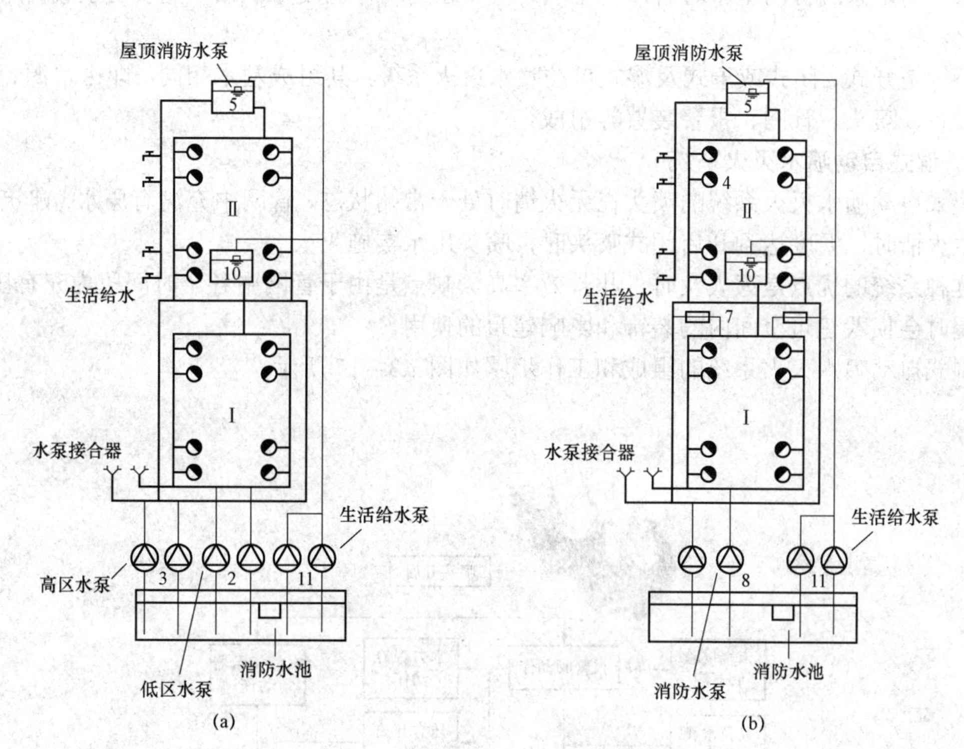


图 2.3－15 并联分区消防给水系统

（a）采用不同扬程水泵分区；（b）采用减压阀供水

## 3.2 自动喷水灭火系统和防火卷帘门

在发生火灾时，能自动打开喷头喷水灭火并同时发出火警信号的消防灭火设施就是自动喷水灭火系统。自动喷水灭火系统使用加压设备通过管网供水给具有热敏元件的喷头处，喷头在火灾的高温环境中自动开启并喷水灭火。一般情况下，喷头下方的覆盖面积约为 $10m^2$ 略多一些，系统扑灭初期火灾的效率较高。

### 3.2.1 自动喷水灭火系统的分类及组成

#### 1. 自动喷水灭火系统分类

自动喷水灭火系统分类如图 2.3－16 所示。

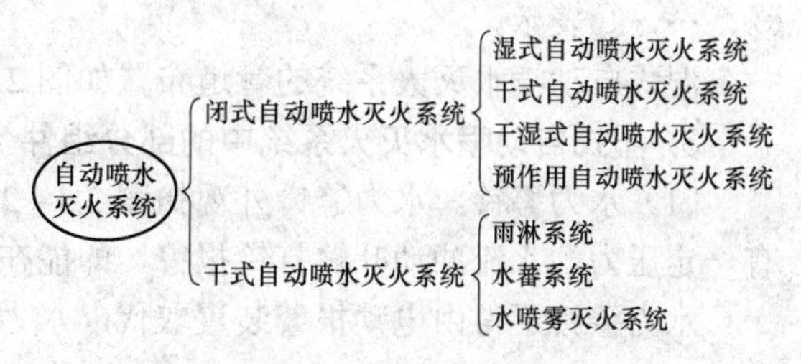


图 2.3－16 自动喷水灭火系统分类

下面仅介绍在工程应用中较为普遍使用的三种闭式自动喷水灭火系统，即湿式、干式和预作用式自动喷水灭火系统。

闭式自动喷水灭火系统是指：系统内的阀门及喷头都是封闭（闭合）的；而开式自动喷水灭火系统中的阀门部分是电动或手动的。

湿式系统是指：管网里平时有压力水，喷头达到动作温度爆裂后，水立即喷出灭火；而干式系统则是系统管网里平时有压力空气，喷头达到动作温度爆裂后，先喷出空气，然后喷水灭火。

不管是开式、闭式或干式及湿式自动喷水灭火系统，其组成基本相同，即由水源、加压贮水设备、喷头、管网、报警装置等组成。

2. 湿式自动喷水灭火系统

湿式自动喷水灭火系统的喷头在无火情时处于常闭状态，管网中充满有压水，建筑空间内发生火情时，温度达到开启闭式喷头时，喷头出水实施灭火。

这种系统的优点是灭火及时，扑救效率高。缺点是由于管网中各个时间段内充有压水，当渗漏时会损毁建筑空间内的装饰和影响建筑的使用。

湿式自动喷水灭火系统的组成和工作步骤如图 2.3－17 所示。

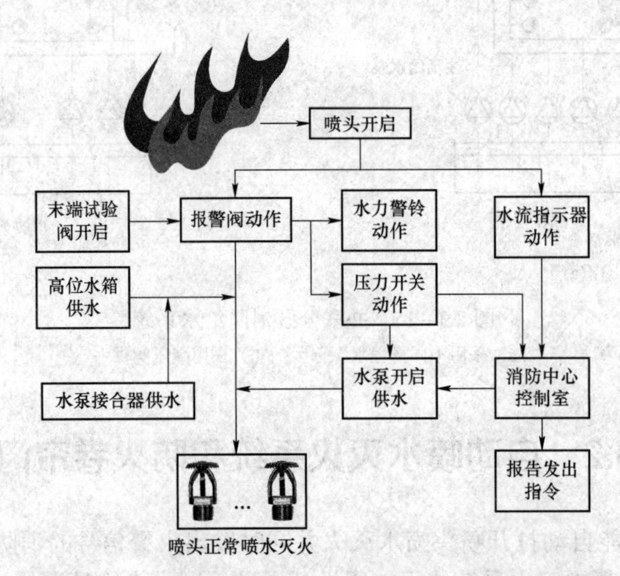


图 2.3－17　湿式自动喷水灭火系统的组成和工作步骤

运行过程中各个部分的动作顺序如图 2.3－18 所示，各个部分的动作顺序用①，②，③，…，⑧表示。

湿式自动喷水灭火系统的管道布置如图 2.3－19 所示。

3. 湿式自动喷水灭火系统中的部分组件

（1）水力警铃。水力警铃外观如图 2.3－20 所示。功能是当报警阀打开消防水源后，具有一定压力的水流冲动叶轮打铃报警，即能在喷淋系统动作时发出持续警报。

水力警铃不得由电动报警装置取代。水力警铃主要用于湿式喷水灭火系统。

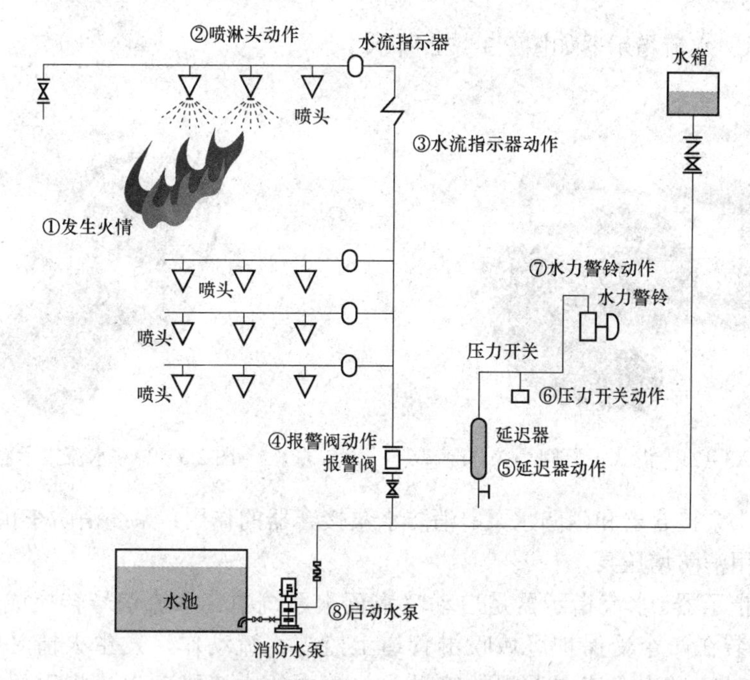


图 2.3－18 湿式自动喷水灭火系统各个部分的动作顺序

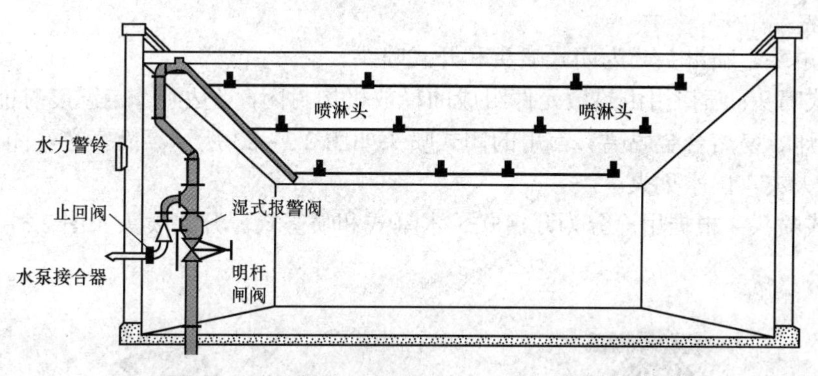


图 2.3－19 湿式自动喷水灭火系统的管道布置

图 2.3－20 水力警铃外观

（2）湿式报警阀。自动喷水灭火系统中的报警阀作用是：开启和关闭管网的水流，传递控制信号至控制系统并启动水力警铃直接报警。

自动喷水灭火系统中的报警阀有湿式、干式、干湿式和雨淋式 4 种类型。湿式报警阀如

图 2.3－21 所示。水流指示器如图 2.3－22 所示。

图 2.3－21　湿式报警阀

图 2.3－22　水流指示器示意图

（3）消防水泵接合器和消防水泵。消防水泵接合器的作用：系统消防车供水口；消防水泵的作用：专用消防增压泵。

（4）水流指示器。水流指示器是自动喷水灭火系统中将水流信号转换成电信号的一种报警装置，安装在一个受保护区域喷淋管道上监视水流动作，发生火情时，喷淋头受高温而爆裂，这时管道水会流向爆裂的喷淋头，管中的水流推动水流指示器动作，指示火情区域。

（5）喷淋头。喷淋头分为闭式喷头和开式喷头。

1）闭式喷头：喷口用由热敏元件组成的释放机构封闭，当达到一定温度时能自动开启，如玻璃球爆炸、易熔合金脱离。常用的闭式喷头如图 2.3－23 所示。简言之，闭式喷头的作用就是感知火灾，出水灭火。

2）开式喷头：根据用途分为开启式、水幕式和喷雾式。开式喷头如图 2.3－24 所示。

图 2.3－23　闭式喷头

图 2.3－24　开式喷头

（6）延迟器。延迟器是湿式自动喷水灭火系统的重要部件之一，延迟器的外形及安装位置如图 2.3－25 所示。延迟器的作用是防止系统因供水压力波动造成系统误报警，当系统供水压力波动造成湿式报警阀瞬时开启时，报警口的水流向延迟器，此时由于水量较小，延迟器又有一定的空间容量，延迟器下部有节流孔排水等原因，不会立即启动压力开关和水力警铃。只有当湿式报警阀保持正常开启状态时，水才不断从报警口流向延迟器，经过一段延迟时间后，形成压力，压力开关和水力警铃动作报警。

延迟器的安装位置：安装于报警阀和水力警铃（或压力开关）之间。

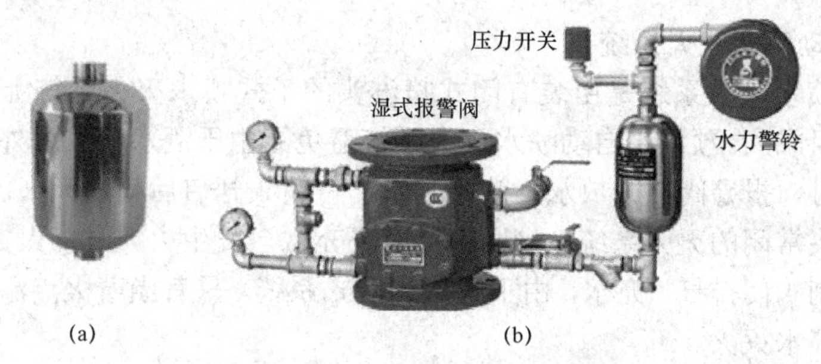


图 2.3－25　延迟器的外形及安装位置

（a）延迟器外形；（b）安装位置

（7）压力开关。压力开关是自动喷水灭火系统中的一个部件，起作用是将系统的压力信号转换为电信号，用于自动报警和自动控制。

按产品在自动喷水灭火系统中的应用形式，可分为普通型压力开关、预作用装置压力开关和特殊性压力开关。

（8）消防安全指示阀。消防安全指示阀的主要用途是显示阀门启闭状态。

4. 干式自动喷水灭火系统

干式自动喷水灭火系统是喷头常闭的灭火系统，管网中平时不充水，充有有压空气（或氮气）。当建筑物发生火情和喷淋头处环境温度达到开启闭式喷头时，喷头开启排气、充水灭火。

干式自动喷水灭火系统由闭式喷头、管道系统、干式报警器、报警装置、充气设备、排气设备和供水设备组成。因为管路和喷头内平时没有水，只处于充气状态，所以称之为干式系统。

优点：管网中平时不充水，对建筑物装饰无影响，对环境温度也无要求，适用于采暖期长而建筑内无采暖的场所。

缺点：由于该系统包括充气设备，并且要求管网内的气压要经常保持在一定范围内，导致管理变得较为复杂，增加投资。还有该系统灭火时需要先排气，故喷头出水灭火不如湿式系统及时。

干式自动喷水灭火系统的工作原理如图 2.3－26 所示。

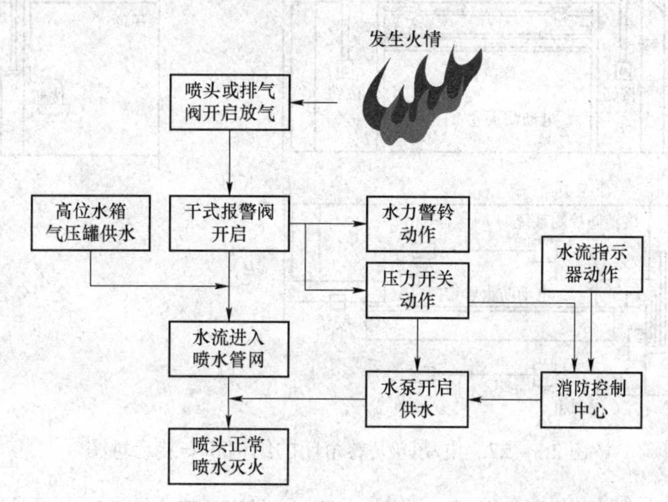


图 2.3－26　干式自动喷水灭火系统的工作原理

5. 预作用自动喷水灭火系统

预作用自动喷水灭火系统是由装有闭式喷淋头的干式喷水灭火系统上附加了一套火灾自动报警系统而组成的。预作用自动喷水灭火系统避免了由于洒水喷头意外破裂造成的水渍污损，火灾发生时，报警阀打开放水，管网充水，待喷头开启后喷水灭火。

特点：为喷头常闭的灭火系统，管网中平时不充水。发生火灾时，火灾探测器报警后，自动控制系统控制阀门排气、充水，由干式变为湿式系统。只有当着火点温度达到开启闭式喷头时，才开始喷水灭火。

### 3.2.2 防火卷帘门的控制要求及控制系统设计

1. 防火卷帘

防火卷帘门是安装在建筑物中防火分区通道口处，能有效地阻止火势蔓延、隔烟和隔火，保障生命财产安全，是现代建筑中不可缺少的防火设施。

发生火灾时，可以使用三种方式对防火卷帘门实施控制：根据消防控制中心的指令控制；根据探测器及自动控制环节的指令进行控制；使用手动操作实施控制卷帘门通过一定程序降到关闭位置。在降下及关闭卷帘门的过程中，首先降到一个位置并延时一段时间，在这段延时时间内，使被封闭空间内的人员有足够的时间逃生，然后再完全封闭或分割火情区域。

2. 电动防火卷帘门的结构和控制程序

设置在疏散通道上的防火卷帘门应在卷帘门两侧设置启闭装置，并应该具有自动、手动及机械控制的功能。

卷帘门由卷筒、导轨、帘板、外罩、电动和手动环节、控制箱、控制按钮和钢管等组成。电动防火卷帘门的结构和安装示意图如图 2.3－27 所示。

可以将控制箱安装于外罩内或外罩旁的墙上。控制箱、控制按钮由防火卷帘门生产厂商成套供应。

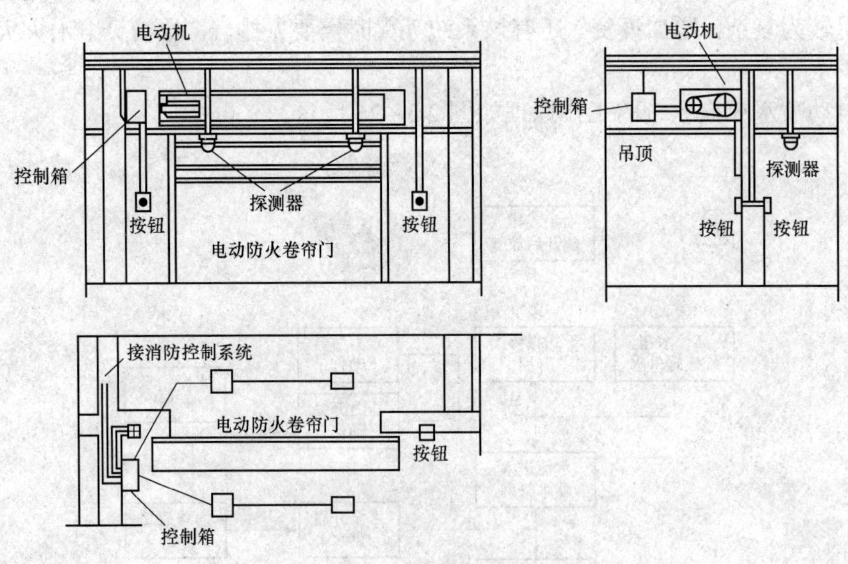


图 2.3－27　电动防火卷帘门的结构和安装示意图

电动防火卷帘门的控制程序如图 2.3－28 所示。控制程序如下：

（1）感烟火灾探测器将火情报警信号传递给火灾报警控制器。

（2）火灾报警控制器将一级联动控制信号（控制卷帘门下落1.2～1.8m的控制信号）传送给控制结构控制卷帘门下落至1.2～1.8m的高度上。

（3）当卷帘门在下落到1.2～1.8m的高度上时，将此状态信号反馈到火灾报警控制器。

（4）经过设定的延时时间后，火灾报警控制器发出控制卷帘门下落到地面的指令。

（5）卷帘门位置处的传感器再将卷帘门下落到地面的状态信号反向馈送给火灾报警控制器。

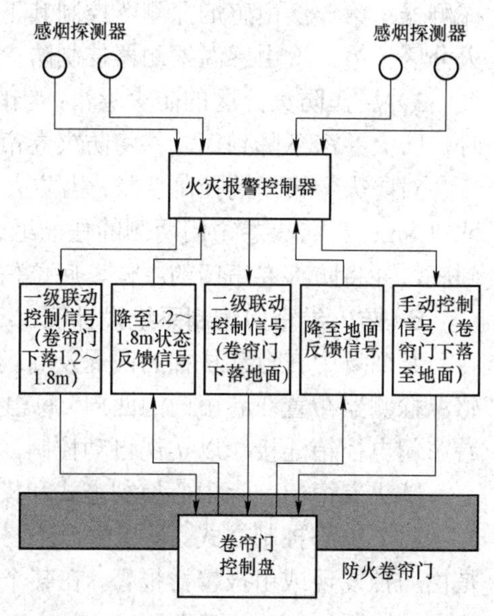

图2.3－28　电动防火卷帘门的控制程序

### 3. 防火卷帘门电气控制

在防火卷帘门电气控制系统中，电动机及传动装置安装在门的侧上方，控制箱要安装在门的一侧1.4m处，可远距离操作，也可现场就地操作，同样将启停信号引至消防中心，并将感烟及感温触点引到控制箱内。

对于电动操作方式来讲，操纵卷帘门自动运行的电动按钮设置在卷帘门一侧的内外墙体上，既能在里侧操作，又能在外侧操作。按绿色上键，卷帘即向上卷；按绿色下键，卷帘即向下降；按中间的红色键，即是停止键。

### 4. 手动操作方法

防火卷帘门手动操作位置一般都设在卷帘轴一侧，操作工具是一条圆环式铁锁链，通常锁链被放置在一个贮藏箱内，操作时，先开启箱门拿出锁链，如果向下拉靠墙一侧的锁链，卷帘便向下降；如果向下拉另一侧锁链，卷帘便向上卷起。

### 5. 防火卷帘门控制要求

国家规范规定发生火灾后必须经过确认后才能关闭发生火灾区域的防火卷帘门，因此在系统设计中，使用两种不同类别的火灾探测器同时报警，两路报警信号必须满足逻辑与的关系后，才能确认发生火情并进一步控制防火卷帘动作封闭火情区域。

（1）应尽量避免在疏散通道上设置防火卷帘门，应代之以防火门。

（2）如果防火卷帘设置在防火分区处用作防火分隔，这种情况下，防火卷帘门不影响火灾应急状态下的疏散，所以可以采取一步降到底的控制方式。

（3）防火卷帘门对火灾防护具有重要意义，应设置程序联动控制方式、可以在消防控制室对防火卷帘门进行集中管理控制、设手动紧急下降防火卷帘的控制按钮三种控制方式。

（4）防火卷帘门的控制要求：

1）疏散通道上的防火卷帘两侧，应设置火灾探测器组及其警报装置，且两侧应设置手动控制按钮。

2）如果必须在疏散通道上设置防火卷帘门，《高层建筑防火设计规范》规定："设在疏散通道上防火卷帘应在卷帘两侧设置启闭装置，并具有自动、手动和机械控制的功能。"在卷帘门控制下落过程中，应采取两次控制下落方式，在卷帘门两侧设专用的感烟及感温两种探测器：第一次由感烟探测器控制其下落距地面 1.8m 位置处悬停，防止烟雾扩散至另一防火分区；第二次由感温探测器控制防火卷帘门下落到底，以防止火灾蔓延。

3）用作防火分区的防火卷帘：当防火卷帘两侧任一分区内的感烟探测器任意两个动作时，防火卷帘下降到底，并将防火卷帘底位信号反馈给消防控制室。

对防火卷帘门的控制要求：当防火卷帘两侧的任一感烟探测器动作时，卷帘门下降至距地 1.8m；当防火卷帘门两侧的任一组感烟、感温探测器全部动作时，防火卷帘门自动下降到底，并将防火卷帘门的中位、底位信号反馈给消防控制室。

### 6. 防火卷帘门控制系统设计例

某商场中在自动扶梯的四周及商场的防火墙处设置了防火卷帘门，用于防火隔断。感烟、感温探测器布置在卷帘门的四周，每组防火卷帘门设计配用一个控制模块、一个监视模块与卷帘门电控箱连接，以实现自动控制。

防火卷帘门分为中心控制方式和模块控制方式两种。

（1）中心控制方式。是指由消防控制室内值班人员直接操作卷帘起降的一种方式。一般是由监控发现或由报警器报警，在某个区域发生火灾情况下，直接在控制室启动电开关，实施区域隔断，控制火势蔓延。

（2）模块控制方式。使用模块控制方式中，现场探测器直接将检测到的火情信号送至控制模块，再由控制模块控制防火卷帘门的降落。位置信号也送给控制模块，控制模块再将这些信号送至消防控制室。

### 7. 防火卷帘的功能测试和维护管理

（1）防火卷帘的功能测试。按下列方式操作，查看防火卷帘运行情况反馈信号后复位：

1）机械操作卷帘升降。

2）触发手动控制按钮。

3）消防控制室手动输出遥控信号。

（2）防火卷帘的维护管理：

1）防火卷帘的组件应齐全完好，紧固件应无松动现象。

2）防火卷帘现场手动、远程手动、自动控制和机械应急操作应正常，关闭时应严密。

3）防火卷帘运行应平稳顺畅、无卡涩现象。

4）安装在疏散通道上的防火卷帘，应在一个相关火灾报警探测器报警后下降至距地面 1.8m 处停止；另一个相关火灾报警探测器报警后，卷帘应继续向下降至地面，并向火灾报警控制器反馈信号。

5）仅用于防火分隔的防火卷帘，火灾报警后，应直接降至地面，并应向火灾报警控制器反馈信号。

# 第 4 章

# 防排烟及通风系统

建筑空间内发生火灾时，由于可燃的装修材料、室内的陈设在燃烧过程中会产生大量浓烟和有毒烟气，而导致非常严重的人员伤亡。发生火灾时，为了有效地进行人员疏散和火灾扑救，最大限度地防止现场混乱，必须及时排除烟气，确保人员顺利疏散，安全避难，同时为火灾扑救工作创造有利条件，在许多建筑空间内设置防烟、排烟设施是十分必要的。

## 4.1　建筑火灾烟气的危害及扩散

### 4.1.1　建筑火灾烟气的危害

**1. 建筑火灾燃烧产生的有害物质**

火灾发生时，建筑装修材料、家具、纸张等可燃物的燃烧，会产生二氧化碳、一氧化碳、二氧化氮、五氧化磷、卤化氢、有机酸、碳化氢、酮类、多环芳香族碳化氢多达上百多种有害物质。

烟气是火灾燃烧过程的一种产物，由燃烧或热分解作用所产生的含有悬浮在气体中的可见固体和液体微粒组成。

**2. 火灾烟气的危害**

(1) 关于空气中氧气含量的数据：

正常的每 10L 的空气中，约有 2.1L 的氧气。

若空气中氧气含量减少到 18 %，为人类呼吸的安全限度。

当氧气含量减少至 16 % 时，会使人们的呼吸与脉搏加快。

当氧气含量少到 12 % 时，人们会头昏，反胃，四肢无力。

当氧气含量少到 10%时，人们会脸色发白，呕吐，失去意识。

当氧气含量少到 8 %时，人会昏睡，8min 后死亡。

当氧气含量剩 6%时，人类会抽筋，停止呼吸，死亡。

火灾烟气会急剧地消耗大量的氧气并迅速地降低火灾环境中的空气含氧量，对人身安全造成危险。

（2）关于空气中二氧化碳含量的数据。室内空气二氧化碳含量为 0 .07%时，人体感觉良好；二氧化碳含量达到 0.10%时，个别敏感者有不舒适的感觉，人们长期生活在这样的室内环境中，就会感到难受、精神不振，甚至影响身体健康；二氧化碳含量达到 0.15%时，不舒适感会明显，至 0.20%时，室内空气质量明显恶化。

0.1%是一般情况下为容许浓度，达到 0.2%时空气较污浊，达 0.3%时空气质量相当不良，1 %时人就会出现头痛等不适感。

$CO_2$ 本身并没有毒性，但空气中的 $CO_2$ 含量高到一定程度时，对人身安全产生危险，$CO_2$ 含量达到 5%～7%时，30～60min 即有危险；含量在 20%以上时，人将在短时间内会死亡。

（3）一氧化碳（CO）中毒。火灾燃烧过程中，各种可燃物质燃烧还会产生有毒气体，如能够引起窒息性、黏膜刺激性的有毒气体，会导致火情区域的人员死于非命。火灾烟气中的有毒气体有 CO、氢氰酸（HCN）和氯化氢（HCl）等。

烟气中的 CO 对人有极大的威胁可能发生窒息。空气中 CO 含量为 0.5%时，人将在 20～30min 内死亡；CO 含量为 1%时，人就会在 lmin 内死亡。

（4）氢氰酸（HCN）。HCN 毒性强烈，当 HCN 浓度达到一定值时，可使人立即死亡。

（5）氯化氢（HCl）。HCl 对人体表面的皮肤及眼结膜和呼吸道内面的口、鼻、喉、气管及支气管的黏膜会造成伤害，轻则损伤、浮肿或坏死，重则急性中毒死亡。

（6）减光性和刺激性。火灾烟气中的悬浮微粒能进入人体肺部黏附并聚集在肺泡壁上，可随血液送至全身，引起呼吸道病和增大心脏病死亡率。

火灾烟气弥漫充斥室内空间时，使能见度大大降低，而烟气中的多种有害气体对人体呼吸器官有强烈的刺激性，这些因素都会导致火情对人身造成伤害。

（7）恐怖性。火灾燃烧时的浓烟及熊熊烈火，会引发人们极大的恐惧，人们的惊慌失措，秩序极大的混乱，会导致人们无法迅速疏散，而导致严重的伤亡。

**3. 火灾烟气的扩散路线**

火灾烟气形成炽热的烟气流。当高层建筑发生火灾时，烟气流会有规律地沿着三条路径流动扩散：第一条是发生火灾的房间→走廊→楼梯间→上部各楼层→建筑物外；第二条是发生火灾的房间→室外；第三条是发生火灾的房间→相邻上层房间→室外。

对于高层建筑来讲，“烟囱效应”对于火灾烟气流通路径及火势蔓延起着非常重要的作用。由于着火楼层的室温迅速上升，室内温度高于室外温度，建筑物的上层部分会产生由室内向室外的压力，室内空气流向室外。同时，在建筑物的下层部分则产生由室外向室内的新鲜空气流入，由于烟囱效应的作用，高层建筑的楼梯间、电梯井以及各种管道竖井在发生火灾时将成为火势蔓延扩大的主要途径。高层建筑的底层或下层发生火灾，烟气通过各种竖井在很短时间内便可蔓延到几十层的高层，使得高层部分的人们都来不及有序疏散就被浓烟包围出现熏昏或更严重的伤害。

## 4.1.2 防烟、排烟系统的设置

**1. 设置防、排烟系统的目的和作用**

火灾烟气中含有一氧化碳、二氧化碳、氟化氢、氯化氢等多种有毒气体成分，火灾形成的高温缺氧对人员的危害也很大。浓烈的烟雾遮蔽了人们的视线，对疏散和救援活动直接造成很大的障碍。

在高层建筑和地下建筑的空间中设置防烟、排烟系统设施可以及时排除危害作用极大的火灾烟气，确保高层建筑和地下建筑内人员的安全疏散并对火情进行扑救。

防烟、排烟的目：阻止火灾烟气向防烟分区以外扩散，确保建筑物内人员的顺利疏散、安全避难和为火灾扑救创造有利条件。

防排烟系统的主要作用：在疏散通道和人员密集的区域设置防排烟设施，可以将火灾现场的烟气和热量及时排出，减弱火势的蔓延，排除灭火的障碍，排烟设施也是灭火的重要配套措施，有利于人员的安全疏散。

**2. 高层建筑和人防工程设置防排烟设施的范围**

（1）高层建筑设置防排烟设施的范围：一类高层建筑和建筑高度超过 32m 的；二类高层建筑的下列部位要求设置防排烟设施：

1）长度超过 20m 的内走道或虽有直接自然通风，但长度超过 60m 的内走道。

2）面积超过 100m$^2$，且经常有人停留或可燃物较多，无窗房间或设固定窗的房间。

3）高层建筑的中庭和经常有人停留或可燃物较多的地下室。

（2）高层建筑的下列部位应设置独立的机械加压送风设施：

1）具备自然排烟条件的防烟楼梯间、消防电梯前室或合用前室。

2）采用自然排烟措施的防烟楼梯间，其不具备自然排烟条件的前室。

3）封闭避难层（间）。

4）建筑高度超过 50m 的一类公共建筑和建筑高度超过 100m 的居住建筑的防烟楼梯间及其前室、消防电梯前室或合用前室。

（3）人防工程的下列部位及区域要求设置机械加压送风防烟设施：

1）防烟楼梯间及其前室（或合用前室）。

2）避难走道及其前室。

（4）人防工程中要求设置机械排烟设施的部位有：

1）建筑面积超过 50m$^2$，且经常有人停留或可燃物较多的各种房间、大厅或丙、丁类生产车间（中国国家标准根据生产中使用或产生的物质性质及其数量等因素，将生产的火灾危险性分为甲、乙、丙、丁、戊类。其中丙类厂房：闪点大于等于 60℃的液体；可燃固体的生产。丁类厂房：对不燃烧物质进行加工，并在高温或熔化状态下经常产生强辐射热、火花或火焰的生产；利用气体、液体、固体作为燃料或将气体、液体进行燃烧作其他用的各种生产；常温下使用或加工难燃烧物质的生产）。

2）总长度超过 20m 的疏散走道。

3）电影放映厅、舞台等。

## 4.2 防排烟设施对火灾烟气的控制及防烟分区

### 4.2.1 防排烟设施对火灾烟气的控制

防排烟设施对火灾烟气的控制目的：使建筑空间内有着安全的疏散通道或安全区，即使疏散通道或安全区内有很少量的火灾烟气。

防排烟设施对火灾烟气控制的实现技术手段是：采用隔断或阻挡方式；使用自然或机械排烟的方式将火灾烟气安全导出建筑空间内；在一些情况下采用加压排烟方式控制火灾烟气流动。总的来讲就是：控制火灾烟气的合理流动，不流向疏散通道、安全区和非火情区，而导出到室外。

建筑中的防火分区对防烟排烟有着重要的作用，防烟分区也是有效防烟排烟的有效举措。防烟分区是指在设置排烟措施的通道、房间中，用隔墙或其他措施（可以阻挡和限制烟气的流动）分割的区域。

排烟设施利用自然排烟或机械排烟方式将火灾烟气排出室外。设置排烟设施的位置是火情区域和疏散通道。

加压防烟是建筑防排烟的一种技术。用送风机将一定量的室外空气输运到建筑内的独立房间及通道内，使室内气压较室外气压要高一个差值，导致门洞或门隙缝处有一定流速的向外流动的空气流，防止了房间和疏散通道外部空间的烟气侵入。图 2.4－1 是房间在门关闭时的加压防烟情况，图 2.4－2 是房间门在开启时的加压防烟情况。

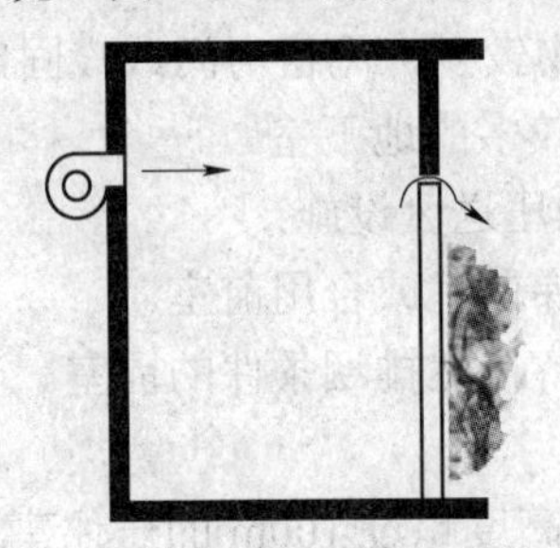

图 2.4－1　门关闭时的加压防烟

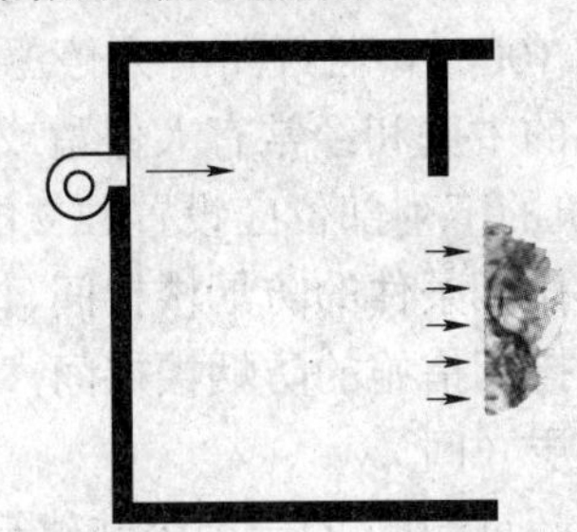

图 2.4－2　门开启时的加压防烟

### 4.2.2　防烟分区

划分防烟分区的目的是将火灾烟气控制在一定的范围内，防止烟气扩散，通过排烟设施将其迅速排除，主要用挡烟垂壁、挡烟壁或挡烟隔墙等措施来实现，以满足人员安全疏散和消防扑救的需要，以免造成不应有的伤亡事故。

注意防烟分区与防火分区的不同，设置防火分区的主要目的是在一定时间内将火势控制在一定的空间，防止火势蔓延扩大。防火分区比防烟分区划分的面积大；划分防火分区的分隔物和防烟分区的分隔物相比，耐火要求高。防火分区既可起到防火作用，还可起到防烟作用，一个防火分区内可以划分出几个防烟分区。防烟分区不能跨越防火分区，否则将使防火分区失去作用。

## 4.3　防烟排烟系统

高层建筑的防烟、排烟系统的正常运行在一定程度上也能起到保证建筑物安全的作用。尤其是排烟系统则是采用人为方式提供火灾烟雾的通道而保护人员尽可能不受伤害和尽可能减小火灾中财产的损失。

### 4.3.1　自然排烟

高层建筑的排烟方式有自然排烟和机械排烟两种。

自然排烟是火灾时，利用室内热气流的浮力或室外风力的作用，将室内的烟气从与室外相邻的窗户、阳台或专用排烟口排出。自然排烟不消耗电能转换的动力，结构简单、运行可靠。

自然排烟也有一些固有的不足：在火势猛烈时，火焰易从能自由流通空气的通道向其他区域蔓延；室外风力对自然排烟影响较大，如果发生火情的房间面对风压时，烟气排除会比较困难等。

自然排烟常用两种方式：利用外窗或专设的排烟口排烟；利用竖井排烟。利用可以开启的外窗排烟的情况如图 2.4－3 所示。利用竖井排烟的情况如图 2.4－4 所示。

建筑中的竖井等效于一个烟囱，各个房间的排风口与之相连，任何一个楼层中房间或区域发生火情时，排烟风口自动或采用人工方式打开，烟气从竖井排出室外。

有一些对自然排烟发生明显影响的因素：火灾烟气温度随时间变化；室外风向和风速随季节变化；建筑的热压作用和烟囱效应随着室内外温差的不同而不同。

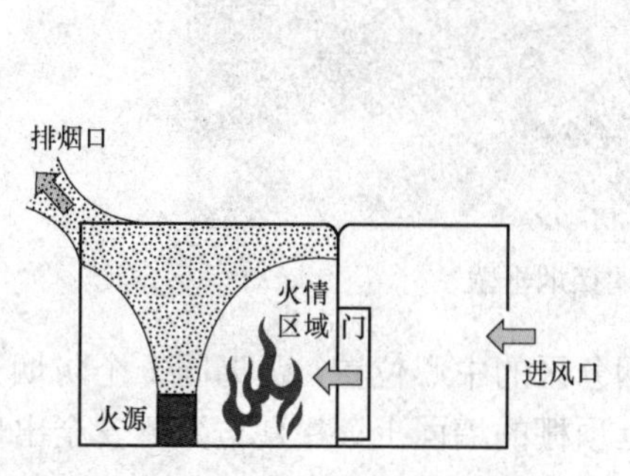


图 2.4－3 利用可开启外窗排烟

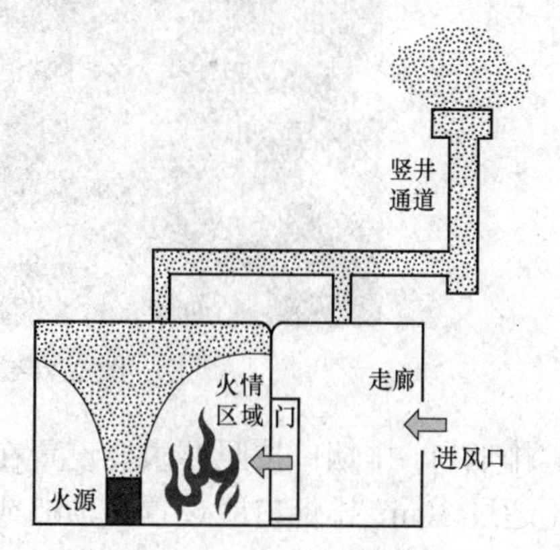


图 2.4－4 利用竖井排烟

## 4.3.2 机械排烟

借助于排烟风机进行强制排烟的方法称为机械排烟。机械排烟可分为局部和集中排烟两种：局部排烟，在每个房间内设置风机直接进行强制排烟；集中排烟，将建筑物划分为不同的防烟分区，在每个防烟分区中设置排烟风机，通过风道排出各分区内的火灾烟气。

### 1. 机械排烟系统的送风方式

高层建筑使用机械持续排烟的过程中，还要向房间内持续补充室外的新风，而补充室外新风的方式可以有机械送风和自然送风，因此，机械排烟系统就有机械排烟和机械送风方式和机械排烟和自然送风方式。

（1）机械排烟和机械送风。在这种排烟和送风方式下，将排烟风机设置在建筑的最上层，建筑物的下部设置送风机。

机械排烟和机械送风中，防烟楼梯间、前室及消防电梯前室上部的排烟口和排烟竖井连接在一起，将火灾烟气通过排烟竖井排放。也可以采用通过房间上部的排烟口将火灾烟气排至室外，而室外送风机通过竖井和设置于前室的送风口将新风补充进室内来。高层建筑的隔层排烟口和送风口的开启与排烟风机及室外送风机的工作运行同步进行。

（2）机械排烟和自然送风。在机械排烟和自然送风方式中，排烟系统和机械排烟及机械送风方式中的情况一样，但送风方式是依靠自然进风方式，具体地讲就是依靠排烟风机运行后形成的负压，通过自然进风竖井和进风口前室（或走道）来补充新风。

2. 机械排烟系统中的部分设备组件

机械排烟系统由挡烟垂壁、排烟口、排烟阀、排烟防火阀及排烟风机等组成。

（1）挡烟垂壁。挡烟垂壁是指用不燃烧材料制成，从顶棚下垂不小于 500mm 的固定或活动的挡烟设施。固定式挡烟垂壁系指火灾时因大火高温产生浓烟、浓尘，而挡烟垂壁能够有效地挡烟降尘，阻挡烟雾在建筑顶棚下横向流动，以利提高在防烟分区内的排烟效果。

玻璃挡烟垂壁如图 2.4－5 所示。

图 2.4－5　玻璃挡烟垂壁

（2）排烟口。排烟口按照要求要设置在防烟分区的中心位置，距离同一个防烟分区最远点距离不超过 30m。排烟口应设置在顶棚或靠近顶棚的墙面上，并且与附近安全出口沿走廊方向相邻边缘之间的最小水平距离小于 15m。排烟口平时处于关闭状态，当发生火灾时，控制系统自动控制排烟口开启，通过排烟口将火灾烟气迅速排往室外。

常用的多页排烟口如图 2.4－6 所示。

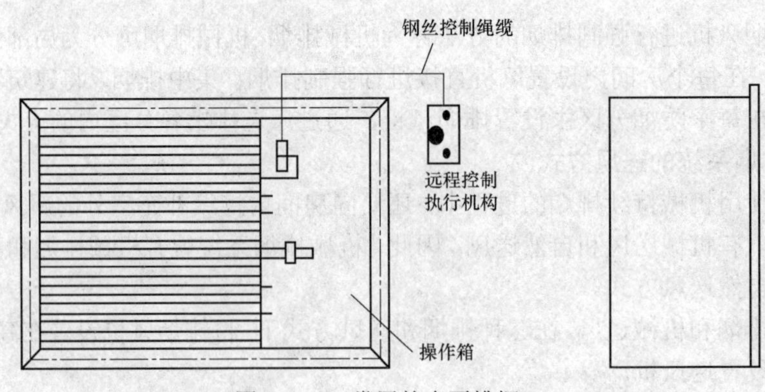


图 2.4－6　常用的多页排烟口

另一种结构的电动多叶排烟口外观结构如图 2.4－7 所示。

电动多叶排烟口通常用于安装于楼梯前室、排烟竖井的墙上，亦可安装在排烟系统管道侧面或风道末端。平时常闭，火灾发生时，感烟探头发出火警信号，控制排烟口动作。排烟口打开时输出电信号，可以根据用户要求可与其他设备联锁。

常用的可远程控制的板式排烟口如图 2.4－8 所示。板式排烟口安装在走道或房间、无窗房间的排烟系统的排烟口等位置。

图 2.4－7　电动多叶排烟口

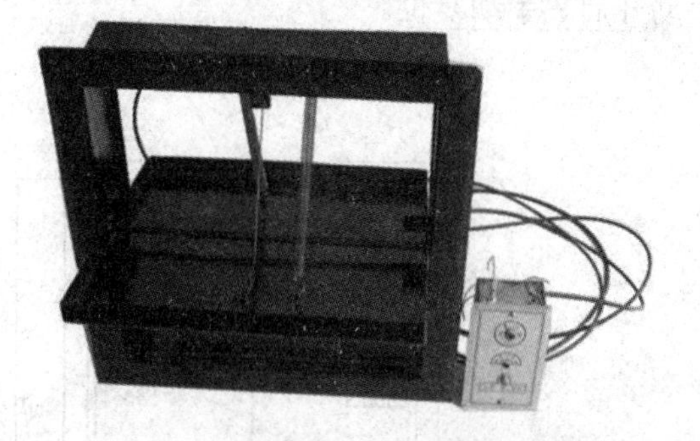

图 2.4－8　可远程控制板式排烟口

平时常闭并由远控排烟阀远距离绳索自动或手动开启装置，遇火灾信号联锁，使板式排烟口自动开启；微动开关输出板式排烟口开启信号与联动控制信号，由消防控制中心控制排烟风机启动，关闭通风、空调系统。

（3）排烟阀。排烟阀安装在机械排烟系统的排烟支管上，平时呈关闭状态（与防火阀相反），在发生火灾时，温度升到设定值就打开，排烟系统随之启动，排除大量烟气和能量。

排烟阀一般由阀体、叶片、执行机构等部件组成。

远控排烟阀如图 2.4－9 所示。该排烟阀通过 DC 24V 电信号可将阀门迅速开启，也可以手动开启。当排烟阀开启后，输出开启信号，联锁排烟风机，采用手动复位关闭。

（4）排烟防火阀。排烟防火阀安装在机械排烟系统的管道上，平时呈开启状态，火灾时当排烟管道内烟气温度达到 280℃时关闭，并在一定时间内能满足漏烟量和耐火完整性要求，是隔烟阻火的阀门。排烟防火阀一般由阀体、叶片、执行机构和温感器等部件组成。

排烟防火阀分为常闭型和常开型排烟防火阀。排烟防火阀的结构如图 2.4－10 所示。

图 2.4－9　远控排烟阀

图 2.4－10　排烟防火阀的结构

排烟防火阀适用于排烟系统管道上或风机吸入口处，兼有排烟阀和防烟阀的功能。对于常闭型排烟防火阀来讲，一般安装在排烟系统的管道上或排烟口或排烟风机吸入口处，具有排烟阀和防火阀的双重功能，平时处于常闭状态，火灾时电动打开进行排烟，当排烟气流温度达到 280℃时，温感器动作将阀门关闭起到防火的作用。常闭型排烟防火阀结构如图 2.4－11 所示，能够进行电控、温控和手动操作控制。

电控：消防中心电信号（DC 24V）电磁铁动作阀门自动开启；

温控：温感器动作阀门自动关闭；

手动开启、手动复位。

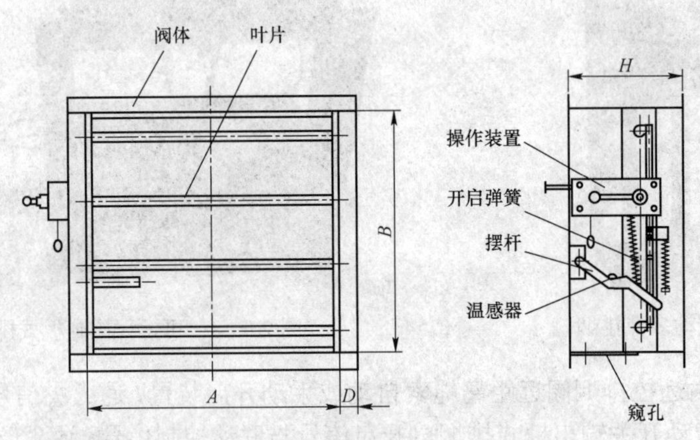


图 2.4－11　常闭型排烟防火阀的结构

常开型防火阀和常闭型排烟防火阀不同，二者区别在：

常闭型排烟防火阀一般应用于排烟系统中，可在排烟风机吸入口安装一个，火灾时由消控室控制开启，关闭时也可联锁关闭该排烟风机。

常开型排烟防火阀，280℃熔断关闭，常开，输出电信号，一般应用于火灾排烟管穿越防火墙处，烟气温度超过 280℃时自动熔断关闭，可联动关闭排烟风机。

（5）排烟风机。排烟风机有离心式和轴流式两种类型。排烟风机在结构上要有一定的耐燃性和隔热性，以保证在输运烟气的过程中当烟气温度达到 280℃时能够正常运行 30min 以上。排烟风机的安装位置为所在防火分区的排烟系统最高排烟口的顶部。

图 2.4－12　轴流式排烟风机

轴流式排烟风机如图 2.4－12 所示。

这里要注意离心风机和轴流风机的区别：离心风机是轴向进风，径向出风，利用离心力（取决转速及外径）做功，使空气提高压力，因而在同等外形尺寸（及转速）下，产生的压力要大于混流风机、轴流风机，而风量要小于混流风机、轴流风机。轴流风机是轴向进风，轴向出风，通过叶片的倾角，利用推力（升力）做功，因而在同等外形尺寸（及转速）下产生的压力，要远小于离心风机，而在轴向的结构下，因过流面积要远大于离心风机，所以风量要比离心风机大。

### 3. 机械排烟系统的控制程序

建筑物发生火灾时，由于防烟、排烟系统中的不同设备要协同工作，需要明确地掌握什么时候哪些设备动作，同一时间内哪些设备协同动作。对于小型排烟设备，不设置人员监控岗位，也没有集中控制室，技术人员在发生火灾时一般是在现场附近进行局部操作。

对于大型排烟系统，必须要对系统中的不同功能设备进行总体系统的协同操作，同时还要能够进行局部操作，操作过程中不能将不同设备运行顺序搞错，否则将可能将火灾烟气引进疏散通道或其他部位，形成新的危害，因此要设置消防控制室，配备专门的技术人员对防烟、排烟系统整体进行有效监控。

### 4.3.3 防烟系统

防烟系统是指采用机械加压送风或自然通风的方式，防止烟气进入楼梯间、前室、避难层（间）等空间的系统。高层建筑的防烟系统有机械加压送风和密闭防烟两种方式，以下主要介绍机械加压送风。

**1. 机械加压送风**

机械加压送风就是对于建筑物的某些部位送入足够量的新鲜空气，使这些区域维持一定高于其他区域的气压，从而使其他区域发生火情时产生的烟气不能扩散到防护区域，这就是机械加压送风防烟。

更具体地讲，就是对疏散通道的楼梯间进行机械送风，使火灾区域产生的烟气不能够侵入，送风可直接利用室外空气即可。发生火灾区域的烟气则通过走廊外窗或排烟竖井排出建筑物。

**2. 需要机械加压送风防烟的区域**

机械加压送风防烟是一种很有效的防烟措施，但系统实施成本较高，故该系统只应用于一些重要的建筑物及重要的区域，如应用于高层建筑的垂直疏散通道和避难层。根据 GB 50016《建筑设计防火规范〔2018 版〕》，高层建筑中应采用加压防烟的具体区域及部位见表 2.4－1。

表 2.4－1　高层建筑中应采用加压防烟的具体区域及部位

<table>
<tr><th>序号</th><th>需要防烟的部位</th><th>有无自然排烟的条件</th><th>建筑类别</th><th>加压送风部位</th></tr>
<tr><td>1</td><td>防烟楼梯间及前室</td><td>有或无</td><td rowspan="3">建筑高度超过 50m 的一类公共建筑和高度超过 100m 的居住建筑</td><td>防烟楼梯间</td></tr>
<tr><td>2</td><td>防烟楼梯间及合用前室</td><td>有或无</td><td>消防电梯前室</td></tr>
<tr><td>3</td><td>防烟楼梯间</td><td>有或无</td><td>防烟楼梯间和合用前室</td></tr>
<tr><td rowspan="2">4</td><td>防烟楼梯间前室</td><td>无</td><td rowspan="9">除上述类别的高层建筑</td><td rowspan="2">防烟楼梯间</td></tr>
<tr><td>防烟楼梯间</td><td>有或无</td></tr>
<tr><td rowspan="2">5</td><td>防烟楼梯间</td><td>无</td><td rowspan="2">防烟楼梯间</td></tr>
<tr><td>合用前室</td><td>有</td></tr>
<tr><td>6</td><td>防烟楼梯间及合用前室</td><td>无</td><td>防烟楼梯间及合用前室</td></tr>
<tr><td>7</td><td>防烟楼梯间</td><td>有</td><td rowspan="2">前室或合用前室</td></tr>
<tr><td rowspan="2">8</td><td>前室或合用前室</td><td>无</td></tr>
<tr><td>消防电梯室</td><td>无</td><td>消防电梯前室</td></tr>
<tr><td>9</td><td>避难层（间）</td><td>有或无</td><td>避难层（间）</td></tr>
</table>

**3. 机械加压送风防烟系统的组成**

机械加压送风防烟系统由机械加压送风机、加压送风口、加压送风道、新风口及余压阀等组成。为保证机械加压送风系统的新风安全可靠（发生火灾时无烟雾混入），新风口应低于排烟口，与排烟口的水平距离应大于 20m。因此，新风口（和加压风机）一般应设在建筑物的底部，例如，把加压送风机设置在靠近建筑物底部的设备层。

（1）机械加压送风机。机械加压送风机可采用轴流风机或中、低压普通离心式风机。机械加压送风机应设置在不受建筑物内火灾影响的送风机房内。机房的位置可根据供电条件，风量分配均衡和新风入口不受火、烟威胁等因素确定。

机械加压送风机的全压，除计算最不利环路管路的压头损失外，尚应留有余压；当所有门均关闭时，余压值应符合下列要求：防烟楼梯间为 40～50Pa，前室、合用前室、消防电梯间前室、封闭避难层（间）余压值为 25～30Pa。

（2）加压送风口。加压送风口应该外观完好，安装牢固，开启与复位操作应灵活可靠，关闭时应严密，反馈信号应正确。

楼梯间的加压送风口一般采用自垂式百叶风口或常开的百叶风口。自垂式百叶风口在室内气压大于室外气压时气流将百叶吹开，而向外排气；反之室内气压小于室外气压时，气流不能反向流入。

当采用敞开的百叶风口时，要在加压送风机出口处设置止回阀。楼梯间的加压送风口一般每隔 2～3 层设置一个。前室的加压送风口为常开的双层百叶风口，每层设置一个这样的风口。

（3）加压送风道。加压送风道采用密实和不漏风的非燃烧材料组成。

（4）余压阀。使用机械加压送风系统时，为保证防烟楼梯间及前室、消防电梯室及合用室区域的气压值相对于相邻区域为正压值，但还要防止正压过大导致门不易打开，因此在防烟楼梯间与前室与走廊之间设置余压阀控制正压值保持合理值（不超过 50Pa）。该余压阀用来维持一个合理的正压差，排除受控区域内多余空气，阻止外部空气侵入。余压阀是一个单向开启的风量调节装置，按静压差来调整开启度，用重锤的位置来平衡风压。

**4. 机械加压送风系统的运行方式与压力控制**

（1）加压系统的运行方式。机械加压送风系统的运行方式有一段式和两段式两种。如果加压系统按照设计要求仅仅在发生火灾时才投入运行，而在平时则停止运行，这种系统运行方式就是一段式运转。如果加压系统平时可对建筑物内的空气进行调节，以较低空气压力进行送风换气，而发生火灾时，能立即投入加压运行，就是两段式运转。

一般地，两段式运转较为理想。加压送风系统所控区域与区域外部保持设定的空气压差范围，平时运行时为 8～12Pa，发生火灾运行时为 25～50Pa。

加压送风设备启动设置手动方式，如果所在建筑配置有火灾自动报警系统时，还应设与火灾自动报警系统进行联动装置。

（2）正压值的控制。正压值的控制是指为维持某区域的正压对其进行加压送风的同时，还存在着该区域与相邻区域的气体漏泄，当送风与漏泄达到平衡时的空气压力参数就是受控的正压值参数。当送风量或漏泄风量有一个发生变化，原有的平衡状态的参数都要被改变。如果在防火分区和防烟分区中使用的防火门实际门缝较大，要维护一定的正压值是比较困难的。

正压值的维护应注意如下几点：

1）对选用防火门、窗的缝隙进行实际了解，防止设计计算的盲目性。

2）加压部位不应穿越各种管道，如果必须穿越时，应在管道与墙体之间的缝隙处采用不燃烧材料严密堵塞。

3）单扇防火门应装有闭门器，双扇防火门则应装顺序闭门器（采用常闭小门的双扇防火门除外）。

（3）加压空气从建筑物内部排出的途径。向建筑物内部输送加压空气的同时，应考虑加压空气由建筑物内部排出途径与之匹配，一般认为当楼梯间及其前室设置加压送风设施时，其走道设有机械排烟设施与之匹配是最佳方式，当走道没有机械排烟设施时，应考虑建筑物周边有可开启的外窗进行自然排烟。

加压风机以及电动阀等用电设备，应采用消防电源，以保证有火警情况下的运行和动作。

### 4.3.4 防排烟设备的监控

**1. 正压风机的控制**

高层建筑中通常将高度较低的小型设备和管道用房组织在同一层，称为技术层。高层建筑中的送风机一般情况下安装在下技术层或2～3层，排烟机则安装在顶层或上技术层。发生火灾时，相应分区中的楼梯间及消防电梯前室的正压风机开启，对各楼层的前室送风，维持前室的风压为正，防止火灾烟气进入前室，保证垂直疏散通道的安全。这里注意，正压风机不是送风设备，故高温烟雾不会进入风管，不会危及风机，故正压风机出口不设防火阀。正压风机可以使用火警信号联动控制外，还可以通过联动模块在消防中心进行控制，除此而外，还要设置现场启停控制按钮，共调试及维修使用。

**2. 排烟风机的控制**

对于如图2.4－13所示的排烟系统，排烟阀A安装在排烟风机的风管上，设与排烟阀对应的火灾探测器在检测到火灾信号后，将该信号发给消防控制中心，消防控制中心对火情信号进行确认，给排烟阀A的火警联动模块送出开启阀A的控制信号，火警联动模块在开启排烟阀A后将信号发给消防控制中心，消防控制中心再将启动排烟风机的指令发给排烟风机附近的火警联动模块，完成启动排烟风机。火警撤销时，再由消防控制中心通过火警联动模块控制排烟风机停机和关闭排烟阀。

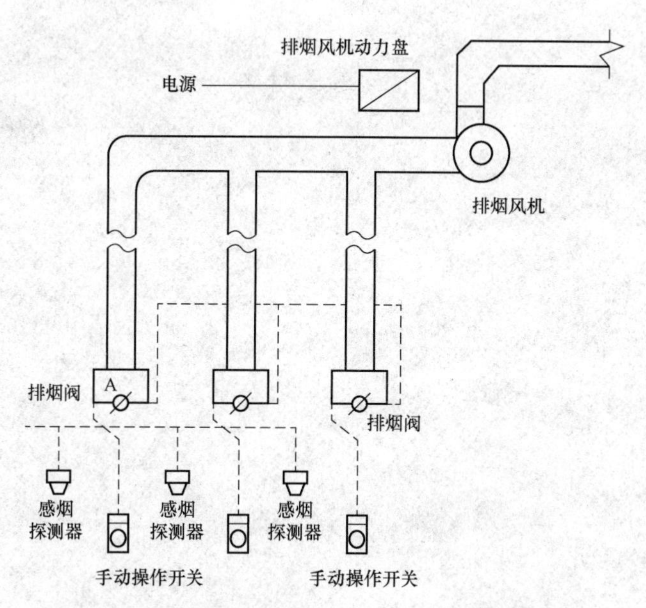


图2.4－13 排烟系统的排烟阀和排烟风机动作原理

### 3. 排风与排烟共用风机的控制

现代建筑中还有很多风机可以承担既是排风风机，也是排烟风机的功能。例如，大型商厦和地下空间的许多风机就具有这样的双重功能，平时用于排风，发生火灾时用于排烟。

排风的风阀和排烟的风阀是分开的，通常排风风阀呈常开状态，排烟风阀呈常闭状态。没有火情的时候，常开状态的风阀始终承担排风的任务；如果发生火灾，由消防联动环节发出指令关闭全部排风风阀，并按照发生火情的区域开启相应的排烟阀，顺序指令开启排烟风机实施排烟。火警撤销，风机停止，使用人工方式到现场开启排风阀，手工关闭排烟阀，是系统恢复到初始正常状态。

## 4.3.5 防烟、排烟设备的监控

如果建筑物采用的是小型防排烟设备，一般不设置专门的技术人员进行监控，也就没有必要将小型防排烟设备纳入集中控制系统，具体操作方式就是发生火情时，人工在火情区域进行局部操作这些防排烟设备。

对于大型防排烟设备，就要通过消防控制室来对其进行控制和监视。

# 第5章 消防广播系统与火灾事故照明

消防广播系统也叫应急广播系统，是火灾逃生疏散和灭火指挥的重要设备，在整个消防控制管理系统中起着很重要的作用。在火灾发生时，应急广播信号通过音源设备发出，经过功率放大后，由广播切换模块切换到指定区域的音箱实现应急广播。一般的消防广播系统主要由主机端设备（音源设备、广播功率放大器、火灾报警控制器等）和现场设备（输出模块、音箱）构成。

消防应急照明和疏散指示系统为人员疏散、消防作业提供照明和疏散指示的系统，由各类消防应急灯具、消防报警系统和智能疏散系统等多种装置组成。

## 5.1 消防广播系统

### 5.1.1 消防广播系统的设置要求

按照标准与规范要求，设置消防广播系统的要求有：

（1）走道、大厅、餐厅等公共场所，扬声器的设置数量，应能保证从本层任何部位到最近一个扬声器的步行距离不超过 15m。

（2）设置在空调、通风机房、洗衣机房、文娱场所和车库等处。

（3）火灾时应能在消防控制室将火灾疏散层的扬声器和广播音响扩音机，强制转入火灾事故广播状态。

（4）消防控制室应能监控火灾事故广播扩音机的工作状态，并能遥控开启广播扩音机和用传声器直接播音。

（5）火灾事故广播输出分路，应按疏散顺序控制。

（6）应按疏散楼层或报警区域划分分路配线。各输出分路，应设有输出显示信号和保护控制装置等。

（7）当任一分路有故障时，不应影响其他分路的广播。

（8）火灾事故广播线路，不应和其他线路（包括火警信号、联动控制等线路）同管或同线槽槽孔敷设。

（9）火灾事故广播用扬声器不得加开关，如加开关或设有音量调节器时，则应采用三线式配线强制火灾事故广播开放。

## 5.1.2 消防广播系统的构成和控制方式

### 1. 消防广播系统的构成

消防广播系统是火灾逃生疏散和灭火指挥的重要设备，在整个消防控制管理系统中起着极其重要的作用。在火灾发生时，应急广播信号通过音源设备发出，经过功率放大后，由编码输出控制模块切换到广播指定区域的音箱实现应急广播。消防广播系统主要由主机端设备（音源设备、广播功率放大器、火灾报警控制器等）及现场设备（输出模块、音箱构成）。

### 2. 多线制和总线制消防广播系统

火灾事故广播系统按线制可分为总线制火灾事故广播系统和多线制火灾事故广播系统。设备包括音源、前置放大器及扬声器，各设备的工作电源由消防控制系统提供。

（1）总线制火灾事故广播系统。由消防控制中心的广播设备配合使用的总线制火灾报警联动控制器、总线制广播主机、功率放大器、消防广播切换模块及扬声器组成。其系统如图2.5－1所示，系统中的每一个输出模块直接引出一路传输线挂接若干个广播音箱。

总线制消防广播系统与多线制消防广播系统不同，多线制消防广播系统有多线制广播分配盘，而总线制系统中没有。这种消防广播系统使用和设计较为灵活，可以很好地与正常广播系统配合协调使用，系统总体成本较低，应用较为广泛。

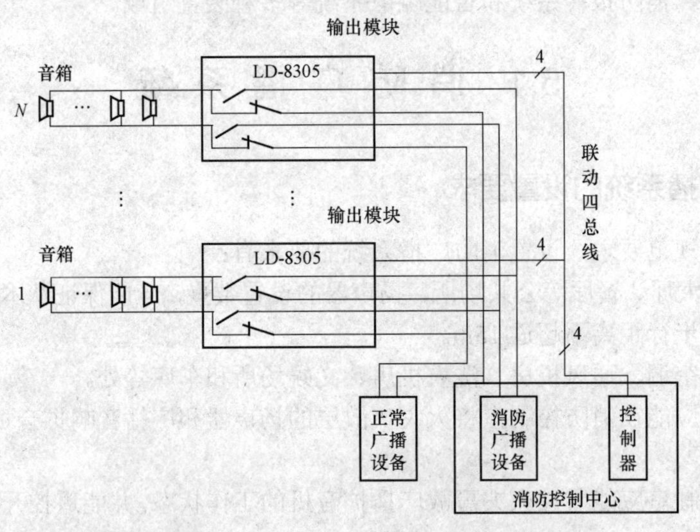


图2.5－1 总线制火灾事故广播系统

（2）多线制火灾广播系统。对外输出的广播线路按广播分区来设计，每一广播分区有两条独立的广播线路与现场放音设备连接，各广播分区的切换控制由消防控制中心专用的多线制消防广播分配盘来完成。多线制消防广播系统中心的核心设备为多线制广播分配盘，通过该切换盘可完成手动对各广播分区进行正常或消防广播的切换。如果多线制消防广播系统有K个广播分区，需敷设K路广播线路，多线制广播分配盘引出多路连接音箱广播的传输线，每一路传输线可以并联挂接多个音箱广播装置。

多线制消防广播系统如图2.5－2所示。由于多线制系统使用传输线缆数量大，施工难度增大，工程造价较高，因此实际工程中用得很少了。

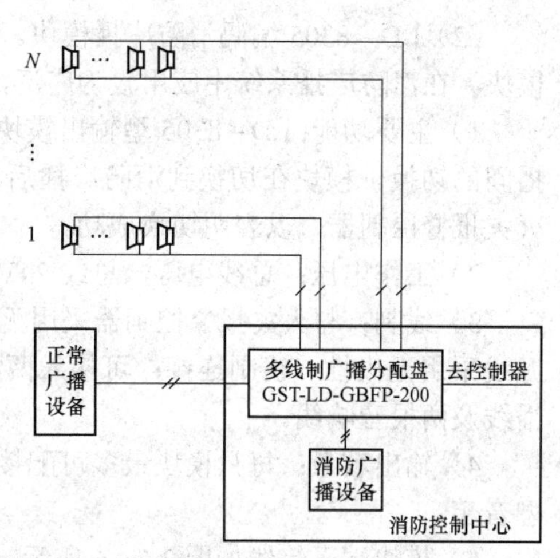


图2.5－2 多线制消防广播系统

### 3. 消防广播和正常广播合用系统

当火灾应急广播与建筑物内原有广播音响系统合用扬声器构成的合用系统如图2.5－3所示。发生火灾时，要求能在消防控制室采用两种方式进行两种状态的切换，第一种状态是火灾疏散层的扬声器和广播音响扩音机全部处于火灾事故广播状态；另一种是正常分离使用的状态。

### 4. 消防广播系统中的部分设备

（1）多线制广播分配盘。多线制广播分配盘如图2.5－4所示。该设备和功率放大器、音箱、输出模块等设备共同组成消防应急广播系统。同时它也通过 RS－485 串行总线与消防控制器相连接，一起完成消防联动控制。

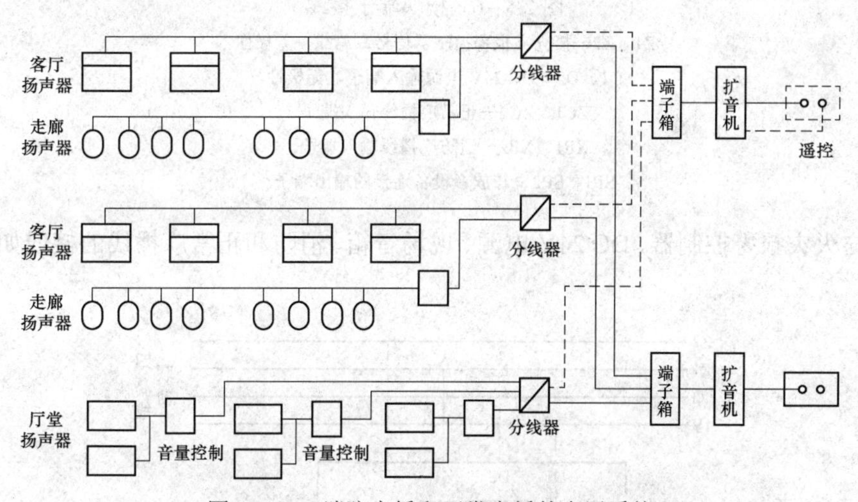


图2.5－3 消防广播和正常广播的合用系统

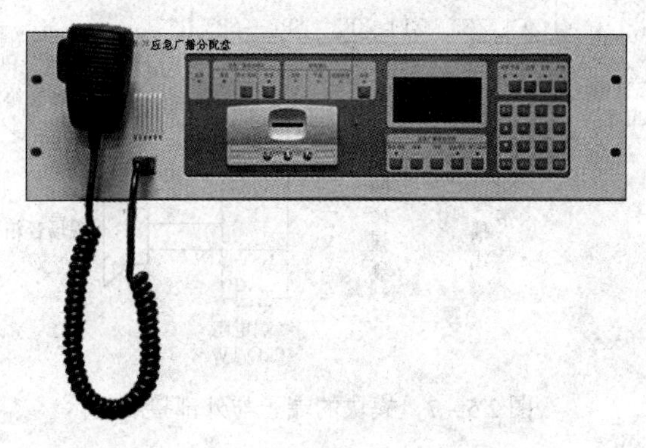

图2.5－4 多线制广播分配盘

（2）LD－8305编码消防广播模块。LD－8305编码消防广播模块（也叫输出模块，简称模块）在消防广播系统中应用较为广泛，其外观如图2.5－5所示。

1）主要功能：LD－8305型输出模块用于总线制消防应急广播系统中正常广播和消防广播间的切换。模块在切换到消防广播后自回答，并将切换信息传回火灾报警控制器，以表明切换成功。

2）工作电压：总线电压，总线24V；电源电压，DC 24V。

3）线制：与火灾报警控制器采用无极性信号二总线连接，与电源线采用无极性二线制连接；可接入两根正常广播线、两根消防广播线及两根音响线。

4）输出容量：每只模块最多可配接60个YXG3－3/YXJ3－4A型音箱。

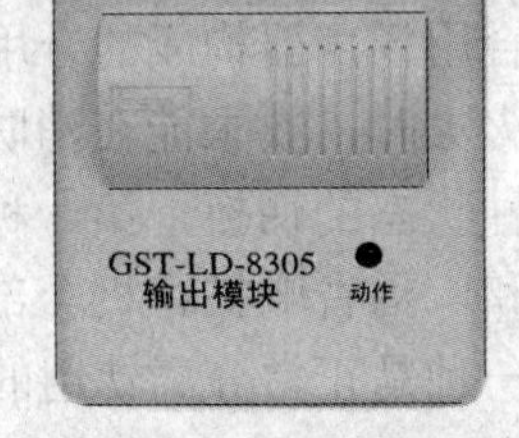

图2.5－5　消防广播模块

5）模块端子接线如图2.5－6所示。

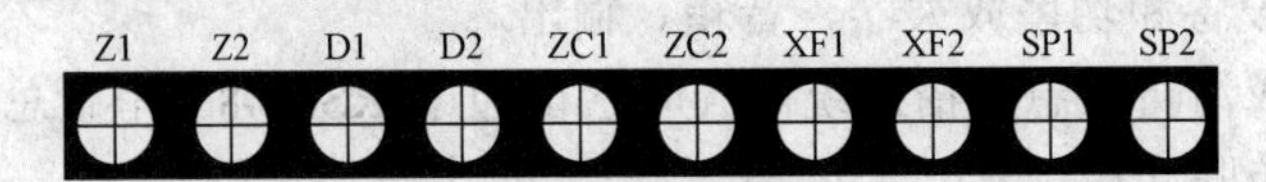

图2.5－6　模块端子接线

Z1、Z2—接火灾报警控制器信号二总线，无极性。

D1、D2—DC 24V电源输入端子，无极性。

ZC1、ZC2—止常广播线输入端子。

XF1、XF2—消防广播线输入端子。

SP1、SP2—与放音设备连接的输出端子。

模块与火灾报警控制器、DC 24V电源、现场音箱、消防和正常广播线的接线如图2.5－7所示。

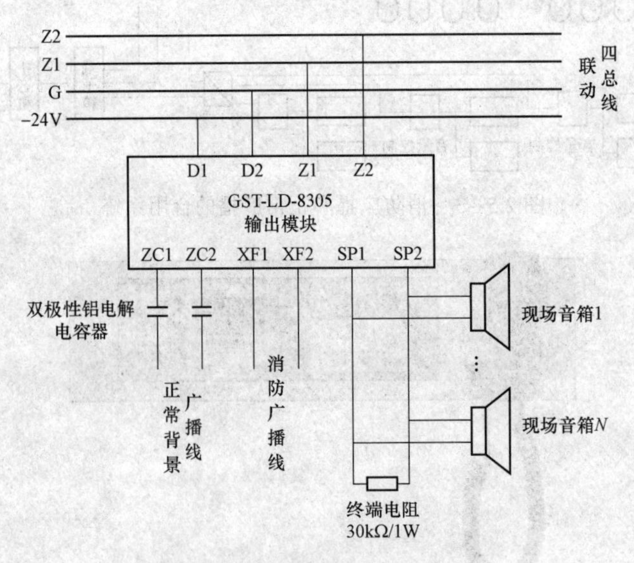

图2.5－7　模块的端子与外部接线

（3）消防电话总机。TS－Z01A型消防电话总机是消防通信专用设备。每台总机最多可以连接 90 路消防电话分机或 2100 个消防电话插孔；总机采用液晶图形汉字显示，通过显示汉字菜单及汉字提示信息，非常直观地显示了各种功能操作及通话呼叫状态；总机前面板上有 15 路的呼叫操作键和状态指示灯，和现场电话分机形成一对一的按键操作和状态指示，使得呼叫通话操作非常直观便捷。使用 DC 24V±10% 直流电压。

1）GST－TS－Z01A 型消防电话总机的外形结构示意图如图 2.5－8 所示。

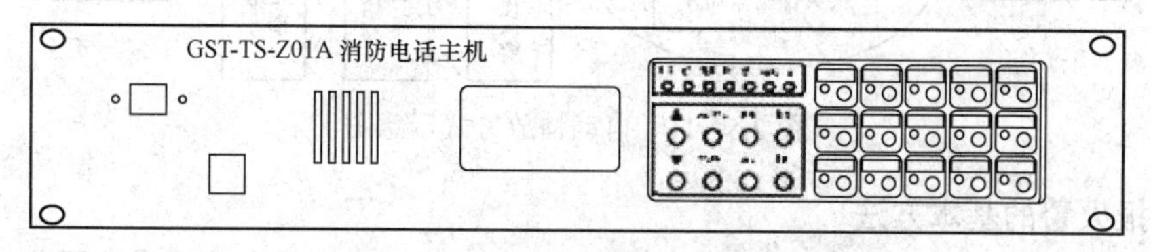


图 2.5－8　GST－TS－Z01A 型消防电话总机的外形结构

2）外接端子与接线。该消防电话总机采用标准插盘结构安装，其外接端子与接线如图 2.5－9 所示。

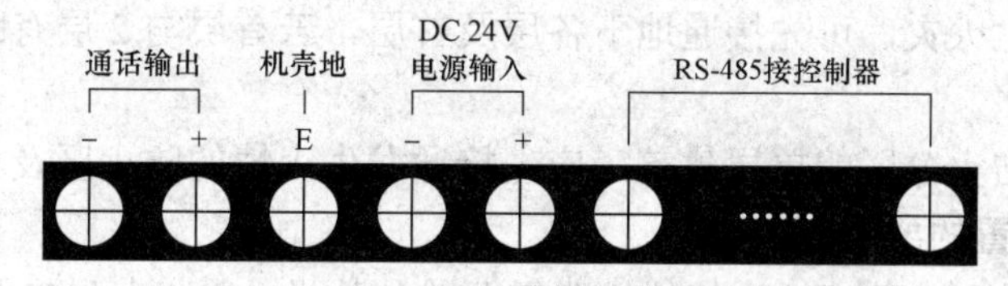


图 2.5－9　外接端子与接线

其中系统内部接线：

机壳地：与机架的地端相连接。

DC 24V 电源输入：接 DC 24V。

RS－485 接控制器：与火灾报警控制器相连接。

系统外部接线：

消防电话总线，与 GST－LD－8304 接口连接布线要求：通话输出端子接线采用截面积大于或等于 1.0mm$^2$ 的阻燃 RVVP 屏蔽线，最大传输距离 1500m。特别注意：现场布线时，总线通话线必须单独穿线，不要同控制器总线同管穿线，否则会对通话声产生很大的干扰。

**5. 应急广播的操作使用**

应急广播的操作使用分为人工播放和自动播放两种方式，其中人工播放方式示意图如图 2.5－10 所示。

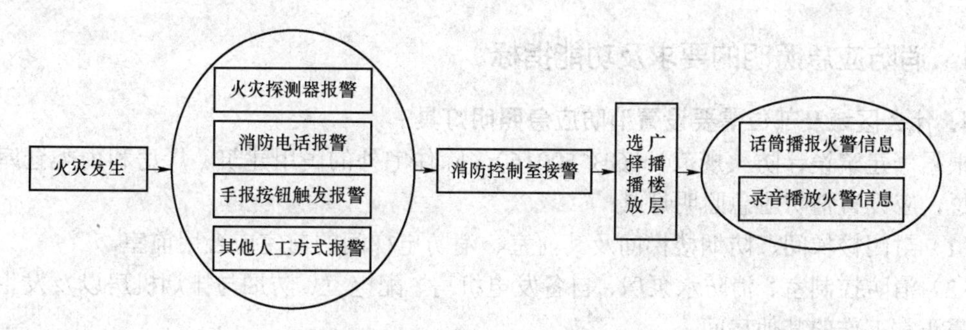


图 2.5－10　人工播放方式示意图

自动播放方式示意图如图2.5－11所示。

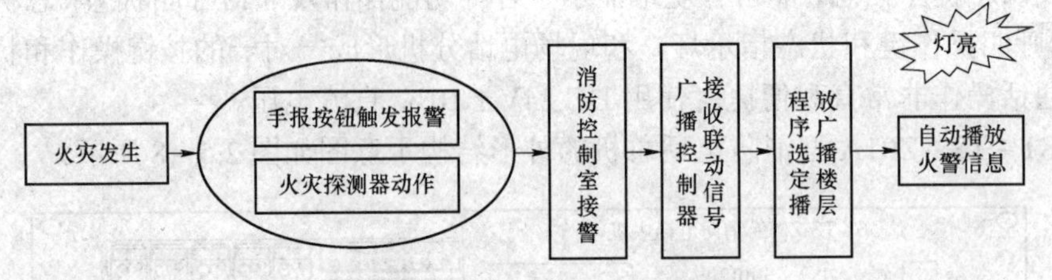


图2.5－11　自动播放方式示意图

**6. 播报火警的基本方法**

发生火灾时，为了便于疏散人员和减少不必要的混乱，火灾应急广播发出警报时不能采用整个建筑物火灾应急广播系统全部启动的方式，而应该仅向着火楼层及相关楼层进行广播。

（1）2层及2层以上楼层发生火灾，可先接通火灾楼层及相邻的上、下2层。

（2）首层火灾，可先接通首层、2层及地下各层。

（3）地下层发生火灾，可先接通地下各层及首层，若首层与2层有跳空的共享空间时，也应接通2层。

（4）含有多个防火分区的单层建筑，应先接通发生火情的防火区及相邻的防火分区。

**7. 对扬声器设置的要求**

一般情况下，火灾应急广播系统的线路需要单独敷设，并应有耐热保护措施，当某一路的扬声器或配线出现短路、开路情况时，应该将改路广播中断而不影响其他各路广播。

对扬声器设置的要求：

（1）火灾应急广播的扬声器应按照防火分区设置和分路。在民用建筑里，扬声器应设置在走道和大厅等公共场所，每个扬声器的额定功率不小于3W，应保证从一个防火分区的任何部位到最近一个扬声器的步行距离不大于25m，走道末端扬声器距墙不大于12.5m。

（2）在环境噪声大于60dB的工业生产场所，设置的扬声器在其播放范围内最远点的声压级应高于背景噪声的15dB。

（3）客房独立设置的扬声器，功率一般不小于1W。

（4）火灾应急广播与其他广播（包括背景音乐等）合用时的要求可参阅相关文献。

# 5.2　火灾事故照明

## 5.2.1　消防应急照明的要求及功能指标

**1. 什么区域及部位需要设置消防应急照明灯具**

根据《建筑设计防火规范》（GB 50016），除住宅外的民用建筑、厂房和丙类仓库的下列部位，应设置消防应急照明灯具：

（1）封闭楼梯间、防烟楼梯间及其前室、消防电梯间的前室或合用前室。

（2）消防控制室、消防水泵房、自备发电机房、配电室、防烟与排烟机房以及发生火灾时仍需正常工作的其他房间。

（3）观众厅，建筑面积超过 400m² 的展览厅、营业厅、多功能厅、餐厅，建筑面积超过 200m² 的演播室。

（4）建筑面积超过 300m² 的地下、半地下建筑或地下室、半地下室中的公共活动房间。

（5）公共建筑中的疏散走道。

### 2. 应急照明的设置要求

应急照明的设置要求：

（1）消防应急照明光源选择：应选用能快速点燃的光源，一般采用白炽灯和荧光灯等。

（2）消防应急照明在正常电源断电后，其电源转换时间应满足：① 疏散照明小于或等于 15s；② 备用照明小于或等于 15s（金融商业交易场所小于或等于 1.5s）。

（3）消防应急灯具的应急转换时间应小于或等于 5s；高危险区域使用的消防应急灯具的应急转换时间应小于或等于 0.25s。

（4）疏散照明平时处于点亮状态。

（5）可调光型安全出口标志灯应用于影剧院的观众厅。在正常情况下减光使用，火灾事故时应自动接通至全亮状态。

（6）消防应急照明灯具的照度要求：① 疏散走道的地面最低水平照度不应低于 0.5lx；② 人员密集场所内的地面最低水平照度不应低于 1.0lx；③ 楼梯间内的地面最低水平照度不应低于 5.0lx；④ 人防工程中设置在疏散走道、楼梯间、防烟前室、公共活动场所等部位的火灾疏散照明，其最低照度值不应低于 5.0lx；⑤ 消防控制室、消防水泵房、自备发电机房、配电室、防烟与排烟机房以及发生火灾时仍需正常工作的其他房间的消防应急照明，仍应保证正常照明的照度。

（7）消防应急灯具的应急工作时间应不小于 90min，且不小于灯具本身标称的应急工作时间。

（8）标志灯标志的颜色应为绿色、红色、白色与绿色组合，白色与红色组合四种之一。

（9）火灾应急照明灯在楼梯间，一般设在墙面或休息平台板下；在走道，设在墙面或顶棚下；在厅、堂，设在顶棚或墙面上；在楼梯口、太平门，一般设在门口上部。

（10）疏散指示标志灯，一般设在距地面不超过 1m 的墙上。消防应急标志灯和消防应急照明灯具的外观如图 2.5－12 所示。

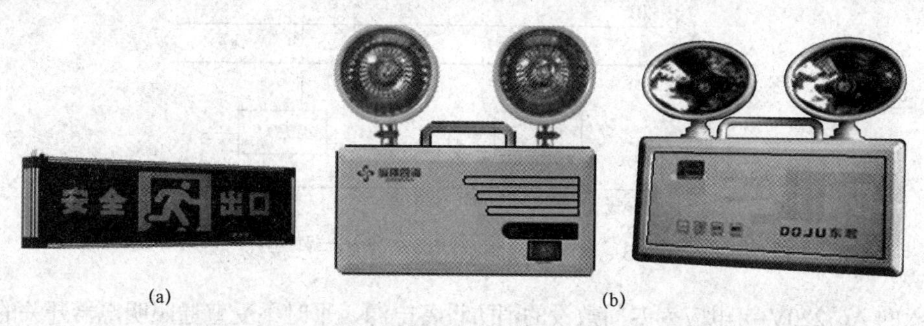


(a)　　(b)

图 2.5－12　消防应急标志灯和消防应急照明灯具的外观

（a）消防应急标志灯；（b）消防应急照明灯具

（11）应急照明的设置通常采用两种方式。设独立回路作为应急照明的电源，这个应急照明供电回路平时处于关闭状态，一旦发生火灾，通过末级应急照明切换控制箱接通该供电回路，点亮照明灯具。还有一种设置方式是：利用正常照明的一部分灯具作为应急照明，这部分灯具及连接在正常照明的回路中，同时也连接在专用的应急照明回路中。没有发生火情时，这部分灯具在正常照明回路中正常照明；火灾情况下，正常照明电源被切断，但这部分照明回路又被接入了专用应急照明回路中，因此正常接通作为应急照明。要完成上述的切换需通过末级应急照明切换控制箱来进行。

3. 应急照明的功能指标

（1）应牢固、无遮挡，状态指示灯正常。

（2）切断正常供电电源后，应急工作状态的持续时间不应低于规定时间。

（3）疏散照明的地面照度不应低于 0.5lx，地下工程疏散照明的地面照度不应低于 5.0lx。

（4）配电房、消防控制室、消防水泵房、防烟排烟机房、消防用电的蓄电池室、自备发电机房、电话总机房以及发生火灾时仍需坚持工作的其他房间，其工作面的照度，不应低于正常照明时的照度。

## 5.2.2 应急照明灯具的接线

消防应急灯具的接线有两线制、三线制和四线制等不同方式。

1. 两线制接线

消防应急灯具的两线制接线如图 2.5－13 所示，箭头表示接地线。

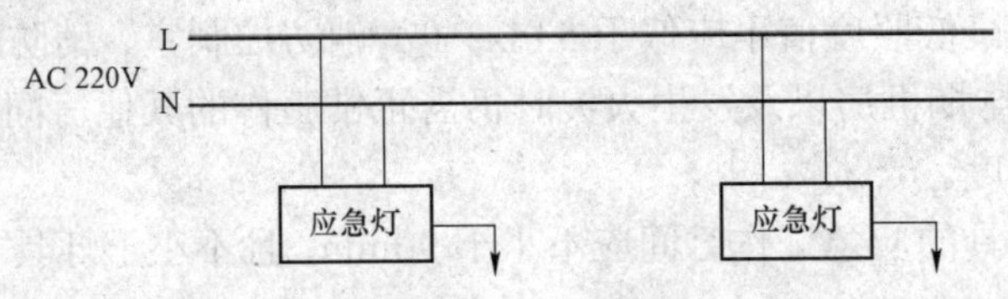


图 2.5－13　消防应急灯具的两线制接线

两线制接法是专用应急灯具常用接法，适用在应急灯平时不作照明使用或 24h 持续照明用（LED 标志灯就属于此种类），待断电后，应急灯自动点亮。

2. 三线制接线

三线制消防应急灯的三线接线图如图 2.5－14 所示。

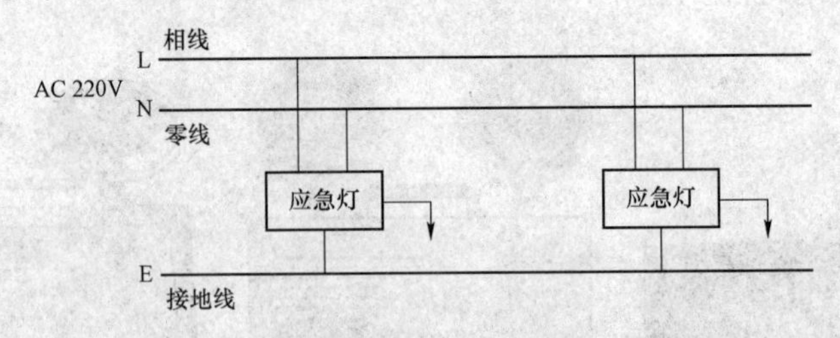


图 2.5－14　三线制消防应急灯的三线接线

输入的 AC 220V 市电应为专门敷设的消防设备电源，平时不受普通照明电器开关的控制。

3. 四线制接线

消防应急灯具的四线制接线如图 2.5－15 所示。

应急照明与应急电源连接时，各应急灯具宜设置专用线路，中途不设置开关。两线制和三线制型应急灯具可统一接在专用电源上。各专用电源的设置应符合相应的防火规范。

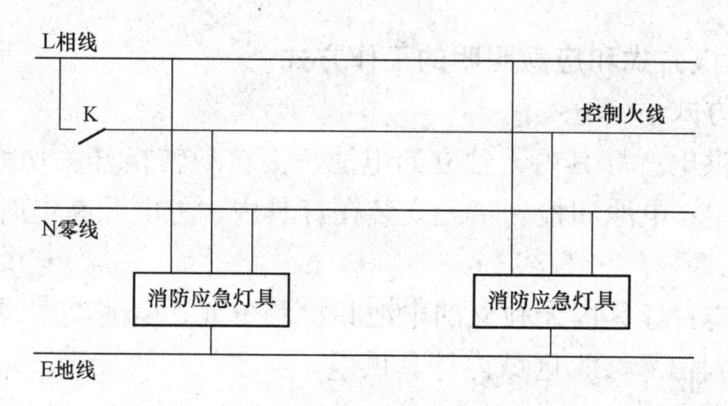


图 2.5－15　消防应急灯具的四线制接线

## 5.2.3　应急照明系统设计方法及应急照明系统控制

### 1. 应急照明系统设计方法

应急照明系统设计分析方法如图 2.5－16 所示。

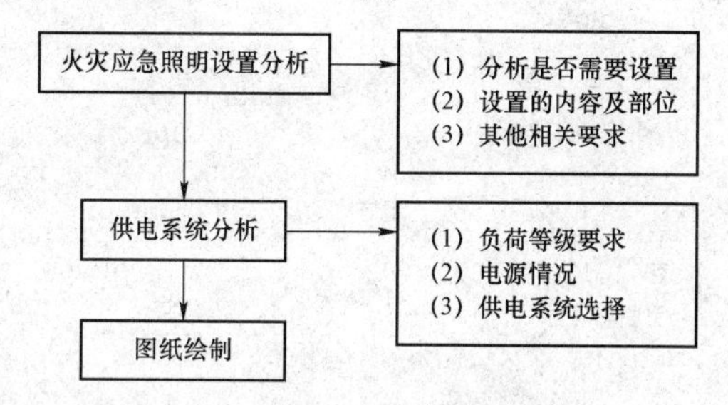


图 2.5－16　应急照明系统设计分析方法

### 2. 应急照明和非消防电源系统的控制

对于应急照明系统的供电电源来讲，发生火灾并经消防控制室确认后，要切断有关部位的非消防电源，同时接通火灾应急照明回路及疏散指示标志灯。

应急照明系统的供电电源应采用双电源，即正常电源和备用电源。必须要在末级应急照明配电箱设置备用电源自投的功能。

应急照明及非消防电源系统的控制如图 2.5－17 所示。

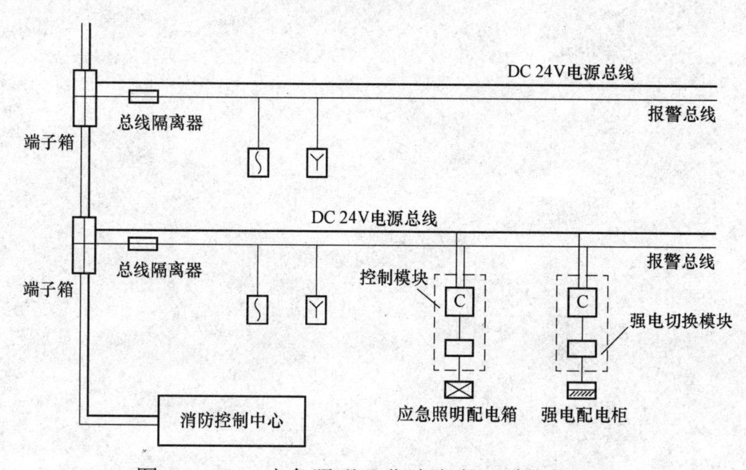


图 2.5－17　应急照明及非消防电源系统的控制

### 3. 应急照明的供电方式和应急照明的工作方式

应急照明的供电方式：

（1）双电源切换供电：灯具内无独立的电池，由自动转换开关切换双电源供电。

（2）自带电源供电：电池和检测单元安装在灯具内，主电源断电时，检测单元检测到信号，由电池继续供电。

（3）集中电源供电：灯具内无独立的电池和检测单元，电池集中设置在某处，主电源断电时，检测单元检测到信号，为区域内灯具供电。

应急照明的工作方式：

（1）常亮型：无论正常电源失电与否，均一直点亮，如某些场合下的疏散指示标志。

（2）常暗型：只在消防联动或当正常照明失电时自动点亮，如疏散照明。

（3）持续型：可随正常照明同时开关，并当正常照明失电时仍能点亮，如备用照明。

# 第6章 消防控制室与联动控制系统

## 6.1 消防控制室

消防控制室是设有火灾自动报警设备和消防设施控制设备，用于接收、显示、处理火灾报警信号，控制相关消防设施的专门场所，是利用固定消防设施扑救火灾的信息指挥中心，是建筑内消防设施控制中心枢纽。在平时，它全天候地监测各种消防设备的工作状态，保持系统正常运行。一旦出现火情，它将成为紧急信息汇集、显示、处理的中心，及时准确地反馈火情的发展过程，正确、迅速地控制各种相关设备，达到疏导和保护人员、控制和扑灭火灾的目的。

我国消防法规规定：消防控制室应该独立设置，不应将楼控室（楼宇自控室）、安防室合为一室；消防控制室应按照消防法规进行设计以及设备、设施的安装；必须依法进行管理，保证消防控制设备正常运行，确保消防安全。

### 6.1.1 消防控制室的技术要求

**1. 消防控制设备的组成**

消防控制室中的消防控制设备应由下列部分或全部控制装置组成：① 火灾报警控制器；② 自动灭火系统的控制装置；③ 室内消火栓系统的控制装置；④ 防烟、排烟系统及空调通风系统的控制装置；⑤ 常开防火门、防火卷帘的控制装置；⑥ 电梯回降控制装置；⑦ 火灾应急广播；⑧ 火灾警报装置；⑨ 消防通信设备；⑩ 火灾应急照明与疏散指示标志。

**2. 消防控制设备的控制方式**

消防控制设备应根据建筑的形式、工程规模、管理体制及功能要求综合确定其控制方式，并应符合下列规定：

单体建筑宜进行集中监控，就是在消防控制室集中接收、显示报警信号，控制有关消防设备、设施，并接收、显示其反馈信号；大型建筑群宜采用分散与集中相结合的监控方式，可以集中监控的应尽量由消防控制室监控。不宜集中监控的，则采取分散监控方式，但其操作信号应反馈到消防控制室。

**3. 消防控制设备的控制电源**

规范规定，消防控制设备的控制电源及信号回路电压应采用直流 24V。

### 4. 消防控制室的控制功能

《火灾自动报警系统设计规范》（GB 50116—2013）规定，消防控制室的控制设备应符合下列基本要求：

（1）自动控制消防设备的启、停，并显示其工作状态。

（2）手动直接控制消防水泵、防烟排烟风机的启、停。由工作人员直接控制水泵和风机的启、停；为保证启动、停止安全可靠，其控制线路应单独敷设，不宜与报警模块挂在同一个回路上。

（3）可显示火灾报警、故障报警的部位。

（4）应显示被保护建筑的重点部位、疏散通道及消防设备所在位置的平面图或模拟图。

（5）可显示系统供电电源的工作状态。

简言之，消防控制室的主要功能是：接受火灾报警；发出火灾信号和安全疏散指令；控制各种消防联动设备；显示电源运行情况。

### 5. 设计操作火灾警报装置与火灾应急广播的注意事项

火灾确认后，应及时向着火区发出火灾警报并通过广播指挥人员的疏散。为了避免人为的紧张，造成混乱而影响疏散，第一次警报和广播后，要根据火灾蔓延情况和需要进行疏散。在设计和操作火灾警报装置与火灾应急广播时注意：

（1）火灾警报器的鸣响与火灾应急广播应交替进行。

（2）火灾警报器的鸣响与火灾应急广播应统一在消防控制室由值班主管发出指令。

（3）值班人员应按疏散顺序和规定程序进行操作。

### 6. 对消防控制室消防通信设备的要求

消防控制室应设置消防通信设备并符合规范要求；

（1）消防控制室与消防泵房、主变配电室、通风排烟机房、电梯机房、区域报警控制器（或楼层显示器）及固定灭火系统操作装置处应设固定对讲电话。

（2）启泵按钮、报警按钮处宜设置可与消防控制室对讲的电话塞孔。

（3）消防控制室内应设置可向当地公安消防部门直接报警的外线电话。

### 7. 火灾发生后的电源处置

（1）在火灾确认后，切断有关部位的非消防电源，并接通火灾事故应急照明和疏散标志灯。

（2）切断非消防电源的方式和时间很重要，一般切断电源时按照着火楼层或防火分区的范围逐个进行，以减少因断电带来的不良后果。

（3）切断方式以人工居多，也可按程序自动切断。

（4）切断时间应考虑安全疏散，同时不能影响扑救，一般在消防队到场后进行。

## 6.1.2 消防控制室构成和消防联动控制器

### 1. 消防控制室构成

消防控制室中装备了消防系统中的最重要的一些检测和控制设备，其构成如图 2.6－1 所示。

图 2.6－1　消防控制室构成

火灾自动报警控制器、消防联动控制器、消防电话主机、消防应急广播及成套设备、消防 CRT 图形显示装置，还应有一部用于火灾报警的外线电话。

### 2. 消防联动控制器

消防联动控制器一般与火灾报警控制器采用一体化设计，构成联动型火灾报警控制器。它的主要功能为：

（1）控制功能：消防联动控制器能按预先编写的联动关系直接或间接控制其连接的各类受控消防设备，并独立地启动指示灯；只要有受控设备启动信号发出，启动指示灯点亮。

（2）故障报警功能：消防联动控制器设故障指示灯，在有故障存在时该指示灯点亮。

（3）自检功能：消防联动控制器能检查本机的功能，在执行自检功能期间，其受控设备均不应工作。

（4）手/自动转换功能：让联动设备随火灾报警的号码手/自动启动。

这里注意：火灾报警控制器与火灾报警联动控制器，火灾报警控制器主要是报警主机，在探测设备发现火灾的同时进行报警信息的展示。火灾报警联动控制器主要设置了需要联动的设备的开关，如防火风机启停按钮、空调启停按钮、消防泵喷淋泵启停按钮等，还有手动自动转换开关。

现在设计的报警控制器和联动控制柜一般都组合在一起了，一些联动设备，如空调风机、防火阀、消防泵都有通过主机报警后模块自动联动设置，只有一些特定的设备如消防泵、重要地方的雨淋阀等在需要的情况下还必须设置手动启动装置。

### 3. 消防控制室图形显示装置

消防控制室图形显示装置主要由图形显示控制器、CRT 图形显示软件、操作系统、报警主机配套接口等软硬件设备组成。

消防控制室图形显示装置是消防控制室用来完成火灾报警、故障信息显示的消防报警设备，可以模拟现场火灾现场火灾探测器、输入输出控制模块等部件的建筑平面布局，如实反应再现火警、故障灯状况具体位置的显示装置。

消防控制室图形显示装置主要功能如下：

（1）接收火灾报警控制器和消防联动控制器发出的火灾报警信号和联动控制信号，并在3s 内进入火灾报警和联动状态，显示相关信息。

（2）能查询并显示监视区域中监控对象系统内个消防设备的物理位置及其实时状态，并能在发出查询信号后 5s 内显示相应信息。

（3）能显示建筑总平面图、每个保护对象的建筑平面图。

### 4. 消防电话主机

消防电话系统是一种专用的通信系统，通过系统可以迅速地实现对火灾的人工确认，可以及时掌握火灾现场情况并连接其他必要的通信网络，便于指挥灭火及恢复工作。

消防电话系统可以分为总线制和多线制两种实现方式。多线制电话一个组端口接一个多线电话分机，总线制电话一个端口可以接不多于主机所带的总线容量数的总线电话分机；多线电话分机号码与所接端口对应，不用拔地址码，总线制电话需拔地址码以确定其分机号，同一个电话主机所接的总线电话分机地址码不能重号。

（1）总线制电话主机应用于总线制消防电话系统中，典型的总线制消防电话系统应由设置在消防控制中心的总线制消防电话主机、开关电源盘、现场电话模块、电话插孔及消防电话分机构成。

（2）多线制电话主机应用于多线制消防电话系统中，典型的多线制消防电话系统应由设置在消防控制中心的多线制电话主机、开关电源盘、现场电话插孔及固定式消防电话分机组成。

5. 消防应急广播系统

消防应急广播系统在火灾发生时，应急广播信号通过音源设备发出，经过功率放大后，由广播切换模块切换到广播指定区域的音箱实现应急广播。

## 6.2 消防控制室的设计要求

消防控制室根据建筑物的实际情况，可独立设置，也可以与消防值班室、保安监控室、综合控制室等合用，并保证专人24h值班。

消防控制室的主要设计要求如下：

1. 消防值班室

仅有火灾探测报警系统且无消防联动控制功能时，可设消防值班室，消防值班室可与经常有人值班的部门合并设置。

2. 消防控制室的设置

设有火灾自动报警系统和自动灭火系统或设有火灾自动报警系统和机械防（排）烟设施的建筑，应设置消防控制室。

**3. 具有两个及以上消防控制室的大型建筑群或超高层，应设置消防控制中心**

消防控制室应设有用于火灾报警的外线电话。

消防控制室应有相应的竣工图纸、各分系统控制逻辑关系说明、设备使用说明书、系统操作规程、应急预案、值班制度、维护保养制度及值班记录等。

**4. 消防控制室的控制设备组成、功能、设备布置符合国家标准**

有关消防控制室的控制设备组成、功能、设备布置以及火灾探测器、火灾应急广播、消防专用电话等的设计要求应符合现行国家标准《火灾自动报警系统设计规范》（GB 50116）中有关规定。

**5. 应设置应急照明灯具，并应保证正常照明的照度**

**6. 应在其配电线路的最末一级配电箱处设置自动切换装置**

## 6.3 联动控制系统

### 6.3.1 消防联动和联动控制的实现

1. 消防联动

在发生火灾时，若干部分设备和系统通过火灾控制器一起协同动作，参与消防联动的子系统如图2.6－2所示。

消防系统一般由两部分组成：一部分是报警系统；另一部分就是联动系统。联动控制表现在发生火灾后，不同的消防设施、设备的协同联动。

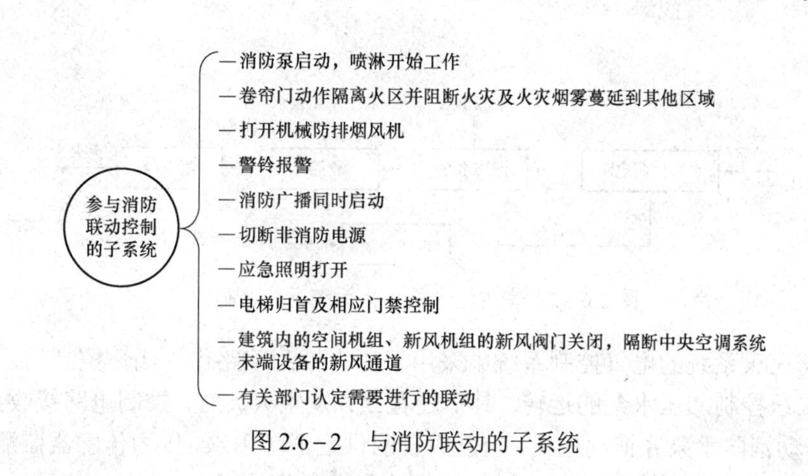


图 2.6－2 与消防联动的子系统

消防系统中的设施是指：① 自动灭火系统，包括自动喷水灭火、气体灭火、泡沫灭火等；② 火灾自动报警系统，使用感烟、感温、感光、红外探测等多种火灾探测传感器；③ 消火栓系统；④ 消防电梯、防烟风机、排烟风机、防火门、防火卷帘；⑤ 消防应急广播；⑥ 消防应急照明等。

**2. 联动控制的实现**

消防联动是指将上述各类消防设施的控制开关集中设置在消防控制室内，并配置了相应的操作程序。当火灾探测器发现火警时，消防系统能够自动启动或人工启动相应的消防设施，比如，打开各种消防泵，放下防火卷帘，打开风机，追降生活电梯和工作电梯，开通消防应急广播进行播音等。

消防联动控制包括消火栓系统的联动控制，喷淋泵及喷雾泵的监控，正压风机、防排烟风机的监控，防火阀、防排烟阀的状态监视，消防紧急断电系统监控，电梯追降，防火卷帘门的监控，可燃气体的监控，背景音乐和紧急广播及消防通信设备的监控以及消防电源和线路的监控。联动控制通过联动中继器完成。

## 6.3.2 室内消火栓系统的联动控制

发生火灾时，消火栓按钮经消防控制主机确认后可直接启动相应的消火栓泵，同时向消防控制室发出信号。消防控制中心也可直接手动启停相应的消火栓泵，并显示消火栓泵的工作故障状态，按防火分区显示消火栓按钮的位置，并返回消火栓按钮处的消火栓泵的工作状态。对消火栓按钮的监控，对消火栓泵的手动直接控制，通过设在消防控制中心的联动控制台实施。

消火栓设备的电气控制包括了消防水箱的水位控制、消防用水和加压水泵的启停。为保证消火栓的喷水枪有足够的水压，需要采用加压设备，使用较多的加压设备就是消防水泵。发生火灾后，楼内灭火的水源来自消火栓系统，该系统在消防泵房内设两台互为备用的消防泵，消防泵采用减压启动方式，可在泵房、中央控制室、各层消火栓按钮三处控制。当火警发生时，击碎防护玻璃按动消火栓按钮，自动启动消防泵，在模拟盘上对应指示灯亮，水枪喷射出加压水柱进行灭火。

**1. 室内消火栓灭火系统中消防水泵的电气控制**

室内消火栓灭火系统的电气控制系统是一个闭环系统，如图 2.6－3 所示。

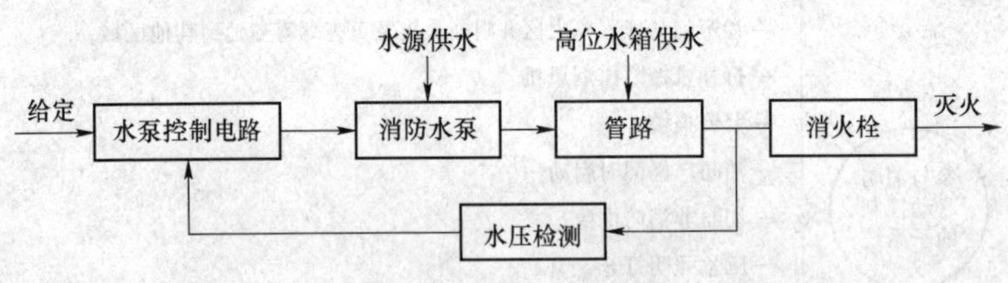


图 2.6－3　室内消火栓灭火系统电气控制图

在消火栓灭火系统的电气控制系统中采用了压力检测回路作为闭环控制的反馈回路，通过监测管路水压控制加压水泵的运转。具体过程是：发生火灾时，控制电路接收到消火栓泵启动指令，启动消防水泵并拖动电机，向室内管网供给消防用水，压力传感器监测管网水压，作为反馈信号和给定信号比较，形成恒定管网水压的闭环控制。

在消火栓的联动控制系统中，消防水泵的启停有三种控制方式。

（1）使用消火栓箱内的消防按钮直接控制。发生火灾后，击碎消防按钮的玻璃罩，按钮盒中按钮释放机械压力自动弹出，接通消防泵电路，启动消防水泵。

（2）使用水流报警启动器控制消防水泵启动。发生火灾后，高位水箱向管网供水，水流冲击报警启动器，在发出报警信号的同时，向消防水泵控制电路发出启动指令并启动。

（3）消防中心发出主令信号控制方式。现场火灾探测器将检测出的火灾信号送至消防中心的火灾报警控制器，再由火灾报警控制器发出主令信号控制消防泵的启停。

2. 对消火栓灭火控制系统的部分要求

（1）当消防按钮动作后，消防水泵自动启动运行，消防控制室内的信号盘上能够进行声光报警并显示发生火灾的地点和消防泵的运行状态。

（2）联动控制系统中设置管网压力检测装置，防止消防水泵误启动造成管网水压过高造成管网损坏。当管网压力达到一定的限定水压后，压力继电器动作，停运消防水泵。

（3）消防控制室中使用总线编码模块控制消防水泵的启停情况下，还应设置手动直接控制装置。当室内消火栓灭火系统有自己的专用供水水泵和配水管网时，消防泵一般都采用一用一备（一台工作，一台备用）工作方式，在消火栓泵发生故障需要将备用泵强行投入运行的时候，就可以使用手动强投。

（4）泵房应该设有检修用开关和启动、停止按钮。

（5）消防水泵控制电路有全压启动和降压启动两种。降压启动使用了 Y－△启动方式。

3. 消防按钮的连接

以 J－SAP－ZXS 消火栓按钮为例，如图 2.6－4 所示。

图 2.6－4　J－SAP－ZXS 消火栓按钮

（1）J－SAP－ZXS 直接启动消防泵的开关触点和启泵指示灯，同时连接工程智能报警器和消防泵控制箱的接线，如图 2.6－5 所示。

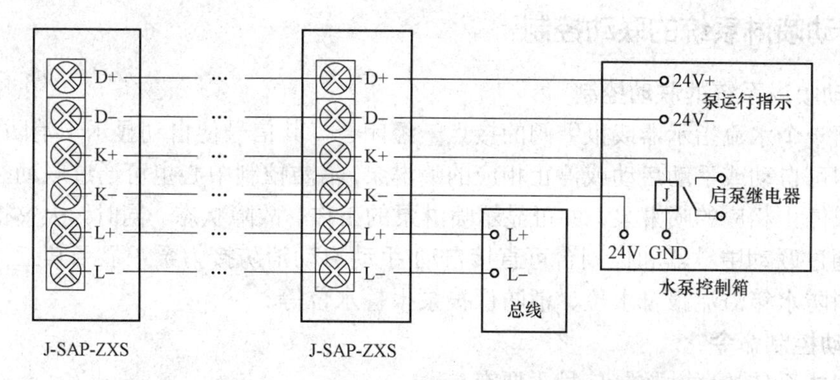


图 2.6－5 消火栓按钮同时连接工程智能报警器和消防泵控制箱

（2）J－SAP－ZXS 仅用于启动消防泵的接线，如图 2.6－6 所示。

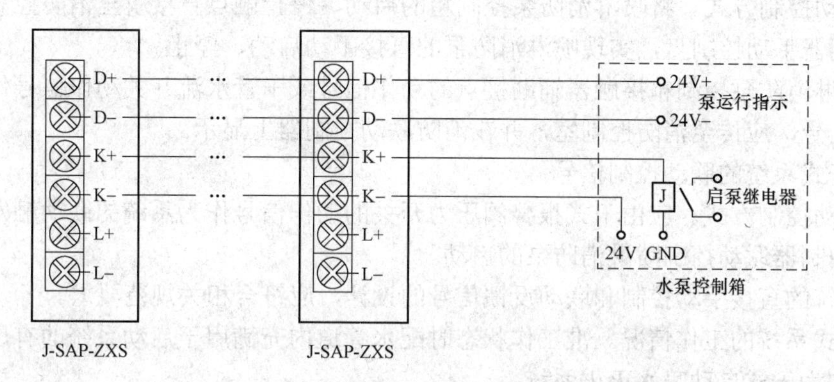


图 2.6－6 消火栓按钮仅用于启动消防泵的接线

（3）J－SAP－XS 同时连接工程火灾报警控制器和消防泵控制箱的接线如图 2.6－7 所示。

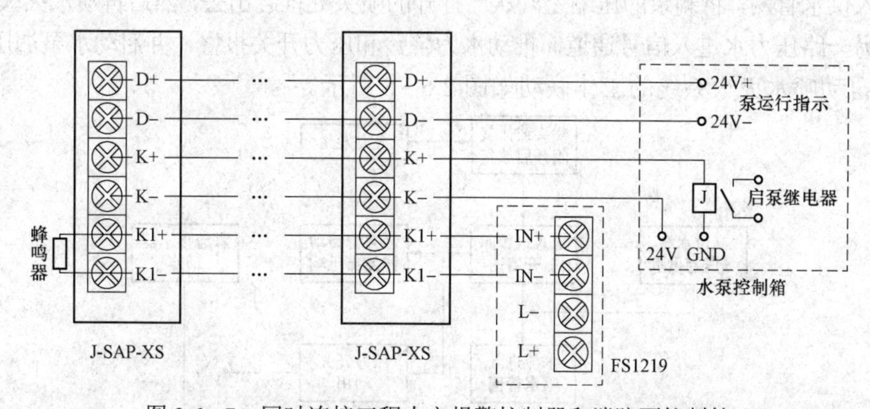


图 2.6－7 同时连接工程火灾报警控制器和消防泵控制箱

（4）消防按钮的连接方式。消防按钮的内部有一对常开触头和一对常闭触头，宜采用按钮串联连接方式。

## 6.3.3 自动喷淋系统的联动控制

**1. 自动喷淋系统的联动控制**

当任何一个水流指示器或报警阀的接点一经闭合，其信号便自动显示于消防控制屏上，消防中心即可自动或手动启动或停止相应的喷淋泵。消防控制中心也可通过联动控制台直接手动启动或停止相应的喷淋泵，并可显示喷淋泵的工作、故障状态。同时，火灾报警时消防控制中心通过联动中继器和控制台可直接自动/手动启动消防接力泵，显示其工作、故障状态及显示消防水箱溢流报警水位、消防保护泵报警水位等。

**2. 联动控制命令**

（1）湿式系统的联动控制信号主要有：

1）自动控制方式。由湿式报警阀压力开关的动作信号作为系统的联动触发信号，由消防联动控制器联动控制喷淋消防泵的启动。

2）手动控制方式。将喷淋消防泵控制箱的启动、停止触点直接引至消防控制室内的消防联动控制器手动控制盘，实现喷淋消防泵的直接手动启动、停止。

3）喷淋消防泵控制箱接触器辅助接点的动作信号或干管水流开关动作信号作为系统的联动反馈信号，应传至消防控制室，并在消防联动控制器上显示。

（2）干式系统的联动控制信号

1）自动控制方式。应由干式报警阀压力开关的动作信号作为系统的联动触发信号，由消防联动控制器联动控制喷淋消防泵的启动。

2）系统的直接手动控制和联动反馈信号的设计，应符合相关规范要求。

3）干式系统的工作情况。准工作状态时配水管道内充满用于启动系统的有压气体的闭式系统，称为干式自动喷水灭火系统。

平时，干式报警阀前的管路与水源相连并充满水，干式报警阀后的管路充以压缩空气，干式报警阀处于关闭状态。发生火灾时，闭式喷头热敏感元件动作，喷头首先喷出的是空气。由于排气量远大于充气量，管网内的气压逐渐下降，当降到某一气压值时，干式报警阀便自动打开，压力水进入供水管网，将剩余的压缩空气从已打开的喷头处推赶出去，然后再喷水灭火。干式报警阀处的另一路压力水进入信号通道，推动水力警铃和压力开关报警，并启动水泵加压供水。

干式自动喷水灭火系统的工作联动如图 2.6－8 所示。

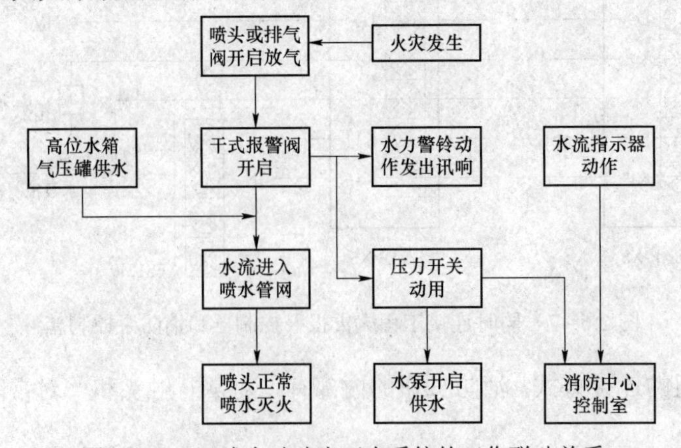


图 2.6－8　干式自动喷水灭火系统的工作联动关系

### 6.3.4 防排烟系统的联动控制

防排烟系统受探测感应报警信号控制，当有关部位的探测器发出报警信号后，消防控制屏会按一定程序发生指令，启动正压送风机，报警层及其上下一层的送风阀、排烟机、报警层的排烟阀或与防烟分区相连有关的排烟阀，消防总控室也能手动直接启动正压送风机和排烟机，并利用主接触器的辅助接点返回信号使其工作状况显示于消防控制屏上。

火灾报警时，消防控制中心通过联动控制台可直接手动启动相应加压送风机，可自动/手动开启避难层的加压送风机。加压送风口的设备还具备现场手动开启功能。

不同的建筑物，功能不同，布局各异，对于建筑的防排烟系统设计就要因建筑而异，但总体联动控制是有较为固定规律的，因此联动控制设计既要遵照国家规范及标准，遵照防排烟联动控制系统的一般设计规律，同时考虑具体建筑的不同特点、用途和对联动控制的具体要求来进行，控制逻辑设置合理。在防排烟系统的联动控制中，通知通风机、关闭防火阀、开启排烟阀和启动排烟机的顺序联动关系中，对于控制过程中出现的一些冲突可以按照适当的优先级顺序和设定控制逻辑来处理。

### 6.3.5 联动控制中的防火阀、防排烟阀监测

当某消防分区探测器发出报警信号后，消防控制屏便按照一定程序发出指令，切断空调机组、新风机组的送风机电源，并在消防控制室显示其关闭状态。火灾报警时，消防控制中心可通过联动中继器自动开启相应的防火分区的280℃防火阀，启动相应排烟风机，当烟气温度达到280℃时，熔断关闭风机入口处280℃防火阀，并关闭相应的排烟风机。当现场开启280℃常闭防火阀及正压送风口时，可直接启动相应的排烟（正压风机）。

火灾报警时，自动停止有关部位的空调送风机，关闭电动防火阀，并接收其返回信号。

对排烟风机、加压风机的手动启停，消防控制中心可以做到利用联动中继器和联动控制台对所有排烟风机、加压送风机实施手动控制启停，并能返回信号。

建筑物内的防排烟系统的联动控制关系如图2.6-9所示。

防烟楼梯间及前室（包括合用前室）的排烟送风系统的联动控制关系如图2.6-10所示。

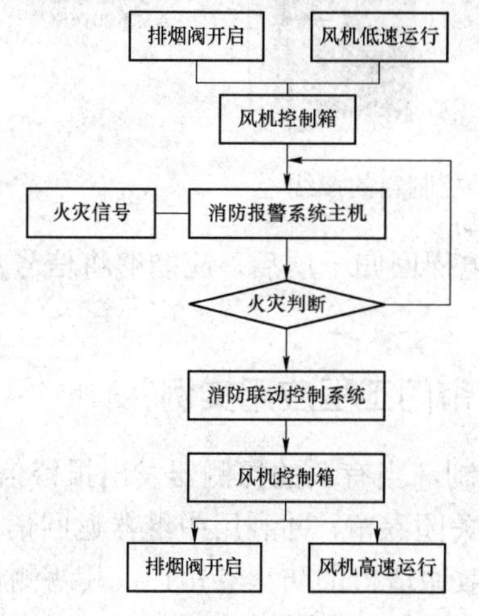


图2.6-9 建筑物内的防排烟系统的联动控制关系

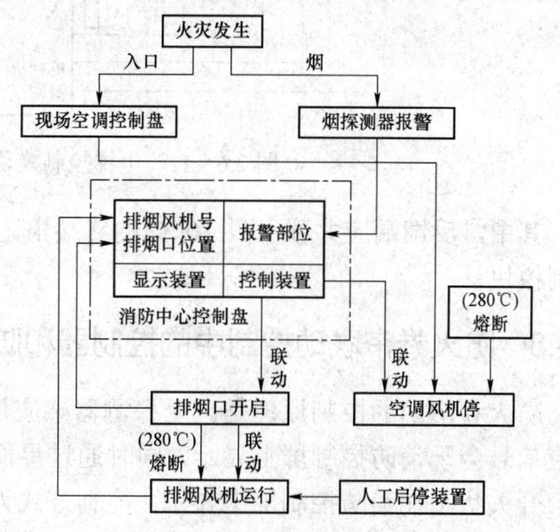


图2.6-10 防烟楼梯间及前室的排烟送风系统的联动控制

### 6.3.6 可燃气体探测系统的联动控制

天然气管井和天然气表房按要求需设置可燃气体探测器，当可燃气体探测器报警后，通过特设的可燃气体探测中继器联动，自动关闭相应的可燃气管道切断阀，同时启动相应的排风机，在消防控制中心的报警控制器自动显示可燃气管道切断阀及排风机的工作状态。

### 6.3.7 电梯回归一层的联动控制

消防控制中心设有所有电梯运行状态模拟及操作盘，通过联动中继器可监控电梯运行状态并遥控电梯。火灾报警时，消防中心发出控制信号，通过联动中继器强制所有电梯回归一层并接收其反馈信号。

火灾报警时，消防控制室也可通过联动中继器联动切断相应层的门禁控制主机电源，打开相应层疏散门并接收其反馈信号。

联动控制举例如下：当发生火灾时，某型号火灾报警控制器具有发出联功控制信号强制所有电梯停于首层或电梯转换层的功能。在实现电梯迫降过程中，该控制模块起到了控制输出以及反馈信号的功能。

该电梯控制模块与电梯控制箱的接线如图 2.6－11 所示。

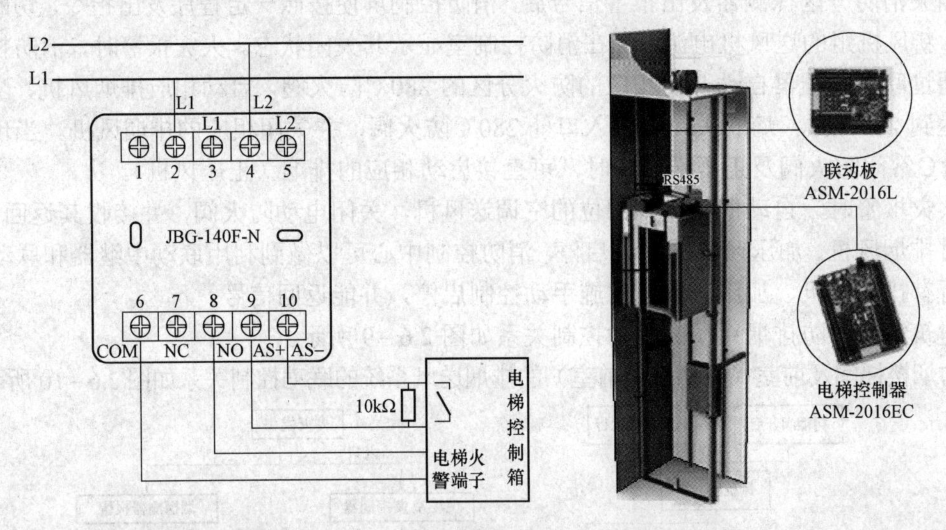


图 2.6－11　电梯控制模块与电梯控制箱的接线

其中，反馈端应并联一只 10kΩ 的终端电阻。当电梯回归一层后，应能够将信号反馈给控制模块。

### 6.3.8 防火卷帘联动控制中的控制器和防火卷帘门工程应用实例

防火卷帘门的控制原理是：受探测器感应信号控制，当有关的探测器发出报警信号后，相应信号会于消防控制屏上显示，同时通过界面单元关闭卷帘，并利用中继器返回信号，使卷帘开关状态在消防控制屏上显示。控制方式为：疏散通道上的防火卷帘门，其两侧设置感烟和感温探测器，采取两次控制下落方式，第一次由感烟探测器控制下落距地 1.8m 处停止；第二次由感温探测器控制下落到底，并分别将报警及动作信号送至消防控制室。同时在消防控制室有远程控制功能。

防火卷帘门的联动控制中区域报警控制器、集中火灾报警控制器、火灾探测器及防火卷帘门反馈信号之间的关系如图 2.6－12 所示。

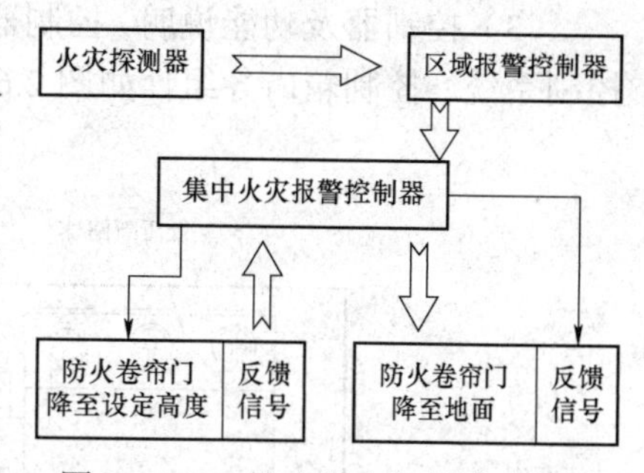

图 2.6－12　防火卷帘门的联动控制

用作防火分隔的防火卷帘门，如地下车库卷帘门周围，卷帘门两侧只设置温感探测器，温感探测器动作后，卷帘下落到底。

本工程卷帘门的具体控制方式已在前面优化配置部分加以阐述，还需说明的消防控制室及消防控制中心可显示感烟、感温探测器的报警信号及防火卷帘门的关闭信号。

1. 防火卷帘联动控制中的控制器

以某公司开发生产的 FJK－F/S－F/D 型防火卷帘门控制器为例，侧重介绍防火卷帘门控制器的联动控制功能。

（1）部分技术参数：

电源：AC 380V±15%，50Hz±1%；

功耗：静态≤5W，报警≤10W；

蓄电池：12V×2，2.2A•h；

报警音量：85～115DB；

最大控制卷门机功能：≤1.5W；

主电中限位时间可调范围：0～63s；

备电中限位时间可调范围：0～63s；

门限位反馈输出触点容量：AC 220V/1A，DC 30V/2A；

速放输出功率：≤150W（1min）。

（2）基本功能：

1）操作功能：手动操作卷帘门上升、下降、停止。

2）不间断供电功能：当主供电电源（AC 380V）断电时，能自动转换到备用电源；当主电恢复时，能自动转换到主供电电源，并对备用电瓶充电，对备用电源有欠电压保护功能，主、备电电源故障显示功能。

3）三相电源相序错相、缺相、无零线报警指示功能。

4）速放功能：在三相电源故障时，通过速放装置控制卷帘门依靠自重下放，并能在任意位置停留后下降至中位或底位（视最高级火警信号而定）。

5）急停逃生功能：在火警时，按任意键卷帘会停留于中位以上或返升到中位，提供人员逃生能道，实现人员疏散。

6）具有感烟和感温探测器，并接受消防有源或无源联动全降、半降信号，控制卷帘门至中位位置或直降到底。

7）采用拨码设置中位位置，定位精确，操作简单方便。

8）限位反馈功能：非火警状态下限位及故障反馈，火警状态增加中限位。

9）自检功能：能对音响部件及状态指示灯进行功能自检。

(3) 控制器及功能说明。控制器安装在控制箱内，和其他辅助组件一起构成功能完整的控制系统。控制箱内各组件如图 2.6－13 所示。

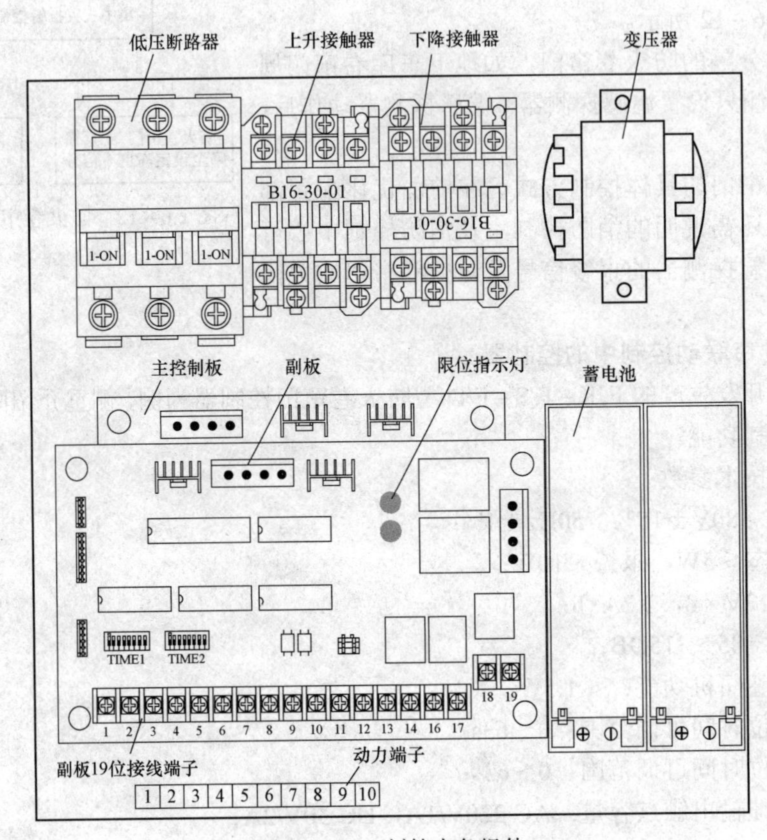


图 2.6－13　制箱内各组件

控制箱中各组件功能说明如下：

1）低压断路器：三相电源总控制开关，能防止三相电源短路及过载。

2）上升接触器：交流接触器控制三相电机正转运行。

3）下降接触器：交流接触器控制三相电机反转运行。

4）变压器：AC 380V/AC 26V/15W，控制回路电源及电瓶充电电源。

5）蓄电池：两节 12V 免维护电瓶，当主电失电时自动切换使用。

6）副板 19 位接线端子：外接控制信号及反馈接线端子。

7）动力端子：动力线接线端子，提供三相电源及其零线的输入、电机及电机刹车接线端子。

8）主控制板：FJK－3 型防火卷帘控制器主控制板，实现功能控制。

9）副板：FJK－3 型防火卷帘控制器副板，控制器电源及刹车逆变回路及其控制部分。

10）限位指示灯，上侧为下限位指示（ON 时亮），下侧为上限位指示（ON 时亮）。

(4) 控制器、按钮盒面板各功能区。控制器面板各部位的名称及功能如图 2.6－14 所示，控制器按钮盒面板各部位的名称及功能如图 2.6－15 所示。

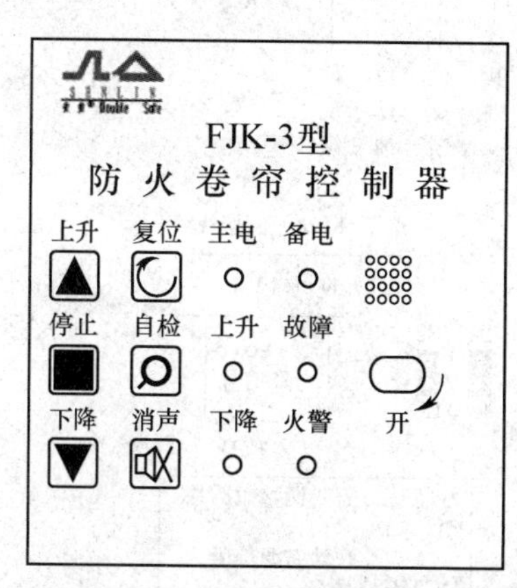

图 2.6－14 控制器面板的功能

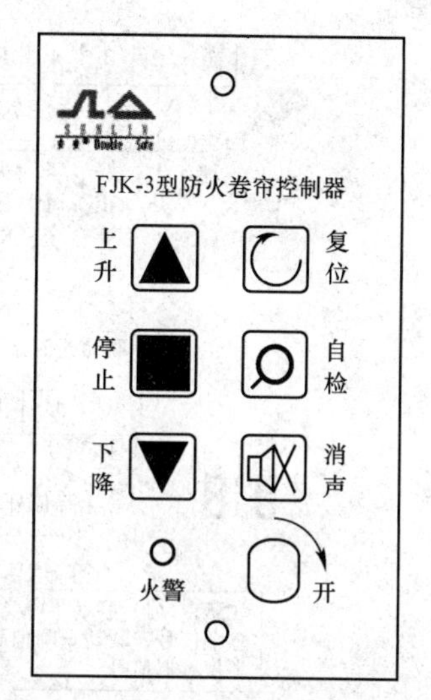

图 2.6－15 控制器按钮盒面板的功能

控制器、按钮盒面板各按钮、键位和指示灯功能如下：

1）上升按钮：手动操作卷帘门上升，到上限位自行停止或按停止按钮停止。

2）停止按钮：在非火警状态按停止按钮，卷帘门停止运动；在火警状态下按停止按钮执行急停功能。

3）下降按钮：手动操作卷帘门下降，到下限位自行停止或按停止按钮停止。

4）复位键：任意状态下按复位键，则控制器进入："复位"状态（面板指示灯全常亮，无声音指示，动作停止，不接受任何信号），3s 后视接收到的信号进入相应状态；当消防联动信号动作后，需按复位键复位后方可开门，否则默认为火警状态。

5）自检键：非火警状态按自检键，控制器进入"自检"状态，面板指示灯全部亮并发出门动作音，此后恢复至正常状态。

6）消音键：有声音指示时按消音键，控制器进入"消音"状态，30s 内无指示音输出。

7）主电指示灯：闪烁表示主电工作正常。

8）上升指示灯：常亮表示控制器执行上升动作。

9）下降指示灯：常亮表示控制器招待下降动作。

10）备电指示灯：闪烁表示备电工作正常。

11）故障指示灯：常亮表示存在相序、缺相、主电掉电、备电掉电等故障。

12）火警指示灯：常亮表示控制器接收到感烟、感温或全降、半降信号，进入火警状态。

13）讯响器：发生火警时，发出火警变调音；发生欠电压时，发出故障变调音；卷帘门正常开、关门时，发出"嘟、嘟"的短音。

14）电子锁：电子锁置于绿色点时，表示开，面板上按键有效；电子锁置于红色点处时，表示关，面板上按键无效。（注：当发生火警时，即火警灯亮时，无论电子锁是否打开，按键匀有效）

（5）控制器接线：

1）主控制器主控制板端子功能。主控制器主控制板各端子的接线及功能说明如图 2.6－16 所示。

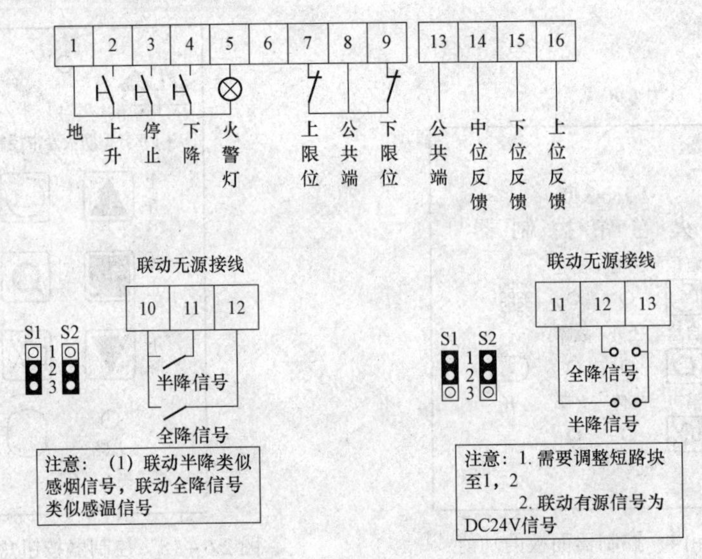


图 2.6－16　主控制器主控制板各端子的接线及功能说明

2）故障反馈、感烟和感温探测器的接入端子。故障反馈的接线端、感烟探测器和感温探测器的接线端子如图 2.6－17 所示。

3）电源进线及电机接线端子如图 2.6－18 所示。

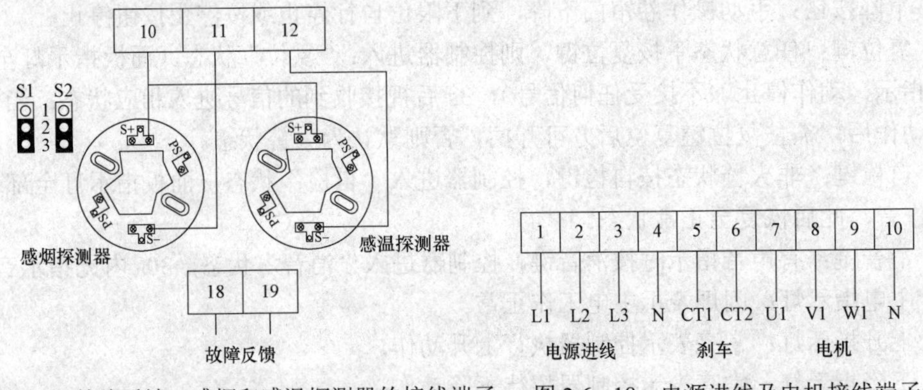


图 2.6－17　故障反馈、感烟和感温探测器的接线端子　　图 2.6－18　电源进线及电机接线端子

**2. 卷帘门动作调试**

（1）以上主、备电源正常后，用电机手动装置将门下放至中间位置。

（2）按上升按钮，卷帘门向上运动，控制器面板的上升指示灯亮；若动作方向相反，按停止按钮，断开主、备电源后，任意调换电机两根相线，接通电源，按上升按钮，卷帘门执行开门动作，直至上限位动作，卷帘门停止动作。

（3）进行关门操作，可停止按钮任意位停止，或者到限位停止。

（4）卷帘门动作时发出动作音和指示信号，刹车动作。

**3. 卷帘门操作注意事项**

（1）在手动操作卷门开、关门时，检查卷帘门下部或周围有无障碍物存在。

（2）在操作卷帘门时，不允许有人员或车辆从卷帘门下部通过。

（3）在卷帘门未安全开、关门到位前，操作人员不得离开卷帘门开关。

（4）发生故障时，请不要带电维修操作。

### 6.3.9 背景音乐、紧急广播和切断非消防电源的联动控制

**1. 背景音乐及紧急广播的联动控制**

当探测器感应器发出报警信号，消防控制屏按照一定程序发出指令，强行将背景音乐转入火灾广播状态，进行紧急广播。其程序是首层发生火灾报警时，切换本层、二层及地下隔层；地下发生火灾时，切换地下各层及首层。

火灾应急广播的扩音机需专用，但可以放置在其他广播机房内，在消防控制室内应能对其进行遥控自动开启，并能在消防控制室直接用话筒播音。

**2. 切断非消防电源**

建筑物发生火灾时，如果供电全部中断，则消防联动控制就没有意义了。因此，要实现消防联动，首先要保证可靠的电力供应。消防供电设置有主供电电源和直流备用供电电源，其中主供电电源采用的是消防专用电机，消防供电要能满足消防设备的用电负荷，充分发挥消防设备的作用，将火灾损失减小到最低限度。对于电力负荷集中的一、二级消防电力负荷，通常是采用单电源或双电源的双回路供电方式，用两个10kV电源进线和两台变压器构成消防主供电电源。

火灾报警时，消防控制中心通过设在现场的联动中继器切断有关部位的非消防电源（按层实施），并接通火灾应急广播及火灾应急照明和疏散指示灯。

切断非消防电源的方式和时间很重要，一般切断电源时按着火楼层或防火分区的范围逐个进行，以减少因断电带来的不良后果。切断方式以人工居多，也可按程序自动切断。切断时间应考虑安全疏散，同时不能影响扑救，一般在消防队到场后进行。

**3. 消防联动控制台**

消防控制室中的消防联动控制台，对下述子系统联动控制及工作状态显示，联动控制台的制作和所有联动的设备点数按工程实际确定，为非标产品。

（1）消火栓泵、喷淋泵及喷雾泵的远程监控；

（2）正压送风及防排烟风机的监控；

（3）电梯归首；

（4）有关部门认定需要进行的联动。

### 6.3.10 消防联动系统控制顺序

消防联动系统控制系统的控制顺序中要按照联动规律进行，例如：

（1）当火灾探测器报警后，按中央空调系统分区停止与报警区域有关的空调机组、新风机组、送风机及关闭管道上的防火阀启动与报警区域有关的排烟阀及排烟风机并返回信号。

（2）在火灾确认后，关闭有关部位电动防火门、防火卷帘门，同时按照防火分区和疏散顺序切断非消防用电源，接通火灾事故照明灯及疏散标志灯。

（3）向电梯控制屏发出信号并强使全部电梯（客用、货用、消防）下行并停于底层，除消防电梯处于待命状态外，其余电梯均停止使用。

# 第7章

# 消防系统的设计、施工与调试

## 7.1 消防系统设计

### 7.1.1 消防系统设计的内容和原则

#### 1. 消防系统设计内容

消防系统设计内容包括系统设计和平面图设计两大部分，其消防系统设计内容如图 2.7－1 所示。

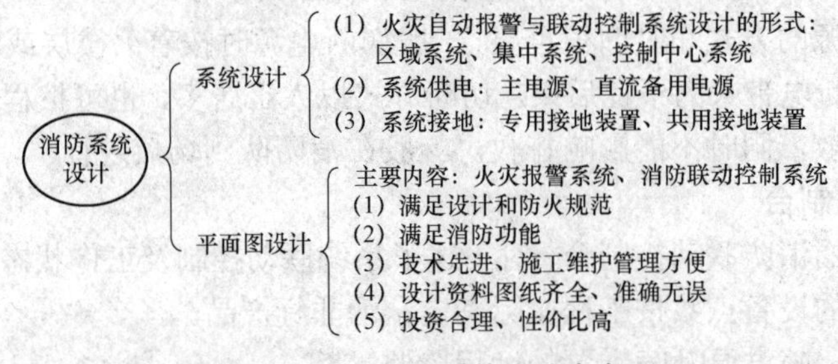


图 2.7－1　消防系统设计内容

#### 2. 消防系统设计原则

消防系统设计原则如图 2.7－2 所示。

1. 符合现行建筑设计消防法规要求
2. 详细了解建筑物用途，保护对象、有关消防部分的审批意见
3. 掌握建筑相关的标准、规范，以便于综合考虑后进行系统设计

消防法规5大类。在执行法规遇到矛盾，应按以下几点处理：
(1) 行业标准服从国家标准
(2) 从安全方面采用高度标准
(3) 报请主管部门解决

图 2.7－2　消防系统设计原则

### 7.1.2 程序设计和设计方法

#### 1. 程序设计

消防系统的程序设计包括两个阶段：第一个阶段是初步设计；第二个阶段是施工图设计。

其程序设计内容如图 2.7－3 所示。

初步设计的工作中的确定设计依据内容有相关的规范、所有土建及其他工程的初步设计图纸，厂家的产品样本等。

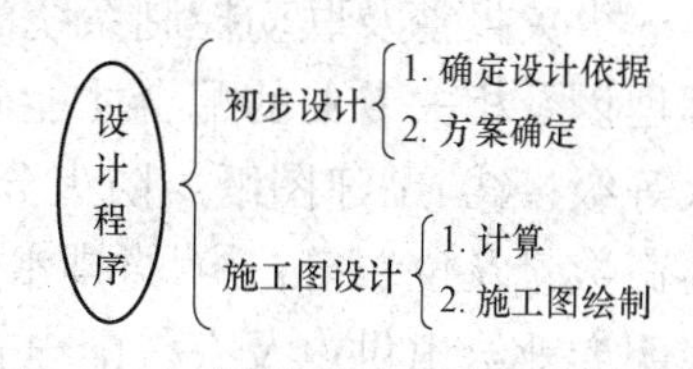

图 2.7－3 消防系统的程序设计内容

方案确定的内容有确定消防系统采用的形式，确定合理的设计方案，设计方案是关键。

施工图设计中的计算内容主要有计算探测器的数量、手报按钮、消防广播、楼层显示器、短路隔离器、中继器、支路数、回路的数量和控制器容量等。

施工图绘制包括平面图、系统图、施工详图的绘制和设计说明。平面图中包括探测器、手报按钮、消防广播、消防电话、非消防电源、消火栓按钮、防排烟机、防火阀、水流指示器、压力开关和各种阀等设备，以及以上诸设备之间的线路走向。

在施工图绘制工作中，绘制的系统图要根据平面图中的设备布置实际情况和厂家产品样本进行绘制；分层清晰，设备符号和平面图中一致，设备数量与平面图中一致。

2. 设计方法

消防系统的设计方法包括设计方案确定、消防控制中心的确定及消防联动设计要求，如图 2.7－4 所示。要说明的是，应根据建筑物的类别、防火等级、功能要求、消防管理以及相关专业的配合来确定设计方法。

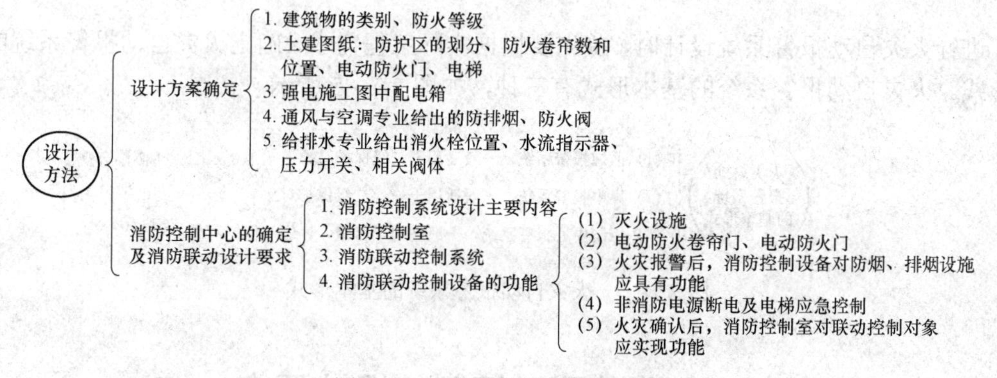

图 2.7－4 设计方法包括的内容

## 7.1.3 方案设计和初步设计阶段的工作

在进行方案设计和初步设计阶段，包括的工作有确定设计依据和方案确定。

1. 设计依据

消防系统设计要基于相关的国家标准和规范进行，具体地有：① 相关规范；② 建筑的规模、功能、防火等级、消防管理的形式；③ 所有土建及其他工种的初步设计图纸文件；④ 提供系统及设备的厂家产品样本。

2. 方案确定

通过比较和选择，确定消防系统采用的基本形式，确定合理的设计方案。科学合理的设计方案是消防系统取得成功的关键所在，优秀的设计工程图纸应绘制得准确、精细，方案应科学与合理，与其他已有消防系统设计情况的比较也应是合理的，这几项内容缺一不可的。

火灾报警及联动控制系统的设计方案应根据建筑物的类别、防火等级、功能要求、消防管理以及相关专业的配合才能确定。因此，必须掌握以下资料及信息：① 建筑物类别和防火等级；② 土建图纸：防火分区的划分，风道（风口）的位置、烟道（烟口）位置、防火卷帘数量及位置等；③ 给排水专业给出消火栓、水流指示器、压力开关的位置等；④ 电力、照明专业给出供电及有关配电箱（如事故照明配电箱、空调配电箱、防排烟机配电箱及非消防电源切换箱）的位置；⑤ 通风与空调专业给出防排烟机、防火阀的位置等。

综上所述，建筑物的消防系统设计是需要各相关专业密切配合的工作，在总的防火规范指导下，各专业应密切配合，以实现一个优质消防系统设计。

## 7.2 火灾自动报警系统保护对象的级别和基本形式的选择

### 7.2.1 火灾自动报警系统保护对象的级别

火灾自动报警系统保护对象的分级情况要根据不同情况和火灾自动报警系统设计的特点，还要结合被保护对象的实际需要，有针对性地划分。火灾自动报警系统的保护对象应根据其使用性质、火灾危险性、疏散和扑救难度等分为特级、一级和二级。

### 7.2.2 火灾自动报警系统基本形式的选择

进行火灾自动报警系统设计时，首先要根据实际工程需求，确定火灾自动报警系统的基本形式。火灾自动报警系统的基本形式有三种，如图 2.7－5 所示。

图 2.7－5　火灾自动报警系统的基本形式

## 7.3 消防联动控制的设计要点

**1. 消防联动控制对象**

消防联动控制对象有灭火设施、防排烟设施、防火门、防火卷帘、电梯、非消防电源的断电控制等。

**2. 消防联动的组成方式**

（1）集中控制；

（2）分散与集中控制相结合。

**3. 消防联动的控制方式**

（1）联动控制，采用自动控制；

（2）非联动控制，则采用手动控制方式；

（3）联动与非联动控制相结合的方式，即自动控制与手动控制相结合的方式。

## 7.4 消防工程开工及元件的检查和测试

消防工程的设计及图样必须经当地公安消防主管部门的审批后才能进行施工安装，进行安装的单位必须取得省级以上的安装许可证。未取得安装许可证的单位首次安装须经当地公安消防部门的核准。

### 7.4.1 消防工程开工的条件

消防工程施工前需满足开工条件，开工条件基本内容如下：

**1. 总的原则**

（1）照明及单相电气设备安装工程的设计和安装应分别由具有相应资质的设计、安装单位进行。

（2）配线工程及照明、单相设备的施工应按已批准的设计进行。当修改设计时，应经原设计单位同意，方可进行。

（3）设备和器材到达施工现场后，应按下列要求进行检查：① 技术文件应齐全；② 型号、规格及外观质量应符合设计要求和规范的规定。

**2. 配线工程**

检查相应的安全技术措施；配线工程施工前的环境条件、配线工程前期必须完成和具备的条件是否满足；配线工程中非带电金属导体部分的接地和接零应可靠；配线工程的施工及验收，应符合国家现行的有关标准规范的规定等。

**3. 电气照明装置**

电气照明装置施工前，建筑工程要符合特定的一些要求。施工中，还要满足一些施工安全可靠的要求，如在砖石结构中安装电气照明装置时，应采用预埋吊钩、螺栓、螺钉、膨胀螺栓、尼龙塞或塑料塞固定，严禁使用木楔。当设计无规定时，上述固定件的承载能力应与电气照明装置的重量相匹配；电气照明装置的接线应牢固，电气接触应良好；需接地或接零的灯具、开关、插座等非带电金属部分，应有明显标志的专用接地螺栓；电气照明装置的施工及验收，应符合国家现行的有关标准规范的规定。

**4. 单相设备**

使用单相电源的单相设备安装需满足要求。这里仅列出部分要求：

（1）当交流、直流或不同电压等级的插座安装在同一场所时，要有明显的区别，必须具有不同结构、不同规格和不能互换的插座；配套的插头应按交流、直流或不同电压等级区别使用。

（2）插座接线应符合下列规定：

1）单相两孔插座，面对插座的右孔或上孔与相线连接，左孔或下孔与零线连接，单相三孔插座。面对插座的右孔与相线连接，左孔与零线连接。

2）单相三孔即有接零和接地要求的，三孔的关系是：“左零右火上接地”，这里的火线即是相线，“地”指接 PE 保护线；三相四孔及三相五孔插座的接地（PE）或接零（PEN）线接在上孔。

插座的接地端子不与零线端子连接。同一场所的三相插座，各插脚的相序排列应一致。

3）接地（PE）或接零（PEN）线在插座间不许串联连接。

4）相线经开关控制，及火线进开关等。

5. 对土建工程的要求

消防工程施工前对土建工程的完工情况有明确的要求，此处不再赘述。

6. 火灾自动报警系统施工前应具备下列条件

（1）设计单位应向施工、建设、监理单位明确相应技术要求；

（2）系统设备、材料及配件齐全并能保证正常施工；

（3）施工现场及施工中使用的水、电、气应满足正常施工要求。

### 7.4.2 元件的检查和测试

消防工程中使用的元件及模块外观应完整无损，应有产品合格证及公安部颁发的产品制造许可证和安装使用说明书，技术资料完整，数据清晰准确无误，数量规格型号符合设计要求，一般应使用设计指定厂家的产品且由厂家直接进货。

探测器的线制应与控制器的线制吻合对应，一般情况下应使用同一厂家的配套产品。

消防工程开工前对元件的测试要求是：将各类火灾报警探测器与报警控制器按照系统设计的接线原理图接线，并接通电源进行实际测试，使用相应的信号或者模拟火灾发生时的温度、烟雾、火焰信号实际观察各类探测器及模块功能是否正常，系统的基本功能是否正常，是否符合单个元件及系统的性能要求，如果有不满足能够正常应用的元器件要进行更换。这种测试方法是最佳的测试方法，尽管看起来有些烦琐，但为后来调试带来了极大的方便。

## 7.5 消防系统的设计、施工依据

消防系统的设计、施工必须依据国家、行业和地方颁布的有关消防法规及上级批准文件的具体要求进行。从事消防系统的设计、施工及维护人员须具备相关的资质。

### 7.5.1 设计依据

消防系统的设计，在公安消防主管部门的指导下，根据建设单位给出的设计资料以及国家、行业及地方关于消防系统的有关规程、规范和标准进行，设计必须要依据以下有关规范进行：

《建筑设计防火规范》（GB 50016—2014）；

《火灾自动报警系统设计规范》（GB 50116—2013）；

《民用建筑电气设计规范》（JGJ 16）。

另外还要注意使用一些专项规范，如《人民防空工程设计防火规范》（GB 50098—2009）和《洁净厂房设计规范》（GB 50073—2013）等。

### 7.5.2 施工依据

对于消防系统的施工自始至终严格按照设计图纸施工之外，还应执行下列规范和技术条件：

《火灾自动报警系统施工及验收规范》（GB 50166—2007）；
《自动喷水灭火系统施工及验收规范》（GB 50261—2017）；
《气体灭火系统施工及验收规范》（GB 50263—2007）；
《防火卷帘》（GB 14102—2005）；
《防火门》（GB 12955—2008）；
《电气装置安装工程接地装置施工及验收规范》（GB 50169—2016）；
《建筑电气工程施工质量验收规范》（GB 50303—2002）。

## 7.6 消防系统的施工

### 7.6.1 施工单位承担的质量和安全责任及质量管理

1. 施工单位承担三项消防施工的质量和安全责任

（1）按照国家工程建设消防技术标准和经消防设计审核合格或者备案的消防设计文件组织施工，不得擅自改变消防设计进行施工，降低消防施工质量。

（2）查验消防产品和有防火性能要求的建筑构件、建筑材料及室内装修装饰材料的质量，使用合格产品，保证消防施工质量。

（3）建立施工现场消防安全责任制度，确定消防安全负责人。加强对施工人员的消防教育培训，落实动火、用电、易燃可燃材料等消防管理制度和操作规程。保证在建工程竣工验收前消防通道、消防水源、消防设施和器材、消防安全标志等完好有效。

2. 质量管理

火灾自动报警系统的施工必须由具有相应资质等级的施工单位承担。

火灾自动报警系统的施工应按设计要求编写施工方案。施工现场应具有必要的施工技术标准、健全的施工质量管理体系和工程质量检验制度，并应填写有关记录。

3. 系统施工

火灾自动报警系统施工前，应具备系统图、设备布置平面图、接线图、安装图以及消防设备联动逻辑说明等必要的技术文件。

火灾自动报警系统施工过程中，施工单位应做好施工（包括隐蔽工程验收）、检验（包括绝缘电阻、接地电阻）、调试、设计变更等相关记录。

火灾自动报警系统施工过程结束后，施工方应对系统的安装质量进行全数检查。火灾自动报警系统竣工时，施工单位应完成竣工图及竣工报告。

### 7.6.2 控制器类设备的安装

1. 火灾报警控制器的安装

火灾报警控制器在墙上安装时，其底边距地（楼）面高度宜为 1.3～1.5m，其靠近门轴的侧面距墙不应小于 0.5m，正面操作距离不应小于 1.2m；落地安装时，其底边宜高出地（楼）面 0.1～0.2m。

控制器应安装牢固，不应倾斜；安装在轻质墙上时，应采取加固措施。

柜内布线：配线清晰、整齐、美观、编号规矩、字迹清晰不褪色，避免交叉，绑扎成束，对端子板不应有应力；每个接线端子接线不超过 2 根，接线余量不小于 200mm，进线管要封堵。

2. 对引入控制器的电缆或导线的要求

引入控制器的电缆或导线，应符合下列要求：

（1）配线应整齐，不宜交叉，并应固定牢靠。

（2）电缆芯线和所配导线的端部，均应标明编号，并与图纸一致，字迹应清晰且不易褪色。

（3）端子板的每个接线端，接线不得超过 2 根。

（4）电缆芯和导线，应留有不小于 200mm 的余量。

（5）导线应绑扎成束。

（6）导线穿管、线槽后，应将管口、槽口封堵。

控制器的主电源应有明显的永久性标志，并应直接与消防电源连接，严禁使用电源插头。控制器与其外接备用电源之间应直接连接。

控制器的接地应牢固，并有明显的永久性标志。

### 7.6.3 消防电气控制装置、模块安装及系统接地

1. 消防电气控制装置安装

（1）消防电气控制装置安装前，应进行功能检查，不合格者严禁安装。

（2）消防电气控制装置外接导线的端部，应有明显的永久性标志。

（3）消防电气控制装置箱体内不同电压等级、不同电流类别的端子应分开布置，并应有明显的永久性标志。

（4）消防电气控制装置应安装牢固，不应倾斜；安装在轻质墙上时，应采取加固措施。消防电气控制装置在消防控制室内安装时，还应符合相关要求。

2. 模块安装

（1）同一报警区域内的模块宜集中安装在金属箱内。

（2）模块（或金属箱）应独立支撑或固定，安装牢固，并应采取防潮、耐腐蚀等措施。

（3）模块的连接导线应留有不小于 150mm 的余量，其端部应有明显标志。

（4）隐蔽安装时在安装处应有明显的部位显示和检修孔。

3. 系统接地

（1）交流供电和 36V 以上直流供电的消防用电设备的金属外壳应有接地保护，接地线应与电气保护接地干线（PE 保护线）相连接。

（2）接地装置施工完毕后，应按规定测量接地电阻，并做记录。

## 7.7 消防系统的调试和验收

### 7.7.1 消防系统调试

关于消防系统调试的一般规定有：

（1）火灾自动报警系统的调试，应在系统施工结束后进行。

（2）调试负责人必须由专业技术人员担任。

对于错线、开路、虚焊、短路、绝缘电阻小于 20MΩ 等情况，应采取相应的处理措施。

对系统中的火灾报警控制器、可燃气体报警控制器、消防联动控制器、气体灭火控制器、消防电气控制装置、消防设备应急电源、消防应急广播设备、消防电话、传输设备、消防控制中心图形显示装置、消防电动装置、防火卷帘控制器、区域显示器（火灾显示盘）、消防应急灯具控制装置、火灾警报装置等设备，应分别进行单机通电检查。

## 7.7.2 火灾报警控制器的调试

火灾报警控制器调试主要内容如下：

（1）检查自检功能和操作级别。

（2）使控制器与探测器之间的连线断路和短路，控制器应在 100s 内发出故障信号（短路时发出火灾报警信号除外）；在故障状态下，使任一非故障部位的探测器发出火灾报警信号，控制器应在 1min 内发出火灾报警信号，并应记录火灾报警时间；再使其他探测器发出火灾报警信号，检查控制器的再次报警功能。

（3）检查消音和复位功能。

（4）使控制器与备用电源之间的连线断路和短路，控制器应在 100s 内发出故障信号。

（5）检查屏蔽功能。

（6）使总线隔离器保护范围内的任一点短路，检查总线隔离器的隔离保护功能。

（7）使任一总线回路上不少于 10 只的火灾探测器同时处于火灾报警状态，检查控制器的负载功能。

（8）检查主、备电源的自动转换功能，并在备电工作状态下重复第 7 条检查。

（9）检查控制器特有的其他功能。

## 7.7.3 火灾探测器的调试

### 1. 点型感烟、感温火灾探测器和线型感温火灾探测器调试

采用专用的检测仪器或模拟火灾的方法，逐个检查每个火灾探测器的报警功能，火灾探测器应能发出火灾报警信号，火灾探测器上的火警确认灯点亮；报警控制器上显示火警信号，显示报警位置和回路号、地址编码号。

### 2. 红外光束感烟火灾探测器调试

（1）调整探测器的光路调节装置，使探测器处于正常监视状态。

（2）用减光率为 0.9dB 的减光片遮挡光路，探测器不应发出火灾报警信号。

（3）用产品生产企业设定减光率（1.0～10.0dB）的减光片遮挡光路，探测器应发出火灾报警信号。

（4）用减光率为 11.5dB 的减光片遮挡光路，探测器应发出故障信号或火灾报警信号。

### 3. 点型火焰探测器和图像型火灾探测器调试

采用专用检测仪器和模拟火灾的方法在探测器监视区域内最不利处检查探测器的报警功能，探测器应能正确响应。

4. 手动火灾报警按钮调试

手动火灾报警按钮，施加适当的推力使报警按钮动作，报警按钮上火警确认灯点亮；报警控制器上应能显示火警信号，显示报警位置和回路号、地址编码号。

5. 可燃气体探测器调试

（1）依次逐个将可燃气体探测器按产品生产企业提供的调试方法使其正常动作，探测器应发出报警信号。

（2）对探测器施加达到响应浓度值的可燃气体标准样气，探测器应在30s内响应。撤去可燃气体，探测器应在60s内恢复到正常监视状态。

（3）对于线型可燃气体探测器除符合本节规定外，尚应将发射器发出的光全部遮挡，探测器相应的控制装置应在100s内发出故障信号。

### 7.7.4 消防应急广播设备的调试

（1）以手动方式在消防控制室对所有广播分区进行选区广播，对所有共用扬声器进行强行切换，应急广播应以最大功率输出。

（2）对扩音机和备用扩音机进行全负荷试验，应急广播的语音应清晰。

（3）对接入联动系统的消防应急广播设备系统，使其处于自动工作状态，然后按设计的逻辑关系，检查应急广播的工作情况，系统应按设计的逻辑广播。

（4）使任意一个扬声器断路，其他扬声器的工作状态不应受影响。

### 7.7.5 防火卷帘控制器的调试

（1）防火卷帘控制器应与消防联动控制器、火灾探测器、卷门机连接并通电，防火卷帘控制器应处于正常监视状态。

（2）手动操作防火卷帘控制器的按钮，防火卷帘控制器应能向消防联动控制器发出防火卷帘启、闭和停止的反馈信号。

（3）用于疏散通道的防火卷帘控制器应具有两步关闭的功能，并应向消防联动控制器发出反馈信号。防火卷帘控制器接收到首次火灾报警信号后，应能控制防火卷帘自动关闭到中位处停止；接收到二次报警信号后，应能控制防火卷帘继续关闭至全闭状态。

（4）用于分隔防火分区的防火卷帘控制器在接收到防火分区内任一火灾报警信号后，应能控制防火卷帘到全关闭状态，并应向消防联动控制器发出反馈信号。

### 7.7.6 与空调系统及防排烟系统的配合

当火灾确认后，自动控制系统应能通过模块关闭发生火灾的楼宇内的空调机、新风机、送风机，并关闭本层电控防火阀，在未设火灾自动报警系统的工程中，防火阀 70℃温控关闭时，可直接联动关闭楼宇内的空调机或新风机、送风机。

规范指出：火灾报警后，消防控制设备应能停止有关部位的空调送风，关闭电动防火阀，并接收其反馈信号；启动有关部位的防烟和排烟风机、排烟阀等，并接收其反馈信号。

规范还指出：当防烟和排烟的控制设备采用总线编码模块控制时，还应在消防控制室设置手动直接控制装置，因此，应采用多线制联动防排烟风机。以便在联动控制屏能自动和手动控制防排烟风机的启、停，并显示其工作状态。

### 7.7.7 消防系统调试中的逻辑关系与系统调试

#### 1. 消防系统调试中的逻辑关系

消防系统调试中的逻辑关系也是系统实际运行中的控制逻辑，见表2.7－1。

表2.7－1　消防系统控制逻辑关系表

| 控制系统 | 报警设备种类 | 受控设备及设备动作后果 | 位置及说明 |
|---|---|---|---|
| 水消防系统 | 消火栓按钮 | 启动消火栓泵 | 泵房 |
| | 报警阀压力开关 | 启动喷淋泵 | 泵房 |
| | 水流指示器 | 报警，确定起火层 | 水支管 |
| | 检修信号阀 | 报警，提请注意 | 水支管 |
| | 消防水池水位或水管压力 | 启动，停止稳压泵 | |
| 预作用系统 | 该区探测器或手动按钮 | 启动预作用报警阀充水 | 该区域（闭式喷头） |
| | 压力开关 | 启动喷淋泵 | 泵房 |
| 水喷雾系统 | 感温、感烟同时报警或紧急按钮 | 启动玉林泵、启动喷淋泵（自动时延30s） | 该区域（开式喷头） |
| 空调系统 | 感烟探测器或手动按钮 | 关闭有关系统的空调机、新风机和送风机 | |
| | 防火阀70℃温控开关 | 关闭本层电控防火阀 | |
| 防排烟系统 | 感烟探测器或手动按钮防火阀 | 打开有关排烟机与正压送风机 | 地下室、层面 |
| | | 打开有关排烟口（阀） | |
| | | 打开有关正压送风口 | 火灾层及上、下层 |
| | | 两用双速送风机转入高速排烟状态 | |
| | | 两用风管中，关闭正常排风口，开启排烟口 | |
| | 280℃温控关闭 | 关闭有关排烟风机 | 地下室、屋面 |
| | 可燃气体报警 | 打开有关房间排风机，关闭有关煤气管道阀门 | 厨房、煤气表房 |
| 防火卷帘防火门 | 防火卷帘门旁的感烟探测器 | 该卷帘门或改组卷帘门下降高度一半 | |
| | 防火卷帘门旁的感温探测器 | 该卷帘门或改组卷帘门归底 | |
| | 电控常开防火门旁感烟或感温探测器 | 释放电磁铁，关闭该防火门 | |
| | 电控档烟阀垂壁旁感烟或感温探测器 | 释放电磁铁，该挡烟垂壁或改组挡烟垂壁下垂 | |
| 手动为主的系统 | 手动或自动，手动为主 | 切断火灾层消防非消防电源 | 火灾层及上下层 |
| | 手动或自动，手动为主 | 启动火灾层警铃获声光报警装置 | 火灾层及上下层 |
| | 手动或自动，手动为主 | 使电梯归首，消防电梯投入消防使用 | |
| | 手动 | 对有关区域进行紧急广播 | 火灾层及上下层 |
| 消防电话 | | 随时报警、联络、指挥灭火 | |

2. 系统调试

系统调试时，接通所有启动后可以恢复的受控现场设备。

（1）使消防联动控制器的工作状态处于自动状态，按设计的联动逻辑关系，使相应的火灾探测器发出火灾报警信号，检查消防联动控制器接收火灾报警信号情况、发出联动信号情况、模块动作情况、受控设备的动作情况、受控现场设备动作情况、接收反馈信号及各种显示情况。

（2）使消防联动控制器的工作状态处于手动状态，依次手动启动相应的受控设备，检查消防联动控制器发出联动信号情况、模块动作情况、受控设备的动作情况、受控现场设备动作情况、接收反馈信号及各种显示情况。

## 7.7.8 消防系统验收

消防工程竣工后，建设单位应负责向消防监督部门申请验收并组织施工、设计、监理等单位配合。验收不合格不能投入使用。消防工程验收时应按规范要求填写相应的记录。

以火灾自动报警系统为例，验收时要对系统中下列装置的安装位置、施工质量和功能等进行验收。

（1）火灾报警系统装置，包括各种火灾探测器、手动火灾报警按钮、火灾报警控制器和区域显示器等。

（2）消防联动控制系统，含消防联动控制器、气体灭火控制器、消防电气控制装置、消防设备应急电源、消防应急广播设备、消防电话、传输设备、消防控制中心图形显示装置、模块、消防电动装置、消火栓按钮等设备。

（3）自动灭火系统控制装置，包括自动喷水、气体、干粉、泡沫等固定灭火系统的控制装置。

（4）消火栓系统的控制装置。

（5）通风空调、防烟排烟及电动防火阀等控制装置。

（6）电动防火门控制装置、防火卷帘控制器。

（7）消防电梯和非消防电梯的回降控制装置。

（8）火灾警报装置。

（9）火灾应急照明和疏散指示控制装置。

（10）切断非消防电源的控制装置。

（11）电动阀控制装置。

（12）消防联网通信。

（13）系统内的其他消防控制装置。

# 第3篇
# BIM 技术与建筑弱电系统

# 第1章 BIM技术与建筑弱电系统概述

随着科学技术的进步，数字化建造与信息化技术越来越深入地融入建筑业中，使建筑业迅速走上了数字化、信息化的道路。BIM 技术则是推动建筑业数字化、信息化的标志性技术之一。

## 1.1 BIM 技术及其在建筑业中的应用

### 1.1.1 BIM 技术

#### 1. BIM 技术概念

随着建筑业的发展，建筑物的功能越来越复杂，应用的新材料、新工艺越来越多，导致了建筑工程的规模越来越大，再加上环保、绿色、智能化的要求，工程的复杂程度越来越高，因此附加在建筑工程上的信息数据量也越来越大。如果将这些与工程高度关联的数据与信息处理好并利用好，就能够大幅度提升设计、施工质量，避免工程中的返工，缩短工期，获得很好的经济效益。

将建筑工程中重要且相关联的数据信息架构成一个动态的 3D 数学模型，用来指导整个建筑全生命周期中建筑工程的设计、施工及运营维护；用来协调不同专业、工种和不同部门的运行；能够实时检测工程中的各类碰撞，这样的模型就是 BIM。BIM 是源自于 Building Information Modeling 的缩写，中文译为建筑信息模型。

BIM 通过数字信息仿真模拟将建筑工程中所有重要的关联数据信息融入数学模型里，不仅仅是三维几何形状信息，还包括诸如建筑构件的材料、重量、几何尺寸、价格、初步设计、深化设计、计划进度和实际进度、工程协调信息等。

根据国外对建筑业生产的相关数据统计：现有模式生产建筑的成本接近合理成本的两倍；72%的建筑工程项目不同程度地超预算；70%的项目超工期；75%不能按时完成的项目至少超出初始合同价格的 50%。使用 BIM 技术能够大幅度提高建筑业的生产效率和管理效能。

据美国建筑行业研究院的研究报告，工程建筑行业的无效工作和浪费高达 57%。导致这能情况的原因是多方面的，当较多地使用先进的技术和生产流程，才能改变这种情况。BIM 通过集成项目信息的收集、管理、交换、更新、储存过程和项目流程，为建设项目全生命周期中的不同阶段和各方参与者提供及时、准确、足够的数据信息，来支持工程各方参与者之间进行信息交流和共享，以支持工程各个部分的生产效率和各个不同阶段的运行效率。

BIM 具有可视化属性。可视化不仅指 3D 立体实物图形可视，也包括项目设计、建造、运营等全生命周期过程的三维实体可视，重要的是 BIM 的可视化具有互动性，信息的修改可自动馈送给模型，实时地为工程参与方共享。

BIM 具有“关联修改”的属性。BIM 所有的图纸和信息都与模型关联，BIM 模型建立的同时，相关的图纸和文档自动生成，对 BIM 做出的修改，会实时和自动地进行关联修改，即对与 BIM 关联的全部文件都同步进行修改。BIM 的核心价值之一就是高效协同。协同从根本上减少了重复劳动的损失并解决了信息传递难的问题，大大提高工程各参与方的工作效率。BIM 的应用不仅需要项目设计方内部的多专业协同，而且需要与构件厂商、业主、总承包商、施工单位、工程管理公司等不同工程参与方的协同作业。

BIM 改变了建筑行业的生产方式和管理模式，它成功解决了建筑建造过程中数量较多的参与者、工程进行的不同阶段、工程全生命周期中的信息共享问题。

2. BIM 技术是建筑工程数字化、信息化的支撑性技术

从发展的角度讲，现代建筑业的数字化、信息化在一定程度上体现为建筑工程的数字化、信息化，而建筑工程的数字化、信息化离不开 BIM 技术，原因如下：

（1）现代建筑的子系统越来越多和越来越复杂。现代建筑体量越来越大，并有大量的高层建筑，功能越来越丰富和复杂。仅就主要系统而言，就包括 8 大建筑功能综合体、7 种结构体系、超过 30 以上的机电子系统、30 多个建筑弱电系统（建筑智能化子系统），还配置有多种有线网络和无线网络及通信系统。换言之，现代建筑系统结构中有数量较多且复杂的子系统，这些子系统尽管彼此独立，但又相互联系，尤其是建筑工程本身的各个部分和各个阶段会源源不断地出现各种矛盾。对建设工程项目团队的统筹协调及有效管理提出了很高的要求。

（2）建设工程项目参与单位多。建筑系统的复杂性直接决定了项目涉及学科的多样性。前期设计团队就已经包括建筑、结构、机电、安全监控、消防、网络布线等多个咨询及设计单位。在施工总承包单位管理下，参与施工的包括机电、建筑弱电及室内装饰等十几支施工分包队伍。巨大的建筑、机电材料和弱电系统设备的采购量和安装工程量决定整个建设过程中必然要对数量众多的供货方以及施工方队伍进行沟通和管理。

（3）大量信息数据交流有较高的难度。对于每一个较大的建筑工程，都会有大量的设计、深化设计及施工图等资料，不仅仅是设计及施工图纸，还有合同、订单、施工计划、现场采集的数据等。这些数据的保存、分类、更新和管理工作难度很大。尤其是在参与建设的各方，使用这些巨量的数据信息彼此进行交流的难度非常大，这就会导致工程的停顿、返工、工期延误、严重的原材料损失等。

（4）建设工程设计工作中创新理念的应用。现代建筑和个性化很强的建筑越来越多地采用新技术和新的设计理念，这也对工程设计、施工、管理提出了不小的挑战。

（5）建设工程成本控制难度增大。没有精确的计算模型和现代化的管理手段就很难对建设工程成本进行较精细的控制，有了 BIM 模型，应用 BIM 技术，就能够密切地监控实际工程建设项目的进程和进度，实施对建设工程成本的有效控制。

### 1.1.2 使用 BIM 技术进行碰撞检测

碰撞在建筑工程中经常遇到。图 3.1－1 是线管与线架交叉碰撞的情况。图 3.1－2 是暖

通管道的设计标高高于天花板的设计标高，这是在建筑设计中出现的碰撞。

图3.1－1　线管与线架交叉碰撞

图3.1－2　设计中出现的一种标高尺寸碰撞

风管与线管的交叉碰撞情况如图3.1－3所示。

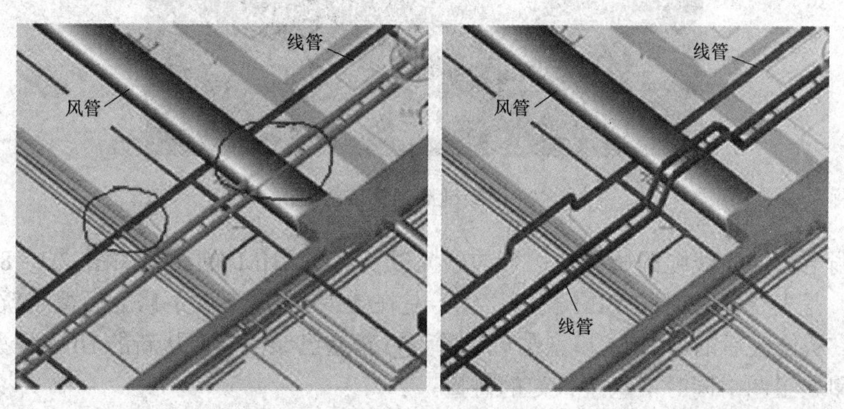


图3.1－3　风管和线管的交叉碰撞

墙体和楼梯的碰撞，如图3.1－4所示。

图3.1－4　墙体和楼梯的碰撞

写字楼、办公楼中大量安装中央空调系统，空调机组制备的温度、湿度适宜的冷风经送风管道送至各个空调房间，水管与风管的碰撞如图3.1－5所示。

图3.1－6描述了几个不同设备子系统的碰撞。暖通设备和敷设弱电线缆的弱电桥架发生碰撞；消防喷淋水管和送风管道发生碰撞；弱电桥架和消防喷淋水管也发生了碰撞。

消除碰撞调整后的BIM模型如图3.1－7所示。从BIM模型中看到，新风管道、供水管道和通信线缆线管之间已经没有发生碰撞的情况了，这是进行消除碰撞调整后BIM模型的一部分。

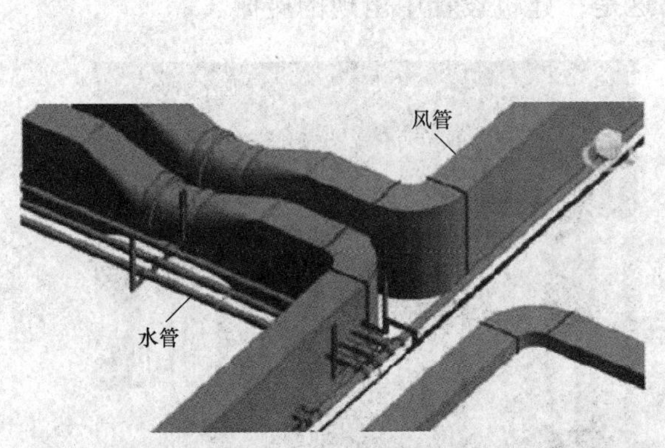


图 3.1－5　水管与风管的碰撞

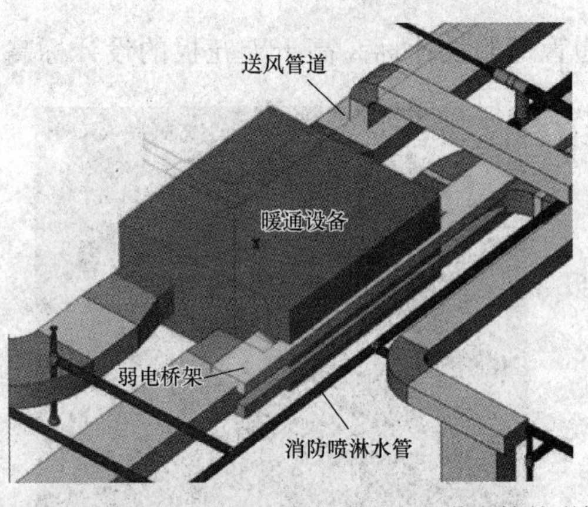


图 3.1－6　暖通设备、弱电桥架和消防喷淋水管的碰撞

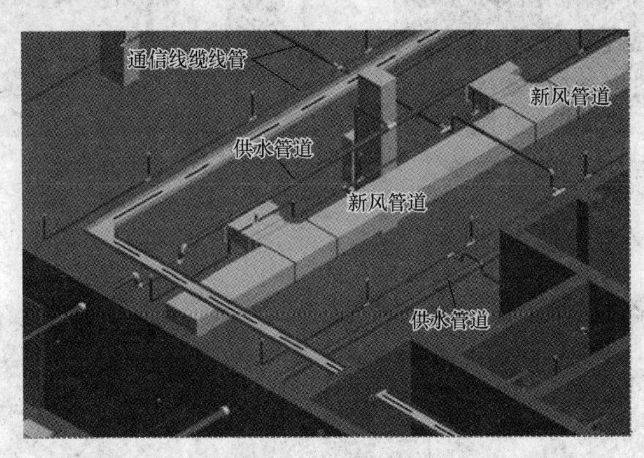


图 3.1－7　消除碰撞调整后的 BIM 模型

敷设弱电或通信线缆的桥架与风管的碰撞以及基于 BIM 的调整如图 3.1－8 所示。图 3.1－8（a）是发生碰撞时的 BIM 模型，（b）是在 BIM 模型上做了修改后得到新的 BIM 模型的情况。从修改后的新 BIM 模型中可以看到，碰撞已经消除。从新的 BIM 模型关联打出的设计图和施工图中同时消除了该处的碰撞。

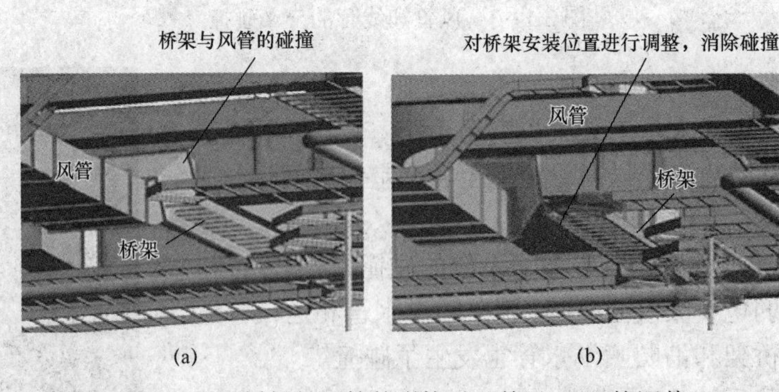


图 3.1－8　桥架与风管的碰撞以及基于 BIM 的调整

某大型建筑内的一条走廊，在走廊顶部的交叉处敷设了较多的管线，在初始的设计中出现了碰撞，有碰撞的 3D BIM 模型如图 3.1－9（a）所示，经过基于 BIM 模型的优化处理后，消除了碰撞，图 3.1－9（b）为 BIM 模型清晰地显示出消除碰撞的情况。

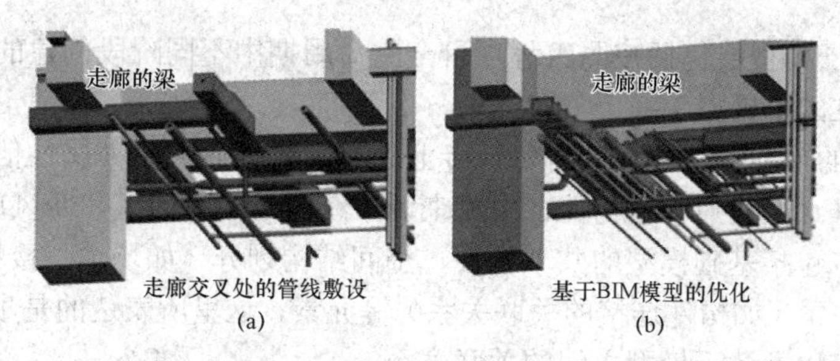


图 3.1－9　有碰撞的 BIM 和消除了碰撞的 BIM

（a）有碰撞的情况；（b）消除碰撞

## 1.1.3　BIM 模型的架构

实际的建筑工程项目是复杂的，对应地 BIM 模型的内容也是复杂的，绝不是仅仅限于一个直观的 3D 模型，因为面对实际工程项目，有较多的参与方还涉及多个不同的专业及分工；工程运作在不同阶段要处理和解决的工程内容也不同，因此不同的参与主体还必须拥有各自的模型，例如，场地模型、建筑模型、结构模型、设备模型、施工模型及竣工模型等。这些模型是从属于项目总体模型的子模型，但规模比项目的总体模型要小，在实际的操作中，这样有利于不同目标的实现。

换言之，BIM 模型是由多个不同子模型组成的。这些子模型从属于项目总体模型，这些子模型和工程运行的不同阶段、专业分工紧密关联着。这些子模型有机电子模型、建筑弱电子模型、电梯子模型和给排水子模型等。这些子模型都是在同一个基础模型上生成的，这个基础模型包括了工程目标要建造的建筑物最基本架构，建筑覆盖区域的地理坐标与范围、柱、梁、楼板、墙体、楼层、建筑空间等。专业子模型就在基础模型上添加各自的专业构件形成的，这里专业子模型从基础模型中生长出来，基础模型的所有信息被各个子模型共享。

BIM 模型的架构有四个层级，最顶层是子模型层，接着是专业构件层，再往下是基础模型层，最底层则是数据信息层，BIM 的架构如图 3.1－10 所示。

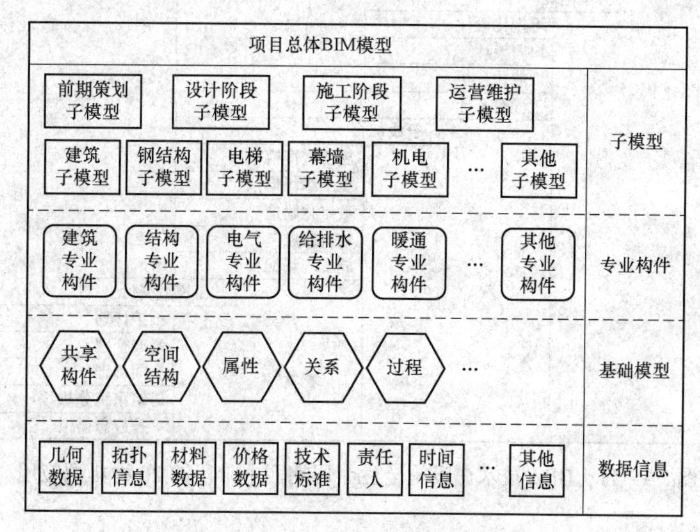


图 3.1－10　四个层级的 BIM 架构

BIM 模型中子模型层包括按照工程项目全生命周期中不同阶段创建的子模型，也包括按照专业分工建立的子模型。

BIM 模型中的专业构件层应包含每个专业特有的构件元素及其属性信息，如结构专业的基础构件、给排水专业的管道构件、中央空调系统的送风、回风和新风风管等。

基础模型层应包括基础模型的共享构件、空间结构划分（如场地、楼层）、相关属性、相关过程、关联关系（如构件连接的关联关系）等元素，这里所表达的是项目基本信息、各子模型的共性信息以及各子模型之间的关联关系。

数据信息层应包括描述几何、材料、价格、时间、责任人、物理和技术标准等信息所需的基本数据。

BIM 是一个智能化程度很高的 3D 模型，同时还可以把 BIM 模型看作是一个透明的、可重复的、可核查的、可持续的协同工作环境，在这个环境中，各参与方在设施全生命周期中都可以及时联络，共享项目信息，并通过分析信息，做出决策和改善设施的过程，使项目得到有效的管理。

### 1.1.4 BIM 技术在设施全生命周期的应用

前面已经介绍过，BIM 有着很广泛的应用范围，从纵向上可以跨越建筑设施的整个生命周期，在横向上可以覆盖不同的专业和工种，使得在不同的阶段中，不同岗位的人员都可以应用 BIM 技术来开展工作。下面介绍 BIM 技术在设施全生命周期各个阶段的应用。

国内业界将 BIM 技术的常见应用归纳为 20 种，这 20 种常见的应用跨越了建筑设施全生命周期的四个阶段，即规划阶段（项目前期策划阶段）、设计阶段、施工阶段和运营阶段。

BIM 技术在设施全生命周期四个阶段的 20 种典型应用如图 3.1－11 所示。

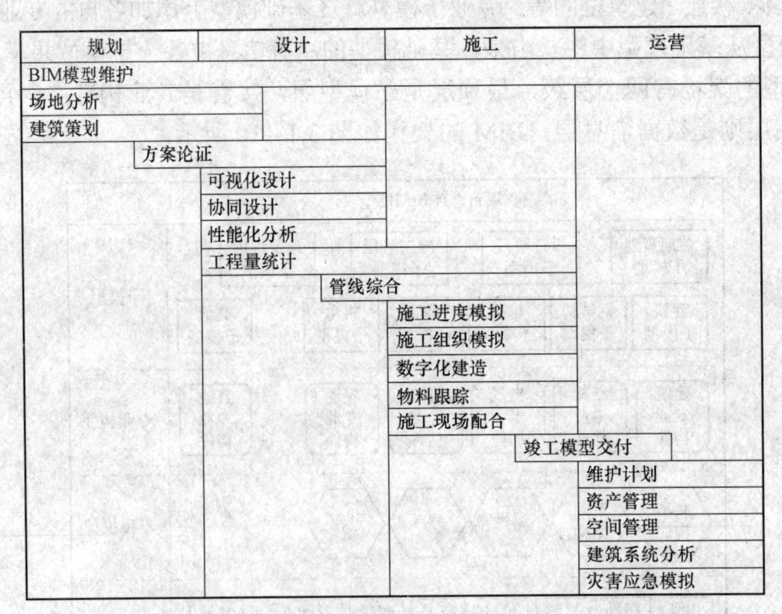


图 3.1－11 BIM 技术在设施全生命周期四个阶段的 20 种典型应用

### 1.1.5 BIM技术的多方面应用

BIM 技术在建筑工程项目中的应用是多方面的，从碰撞检查、空间管理、协同设计、采光分析、通风分析、节能分析到场地分析、结构分析等，应用的范围大，应用的程度深。BIM 技术在建筑工程多方面的应用如图 3.1－12 所示。

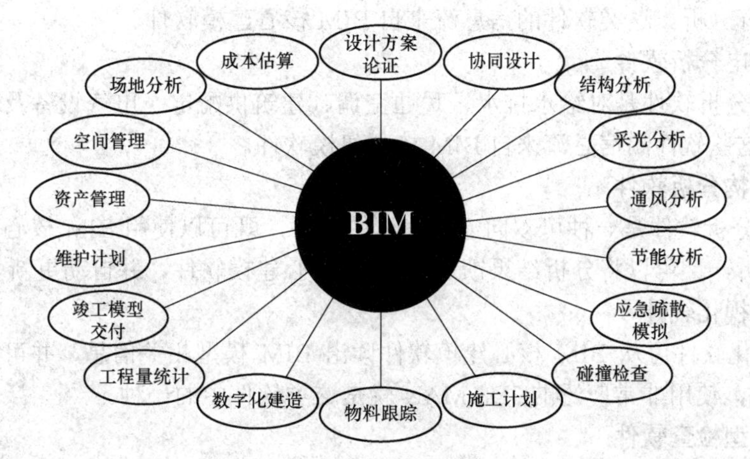


图 3.1－12 BIM 技术在建筑工程中多方面的应用

## 1.2 BIM 软件系统

BIM 的应用是基于软件进行的，以下重点介绍应用 BIM 的软件环境等内容。

### 1.2.1 BIM软件体系的组成

BIM 软件包括 BIM 核心建模软件、BIM 方案设计软件、与 BIM 接口的几何造型软件、BIM 可持续（绿色）分析软件、BIM 机电分析软件、BIM 结构分析软件、BIM 可视化软件、BIM 模型检查软件、BIM 深化设计软件、BIM 模型综合碰撞检查软件、BIM 造价管理软件、BIM 运营管理软件和 BIM 发布审核软件。

#### 1. BIM 核心建模软件

BIM 核心建模软件有几个不同的体系，其中 Autodesk 的 Revit 建筑、结构和机电系列软件市场和应用情况都较好。民用建筑主要应用 Autodesk Revit，工厂设计和基础设施用 Bentley 等核心建模软件。

#### 2. BIM 方案设计软件

BIM 方案设计软件用在设计初期，主要功能是将设计任务书里基于数字的项目要求转换为基于几何形体的建筑方案，软件成果可汇入 BIM 核心建模软件中，进行深化设计。BIM 方案设计软件和 BIM 核心建模软件的关系如图 3.1－13 所示。

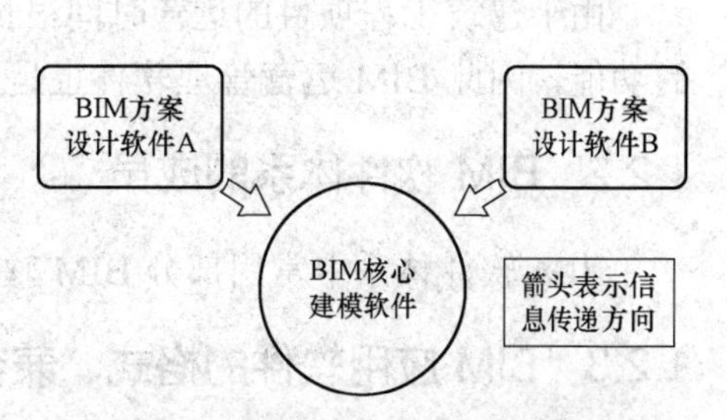


图 3.1－13 BIM 方案设计软件和 BIM 核心建模软件的关系

### 3. 与 BIM 接口的几何造型软件

与 BIM 接口的几何造型软件，如常用的 Sketchup、Rhino 和 FormZ 等。该类软件的成果一样可以作为 BIM 核心建模软件的输入。

### 4. BIM 可持续（绿色）分析软件

在 BIM 应用中，可使用该类软件使用 BIM 模型信息对工程项目的热环境、噪声环境、照明环境等进行分析。这类软件的信息流来自 BIM 核心建模软件。

### 5. BIM 机电分析软件

BIM 机电分析软件是对给水排水、暖通空调、建筑供配电、电气设备及电气环境进行分析的软件，这些软件的信息流来自 BIM 核心建模软件。

### 6. BIM 结构分析软件

BIM 结构分析软件是一种可双向流动信息的软件，既可以使用 BIM 核心建模软件的信息进行结构分析，又可以将分析结果馈送给 BIM 核心建模软件，并自动更新 BIM 模型。

### 7. BIM 可视化软件

BIM 可视化软件可从 BIM 核心建模软件读出 BIM 模型相关信息，并可视化地展示为 3D 或 2 维图像，使用非常广泛的 3DS MAX 就是这类软件中的一种。

### 8. BIM 模型检查软件

对 BIM 模型的完整性、质量和规范的吻合等进行检查的软件是 BIM 模型检查软件。

### 9. BIM 深化设计软件

BIM 深化设计软件可以应用 BIM 核心建模软件的数据对工程项目进行深化设计，并将成果馈送回 BIM 核心建模软件，完善 BIM 模型。

### 10. BIM 模型综合碰撞检查软件

不同专业人员使用各自的 BIM 核心建模软件建立本专业的 BIM 模型，但要在一个开放的环境中实际协同应用，就必须有一个集成平台。在这个平台中，不同专业建立的 BIM 模型能够彼此链接，彼此读出模型信息，能够在集成环境中，所有专业建立的 BIM 模型都能互读信息，都能在二维及三维场景中同时显现所有模型的景象，这就需要使用 BIM 模型综合碰撞检查软件。这类软件的基本功能有集成各种三维软件创建的模型，进行 3D 协调、可视化、动态模拟等。

### 11. BIM 运营管理软件

由于建筑工程项目的运营时间很长，高效率的运营管理必然是 BIM 应用体系不可或缺的功能，因此 BIM 运营管理软件也是 BIM 软件体系中重要的一个组成部分。

## 1.2.2 BIM 软件体系的成员

BIM 软件体系中常用部分 BIM 软件如图 3.1－14 所示。

## 1.2.3 BIM 应用软件的格式、兼容性和 BIM 服务器

### 1. BIM 应用软件的格式

IFC 文件是用 Industry Foundation Classes 文件格式创建的模型文件，可以使用 BIM 程序打开浏览。IFC 标准是 IAI（International Alliance of Interoperability）组织制定的建筑工程数据交换标准。

BIM软件体系中常用软件
- BIM核心建模软件
  - 民用建筑用：Autodesk Revit
  - 工厂设计和基础设施用：Bently
  - 单专业建筑事务所主要选择：AchiCAD、Revit、Bently
  - 预算较充裕的工程项目可选：Digital Project、CATIA等
- BIM方案设计软件：Onuma、Planning System和Affinity等
- 与BIM接口的几何造型软件：Sketchup、Rhino和Fozmz等
- BIM可持续（绿色）分析软件：国外的Echotect、LES、Green Building Studio及国内的PKPM
- BIM机电分析软件：Designmaster、LES Virtual Environment、Trane、Trzce等
- BIM结构分析软件：ETABS、STAAD、Robot等
- BIM可视化软件：3DS MAX、Artlantis、AccuRender和Lightscape等
- BIM模型检查软件：Solibri Model Cheker等
- BIM模型综合碰撞检查软件：Autodesk Navisworks、Bentley Projecwise、Solibri Model Cheker等
- BIM运营管理软件：Archi BUS

图 3.1－14 BIM 软件体系中常用部分 BIM 软件

IFC 标准有以下几个特点：面向建筑工程领域；IFC 标准是公开的、开放的；是数据交换标准，用于同类系统或非同类系统之间交换和共享数据。

IFC 标准的核心技术分为工程信息如何描述和工程信息如何获取两部分。IFC 标准整体的信息描述分为资源层、核心层、共享层和领域层 4 个层次。

IFC 信息获取的最常用方法是通过标准格式的文件交换读取信息。

有了 IFC 标准，建筑工程领域中使用不同软件创建的文件都可以存储为 IFC 格式的文件，业内的工程技术人员就不必为不同软件因为数据格式不兼容无法交换而发愁，也无须为了能打开对方的文件而另外采购对方所使用的软件。

由于建筑业的信息表达与交换的国际技术标准是 IFC 标准，因此要求 BIM 应用的输出文件都采用 IFC 格式。

### 2. BIM 应用软件的兼容性和 BIM 服务器

在建筑工程领域尽管有 IFC 国际标准，一些软件输出文件格式也是 IFC 格式的，但并没有完全达到 IFC 国际标准的要求，因此在应用中会出现许多问题。读者对于这一点要给予注意。BIM 应用软件较多，而且在建筑工程不同的阶段要使用不同的软件，为防止出现诸如：① 无法形成完整的 BIM 模型；② 不支持协同工作和同步修改；③ 无法进行子模型的提取与集成；④ 信息交换不顺畅，交换读取数据的速度和效率低；⑤ 用户访问权限管理困难等问题，就需要精心选择 BIM 应用软件，克服不同的 BIM 软件兼容性不好为用户带来不便。

对于一个具体的建设工程项目，如果业主、承建商、建筑师、设备工程师和结构工程师等使用一个公共的 BIM 模型，并在其基础上建立各自的子模型，每个子模型都是基于参与方各自系统而建立的，那么所有的参与方实现 BIM 的信息交流会碰到很大的障碍。解决的办法是：在 BIM 应用系统中设置一台 BIM 服务器，所有的参与方、不同的部门及不同的专业彼此之间都用同样的“客户机/服务器”方式来存储、交换 IFC 格式的数据，使建设工程项目的所有直接参与者实现系统内交换、读取和调用相关 IFC 格式的工程数据信息。这是一个解决不同的 BIM 软件兼容性不好，同一个建设项目不同的参与方不能顺畅使用 IFC 格式文件交流的好办法。

在 BIM 的应用系统中设置可以存储、交换 IFC 格式数据的服务器，这样的服务器就是 BIM 服务器，基于某工程项目设置的 BIM 服务器和 BIM 知识库一起，组成该工程项目的

BIM 应用数据集成管理平台。

图 3.1－15 给出了没有使用 BIM 服务器时，工程参与方之间的数据信息交流情况，还给出了使用 BIM 服务器时，工程参与方之间的数据信息交流方式。

由于 BIM 模型具有随工程进度动态变化的属性，工程参与方实时调取、修改或补录信息时通过 BIM 服务器进行，用户可以很方便地进行 BIM 数据的存储、管理、交换和应用。

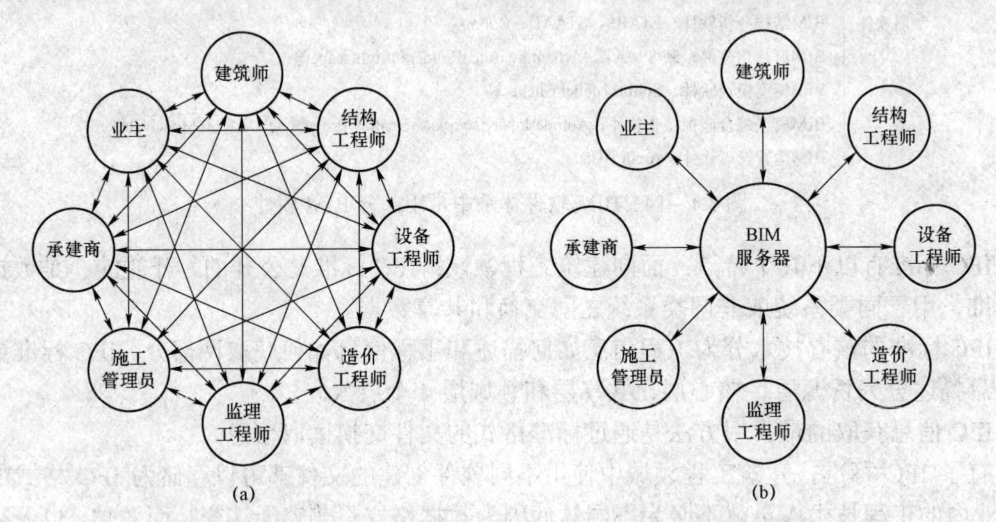


图 3.1－15　工程参与方使用 BIM 服务器/客户机方式的数据通信

（a）工程参与方之间点对点的数据通信；（b）使用 BIM 服务器/客户机方式交流数据

## 1.2.4　BIM 应用的部分软件说明

### 1. 关于 BIM 应用软件的两个认识要点

对于任何一个建设工程项目，不存在一种能够覆盖建筑物全生命周期的 BIM 软件，BIM 软件的准确含义应该是一个包括对应不同工程应用阶段使用不同软件的软件序列。

在严格的意义上讲，只有在 buildingSMART International（bSI）获得 IFC 认证的软件才能称得上是 BIM 软件。实际工程的 BIM 应用中广为使用的主流软件如 Revit，MicroStation，ArchiCAD 等都是典型的 BIM 软件。

还有一些软件，并没有通过 bSI 的 IFC 认证，但在 BIM 的应用过程中也常常用到，这些软件能够解决建筑及设施全生命周期中某一阶段、某个专业的问题，但软件处理后的数据或文件不能输出为 IFC 的格式，这就无法参与 BIM 应用系统中正常的数据信息交流与共享。这些软件不能称为 BIM 软件，而是将其归于和 BIM 应用相关的工具性软件一类中去。

### 2. BIM 软件使用的一些说明

BIM 软件和 BIM 应用相关的工具性软件：

（1）Affinity（美国）：适用于建筑专业。主要应用于项目前期策划阶段的场地分析；设计阶段的设计方案论证、设计建模。

Affinity 软件的主要功能在于提供一个独特的建筑及空间规划和设计解决方案，支持格式：IFC，RVT，DWG，DXF，gbXML，SVG 等。

（2）ArcGIS（美国）：适用于建筑专业。主要应用于项目前期策划阶段的数据采集、投资估算、场地分析和设计建模。

（3）AiM（美国）：适用于建筑专业和运营维护。主要应用于项目前期策划阶段的投资估算；设计阶段的设计方案论证；运营维护阶段的维护计划、资产管理、空间管理等。

（4）AutoCAD Civil 3D（美国）：适用于建筑专业和土木专业。主要应用于项目前期策划阶段的数据采集、场地分析；设计阶段的设计建模、3D审图及协调；施工阶段的场地规划、施工流程模拟。

（5）Design Advisor（美国）：适用于水暖电专业。主要应用于设计阶段的能源分析。

（6）PKPM（中国）：适用于建筑专业、水暖电专业、结构专业和土木专业。主要应用于设计阶段的设计建模、结构分析、能源分析、照明分析、其他分析与评估和3D审图及协调。

（7）天正BIM软件系列（中国）：适用于建筑专业、水暖电专业、结构专业、土木专业和运营维护。主要应用于项目前期策划阶段的投资估算、阶段规划；设计阶段的设计建模、结构分析、能源分析、照明分析和3D审图及协调。

以上仅仅举出部分的BIM软件及相关的工具性软件，可选择应用的软件多达几十种，开发主体有美国、德国、匈牙利、中国、法国、英国、芬兰和荷兰等国的公司及研发机构。

不同的BIM软件适用不同的专业。适用专业分别有建筑专业、水暖电专业、结构专业、土木专业和运营维护。

前期策划阶段要做的工作有数据采集、投资估算、阶段规划和场地分析等。

设计阶段分别要做的工作有设计方案论证、设计建模、结构分析、能源分析、照明分析、其他分析与评估和3D审图及协调。

施工阶段要做的工作有数字化建造与预制件加工、施工场地规划、施工流程模拟和竣工模型。

运营维护阶段要做的工作有维护计划、资产管理、空间管理和防灾规划等。

**3. 建筑物全生命周期不同阶段应用的BIM软件或工具性软件举例**

（1）项目前期测绘阶段使用的软件。

1）数据采集用软件：数据采集用软件，如国产的理正系列软件，主要用于数据获取、数据输入、数据分析和2D/3D制图。

2）用于阶段规划的软件：用于阶段规划的软件有国外开发的，也有国内开发的，如国内广联达公司开发的应用软件，其主要功能有时间规划、工程量计算、多维信息模型建造与应用。

（2）设计阶段所用软件。

1）用于场地分析的软件：主要是国外开发的软件，如ArcGIS（美国），其主要功能有地理信息处理、气候信息处理（温度、降水）、阴影、光照等设计信息处理。

2）设计方案论证阶段的应用软件：如Autodesk Navisworks（美国），其主要功能有处理布局、设备、人体工程、交通和照明等数据信息。

3）设计建模：工程应用中，为适应不同的情况，BIM建模的侧重点不同。如初步概念BIM建模是指在很多情况下，不是使用核心建模软件一次性地完成建模，而是首先进行初步3D建模，为主体BIM建模打下很好的基础。另外还有可适应性BIM建模，即在建模初级阶段，要吸纳大量的反馈及修改意见，尽可能用来完成多项工作任务的建模。还有表现渲染BIM建模、施工级别BIM建模和综合协作BIM建模。

常用于设计建模的软件也很多，例如：① ArchiCAD（美国），可用于初步概念 BIM 建模、可适应性 BIM 建模、表现渲染 BIM 建模、施工级别 BIM 建模和综合协作 BIM 建模。② 斯维尔系列，可用于初步概念 BIM 建模、可适应性 BIM 建模、施工级别 BIM 建模和综合协作 BIM 建模。

4）结构分析：结构设计是建筑建设过程中最为关键的一个环节，对整个建筑工程质量有着决定性的作用。BIM 建模过程中，将建筑结构分析整合到 BIM 模型中。用于结构分析的软件如 Robot，可用于概念结构、深化结构和复杂结构分析。

还有能源分析、照明分析等功能的一些专用软件。

在施工阶段，有 3D 视图及协调、数字化建造与预制件加工、施工场地规划和运营阶段的专用软件等。

# 第2章
# 建筑弱电系统的 BIM 建模及应用

## 2.1 管线设计的困难和模拟施工

### 1. 专业设计中管线设计面对的困难

由于现代建筑中配置的子系统越来越多，越来越复杂，仅建筑弱电系统就有 30 多个子系统，每个子系统都各具特色，彼此不同，弱电系统的设计包括管线设计，施工包括管线施工。某专业的设计人员进行本专业的管线设计时，如果再考虑与其他专业的系统管线进行避让，设计难度就更大了。

传统的二维 CAD 图纸无法将管线的具体排布位置、设备等相关的信息直观地表现和描述出来，但 BIM 的三维特性非常适合表达和描述这些管线排布的空间位置信息。

在二维 CAD 图纸转换到 BIM 三维信息和图像过程中，会将设计中的许多问题暴露出来，因此可大幅降低传统模式下二维设计图纸与实际施工的冲突，从而减少施工阶段的设计变更、返工。

### 2. 弱电系统施工前的模拟施工

传统的建筑智能化工程项目在实际工程中进场较晚，但总是出现和遇到：不同弱电子系统的管线预留空间不够；不同子系统的管线空间位置发生碰撞和冲突；弱电系统与建筑内其他系统的管线及位置、距离的碰撞冲突。预埋管线的施工和施工图纸的设计一般不是同一单位，这样一来，管线的管径不够、预留的点位和深化设计不符的情况就比较多，这给施工企业的施工带来了许多问题，同时甲方也要承受增加施工成本的后果。解决的办法通常是：更改施工方案，另外敷设管线，进行不规范施工，这就给工程后期出现质量问题、施工验收不合格留下隐患。

采用 BIM 技术，情况就大不相同了：可以进行项目前的模拟施工，提前发现碰撞点并进行处理，应用 BIM 技术，不同的专业、不同的子系统之间进行协同模拟施工，可以大幅度地减少甚至消除施工碰撞点。

## 2.2 BIM建模及建模过程中的同步和协同

### 2.2.1 Autodesk Revit的BIM建模

#### 1. 机电系统BIM建模软件Autodesk Revit

Revit是Autodesk公司一套系列软件的名称。Revit系列软件是专为建筑信息模型BIM构建的，可帮助建筑设计师设计、建造和维护质量更好、能效更高的建筑。在Revit中，所有的建筑图元都视为类别，也就是所说的族。Revit根据模型构件和注释图元对每个图元进行分类。在Revit中每一个对象都附带有自己的属性参数。

族是类别中图元的类，是一个最重要的概念。按族成组的图元都有共同的参数（属性）设置、相同的用法及类似图形化表示。一个族中不同图元的部分或全部属性都有不同的值，但属性的设置是相同的。族是Revit的核心，其概念类似于CAD制图中的图块，但区别还是较大。根据定义的方法和用途的不同，族可分为系统族、标准构件族、内建族。

进行BIM设计时，需要建立族库。建筑弱电系统中子系统较多，子系统中又有许多不同的设备，如安防子系统中有监控摄像机、门禁设备、停车场的设备等。在建立族库时，考虑因素要尽量全面一些，这样就可以在BIM模型设计过程中方便地载入。

族库建立后就可以开始建模了。软件环境设置完毕后，加载项目样板，启动工作集，创建自己的中心文件。中心文件的命名，必须要保证各专业采用统一格式，如果格式不一，应用BIM技术，不同专业中心文件彼此链接时，就会出现极大的问题。

#### 2. 子系统协同设计的开放性

建筑弱电子系统较多，BIM设计团队相应的设计人员对不同的子系统协同创建不同的工作集，这些工作集是开放的，每一个成员都可以方便地调用和观看其他成员创建的工作集中的管线设置，从而方便快捷地确定是否存在碰撞，但在工作集中的设计又彼此独立进行。

### 2.2.2 Revit建模过程中的同步、专业协同及碰撞检测

#### 1. 使用Autodesk Revit中的过滤器处理线槽

现代建筑中除了有敷设线缆的强电竖井和弱电竖井，还分布着许多不同的线槽，这些线槽有竖直方向的，也有水平方向的，线槽冲突的情况非常多，使用BIM设计线槽和检测线槽的冲突是非常有效的。Autodesk Revit提供了一个功能很强的过滤器，可以建立各类不同的线槽，并设置不同的填充图案，便于区别。

设定线槽的尺寸、偏移量和表示数据后，在绘制线槽时，两个断开的线槽连接，系统会自动生成光滑的水平弯通、水平三通、异径线槽接头等相关线槽配件。线槽绘制好后可拖拽、移动，并对连接在一起的线槽统一变更高度。

#### 2. 基于C/S模式的同步机制

Revit在客户机上建模，并将本专业的中心文件保存在中心服务器上，设计时将客户机模型文件与中心文件进行同步，实现各专业模型的同步更新。

#### 3. Revit建模时的专业协同

在用Revit建模设计时，不同专业使用客户机（本地系统）的设计文件保持同服务器中

心文件的链接，可随时查看其最新设计信息，协同作业。举例讲，弱电系统的线槽与强电系统的线槽位置分布在同一高度空间内，绘制弱电系统线槽时，将强电专业的中心模型文件首先进行链接并设置其可见性，这样一来会随时发现弱电线槽的尺寸、高度、走向是否与强电线槽有冲突，保持无碰撞设计。

在设计楼宇自控系统时，可以将暖通、水专业相关的设备方便地显示在设计人的专业视图中。

4. 碰撞冲突检测

各专业建模完成后，在碰撞检测之前要首先设置碰撞检测规则，接下来就可以对各专业导入的模型文件进行碰撞检测。当然，软件对碰撞的显示是三维的，从中可以直接确定管线碰撞位置并进一步分析碰撞原因。

现代建筑的设计和施工越来越复杂，强弱电系统管线线槽、配管及安装在建筑中的多个其他不同种类子系统的敷设管线，会与建筑结构发生空间碰撞，使用BIM模型及相关的软件进行碰撞位置检测，并将碰撞结果用特定的方式给出。

### 2.2.3 建筑弱电子系统BIM模型中的关联

建筑弱电系统的组成和建筑弱电系统BIM模型的特点：

建筑弱电系统包括：

◆ 楼宇自控系统（建筑设备监控系统）；

◆ 广播音响系统；

◆ 闭路电视监控系统、网络视频监控系统和无线网络视频监控系统；

◆ 防盗报警系统；

◆ 出入口控制系统；

◆ 楼宇对讲系统；

◆ 电子巡更系统；

◆ 电话通信系统；

◆ 全球卫星定位系统；

◆ 火灾自动报警与消防联动控制系统；

◆ 有线电视和卫星接收系统；

◆ 视频会议系统；

◆ 综合布线系统；

◆ 防雷与接地系统；

◆ 计算机网络系统（在现代建筑中广为使用的各种无线网络，如无线局域网、蓝牙网络、卫星无线网络、无线传感器网络，包含2G、2.5G、3G的移动无线网络等通信网络）；

◆ 一卡通系统；

◆ 停车场系统；

◆ 图像信息管理系统；

◆ 多媒体教学系统；

◆ LED大屏幕显示系统；

- ◆ UPS 系统；
- ◆ 数据中心工程（机房工程）；
- ◆ 舞台机械灯光系统；
- ◆ 室内无线分布系统等。

建筑弱电系统组成中，有许多子系统，每个子系统各成体系，有自己的基本结构，但这些子系统和土建结构、供配电等系统相关联，而且各子系统之间也一样存在着关联，如线槽关联、管路关联、信号与数据接口关联、联动控制关联，建筑设备监控系统的新风机组、空调机组新风阀门的关闭与火灾报警联动控制系统关联、通风系统的风阀与消防系统的关联等。应用 BIM 技术可以防止系统中设计和施工中的冲突碰撞。但目前阶段，建筑弱电系统应用 BIM 技术还并不成熟，专业人员并没有为建筑弱电系统整体建立一个 BIM 模型，也没有为每一个弱电子系统建一个 BIM 模型，现状是：以建筑弱电系统中的某一个子系统为基础，建立其 BIM 应用体系，如消防 BIM（基于 BIM 的消防应用系统），将其他强关联的子系统的数据、信息集成到消防 BIM 中去。

用户室内配电箱及敷设管线在建筑弱电系统的 BIM 建模中也是必须要考虑到的重要物理要素，而且这些配电箱种类较多，有 AT 电箱、多媒体布线箱、等电位联结端子箱、住宅户内配电箱、住户配线箱、动力控制箱、单箭头引下线、双电源自动切换配电箱、双箭头引下线、应急动力配电箱、应急照明配电箱、报警接线箱、接线端子箱、有线电视前端箱、照明配电箱、电能表箱、通信接线箱等。

建筑弱电系统采用的 BIM 建模方式具体选取：为建筑弱电系统建立一个整体 BIM 模型，还是以某一子系统为基础在将强关联子系统的数据信息集成进去，或者选取几组强关联的子系统建立一个 BIM 模型还没有定论，但毫无疑问，BIM 在建筑弱电系统技术中的应用，可以大幅度地提高建筑弱电系统的设计和施工效率，产生很可观的经济和社会效益。

## 2.3 建筑消防系统的 BIM 建模

### 2.3.1 二维形式文件被 3D 模型替代及建筑弱电系统发生的碰撞

#### 1. 二维形式的描述被 3D 模型替代

人们过去用 2D 的方式来表达 3D 的建筑物，大量 2D 形式的描述及图纸，容易导致项目参与方理解不同，出现扯皮现象，使相关方人员沟通不畅，协调难度大。当项目的复杂性加大，如规模的增大以及建筑系统数量和复杂性的增加等，尤其是现今的建筑弱电系统，子系统数量多，而且子系统越来越复杂，使用 BIM 建立建筑弱电系统的 BIM 模型有着极大的优势。使用 BIM 技术，根据 3D 模型自动生成和更新各种图形和文档，自动协调更改关联变更相应的信息，信息共享同步。对于冲突碰撞检查分析，建造前期对各专业的碰撞问题进行模拟，生成与提供可整体化协调的数据，解决传统的二维图纸会审耗时长、效率低、发现问题难的问题。

采用三维模型输出，重要图纸文件可以通过精细的三维模型自动生成，并且图纸与模型相关联；后续的模型更改都会自动地反映在输出中，并且所有相关组件都会对更改做出联动更新。

2. 建筑弱电系统和其他关联系统发生的碰撞

在传统的设计方法中，建筑弱电系统的电缆桥架、敷设管线、弱电系统设备的空间安装位置，预留孔洞、强电竖井、弱电竖井、弱电系统的管线和供配电系统的管线、建筑内的综合布线等楼宇内的其他系统管线发生冲突的情况非常多，如空调机组、新风机组、新风系统的风管风道的冲突情况。

某楼宇内排水管路与消防喷淋管路出现空间位置的碰撞，如图3.2－1所示。

电缆管线与给排水管路空间位置的碰撞，如图3.2－2所示。

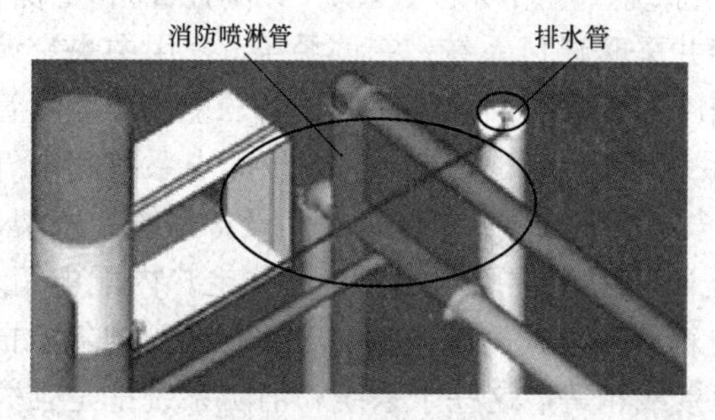


图3.2－1　排水管路与消防喷淋管空间位置的碰撞

图3.2－2　电缆管线与给排水管路空间位置的碰撞

## 2.3.2　消防BIM建模的主要规则和建模特点

### 1. 消防BIM建模的主要规则

消防BIM建模首先要确立所有参与成员共同遵守的主要规则：

（1）消防BIM建模的标准。消防BIM建模，首先要提出建模的标准，这些标准应与国家和行业关于消防设计标准与规范完全相吻合；消防系统的BIM建模有自己的特点，这些特点要在规则中体现出来。

（2）消防BIM建模前确立成果交付标准以及关于出图的内容，出图包括为所有楼层的dwg格式的CAD消防平面图，还有系统图。成果交付标准要具体、清晰，在建模的工作协同中，不会产生由于理解差异而造成较多的问题。成果交付标准中还应包括BIM管理平台的架构及相关内容。

（3）消防BIM建模及建筑设计要依据的规范主要有较新的国家及行业关于消防系统设计及施工验收的标准和规范。

### 2. 消防BIM建模的特点

建筑消防系统BIM建模在集成的子系统数据、BIM建模要素方面有如下特点：

（1）消防BIM与强关联弱电子系统的数据、结构信息、BIM建模要素进行综合关联集成。

（2）由于建筑弱电子系统的设计、施工都要依据相应的设计标准与规范、施工和验收标准与规范，因此在消防系统BIM建模中，同样要遵循这些国际、国内的标准与规范。

（3）消防BIM建模涉及自身子系统也较多，在建模过程中，所有的这些消防子系统的数据、信息、建模要素基本上全部集成到消防BIM模型中。

### 2.3.3 消防BIM建模中的强关联子系统和BIM协同工作

这里仅讨论以消防子系统为基础，将部分强关联子系统的数据信息集成到消防 BIM 模型中的情况，还概要叙述 BIM 的协同工作。

1. 与消防系统强关联的子系统

以消防子系统为基础的建筑弱电系统 BIM 建模并不要求将所有的弱电子系统数据信息集成到 BIM 模型中，如广播音响系统、广播音响系统、一卡通系统和多媒体教学系统等，自成体系，就没有必要牵强地集成到 BIM 建模中。但是还有一部分子系统与消防系统有着强关联的关系，主要有建筑设备监控系统、安防系统、网络与通信系统、自动扶梯和电梯、电梯竖井、机房管线与设备，与机房相邻的电梯井采暖通风系统、空调系统、家用中央空调系统、独立分体式空调、送风和新风系统，空调冷却水供、回水管路和设备、空调冷凝水管件、自然通风和机械送风管件与设备、给排水系统（含污水排放系统）、供配电系统和电气设备、强电电缆桥架、照明系统及管线，不同强、弱电、照明和建筑电气设备系统的桥架、线槽、接线箱盒等，具体地讲，还有多媒体布线箱、等电位联结端子箱、住宅户内配电箱、住户配线箱、动力控制箱、双电源自动切换配电箱、应急动力配电箱、应急照明配电箱、报警接线箱、接线端子箱、有线电视前端箱、通信接线箱等。这些子系统和消防系统都是强关联子系统，同时也是消防 BIM 模型要进行数据、信息建模要素进行集成的强关联子系统。

建筑设备监控系统当然是消防 BIM 的强关联子系统，其结构、数据信息要素必须要集成到消防 BIM 建模中。还要注意的是，建筑设备监控系统负责监控以下一些子系统，空调机组、新风系统、风机盘管，制冷站系统、管路及设备，还可以将变风量空调系统作为监控对象，同时，给排水系统、通风系统、排风系统、采暖供热系统、照明及监控系统（包括智能照明监控系统）都是需要监控的子系统。但以下几个子系统是只监测不控制，如电梯系统、发电机系统（如柴油发电机组系统）和变配电系统。

2. BIM 协同工作

协同工作是指项目团队在统一平台软件环境下，按照统一的工作标准和原则一起完成 BIM 建模与相关的设计工作，建模和设计还用来指导后来的工程施工。

（1）BIM 协同工作的模型与数据共享。BIM 建模过程及 BIM 模型一定是对团队成员开放的，软件操作上是兼容的，因此在 BIM 建模的协同工作中，模型与数据在平台软件上和共用的工作环境中是同步共享的，这是 BIM 协同工作应该遵守的原则。该原则具体主要表现在：

1）模型与数据满足工程项目各相关方协同工作的需要，支持各专业和各相关方获取、更新、管理数据信息。

2）模型与数据共享在设计、施工、运维等阶段都有效。

3）模型与数据交换格式（IFC）：对于用不同 BIM 软件创建的模型，要保证输出文件格式同样采用 IFC 格式，保证各阶段、各类模型集成后，始终是开放的、能够共享的，操作上是兼容的，并在施工组织管理、物资物流管理及运维管理阶段一样具备这些特点。

4）由于 BIM 开发是一种创造性的开发劳动，知识产权必须得到保护，因此共享模型的版本信息应包含所有权、创建者与更新者、创建和更新的时间、软件及版本，以便对各方、各类、各阶段模型进行有效管理。

5）模型和数据共享前，创建方、应用方、监督方还要协同检验模型和核心数据的正确性、一致性。

6）模型及数据共享中，不可避免地设计到相关的国家标准及规范的应用，团队中每一个成员，应采用较新的标准与规范，创建方、应用方、监督方审核检验过程要注意这一点。

（2）建立协同工作平台。在BIM建模阶段，团队中不同专业、不同子系统的设计人员要进行协同工作，因此首先要建立协同工作平台。

1）协同平台搭建架构。BIM协同管理在当前阶段主要是在同一局域网环境下，搭建项目服务器，该项目服务器也叫中心服务器，使用客户机/服务器模式实现设计或项目管理平台数据的协同，团队协同成员在各自的用户终端上，通过C/S模式架构协同平台，协同处理相关数据并协同建模。

2）选定BIM建模软件。选定BIM核心建模软件是进行协同建模的基础。协同建模中还要应用到其他的BIM软件，如方案设计软件、机电分析软件、结构分析软件和深化设计等软件时，要做到尽可能选用相同的软件或者是彼此兼容性好的软件，软件输出文件为IFC格式。

3）协同工作中，团队成员使用的客户端（个人计算机），要采用相同的操作系统并和局域网的网络操作系统保持一致性，客户端计算机的配资要求较高，显卡的性能、主板的性能要求较高，因为BIM模型是3D模型。

4）服务器的访问权限及方式限制。项目设计及施工准备阶段，BIM总包方要制定统一的协同管理及协同机制。协同机制的内容中包括了：对团队成员的客户端计算机采用规范的标识名称；BIM服务器（中心服务器）分包或专业文件夹与对应的人员进行权限设置，如不同专业成员对BIM服务器上的本专业文件设置为读写模式，而非本专业文件只能设置为只读模式。

（3）成果提交及审核。BIM成果在中心服务器整合汇总，再将BIM成果提交给BIM总包服务器，由BIM总包方进行审核，形成修改意见及审核记录。接下来，再将修改意见及审核记录馈送给成果提交方，限定时间进行修改，修改后重新提交BIM总包方审核。

### 2.3.4 消防BIM建模的物理要素及组件符号库

#### 1. 消防系统BIM建模的物理要素

消防系统本身又包括许多子系统及设备，还有防火分区的设置等，这些都是消防BIM建模的物理要素。

消防BIM建模的物理要素列举如下：

◆ 防火分区及安全出口、疏散门、防火门、窗、防火墙、疏散楼梯；
◆ 生活电梯和工作电梯（需进行联动控制）；
◆ 消防电梯；
◆ 高层公共建筑和裙房设置防烟楼梯间及封闭楼梯间；
◆ 防火墙及设置；
◆ 消防控制室；
◆ 灭火设备室；
◆ 消防水泵房；

◆ 通风空气调节机房；
◆ 变配电室；
◆ 建筑内的电梯井；
◆ 建筑内的强电竖井；
◆ 建筑内的弱电竖井；
◆ 消防系统布线线槽、管井、桥架；
◆ 建筑内的其他竖井设置；
◆ 排烟通风管道及出口；
◆ 消防新风管道及入口；
◆ 风管上防火阀设置；
◆ 防火卷帘；
◆ 消防电梯井底排水集水井设置；
◆ 防排烟系统及管件、设备；
◆ 室内外消火栓系统及管路、设备；
◆ 自动喷淋系统及管件、终端设备；
◆ 消防水池；
◆ 消防水泵房；
◆ 消防自动喷水系统；
◆ 建筑物内消防喷淋喷头及管件；
◆ 气体灭火系统及管件；
◆ 消防控制系统的防雷接地装置、构件；
◆ 消防应急照明电源、管线、配电线路；
◆ 各种种类的火灾探测器的设置点及敷设管线；
◆ 火灾自动报警系统中所有火灾报警控制器和火灾探测器、手动火灾报警按钮和模块等设备的连接线缆及管线敷设；
◆ 消防专线电话。

2. 消防组件库和符号库

消防 BIM 建模过程包括建立消防组件库和消防符号库。

（1）消防组件库。BIM 模型中的物理要素包括建筑中关联的各种系统及构件，因此在 BIM 模型中要有通用组件库，将各种不同的系统及构件作为物理要素置入通用组件库中，如果要建立建筑弱电系统的 BIM 模型，如消防 BIM，则在通用组件库的基础上，还要建立消防系统自己的组件库。

消防组件库的建立要依据国家消防规范、标准及消防建审要求，构建消防组件库。消防组件库的内容包括：

1）消防设施。如火灾自动报警设置、自动喷淋设施、消防电梯、防排烟、联动控制系统和消火栓设施等。

2）BIM 二维族库。BIM 建模中，包括二维和三维的部分，二维的部分包括模型构件类和二维注释族类，其中二维注释族主要用于二维出图及制作，如符合国家标准规范的 CAD 平面图和系统图及其他施工图纸等。

（2）消防符号库。消防符号库的建立同样根据国家消防规范和标准。消防符号库中包括设计符号库，各类火灾报警探测器，不同功能的模块、管井、线槽、设备、辐射线缆、管线等的标准绘图符号，设计符号库包括了 CAD 图纸设计中使用到的所有二维平面符号，还有消防安全指示等符号库。消防符号库主要应用于消防系统的设计、施工以及后来的运营维护。

## 2.3.5 BIM 建模成果交付和模型协同工作方式

### 1. BIM 建模的成果交付

BIM 建模的成果交付，包括 BIM 模型成果和图纸，图纸可以用 PDF 格式直接打印，也可以导出 Dwg 格式的 CAD 图纸以供存储和打印。

BIM 建模在不同阶段的主要成果有阶段设计模型、基于 BIM 模型的二维图纸、基于 BIM 模型的三维视图、基于 BIM 模型的分析报告、深化设计模型及图纸、机电管线综合模型及施工安装指导文件、施工模拟模型及文件和施工竣工模型及竣工验收资料等。

由 BIM 模型导出 Dwg 格式的 CAD 图纸要进行模型设置和完成模型与 CAD 图纸转换的参数设置。

成果交付还包括设计及施工规范与标准数据信息库，收录了设计和施工所执行的主要法规和所采用的主要标准和规范。

### 2. 模型协同工作方式

以使用 Revit 建模为例，BIM 总包方和项目团队成员在建模时可以采用两种协同工作方式，即工作集方式和模型链接方式。

无论采用哪种方式，都要求 BIM 总包方对各团队成员的 BIM 模型按照协同工作的原则和功能分配进行模型合成或拆分。这里的团队成员就是指项目参与方，团队成员必须按照确定的模型拆分、模型搭建及模型命名原则进行建模的协同工作和模型管理。所有团队成员都必须要按照统一的标准、原则来参与建模协同和管理，保证成果文件的完全开放性和引用的兼容性、一致性。

工作集的划分随着不同系统的 BIM 建模而不同，系统的规模也影响工作集的划分。在工作集的上层，设置工作组，每个工作组包括若干个工作集，工作集的划分可以以不同专业、不同子系统、不同楼层，不同的防火分区进行，工作集可大可小，以不同系统作为工作集为例，如土建结构、外围护、空调、通风、强电、不同的弱电子系统、消防、给水、排水等，还可以将碰撞检查、管线综合、墙板孔洞（敷设管路和线槽用）作为工作集。将若干个需要出图的工作集协同使用同一个建模软件，实现二维制图图纸的存档、出图、不同工作集之间的调用。

采用模型链接方式，Revit 项目可以由许多单独的链接 Revit 模型组成。

# 第3章
# BIM模型的更多维度延伸和应用

## 3.1 2D到3D、4D和5D的演进和BIM应用扩充

### 3.1.1 2D到3D、4D和5D的演进

如前所述，传统的设计及施工图纸都是二维的平面图纸，而现代建筑工程项目规模也越来越大，配置的子系统越来越多和越来越复杂，仅仅依靠二维（2D）图纸文件已经无法对复杂的建筑工程各方面的情况进行详细的表述和交流，更无法实现许多复杂的功能。使用BIM技术，可以根据3D模型自动生成和更新各种图形和文档，自动协调更改关联变更相应的信息，实现信息共享同步；还可以将经过碰撞检查和设计修改的建筑设计图转换成综合设计施工图，包括综合管线图、综合结构留洞图、碰撞检查侦错报告和建议改进方案等实用的施工图纸。如果在3D模型基础上再加上相关的时间进度监控的内容，3D模型又增加了一个时间维度，于是就有了BIM的4D模型。

三维的BIM模型能够实现全专业之间的协同，三维空间+时间进度得到四维模型后，将进度工程量监控、设计变更模型，变更成本比较，成本控制等内容加入，还可以实现缩短工期的要求，这在传统设计、施工情况下是不可能做到的。

4D模型可以做到进度模拟，即：模拟施工进度；监控计划进度与实际进度偏差比较；通过四维进度模拟，更直观地展示与监控项目的进展过程；用于制定和验证中长期及长期的施工方案和计划。当然一样能够应用4D模型进行施工模拟，分析短期的情况。

在4D模型的基础上，加入系统成本控制的内容就引出了5D模型，就是3D BIM模型+时间维度+成本控制维度=5D模型。换言之，使用5D模型可以直观动态地展示项目虚拟进度与产值变化，即工程模拟动态成本，对造价进行控制。

### 3.1.2 BIM应用的扩充

BIM的应用不仅仅在于能很好地处理不同专业之间的技术方案冲突以及不同子系统的管线空间位置碰撞，还有多方面的应用。例如：在项目规划方面，项目的场地分析；在设计方面，能够进行方案论证、可视化设计、协同设计、性能优化分析、工程设计、管线综合；在施工方面，能进行施工进度模拟、施工组织模拟、数字化建造、物料跟踪、施工现场配合、

施工模型交付等；在运营方面，有维护计划、资产管理、空间管理、建筑系统分析、灾害应急模拟等应用。BIM 的应用中也包括了 BIM 模型维护。

BIM 的应用主要通过使用不同的 BIM 模型进行的，这些 BIM 模型包括设计模型、施工管理模型、操作模型、制造模型、进度模型、造价控制模型和运营维护模型等。在建立这些模型的时候可以使用不同的建模软件，如 Autodesk Revit 系列、Ventely 系列和 CATIA 等建模工具。

### 3.1.3 建筑弱电系统 BIM 模型的四维和五维延伸

如前所述，建筑弱电系统的安装调试在实际建筑工程项目中一般是较为后期的任务，换句话讲就是进场晚，就会发现比其他专业更多的问题，例如，管线综合没有预留足够的空间，管径不够，预留的孔洞、点位和深化设计不符合等。这就给施工单位带来了许多麻烦，更改设计和施工对甲方来讲增加了成本。

如果采用 BIM 技术，那么在施工之前首先要经过模拟施工，及早发现并找到碰撞点。实际上，使用了 BIM 技术，建筑弱电系统的进场时间没有变，但却提前参与了 BIM 建模和专业协同。在弱电系统没有进场前，就已经将许多碰撞问题及专业协同问题先行解决了。

在建筑弱电 3D 模型基础上，在时间维度（4D）和成本控制维度（5D）上进行扩充，同样能够实现工程进度监控、成本控制和缩短工期的效果。

### 3.1.4 3D 扫描对弱电系统工程进行记录、检验和阶段验收

#### 1. 全站仪和三维激光扫描

在建筑弱电工程的实施阶段，将 BIM 模型应用于现场管理和推进，现场扫描技术可以成为连接 BIM 模型和工程现场的纽带。这里讲到的现场扫描技术主要指三维激光扫描、全景扫描两种方式。

三维激光扫描技术也叫实景复制技术，该技术能够提供被扫描物体表面的三维点云数据，通过高速激光束扫描测量方法，可以大面积高分辨率快速地获取被测立体表面的三维坐标数据，可获得高精度、高分辨率的 3D 数学模型，使用三维激光扫描仪快捷地扫描采集建筑场景及其中的建筑实体及构件，得到建筑实体及构件表面的 3D 点云数据，获取高精度、高分辨率的 3D 模型。

全景扫描是使用高像素数码相机拍摄采集工程项目建筑场景的一系列数码图像，再使用软件对图像群进行 3D 整合处理，最后合成为一张“超级图像”，这个“超级图像”展现了建筑场景的全景，提供一个三维的全景，同时也获得了被测体的坐标数据和其他测量数据。这样的全景图像可用来同 BIM 3D 模型进行对比。

#### 2. 3D 扫描和 BIM 技术的结合

三维激光扫描生成的点云数据，经过专业软件处理，即可转换为 BIM 数据，可实时地与已有的 BIM 模型进行对比。

全景扫面生成的全景图像中，汇总了工程现场的许多关键信息。

使用扫描技术可以方便地将建筑弱电系统的管线、线槽、安装位置等关键信息三维实时显示，现场扫描和 BIM 的结合使用，能够使 BIM 具有更强的功能。

BIM 在建筑弱电系统的设计和施工中，可以使用 3D 扫描配合不同时间节点上对弱电各

子系统的施工进行检验、记录和验收工作。具体使用三维激光扫描和全景扫描两种方式采集现场数据。

三维激光扫描采集数据得到3D图像与模型能够很好地对工程进行总体记录。这种方法对现场扫描环境的要求较高，在实施扫描前，最好能够对采集环境清场。3D激光扫描有很高的精准度，得到的3D图像及3D模型在BIM的应用中有很重要的应用。

三维激光扫描仪是多点测绘，在规定的测量范围内，激光束不停地测量，获取扫描仪到被测物体之间的空间坐标关系，由激光扫描仪自身完成，人工干预少。获取的是百万点以上的3D点云数据。

使用上述的现场三维扫描技术可以对建筑弱电系统工程的过程进行记录、检验和阶段验收，能够大幅度地强化BIM模型的功能。

3D场地扫描是BIM的逆向工程，在施工阶段发现不同的子系统、构件、设备空间位置的设置发生冲突碰撞，使用3D场地扫描，将已经发生的实体碰撞三维图像记录下来，通过共享平台，通知或通告项目团队成员，能够较快地进行设计修改和施工修正。当然，二维平面照片也能反映现场施工中的碰撞，但3D图像的效果更加直观。

3D场地扫描不仅能够在施工阶段进行碰撞检测绘出三维图像，实际上还更多地应用在BIM建模当中，可以使用小型局部三维实体模型，采用现场3D扫描，获得局部模型的三维点云，根据点云几何体建模，获得局部三维模型。获得局部三维模型后，就可以考虑将这个局部模型加入BIM整体建模当中，减少了建模的工作量。

## 3.2　BIM 应 用 举 例

### 3.2.1　117大厦的BIM应用

#### 1. BIM技术在117大厦建设中的应用

在中国天津市的郊区，一幢117层的摩天大楼穿透浓雾拔地而起，这座全球第五高的大楼将为租户提供迷人的建筑设计、优质的办公空间、五星级的酒店以及一个毗邻的大型高端购物中心。该项目是天津市20项重大服务业工程项目之一，由高银地产（天津）有限公司投资兴建，中建三局承建，华东建筑设计研究院有限公司设计。项目地上117层（包含设备层共130层），总建筑面积为84.7万$m^2$。大厦从2008年开工建设，至2015年封顶，在长达7年的项目建设期间，117项目面临着设计要求高、施工技术难度大、涉及协作方多、工期长等难题。尤其各阶段产生的进度、成本、合同、图纸等业务信息量巨大，如果使用传统的项目管理方式，难度非常大。项目方与国内的广联达公司进行了合作，应用BIM技术，实现了项目精细化、施工和管理数字化，保证了项目如期封顶。

随着117大厦的开工和施工建设，项目部积累了数量巨大的图纸、文档等资料，这些资料包括大量的设计图纸、施工图纸、相关的来往函件、会议纪要、电子邮件、多媒体等电子文档和部分相关的国家标准、法规性文件等。怎样对这些图纸、文档、电子文档等资料实现统一集中管理，从而提高团队工作效率，节约成本，有效进行授权访问、文档访问记录跟踪、文档的全功能检索。如果这些问题得不到解决，工程参与方对工程文件的数据信息共享和动态交流就不能顺畅进行。117项目决定与建设工程领域信息化技术领域的从业企业广联达公司合作，建立“基于BIM的项目管理和集成应用平台”。

广联达云服务平台成为项目BIM数据管理、任务发布和信息共享的数据平台。实时收集项目运行中产生的数据，实现云端存储、文件在线浏览、三维模型浏览、文档管理、团队协同工作等功能。将不同建模软件建立的模型集成到同一平台中，包括建筑、结构、装饰、钢结构、机电模型，并将合约管理、图档管理、验收管理和计划管理环节的数据进行集成，为后期的系统集成应用，提供基础。

项目参与方的人员可以在集成平台在线或使用移动终端对3D可视化的BIM综合模型进行数据信息录入修改、数据查询、浏览、统计、分析及工程量、预算、计划、进度、材料成本核算等信息的综合应用。

在数据集成应用方面，主要包括BIM深化设计模型的创建和BIM模型与业务信息的集成，通过统一的信息关联规则，实现模型与进度、工作面、图纸、清单、合同条款等海量信息数据的自动关联。

利用BIM可视化优势首先对施工组织设计中的关键工况穿插、专项施工方案等进行模拟，通过虚拟模拟评估进度计划的可行性；其次，以BIM模型为载体集成各类进度跟踪信息，将方案审批、深化设计、招标采购等工作纳入辅助工作并跟踪其进展状况，便于管理者及时查阅全面的现场信息，客观评价进度执行情况，为进度计划的进一步优化和调整提供数据支撑。另外，可为进度管理提供模型工程量数据，为物料准备以及劳动力分配提供依据。

平台进行了统一集成化的合同管理和质量安全管理以及图纸管理。

#### 2. BIM集成应用为项目建设带来的成果

117大厦的BIM应用集成管理平台为项目有效管理了超万份工程文件，并为来自近10个不同单位的项目成员提供模型协作服务，并取得了较好的成效。

通过BIM模型直观、准确展现施工过程、关键的施工现场及工程进度关键节点的现场问题细节，进行可视化方案交底，减少专项交底会议53场，大幅提高了沟通效率；基于BIM模型为计量、报量、变更等商务工作提供数据支撑，实现了项目设计模型与商务管理之间信息共享，达到了一次专业建模满足技术和商务两个应用要求，提高商务算量效率30%以上，精度误差小于2%；基于BIM的图档管理应用，解放了项目部人员每天花大量时间进行图纸汇总和查询的时间，查询图纸效率提高了70%，同时图纸版本的管理以及深化图纸送审状况的管理，提高分包协调管理能力和信息沟通效率。

### 3.2.2 BIM技术在上海中心大厦建筑弱电系统设计及施工中的应用

#### 1. 项目概述

上海中心大厦，位于浦东的陆家嘴功能区，占地3万多m²。主体建筑结构高度为580m，总高度632m，总建筑面积57万m²。建筑层数：地下结构5层，地上部分包括118层塔楼和5层东西裙房。结构形式为钢筋混凝土核心筒即外框架结构。由于建筑体量巨大，耗用钢材就达到100 000t，建筑造价为148亿元。上海大厦是一座大规模的综合性建筑，内含甲级办公、超五星级酒店、主题精品商业等部分。

#### 2. BIM技术的应用

大厦主体建筑按功能分为9个分区，每个分区均设有独立的设备层和避难层。大厦的机电涉及的专业有通风空调系统及暖通供回水、给排水系统、供配电、动力照明系统、电梯系统、建筑弱电系统，其中包括消防系统、安防系统、网络通信系统、移动无线通信网络及Wi－Fi覆盖系统、多种弱电子系统等。

进行专业协同，充分利用已有二维设计资料，实现三维BIM建模；BIM模型降低工程量计算难度，提高计算速度，提升计算精度。加入时间维度，四维模型利于中期付款及进度控制。

应用BIM技术对于工程进行碰撞检查及管线综合的情况：应用三维模型对建筑、结构、幕墙、机电等各专业间进行碰撞检查，取得了很好的效果；应用三维模型完成机电、电梯、钢结构、幕墙等所需预埋预留，协同施工；应用三维模型完成复杂综合体的供配电、柴油发电机组、动力和照明系统、建筑弱电系统（建筑智能化子系统）的管线综合，优化设计。

## 3.3 BIM技术的政策推动和标准制定

### 3.3.1 住建部关于BIM政策推动

2011年5月20日推出：《2011—2015建筑业信息化发展纲要》，纲要的要点："十二五"期间，基本上实现建筑企业信息系统的普及应用，加快建筑信息模型BIM、基于网络的协同等新技术在工程中的应用，推动信息标准化建设，促进具有自主知识产权软件的产业化，形成一批信息技术应用达到国际先进水平的建筑企业。

2013年推出：《关于推进建筑信息模型应用的指导意见》。指导意见的要点：2016年以前政府投资的2万$m^2$以上的大型公共建筑以及各省报绿色建筑项目的设计、施工采用BIM技术。指导意见还指出：截至2020年，完善BIM技术应用标准、实施指南，形成BIM技术应用标准和政策体系；在实际设计工程及设计应用中，引进应用BIM技术的条件。

2014年4月7日推出：关于推进建筑业发展和改革的若干意见。意见中指出：推荐BIM技术在工程设计、施工和运行维护全过程的应用，提高综合效益。

2015年6月16日颁布：《关于推进建筑信息模型应用的指导意见》，指导意见要求：到2020年末，建筑行业甲级勘察、设计单位以及特级、一级房屋建筑工程和施工企业应掌握并实施

2016年8月23日推出：《2016—2020年建筑业信息化发展纲要》。纲要提出："十三五"时期，全面提高建筑业信息化水平，着力增强BIM、大数据、智能化、移动通信、云计算、物联网等信息技术集成应用能力，建筑业数字化、网络化、智能化取得突破性进展。初步建成一批具有较强信息技术创新能力和信息化应用达到国际先进水平的建筑企业及具有关键自主知识产权的建筑业信息技术企业。

2016年12月12日推出：《建筑信息模型应用统一标准》。

### 3.3.2 各地政府在BIM技术发展中的政策跟进

为了跟进BIM技术的发展，各地方政府的相关技术管理部门也陆续制定和推出了结合本地经济发展水平的促进BIM技术发展的政策。

（1）辽宁省住房和城乡建设厅于2014年12月发布《民用建筑信息模型（BIM）设

计标准》。

（2）北京质量技术监督局和北京市规划委员会于2014年5月发布:《民用建筑信息模型提出BIM的资源要求、模型深度要求、交付要求是在BIM的实施过程规范民用建筑BIM设计的基本设计标准》，并尽快正式实施。

（3）山东省人民政府办公厅于2014年7月发布《山东省人民政府办公厅关于进一步提升建筑质量的意见，明确提出推广建筑信息模型（BIM）技术》。

（4）广东省住房和城乡建设厅于2014年9月发布《关于开展建筑信息模型BIM技术推广应用工作的通知》，通知中指出：2015年底，基本建立广东省BIM技术推广应用的标准体系及技术共享平台；到2016年底，政府投资的2万$m^2$以上的大型公共建筑，以及申报绿色建筑项目的设计、施工应当采用BIM技术；运营管理等环节普遍应用BIM技术；到2020年底，全省建筑面积2万$m^2$及以上的工程普遍应用BIM技术。

（5）陕西省住房和城乡建设厅于2014年10月发布《陕西省级财政助推建筑产业化》的文件，文件中提出：重点推广和应用BIM施工组织信息化管理技术。

（6）上海市人民政府办公厅于2014年10月发布《关于在本市推进建筑信息模型技术应用的指导意见》，提出：通过分阶段推进BIM技术试点和推广应用，到2016年底，基本形成满足BIM技术应用的配套政策、标准和市场环境；上海市的主要设计、施工、咨询服务和物业管理等单位普遍具备BIM技术应用能力；到2017年底，实际规模以上的政府投资工程全部采用BIM技术，规模以上的社会投资工程普遍应用BIM技术，应用个管理水平达到全国先进水平。

2015年5月，上海市住房和城乡建设和管理委员会推出《上海市建筑信息模型技术应用指南》（2015年版），指南中指出：指导本市建设、设计、施工、运营和咨询等单位在政府投资工程中开展BIM技术应用，实现BIM应用的统一和可检验；作为BIM应用方案制订、项目招标、合同签订和项目管理等工作的参考依据；对本市开展BIM技术应用试点项目申请和评价依据进行指导；为本市企业在应用BIM技术方面进行宏观的技术指导；为相关机构和企业制定BIM技术标准提供参考。

（7）深圳市建筑工务署于2015年5月推出了两份关于在深圳市应用BIM技术的重磅文件《深圳市建筑工务署政府公共工程BIM应用实施纲要》《深圳市建筑工务署BIM实施管理标准》，在第一份文件中提出：市建筑工务署BIM应用的阶段性目标，到2017年底，实现在所负责的工程项目建设和管理中全面开展BIM应用，并使市建筑工务署BIM技术应用到达国内先进水平。

（8）湖南省人民政府办公厅于2016年1月推出《关于开展建筑信息模型应用工作的指导意见》，其中的要点是：2018年底前，制定BIM技术应用的政策、标准，建立基础数据库，形成较为成熟的BIM技术应用市场。政府投资的意愿、学校、文化、体育设施、保障性住房、交通设施、水利设施、标准厂房和市政设施等项目采用BIM技术，设计、施工、咨询服务和运维管理等企业基本掌握BIM技术；2020年底，建立完善的BIM技术的政策法规、标准体系，90%以上的新建项目采用BIM技术，设计、施工、咨询和运维管理等企业全面普及BIM技术，应用和管理在国内达到较先进的水平。

（9）广西壮族自治区住房和城乡建设厅于2016年1月发布《关于印发广西推进建筑信息模型应用的工作实施方案的通知》，通知要点有：到2020年底，广西的甲级勘察、设计单位以及特级、一级房屋建筑工程和市政工程施工企业普遍具备BIM技术应用能力，以国有资金投资为主的大中型建筑、申报绿色建筑的公共建筑和绿色生态示范小区新建项目勘察、设计、施工、运维中集成应用BIM的项目比率达到90%。

（10）黑龙江省住房和城乡建设厅和云南省住房和城乡建设厅于2016年3月发布了关于建筑信息模型技术应用的指导意见，内容与上述省份的政府职能部门提出的关于促进BIM技术发展和推广应用的政策性措施类同。

（11）云南、浙江省，无锡、济南、重庆市和天津市的住房和城乡建设厅、城乡建设委员会在2016年都推出了大力发展应用和推广BIM技术的政策性措施，在制定结合本地区建筑项目市场环境特点情况下，制定相应的满足BIM应用的配套政策、地方标准；在以国有资金投资为主的大中型建筑工程中的勘察设计、施工和运维管理中普遍地应用BIM技术。

### 3.3.3 关于BIM的国标

目前阶段，国内在政府层面和相关的大中型企业都在大力推进BIM技术的应用，同时部分国家层级的BIM标准也已经正式推出，各个地方政府也陆续跟进推出地方性的BIM标准与规范；部分大型企业还制定了企业内部的BIM技术实施导则。

国家层级及地方性关于BIM标准、规范、准则，共同构成了完整的中国BIM标准序列，但国家层面的BIM标准无疑具有统领性地位，具有更高的效力和指导性。

关于已正式颁布和处于报批的BIM的国家标准有：

（1）正式颁布实施的标准：

《建筑信息模型应用统一标准》（GB/T 51212—2016）；

《建筑信息模型设计交付标准》（由中国建筑标准设计研究院领编），由中华人民共和国住房和城乡建设部及中华人民共和国国家质量监督检验检疫总局联合发布；

《建筑信息模型施工应用标准》（GB/T 51235—2017）；

《建筑信息模型分类与编码标准》（由中国建筑标准设计研究院领编），由中华人民共和国住房和城乡建设部及中华人民共和国国家质量监督检验检疫总局联合发布。

（2）正在报批的BIM标准：

《建筑工程设计信息模型制图标准》，由中国建筑标准设计研究院领编；

《建筑信息模型存储标准》，由中国建筑科学研究院领编。

# 参 考 文 献


[1] 黎连业，等. 建筑弱电工程设计施工手册. 北京：中国电力出版社，2010.
[2] 刘卫华. 制冷空调新技术及进展. 北京：机械工业出版社，2005.
[3] 张少军. 建筑智能化信息化技术. 北京：中国建筑工业出版社，2009.
[4] 白玉岷，等. 弱电系统的安装调试及运行. 2 版. 北京：机械工业出版社，2012.
[5] 张少军. BACnet 标准与楼宇自控系统技术. 北京：机械工业出版社，2012.
[6] 霍小平. 中央空调自控系统设计. 北京：中国电力出版社，2004.
[7] 张少军. 智能建筑理论与工程实践. 北京：中国化学工业出版社，2011.
[8] 韩廷印. 浅析沧州某酒店空调系统节能改造. 数字技术与应用，2011.08.
[9] 张少军. 图说无线网络及应用技术. 北京：中国电力出版社，2017.
[10] 张树臣. 轻松看懂建筑弱电施工图. 北京：中国电力出版社，2016.
[11] 张少军. 图说中央空调系统及控制技术. 北京：中国电力出版社，2016.
[12] 张少军. 建筑弱电系统与工程实践. 北京：中国电力出版社，2014.
[13] 张少军. 变风量空调系统及控制技术. 北京：中国电力出版社，2014.
[14] GB 4717—2005 火灾报警控制器.
[15] GB 16806—2006 消防联动控制系统.
[16] 孙景芝. 建筑电气消防工程. 北京：电子工业出版社，2010.
[17] 陈南，等. 基于 BIM 的消防应用系统. 北京：中国建筑工业出版社，2017.
[18] 丁烈云，等. BIM 应用施工. 上海：同济大学出版社，2015.
[19] 王强. 消防工程设计与施工. 北京：化学工业出版社，2016.
[20] 虚拟化与云计算小组. IBM 虚拟化与云计算. 北京：电子工业出版社，2009.